7

Schlüssel zur
Mathematik

Schleswig-Holstein

Herausgegeben von
Reinhold Koullen †

Unter Beratung von
Anke Engelbrecht
Christina Tippel
Melanie Trusch

Cornelsen

Teile dieses Unterrichtswerkes basieren auf Inhalten bereits erschienener Lehrwerke.
Diese wurden herausgegeben von Reinhold Koullen † und Udo Wennekers sowie erarbeitet von:
Helga Berkemeier, Ilona Gabriel, Wolfgang Hecht, Barbara Hoppert, Ines Knospe, Reinhold Koullen †,
Jeannine Kreuz, Frank Nix, Doris Ostrow, Hans-Helmut Paffen, Günther Reufsteck, Jutta Schaefer,
Gabriele Schenk, Willi Schmitz, Christine Sprehe, Herbert Strohmayer, Martina Verhoeven,
Udo Wennekers, Ralf Wimmers, Rainer Zillgens
Unter Beratung von: Anke Engelbrecht, Christina Tippel, Melanie Trusch

Redaktion: Viola Moncada

Illustration: Roland Beier

Grafik: Christian Böhning, Ulrich Sengebusch †

Umschlaggestaltung und Layoutkonzept: Syberg | Kirstin Eichenberg und Torsten Symank

Layout und technische Umsetzung: CMS – Cross Media Solutions GmbH

Begleitmaterialien zum Lehrwerk	
für Schülerinnen und Schüler	
Arbeitsheft Basis	978-3-06-006564-6
Arbeitsheft	978-3-06-006563-9
für Lehrerinnen und Lehrer	
Lösungsheft	978-3-06-006565-3
Handreichungen	978-3-06-006568-4

www.cornelsen.de

1. Auflage, 3. Druck 2022

Alle Drucke dieser Auflage sind inhaltlich unverändert
und können im Unterricht nebeneinander verwendet werden.

© 2017 Cornelsen Verlag GmbH, Berlin

Druck und Bindung: Livonia Print, Riga

ISBN 978-3-06-006562-2
ISBN 978-3-06-006585-1 (E-Book)

Inhalt

Rationale Zahlen

7

Dreiecke

37

Zuordnungen

65

Besondere Linien und Punkte im Dreieck

85

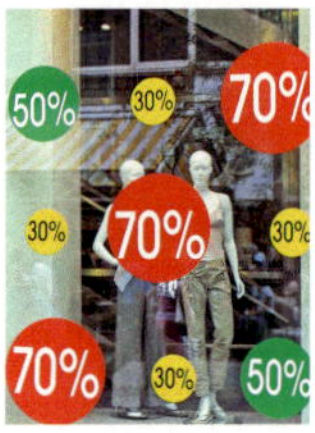

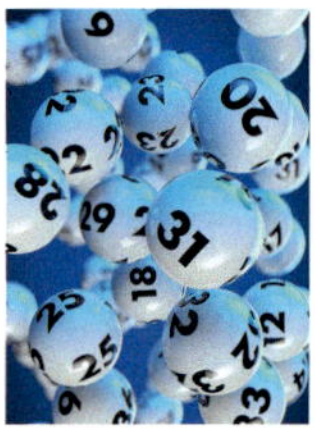

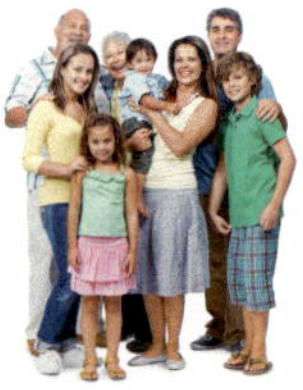

Rallye durch dein Mathe-Buch

Auf diesen zwei Seiten findest du einige Hinweise zu deinem neuen Mathematikbuch.
Löse die Rätsel (ä, ö und ü sind erlaubt).
Das Lösungswort verrät dir, was das Bild auf dem Umschlag zeigt.

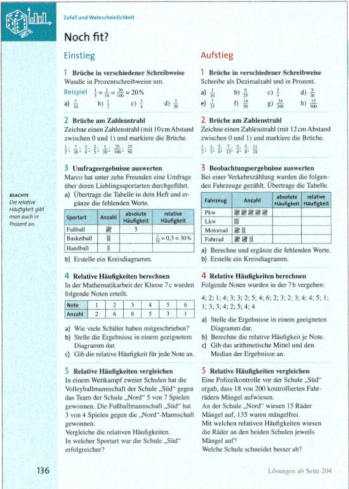

■ Noch fit?
Mit dem Einstiegstest kannst du dein bisher erworbenes Wissen testen. Deine Ergebnisse kannst du mit den Lösungen im Anhang vergleichen.
Rätsel zum Noch fit? im Kapitel Prozentrechnung:
Was wird auf dem Bild gespielt?

_ _ 1 _ _ _ _ _ _

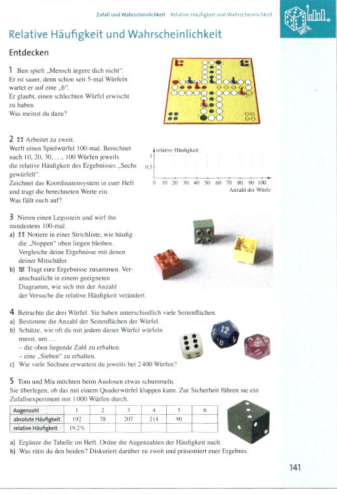

■ Entdecken
Jede Lerneinheit beginnt mit einführenden Aufgaben, die zum Ausprobieren und Entdecken anregen.
Rätsel zum Entdecken zum Thema Rationale Zahlen – Negative Zahlen:
In welcher Stadt sind es –7 °C?

_ _ 6 _ _ _

■ Verstehen
Der neue Unterrichtsstoff wird anhand von Merksätzen und Beispielen erklärt.
Rätsel zum Verstehen zum Thema Zufall und Wahrscheinlichkeit – Relative Häufigkeit:
Mit welchem Wort beginnt das bekannte Spiel?

12 _ _ _ 2 _

■ Üben und anwenden
Die Aufgaben trainieren den neu gelernten Unterrichtsstoff.
Rätsel zum Üben und anwenden zum Thema Terme – Variablen und Terme:
Welche Blumen in Aufgabe 7 kosten 1,35 €?

_ _ _ _ 5 _ _ _

In der Randspalte stehen zusätzliche Informationen, Aufgaben und Lösungshinweise.

Mittelschwere Aufgaben haben eine schwarze Aufgabennummer.

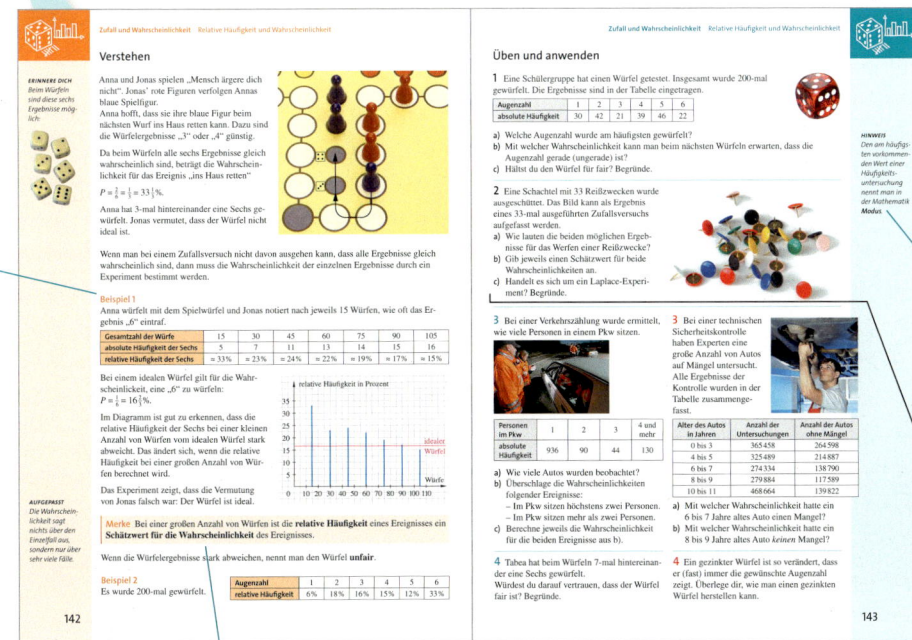

Beispiel

Wichtiger Merkstoff

Die linke Spalte enthält leichtere Aufgaben.

Die rechte Spalte enthält schwierigere Aufgaben.

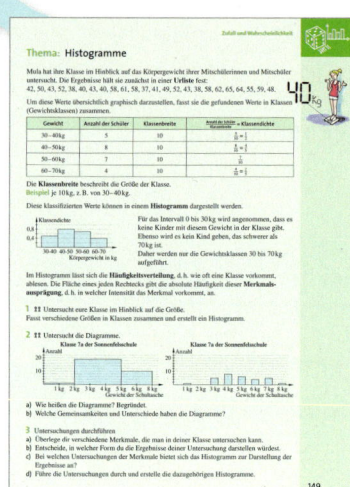

Methode und Thema
Auf den Methodenseiten werden die wichtigsten mathematischen Methoden vorgestellt und geübt. Die Themenseiten zeigen mathematische Inhalte aus verschiedenen Lebensbereichen.
Rätsel zum Thema Zinsrechnung:
Was trägt Jonas auf dem Bild zur Bank?
7 _ _ _ _ _ 8 _ _ _ _

Die Symbole in den oberen Ecken stehen für bestimmte Bereiche in der Mathematik:

Zahlen und Variablen

Geometrie

Funktionen

Daten und Zufall

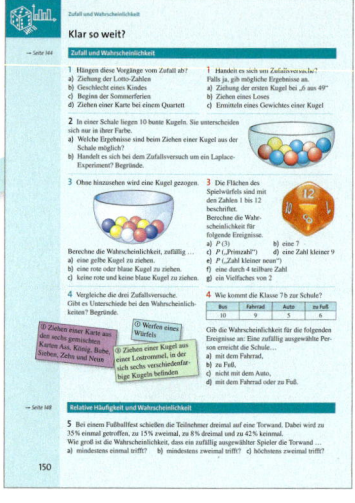

Klar so weit?
Mit dem Zwischentest kannst du überprüfen, ob du den neuen Unterrichtsstoff verstanden hast. Deine Ergebnisse kannst du mit den Lösungen im Anhang vergleichen.
Rätsel zum Klar so weit? im Kapitel Zuordnungen:
Welches Verkehrsmittel ist auf dem Foto abgebildet?
_ _ _ 4 _ _ _

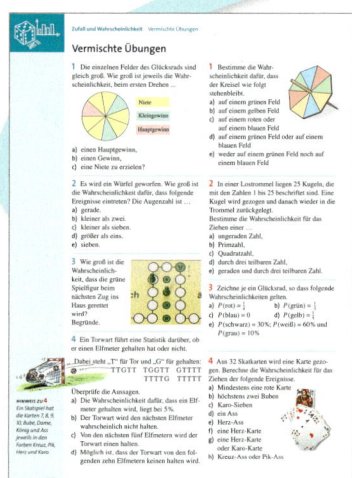

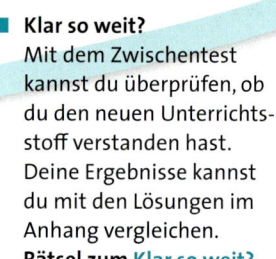

Vermischte Übungen
Die Seiten enthalten Aufgaben zu allen Lerneinheiten eines Kapitels.
Rätsel zu den Vermischten Übungen im Kapitel Dreiecke:
Wessen Flagge ist in Aufgabe 7 zu sehen?
_ 11 _ _ _ _

Zusammenfassung
Die Zusammenfassung am Ende eines Kapitels enthält die wichtigsten Merksätze zum Nachschlagen.
Rätsel zu der Zusammenfassung im Kapitel Vielecke:
Was ist in der unteren Abbildung durch die Pfeile dargestellt?
_ _ _ _ _ 3 _ _ _ 9 _ _

Teste dich!
Überprüfe zur Vorbereitung auf die Klassenarbeit dein Können. Die Lösungen zum Abschlusstest findest du im Anhang.
Rätsel zum Teste dich! im Kapitel Besondere Linien und Punkte im Dreieck:
Wie heißt ein Ort auf der Karte?
_ _ _ _ _ _ 10 _ _ _ _

Wie lautet das Lösungswort?

Rationale Zahlen

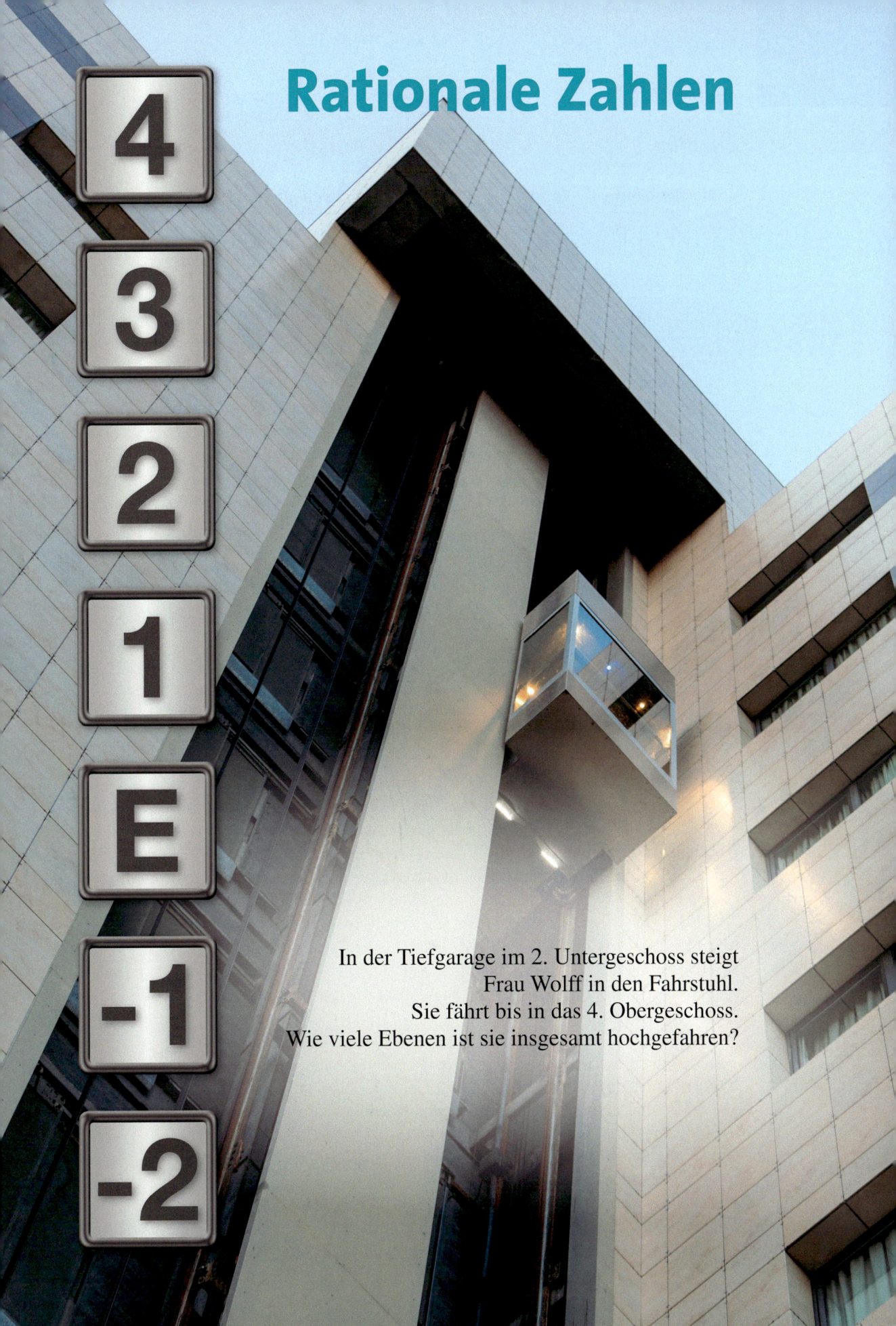

In der Tiefgarage im 2. Untergeschoss steigt
Frau Wolff in den Fahrstuhl.
Sie fährt bis in das 4. Obergeschoss.
Wie viele Ebenen ist sie insgesamt hochgefahren?

Noch fit?

Einstieg

1 Rechenbäume

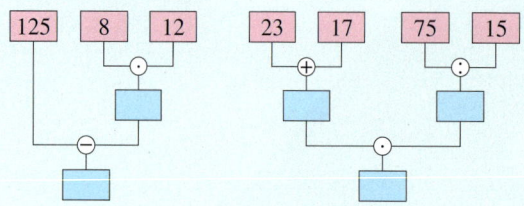

a) Übertrage die Rechenbäume ins Heft und berechne sie.
b) Schreibe die zugehörige Aufgabe auf. Denke an die Klammern.
c) Welche Rechenregeln müssen beachtet werden?

2 Vorteilhaft rechnen

Überschlage zuerst.
Berechne dann das Ergebnis.

a) $16 \cdot 4 \cdot 25$
b) $13 \cdot 20 \cdot 5$
c) $2 \cdot 49 \cdot 50$
d) $25 \cdot 100 \cdot 4$

3 Der Zahlenstrahl

Welche Zahlen sind hier markiert?

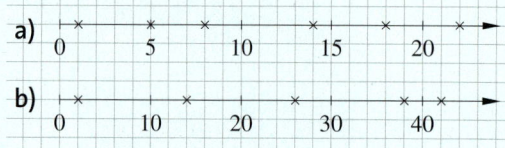

4 Das Koordinatensystem

Zeichne ein Koordinatensystem wie im Bild rechts und trage die Punkte ein.

a) $A(2|2)$, $B(4|4)$, $C(7|7)$, $D(9|9)$
b) $E(3|0)$, $F(0|5)$, $G(8|0)$, $H(0|9)$
c) $I(3|1)$, $J(1|3)$, $K(2|7)$, $L(7|2)$
d) $M(2|5)$, $N(5|2)$, $P(8|4)$, $Q(4|8)$
e) $R(3|9)$, $S(1|6)$, $T(3|7)$, $U(6|1)$
f) $V(2|8)$, $X(0|8)$, $Y(0|0)$, $Z(8|5)$

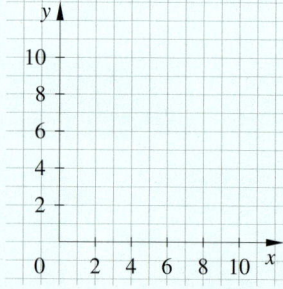

5 Kurz und knapp

a) Das Ergebnis einer Multiplikationsaufgabe heißt … .
b) Die Zahl, durch die dividiert wird, heißt … .
c) Der Quotient von zwei Zahlen zwischen 1 und 20 ist 8.
   Welche Zahlen könnten dividiert worden sein?
d) Das Produkt von zwei aufeinanderfolgenden Zahlen ist 156.
   Wie heißen diese Zahlen?

Aufstieg

1 Rechenbäume

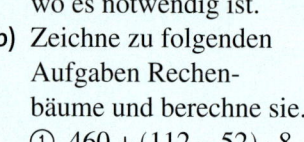

a) Fülle den Rechenbaum im Heft aus. Schreibe dazu die Rechenaufgabe. Setze Klammern, wo es notwendig ist.
b) Zeichne zu folgenden Aufgaben Rechenbäume und berechne sie.
   ① $460 + (112 - 52) \cdot 8$
   ② $(12 + 18) \cdot (26 + 34)$
   ③ $200 - (45 + 3 \cdot 17)$

2 Vorteilhaft rechnen

Überschlage zuerst.
Berechne dann das Ergebnis.

a) $250 \cdot 97 \cdot 4$
b) $200 \cdot 17 \cdot 50$
c) $125 \cdot 23 \cdot 8 \cdot 2$
d) $80 \cdot 25 \cdot 125 \cdot 40$

3 Der Zahlenstrahl

Welche Zahlen sind hier markiert?

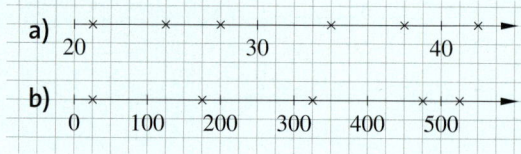

Lösungen ab Seite 204

Negative Zahlen

Entdecken

1 Die Karte zeigt die Temperaturen in einigen europäischen Städten an einem Wintertag.

a) Zeichne ein Thermometer und markiere die Temperaturangaben.

b) Bestimme den Unterschied zwischen der höchsten und der niedrigsten Temperatur.

c) 👥 Die höchste je in Deutschland gemessene Temperatur liegt bei $40\,°C$, die tiefste bei $-38\,°C$.
Überlege mit einem Partner oder einer Partnerin, wie eine Skala aussehen sollte, auf der sich die beiden Temperaturen markieren lassen.

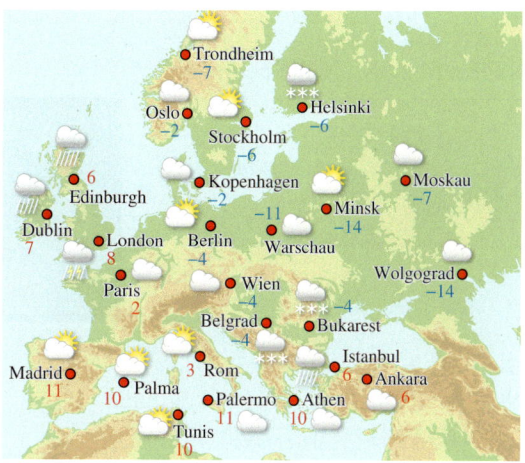

2 👥 Caesar war ein berühmter Herrscher im alten Rom. Sein Adoptivsohn hieß Oktavian. Dieser wurde später Augustus genannt. Er lebte von 63 v. Chr. bis 14 n. Chr.

a) Schaut euch die Zeitskala an. Beschreibt die Bedeutung der 0. Wie könnte man das Todesdatum von Oktavian schreiben?

b) Wie alt wurde Caesar?

c) Wie alt war Oktavian zu Christi Geburt?

d) Wie alt wurde Oktavian?

e) Oktavian führte den Ehrennamen „Augustus" 41 Jahre lang bis zu seinem Tod. Wann bekam er den Ehrenname verliehen?

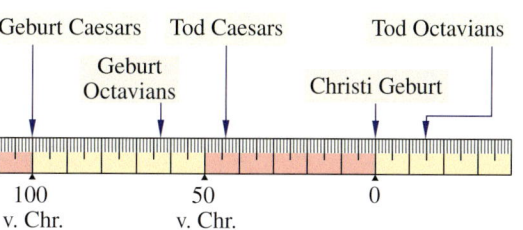

Gaius Julius Caesar: geboren 100 v. Chr., gestorben 44 v. Chr.

3 Die Zeitzonen der Erde sind Bereiche, in denen jeweils eine gemeinsame Uhrzeit gilt. In der Weltkarte sind die Zeitzonen dargestellt.

a) Was bedeuten die Zahlen am unteren Rand der Karte?

b) „Je weiter zwei Städte voneinander entfernt sind, desto größer ist der Zeitunterschied." Stimmt das?

c) Übertrage die Städte in der Randspalte ins Heft. Ergänze die Uhrzeiten.

d) Schreibe auf eine Karteikarte eigene Aufgaben und auf die Rückseite die Lösung.
👥 Tausche die Karteikarten mit deinen Mitschülern aus.

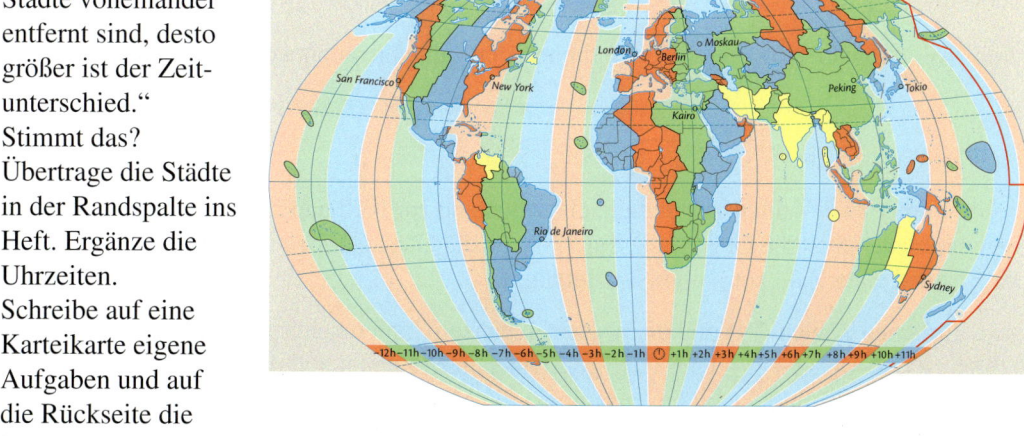

HINWEIS
Städte zu
Aufgabe **3**:
London: 10:30
Berlin: 11:30
San Francisco:
Tokio:
New York:
Sydney:
Moskau:

Verstehen

Messungen werden häufig an Skalen dargestellt. Diese können verschieden aussehen.
Die „Nullmarke" liegt manchmal an unterschiedlichen Stellen der Skala.

Beispiel 1

Skalen, die bei „Null" beginnen

*Beim **Weit-sprung** liegt die Nullmarke am Absprungbalken.*

*Die Skalen von **Tacho-meter** und **Reifen-druckmessgerät** sind meistens kreisförmig. Die Messung beginnt bei der Nullmarke.*

Beispiel 2

Skalen, die *nicht* bei „Null" beginnen

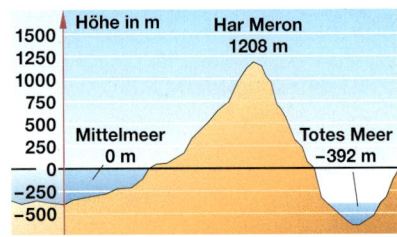

Das Bild zeigt den höchsten und tiefs-ten Punkt in Israel. Die Wasseroberfläche des Toten Meeres liegt 392 m unter dem Meeresspiegel.

Das Thermometer zeigt 25 Grad unter Null an. Man sagt dazu auch minus 25 Grad Celsius und schreibt − 25 °C.

Der Zahlenstrahl reicht nicht aus, um alle Temperaturen oder Höhen anzuzeigen.
Um auch kleinere Zahlen als Null darstellen zu können, muss der Zahlenstrahl über die Null hinaus nach links erweitert werden. So wird aus dem Zahlenstrahl eine **Zahlengerade**.

Merke **Negative Zahlen** sind kleiner als Null und werden mit einem Minuszeichen (−) gekennzeichnet. Sie stehen auf der Zahlengeraden links von der Null.
Positive Zahlen sind größer als Null und können mit einem Pluszeichen (+) gekennzeichnet werden. Sie stehen auf der Zahlengeraden rechts von der Null.

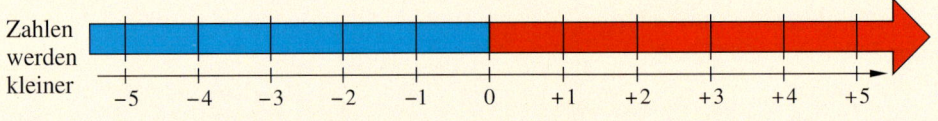

Von zwei Zahlen ist diejenige größer, die auf der Zahlengeraden weiter rechts liegt.

Beispiel 3

$+5\,°C$ ist wärmer als $-5\,°C$, also gilt $+5 > -5$ und $-5 < +5$

Es gibt immer zwei Zahlen, die den gleichen Abstand zur Null haben. Diese Zahlen nennt man **Gegenzahlen**. -5 ist die Gegenzahl von 5, -2 ist die Gegenzahl von 2, …
Der Abstand einer Zahl zur Null heißt **Betrag**.

Die natürlichen Zahlen ($\mathbb{N}$) und die negativen ganzen Zahlen nennt man zusammen **ganze Zahlen ($\mathbb{Z}$)**. $\mathbb{Z} = \{ \ldots; -2; -1; 0; 1; 2; \ldots \}$. Die ganzen Zahlen und die positiven und negativen Brüche und Dezimalbrüche bilden zusammen die Menge der **rationalen Zahlen ($\mathbb{Q}$)**.

Beispiel 4

Der Betrag von $-0,5$ ist $0,5$. Man schreibt $|-0,5| = 0,5$
Der Betrag von $+2,5$ ist $2,5$. Man schreibt $|+2,5| = 2,5$

Üben und anwenden

1 Kontostände gibt man mithilfe von positiven und negativen Zahlen an. Was bedeuten die Angaben +548,87 € und −366,05 €?

1 Was bedeuten die negativen Zahlen auf dem Kassenbon? Erklärt sie euch gegenseitig.

```
-------------------
EUR
Apfelschorle   1    1,17
Pfand        * 1    0,25
Leergut      * 1   -5,34
-------------------
          Summe EUR  -4,02
-------------------
          Rückgeld EUR  4,02
```

2 Arbeitet in Gruppen zusammen. Sammelt Beispiele, in denen negative Zahlen eine Rolle spielen. Gestaltet dazu ein Plakat und präsentiert es vor der Klasse.

2 Besprecht zu zweit, in welchem Bereich des Lebens negative Zahlen eine Rolle spielen. Bereitet einen Vortrag mit Beispielen vor.

3 Schreibe die Zahlenangaben mit dem entsprechenden Vorzeichen.
a) Fische leben im Meer in einer Tiefe bis zu 7 190 m.
b) Die Stadt Winterberg liegt 670 m über dem Meeresspiegel.
c) Das Tote Meer liegt 392 m unter dem Meeresspiegel.
d) Das Kaspische Meer liegt 28 m unter dem Meeresspiegel.
e) Die tiefste Bohrung in Deutschland endet bei 9 101 m unter dem Meeresspiegel.

4 Übertrage die Zahlengerade in dein Heft. Trage die Temperaturen ein.

4 Übertrage die Zahlengerade in dein Heft. Trage die Temperaturen ein.

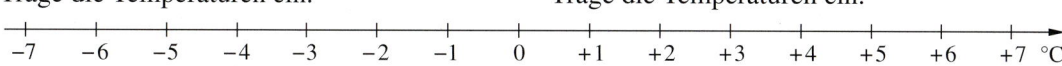

a) −7 °C   b) +5 °C
c) 0 °C   d) −3 °C
e) +7 °C   f) −1 °C

a) −6 °C   b) +6 °C
c) −0,5 °C   d) −1,5 °C
e) +2,5 °C   f) −2,5 °C

5 Welche Zahlen sind rot markiert?

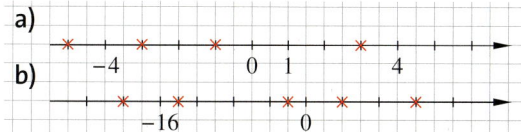

5 Welche Zahlen sind rot markiert?

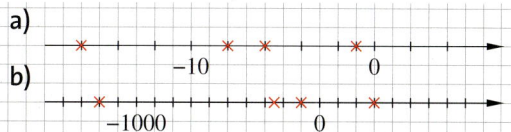

6 Lies aus dem Diagramm die monatlichen Lufttemperaturen des Ortes Inari (Finnland) ab. Erstelle eine Tabelle mit Spalten für Monat und Temperatur.

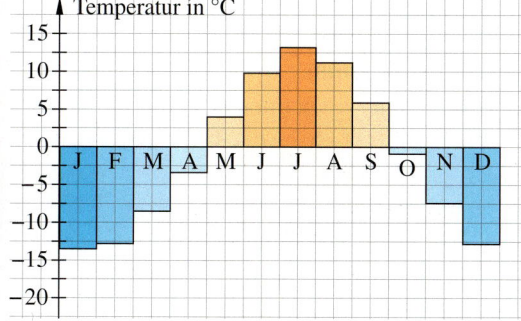

6 Die Tabelle zeigt die monatlichen Lufttemperaturen im sibirischen Oimjakon, dem kältesten Ort auf der Nordhalbkugel. Zeichne ein Säulendiagramm mit den Temperaturen für die Monate Januar bis Dezember.

Monat	Temperatur	Monat	Temperatur
Januar	−50 °C	Juli	15 °C
Februar	−44 °C	August	10 °C
März	−32 °C	September	2 °C
April	−15 °C	Oktober	−15 °C
Mai	−2 °C	November	−26 °C
Juni	11 °C	Dezember	−47 °C

Methode: Rationale Zahlen im Koordinatensystem

Das Koordinatensystem mit positiven Zahlen kennst du bereits. Um auch Punkte mit negativen Koordinaten eintragen zu können, wird die x-Achse nach links und die y-Achse nach unten verlängert.

ERINNERE DICH
Die Lage des Punktes A wird so beschrieben:

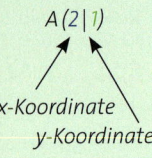

A(2|1)
x-Koordinate
y-Koordinate

BEACHTE
„x kommt vor y."

Das Koordinatensystem ist ein Gitternetz mit zwei Zahlengeraden, die sich senkrecht im Punkt $P(0|0)$ schneiden. Der Punkt $P(0|0)$ heißt **Koordinatenursprung** oder **Nullpunkt**.

Die x-Achse und die y-Achse teilen die Zahlenebene in vier Bereiche. Diese Bereiche werden **Quadranten** genannt. Die Nummerierung des I. bis IV. Quadranten erfolgt gegen den Uhrzeigersinn.

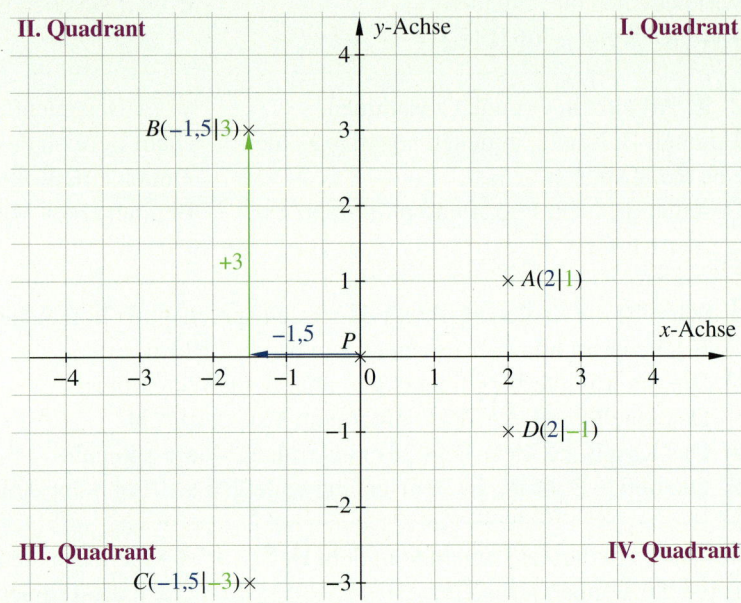

1 Koordinaten ablesen

ZU AUFGABE 1
Schreibe z.B. so:
Dreieck A (−4 | 2);
B (■ | ■); ...

Gib die Koordinaten der Eckpunkte aller eingezeichneten Figuren an.

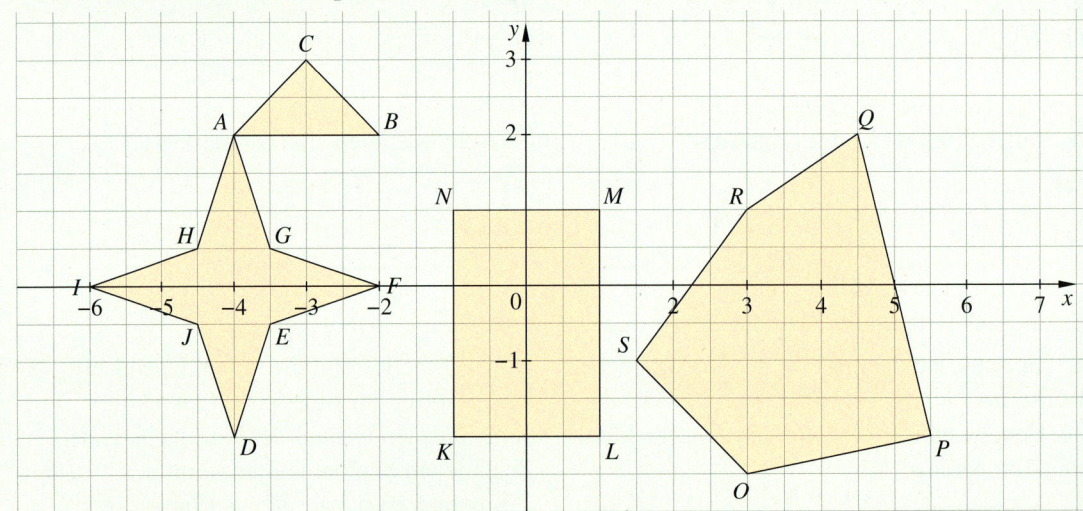

2 Die Quadranten

a) In welchen Quadranten liegen die Punkte?
   $A(-2|1)$; $B(-5|-6)$; $C(-1|-4)$; $D(3|8)$;
   $E(-2|-5)$; $F(6|-5)$; $G(3|-5)$; $H(6|4)$

b) Nenne Beispiele für Punkte, die im II. bzw. im III. Quadranten liegen.

c) In welchem Quadranten liegt ein Punkt, dessen Koordinaten beide negativ sind?

3 Punkte ablesen

In das Koordinatensystem sind verschiedene Punkte eingetragen.

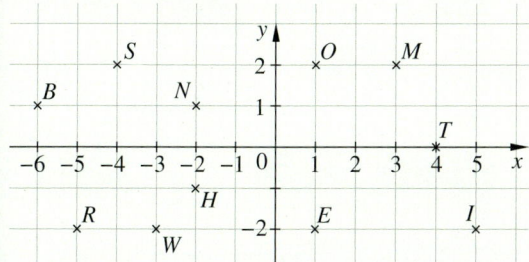

Lies die Buchstaben zu den folgenden Koordinaten hintereinander, es ergibt sich ein Lösungswort: $(-3|-2)$; $(5|-2)$; $(-2|1)$; $(4|0)$; $(1|-2)$; $(-5|-2)$.

Schreibe selbst Wörter mithilfe der Punkte.

4 Punkte eintragen

Zeichne ein Koordinatensystem mit x- und y-Werten von -4 bis $+4$.

Trage die folgenden Punkte in das Koordinatensystem ein.

a) $A(2|3)$; $B(1|-2)$; $C(2|-3)$; $D(-2|3)$
b) $E(-1|1)$; $F(-2|-2)$; $G(1|1)$; $H(-1|0)$
c) $I(1|-1)$; $J(-1|-1)$; $K(-3|-2)$; $L(0|-2)$
d) $M(3|-2)$; $N(0|-1)$; $O(2,5|-2)$; $P(-2|0)$

5 Dezimalbrüche als Koordinaten

Zeichne ein Koordinatensystem, das du für die Teilaufgaben a) und b) nutzen kannst.

a) Trage die folgenden Punkte ein:
$P_1(3,5|0)$; $P_2(-1|0)$; $P_3(0|4)$; $P_4(0|-5,5)$
Beschreibe, wie du vorgehst.
b) Verbinde die Punkte $A(2|1)$, $B(-1|1)$, $C(-1|-2)$, $D(0|-1)$, $E(4|-4)$, $F(5|-3)$, $G(1|0)$ und A.
Welche Figur ist entstanden?

6 Spiegelungen an den Achsen

Zeichne das Viereck $ABCD$ in ein Koordinatensystem mit Werten von -5 bis $+5$.
$A(1|3)$; $B(3|2)$; $C(4|4)$; $D(2|4)$

a) Spiegele das Viereck an der x-Achse. Gib die Koordinaten der Bildpunkte so an: $A'(\blacksquare|\blacksquare)$; …
b) Gib ohne zu zeichnen an, welche Koordinaten die Bildpunkte haben, wenn man $ABCD$ an der y-Achse spiegelt.

7 Rechtecke ergänzen

Zeichne die Punkte in ein Koordinatensystem. Ergänze einen Punkt D so, dass sich ein Rechteck ergibt.

a) $A(-4,5|1,5)$; $B(2,5|1,5)$; $C(2,5|3)$
b) $A(-2,5|0)$; $B(1|-1,5)$; $C(2,5|2)$
c) $A(3,5|0,5)$; $B(2|2)$; $C(-0,5|-0,5)$

8 Symmetrien erkennen

👥 Welche Symmetrien haben die Sechsecke?
Bestimmt bei einem der Sechsecke die Koordinaten der Ecken.
Wie kann man die Symmetrie(n) der Figur an den Koordinaten ablesen?
Warum kann man nicht bei jeder symmetrischen Figur die Symmetrien auf diese Weise erkennen?

9 Muster zeichnen

Zeichne ein Koordinatensystem mit x- und y-Werten jeweils von -5 bis $+5$.

a) Trage folgende Punkte ein und verbinde sie: $A(-3|-3)$; $B(-3|-2)$; $C(-2|-2)$; $D(-2|-1)$; $E(-1|-1)$; $F(-1|0)$.
b) Die Verbindung der Punkte ergibt ein Muster. Führe es nach oben und nach unten weiter und gib jeweils die Koordinaten der nächsten drei Punkte an.
c) Spiegele das Muster aus a) einmal an der x-Achse und einmal an der y-Achse. Was stellst du fest?

10 Schiffe versenken (Spiel für 2 Personen)

👥 Beide Spieler zeichnen ein Koordinatensystem (1 LE $\hat{=}$ 1 cm) mit x- und y-Werten jeweils von -3 bis $+3$.
Jeder zeichnet 10 „Schiffe" in sein Koordinatensystem, so wie in der Randspalte gezeigt.
Die Schiffe können waagerecht oder senkrecht eingezeichnet werden, dürfen sich aber nicht berühren.
Dann zielt ihr abwechselnd auf die Schiffe des Anderen, indem ihr beispielsweise sagt:
„Minus 2,5; plus 1."
Wer zuerst alle Schiffe des anderen getroffen hat, gewinnt.

TIPP
Zeichne Koordinatensysteme mit einem Abstand von 1 cm zwischen den ganzen Zahlen, kurz 1 LE $\hat{=}$ 1 cm. Dann hast du genügend Platz, um Zeichnungen einzutragen.

ZU AUFGABE 10
ein Schlachtschiff:

zwei Kreuzer:

drei Zerstörer:

vier U-Boote:

7 Übertrage die Zahlengerade in dein Heft. Ordne die Fahrstuhlanzeigen zu.

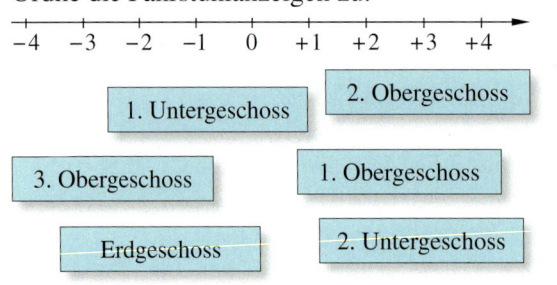

7 Sortiere die Kontostände aufsteigend in deinem Heft.

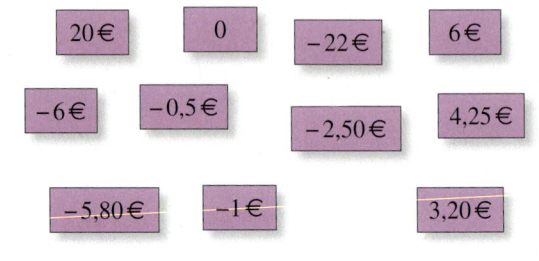

8 Beantworte mithilfe einer Zahlengeraden.
a) Liegt −1 näher an −3 oder +3?
b) Liegt 0 näher an −5 oder +5?
c) Liegt +2 näher an −2 oder +3?
d) Liegt −2 näher an 0 oder −3?
e) Liegt −3 näher an −5 oder 0?

8 Beantworte die Fragen.
a) Liegt −10 näher an +10 oder −100?
b) Liegt −2 näher an −7 oder +7?
c) Liegt −5 näher an −9 oder 0?
d) Liegt 4 näher an −2 oder −3?
e) Liegt 100 näher an −99 oder 2?

9 Zeichne eine Temperaturskala, die von −15 °C bis +15 °C geht (1 °C ≙ 5 mm). Löse mithilfe der Skala die folgenden Aufgaben.

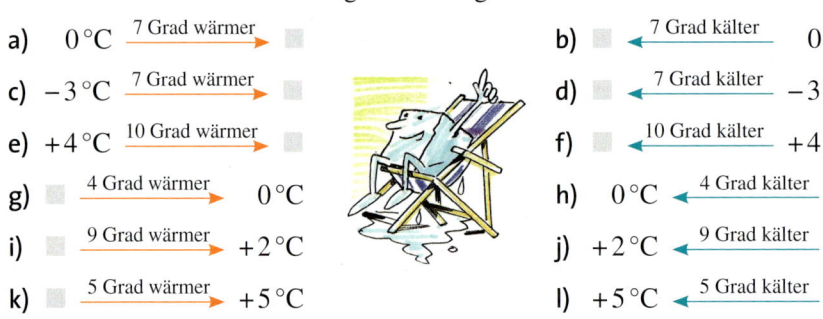

a) 0 °C —7 Grad wärmer→ ▨
b) ▨ ←7 Grad kälter— 0 °C
c) −3 °C —7 Grad wärmer→ ▨
d) ▨ ←7 Grad kälter— −3 °C
e) +4 °C —10 Grad wärmer→ ▨
f) ▨ ←10 Grad kälter— +4 °C
g) ▨ —4 Grad wärmer→ 0 °C
h) 0 °C ←4 Grad kälter— ▨
i) ▨ —9 Grad wärmer→ +2 °C
j) +2 °C ←9 Grad kälter— ▨
k) ▨ —5 Grad wärmer→ +5 °C
l) +5 °C ←5 Grad kälter— ▨

10 Ordne den Aussagen passende Terme zu.
Stelle anschließend jeweils eine passende Frage und beantworte sie mithilfe der Terme.
① Der Kontostand liegt bei −5 €. Es werden 15 € auf das Konto eingezahlt.
② Ein U-Boot befindet sich 5 m unter dem Meeresspiegel. Es taucht noch 15 m tiefer.
③ Am Mittag sind es 5 °C. Bis zum Abend sinkt die Temperatur um 15 °C.
④ Malte macht fünf Wochen hintereinander 15 € Schulden.
⑤ 15 € Schulden werden in 5 gleich großen Raten zurückgezahlt.

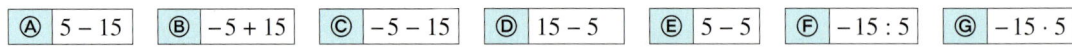

Ⓐ 5 − 15   Ⓑ −5 + 15   Ⓒ −5 − 15   Ⓓ 15 − 5   Ⓔ 5 − 5   Ⓕ −15 : 5   Ⓖ −15 · 5

11 Zähle.
Eine Zahlengerade kann helfen.
a) Zähle in 2er-Schritten von −10 bis +10.
b) Zähle in 5er-Schritten von −15 bis +5.
c) Zähle von −12 in vier gleich großen Schritten bis 0.
d) Zähle in 10er-Schritten von −80 bis 20.
e) 👥 Stellt euch ähnliche Aufgaben.

11 Zähle.
a) Zähle von −20 in vier gleich großen Schritten bis 0.
b) Zähle von −100 in fünf gleich großen Schritten bis 0.
c) Zähle von −60 in vier gleich großen Schritten bis 0.
d) 👥 Stellt euch ähnliche Aufgaben.

Rationale Zahlen addieren und subtrahieren

Entdecken

Spielt mindestens eines der beiden folgenden Spiele. Versucht danach, Rechenregeln für die Addition und Subtraktion negativer Zahlen zu formulieren.

1 🔢 **Spiel „Im Fahrstuhl"**, ein Spiel für 2 bis 4 Personen
Material: Spielplan (siehe Randspalte), zwei Würfel und pro Spieler eine Spielfigur
Vorbereitung: Beklebt einen Würfel so, dass drei Seiten ein „+" zeigen, die anderen ein „–". Beklebt den anderen Würfel so, dass die Seiten 1 und 6 eine „1" zeigen, die Seiten 2 und 5 eine „2" und die Seiten 3 und 4 eine „3".

Spielablauf: Zu Beginn stehen alle Figuren im Erdgeschoss auf der 0.
Man würfelt mit beiden Würfeln. Wirft man „+" und „2", fährt der Fahrstuhl zwei Stockwerke nach oben. Würfelt man „–", fährt der Fahrstuhl nach unten.
Gewonnen hat, wer nach drei Spielrunden dem Erdgeschoss am nächsten steht.

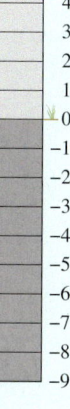

Schreibe jeden deiner Züge als Rechnung in dein Heft. Beachte das Beispiel rechts.

Stockwerk alt	gewürfelt	Stockwerk neu	Rechnung
0	⊟ ②	−2	$0 - 2 = -2$
−2	⊞ ①	−1	$-2 + 1 = -1$

2 🔢 **Spiel „Gib weg!"**, ein Spiel für 2 bis 4 Personen
Vorbereitung: Erstellt 30 Spielkarten:
– fünf Aktionskarten mit *„Gib weg (–)"*
– fünf Aktionskarten mit *„Nimm dazu (+)"*
– je eine Karte mit roter Zahl *„−10; −9; −8; …; −1"*
– je eine Karte mit blauer Zahl *„+10; +9; +8; …; +1"*
Die negativen Zahlen sind Minuspunkte, die positiven sind Pluspunkte.
Sortiert die Karten so, dass ihr zwei Stapel habt: einen mit „Aktionskarten" und einen mit „Zahlenkarten". Dann mischt jeden Stapel.

Spielablauf: Zu Beginn des Spiels zieht jeder drei Zahlenkarten und legt sie offen vor sich auf den Tisch. Der jüngste Spieler zieht nun eine Aktionskarte:
– Zieht er eine *„Gib weg"*-Karte, gibt er eine seiner Karten einem Mitspieler.
– Zieht er eine *„Nimm dazu"*-Karte, zieht er vom Stapel mit den Zahlenkarten eine Karte.
Die Aktionskarte wird abgelegt. Dann ist der nächste Spieler dran.
Wer nach drei Spielrunden den höchsten Punktestand hat, gewinnt das Spiel.

Notiere in jeder Runde mit einer Rechnung, wie sich dein Punktestand verändert. Beachte die Rechnungen in dem folgenden Beispiel.

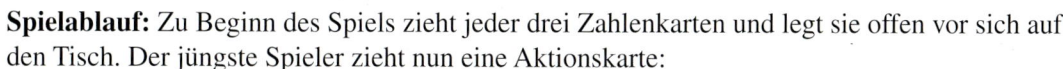

Noras Karten zu Beginn:	Erste Runde: Sie zieht eine „Nimm dazu"-Karte.	Tom hat „Gib weg" gezogen und gibt Nora seine (−4)-Karte:	Zweite Runde: Nora darf eine ihrer Karten weggeben.
			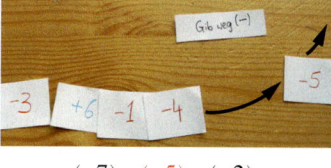
$(-3) + (-5) + (+6) = (-2)$	$(-2) + (-1) = (-3)$	$(-3) + (-4) = (-7)$	$(-7) - (-5) = (-2)$

Verstehen

Lena, Marc, Antonia und Sophie spielen ein Kartenspiel. Es gewinnt, wer nach fünf Runden die meisten Pluspunkte hat.

Doch sie müssen aufpassen, denn es gibt Karten mit Pluspunkten und Karten mit Minuspunkten. Wer eine neue Karte zieht oder eine Karte ablegt, berechnet, wie viele Punkte sie oder er anschließend hat.

HINWEIS
Vorzeichen

$(+5) + (-3) = +2$

Rechenzeichen

Addition rationaler Zahlen

Wenn bei einer Addition auch negative Zahlen dabei sind, unterscheidet man zwei Fälle: Haben beide Zahlen das gleiche Vorzeichen oder haben sie verschiedene Vorzeichen?

1. Fall: Beide Zahlen haben das *gleiche* Vorzeichen.

Ich hatte bisher 1 Minuspunkt und nehme 4 Minuspunkte dazu.

Dann hast du noch mehr Minus: 5 Minuspunkte.

Rechnung: $(-1) + (-4) = -5$

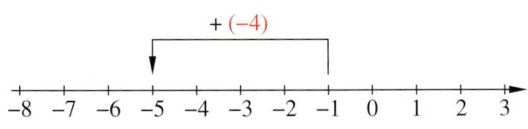

Beispiel 1

$(+6) + (+2{,}7) = (+8{,}7)$

$(-16) + (-33) = (-49)$;
  Nebenrechnung: $16 + 33 = 49$;
  gemeinsames Vorzeichen: „$-$"

Merke Addieren bei *gleichen* Vorzeichen
Addiere die Zahlen ohne ihr Vorzeichen zu berücksichtigen.
Das Ergebnis bekommt das gemeinsame Vorzeichen.

2. Fall: Die Zahlen haben *verschiedene* Vorzeichen.

Ich hatte bisher 7 Minuspunkte und nehme 3 Pluspunkte dazu.

Dann hast du weniger Minuspunkte. Jetzt hast du noch 4 Minuspunkte.

Rechnung: $(-7) + (+3) = -4$

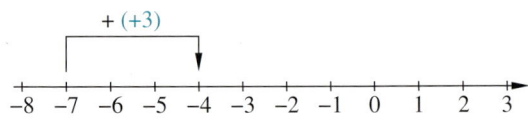

Beispiel 2

$(+5) + (-9{,}3) = (-4{,}3)$;
  Nebenrechnung: $9{,}3 - 5 = 4{,}3$;
  $|-9{,}3| > |+5|$, also Vorzeichen: „$-$"

Merke Addieren bei *verschiedenen* Vorzeichen
Subtrahiere ohne Vorzeichen: *größerer Betrag minus kleinerer Betrag.*
Das Ergebnis bekommt das Vorzeichen der Zahl mit dem größeren Betrag.

Subtraktion rationaler Zahlen

Ich hatte 6 Minus-punkte und gebe 2 Pluspunkte ab.

Das zählt genau so, als ob du 2 Minuspunkte dazu nehmen würdest. Jetzt hast du 8 Minuspunkte.

Rechnung:
$(-6) - (+2) =$
$= (-6) + (-2) =$
$= -8$

Ich hatte bisher 4 Pluspunkte und gebe 3 Minuspunkte ab.

Das zählt genau so, als ob du 3 Pluspunkte dazu nehmen würdest. Jetzt hast du 7 Pluspunkte.

Rechnung:
$(+4) - (-3) =$
$= (+4) + (+3) =$
$= +7$

Beispiel 3

$(-14) - (+4) = (-14) + (-4)$

$(-2) - \left(-3\tfrac{1}{3}\right) = (-2) + \left(+3\tfrac{1}{3}\right)$

Merke Subtrahieren
Forme um: Statt die Zahl zu subtrahieren, addierst du ihre Gegenzahl.

HINWEIS
Man darf sich Schreibarbeit ersparen.
Beispiel:
$(-4) - (+2) =$
$= (-4) - 2\ =$
$= -4 - 2$

Addieren und Subtrahieren – die Rechenregeln in Kürze

aus ■ + (+■) wird ■ + ■

$4 + (+6) = 4 + 6$
$(-4) + (+6) = -4 + 6$

$+6$
(Zahlenstrahl: −6 −5 −4 −3 −2 −1 0 1 2)

aus ■ − (−■) wird ■ + ■

$9 - (-5) = 9 + 5$
$(-9) - (-5) = -9 + 5$

aus ■ + (−■) wird ■ − ■

$1 + (-7) = 1 - 7$
$(-1) + (-7) = -1 - 7$

-7
(Zahlenstrahl: −6 −5 −4 −3 −2 −1 0 1 2)

aus ■ − (+■) wird ■ − ■

$3 - (+1) = 3 - 1$
$(-3) - (+1) = -3 - 1$

Üben und anwenden

1 Notiere Aufgaben und Ergebnisse.

a)
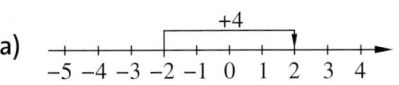
$+4$
(−5 −4 −3 −2 −1 0 1 2 3 4)

b)
-5
(−5 −4 −3 −2 −1 0 1 2 3 4)

2 Berechne.

a) $-3 + (+4)$ b) $-3 + (-4)$
c) $3 + (-4)$ d) $-2 + (+5)$
e) $-2 + (-5)$ f) $2 + (-5)$
g) $-7 - (+3)$ h) $-7 - (-3)$

1 Berechne.
Überlege zuvor, ob das Ergebnis negativ oder positiv ist.
a) $(-3) + (+5)$
b) $(-2) + (-3)$
c) $(-5) + (+2)$

2 Berechne.

a) $17 - (+21)$ b) $-922 + (+23)$
c) $-17 + (+19)$ d) $-777 - (-777)$
e) $237 + (-1\,000)$ f) $12 - 13$
g) $-9 + 12$ h) $-12 - 4$

3 Übersetze den Text in eine Rechnung.

a) Karl hat 3 Minuspunkte und gibt 2 Minuspunkte ab.

b) Caro hat 8 Pluspunkte und nimmt 4 Minuspunkte dazu.

c) Ina hat 6 Pluspunkte und gibt 3 Pluspunkte ab.

4 Schreibe als Term und berechne.
Tipp: Eine Zahlengerade kann dir helfen.

alte Temperatur	Temperatur-änderung	neue Temperatur
2 °C	4 Grad kälter	
−7 °C	8 Grad wärmer	
−3 °C	6 Grad kälter	
6 °C	4 Grad wärmer	

4 Schreibe als Term und berechne.
Tipp: Eine Zahlengerade kann dir helfen.

alte Temperatur	Temperatur-änderung	neue Temperatur
2 °C		4 °C
	8 Grad wärmer	3 °C
	6 Grad wärmer	−1 °C
−7 °C		−20 °C

5 Übertrage die Tabelle ins Heft und fülle aus.

altes Guthaben	Zahlungseingang oder Zahlungsausgang	neues Guthaben
+19,00 €	+23,00 €	
	+23,00 €	+ 6,00 €
−17,00 €		+12,00 €
−15,00 €		− 2,60 €
	−11,00 €	+44,00 €
−31,80 €	−49,50 €	

5 Dies sind Höchst- und Tiefsttemperaturen an einem Wintertag. Wie groß war jeweils der Temperaturunterschied?

Amsterdam	3 | −1	London	5 | 2
Athen	12 | 6	Moskau	−7 | −7
Berlin	0 | −9	Norderney	3 | −2
Brüssel	2 | −4	Rom	14 | 2
Dresden	−3 | −10	Sylt	2 | −2
Düsseldorf	1 | −6	Warschau	−2 | −10
Istanbul	2 | −1	Wien	−2 | −11

6 Ergänze im Heft. Die Lösungen stehen in den Luftballons in der Randspalte.

a) $-17 + \blacksquare = -25$ **b)** $-17 + \blacksquare = -9$ **c)** $-17 + \blacksquare = 5$ **d)** $-17 - \blacksquare = -17$

e) $-17 - \blacksquare = -16$ **f)** $-17 - \blacksquare = -11$ **g)** $-17 - \blacksquare = -6$ **h)** $-17 + \blacksquare = -19$

7 Schreibe in Kurzform und berechne.

a) $0,8 - (-0,5)$ **b)** $-0,5 + (+0,7)$
c) $-1,4 - (+0,6)$ **d)** $2,1 + (-3,6)$
e) $3,5 - (+1,5)$ **f)** $-2,4 - (-2,1)$

7 Schreibe in Kurzform und berechne.

a) $2,64 + 3,49$ **b)** $2,81 - 3,72$
c) $4,03 - (-5,72)$ **d)** $-7,39 - 5,41$
e) $-9,08 - (-9,08)$ **f)** $6,55 - (-7,45)$

8 Ergänze die Additionsmauern im Heft.

a) 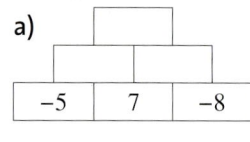   **b)**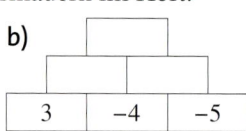

c) 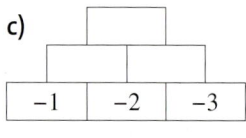   **d)**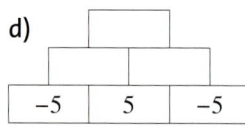

e) 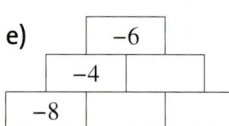   **f)**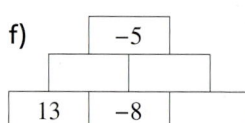

8 Vervollständige die Additionsmauern – sofern möglich – in deinem Heft.

a) Findest du mehrere Lösungen?
b) Begründe gegebenenfalls, warum es keine Lösung gibt.

① 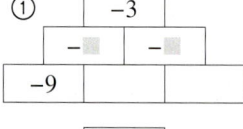   ②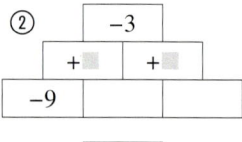

③ 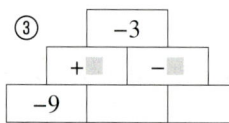   ④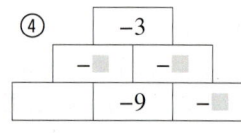

Rationale Zahlen multiplizieren und dividieren

Entdecken

1 Julian hat eine Aufgabe gerechnet.

$$(-7)+(-7)+(-7)$$
$$=3*(-7)$$
$$=-21$$

a) Vollziehe seinen Rechenweg nach.

b) Schreibe die Aufgaben wie Julian jeweils als Multiplikationsaufgabe und berechne sie.

① $(-8)+(-8)$ ② $(-2)+(-2)+(-2)$

③ $(-5)+(-5)+(-5)$ ④ $(-3)+(-3)+(-3)+(-3)$

⑤ $(-7)+(-7)+(-7)+(-7)+(-7)+(-7)$

⑥ $(-4)+(-4)+(-4)+(-4)+(-4)+(-4)+(-4)+(-4)$

c) 👥 Wie wird das Produkt aus einer positiven und einer negativen Zahl gebildet? Formuliert eure Beobachtungen.
Vergleicht eure Ergebnisse untereinander.

2 Löse die folgenden Aufgaben. Was fällt dir auf? Setze die Zahlenreihen fort.

①
$$4 \cdot (-2) = -8$$
$$3 \cdot (-2) = -6$$
$$2 \cdot (-2) =$$
$$1 \cdot (-2) =$$
$$0 \cdot (-2) =$$
$$(-1) \cdot (-2) =$$
$$(-2) \cdot (-2) =$$
$$(-3) \cdot (-2) =$$
$$(-4) \cdot (-2) = 8$$

②
$$(-3) \cdot 4 = -12$$
$$(-3) \cdot 3 = -9$$
$$(-3) \cdot 2 =$$
$$(-3) \cdot 1 =$$
$$(-3) \cdot 0 =$$
$$(-3) \cdot (-1) =$$
$$(-3) \cdot (-2) =$$
$$(-3) \cdot (-3) =$$
$$(-3) \cdot (-4) = 12$$

③
$$(-2) \cdot (-2) =$$
$$(-2) \cdot (-2) \cdot (-2) =$$
$$(-2) \cdot (-2) \cdot (-2) \cdot (-2) =$$

NACHGEDACHT
Kannst du Merksätze formulieren zur Multiplikation mit 0, mit 1 und mit −1? Beginne jeweils so:
Wenn man eine rationale Zahl mit ■ multipliziert, dann …

👥 Formuliert jeweils Regeln und vergleicht eure Ergebnisse in Kleingruppen:

a) Wie wird das Produkt aus zwei negativen Zahlen gebildet?

b) Wie wird das Produkt aus mehr als zwei negativen Zahlen gebildet?

3 👥 Tagesdurchschnittstemperaturen in Winterberg in der ersten Januarwoche

Mo	Di	Mi	Do	Fr	Sa	So
$-2°C$	$-1°C$	$-3°C$	$-4°C$	$-6°C$	$-5°C$	$0°C$

Wie könnte man aus diesen Angaben die Durchschnittstemperatur der ersten Januarwoche berechnen? Arbeitet zu zweit oder in kleinen Gruppen.

4 Bearbeite diese Aufgabe, nachdem du in den Aufgaben 1 und 2 die Regeln für die Multiplikation mit negativen Zahlen erarbeitet hast.
Jede Multiplikationsaufgabe hat zwei Umkehraufgaben.

Beispiel $4 \cdot 9 = 36$;   Umkehraufgaben: $36 : 4 = 9$ und $36 : 9 = 4$

a) Löse die folgenden Aufgaben und gib jeweils die beiden Umkehraufgaben an:

① $3 \cdot 6$ ② $(-5) \cdot 7$ ③ $(-8) \cdot (-3)$ ④ $6 \cdot (-3)$ ⑤ $8 \cdot \frac{1}{4}$ ⑥ $6 \cdot \frac{1}{2}$

b) Sortiere die entstandenen zwölf Divisionsaufgaben, indem du gleichartige zusammenstellst.
Überlege dir Regeln zur Division rationaler Zahlen. Vergleiche mit deinen Nachbarn.

c) Ergänze die Sätze:
Das Ergebnis der Divisionsaufgabe ist positiv, wenn …
Das Ergebnis der Divisionsaufgabe ist negativ, wenn …

ERINNERE DICH
Umkehraufgaben:

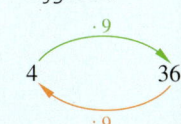

$$\cdot 9$$
$$4 \qquad 36$$
$$: 9$$

19

Verstehen

Güven findet auf dem Flohmarkt 3 CDs seines Lieblingsrappers, jede kostet 2 €.
Leider hat er sein monatliches Taschengeld schon ausgegeben.
Das Geld für die 3 CDs leiht er sich von seinem großen Bruder.

Güven hat nun bei seinem Bruder 6 € Schulden, denn
$$(-2\,€) + (-2\,€) + (-2\,€) = -6\,€.$$

Kürzer geschrieben:
$$3 \cdot (-2\,€) = -6\,€$$

KURZ GESAGT
$+ \cdot + = +$
$- \cdot - = +$
$+ \cdot - = -$
$- \cdot + = -$

*Gleiches gilt bei
der Division.*

> **Merke Multiplizieren und Dividieren von rationalen Zahlen**
> ① Multipliziere bzw. dividiere beide Zahlen ohne Vorzeichen.
> ② Bestimme das Vorzeichen des Ergebnisses:
> • Das Vorzeichen ist negativ (–), wenn beide Zahlen verschiedene Vorzeichen haben.
> • Das Vorzeichen ist positiv (+), wenn beide Zahlen das gleiche Vorzeichen haben.

Beispiel 1 Multiplikation
$(-5) \cdot 12 = \blacksquare$
　① $5 \cdot 12 = 60$
　② Vorzeichen verschieden, also „–"
$(-5) \cdot 12 = -60$

Beispiel 2 Division
$(-72) : (-8) = \blacksquare$
　① $72 : 8 = 9$
　② Vorzeichen gleich, also „+"
$(-72) : (-8) = +9$

Bei **Aufgaben mit mehreren Faktoren** zählt man die negativen Faktoren:
• Ist die Anzahl der negativen Faktoren gerade, so ist das Ergebnis positiv.
• Ist die Anzahl der negativen Faktoren ungerade, so ist das Ergebnis negativ.

Beispiel 3 mehrere Faktoren
$$2 \cdot 2 \cdot (-1) \cdot (-4) \cdot 3 = +48$$
$$(-2) \cdot 2 \cdot (-1) \cdot (-4) \cdot 3 = -48$$

Üben und anwenden

1 Multipliziere jeweils mit (-2).
Berechne im Kopf.

2 Übertrage ins Heft und setze das richtige
Vorzeichen ein.
a) $(-2) \cdot (-4) = \blacksquare 8$　　b) $(-2,5) \cdot 2 = \blacksquare 5$
c) $2 \cdot (\blacksquare 3) = -6$　　d) $(-5) \cdot (\blacksquare 4) = 20$
e) $(\blacksquare 8) \cdot (-2) = -16$　f) $8 : (-2) = \blacksquare 4$
g) $-24 : (-3) = \blacksquare 8$　　h) $-15 : (\blacksquare 3) = 5$

1 Bilde fünf Multiplikationsaufgaben mit
jeweils einer Zahl aus dem linken und einer
Zahl aus dem rechten Kästchen.

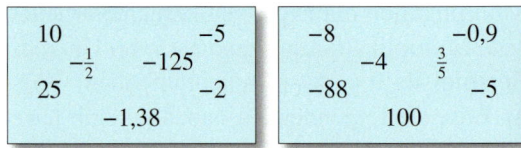

2 Übertrage ins Heft und fülle die Lücken.
a) $-3 \cdot \blacksquare = -12$　　b) $-40 : \blacksquare = 5$
c) $8 \cdot \blacksquare = -56$　　　d) $\blacksquare : (-7) = 11$
e) $\blacksquare \cdot (-4) = 16$　　f) $-3 : \blacksquare = 3$
g) $\blacksquare \cdot 7 = -28$　　　h) $\blacksquare : 12 = -12$

3 Berechne im Kopf.

a) $5 \cdot 6$ b) $-4 \cdot (-8)$ c) $12 \cdot (-2)$
d) $-7 \cdot (-9)$ e) $100 \cdot (-3,5)$ f) $-8 \cdot 11$
g) $-12 \cdot (-12)$ h) $15 \cdot (-4)$ i) $-6 \cdot (-9)$

3 Überschlage im Kopf. Dann berechne genau.

a) $-5 \cdot 105$ b) $9 \cdot 999$ c) $-30 \cdot (-30)$
d) $-30 \cdot 31$ e) $-45 \cdot (-3)$ f) $-300 \cdot 2\,000$
g) $-20 \cdot (-75)$ h) $30 \cdot (-29)$ i) $500 \cdot (-750)$

4 Bilde 10 Multiplikationsaufgaben mit dem Ergebnis 100 oder -100. Wähle je eine Zahl aus dem linken und dem rechten Kasten.

-2	4	$12,5$
-200	$-\frac{1}{3}$	400
20		-10
$1,25$	500	

$0,25$	5	-50
	10	300
-8	80	$-\frac{1}{2}$
25	$-0,2$	

4 Wähle aus den Zahlen zwei Faktoren aus, deren Produkt den angegebenen Wert hat.

a) -2 b) $-0,8$ c) $0,6$

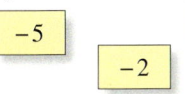

-5 -4 $0,2$ $0,4$
-2
$-0,2$ $-0,3$
2 3

5 Berechne schriftlich. Welches Vorzeichen bekommt das Ergebnis?

a) $2,5 \cdot (-6)$ b) $-0,4 \cdot (-4,5)$
c) $-0,5 \cdot (-3,5)$ d) $-0,7 \cdot 4,2$
e) $-0,02 \cdot (-8)$ f) $0,53 \cdot (-0,4)$

5 Berechne schriftlich. Welches Vorzeichen bekommt das Ergebnis?

a) $0,5 \cdot (-350)$ b) $0,8 \cdot 7,2$
c) $-0,5 \cdot 2\,400$ d) $-10,9 \cdot (-7,2)$
e) $0,704 \cdot (-0,03)$ f) $-0,085 \cdot (-0,4)$

HINWEIS
Auch beim schriftlichen Multiplizieren und Dividieren gilt:
① *Rechne ohne Vorzeichen.*
② *Bestimme das Vorzeichen.*

6 Berechne. Überprüfe deine Ergebnisse jeweils mit einer Probe.

a) $12 : (-6)$ b) $-36 : 12$
c) $-42 : (-7)$ d) $84 : (-7)$
e) $-56 : (-8)$ f) $-72 : (-9)$

6 Berechne. Überprüfe deine Ergebnisse jeweils mit einer Probe.

a) $-117 : 13$ b) $121 : (-11)$
c) $143 : (-13)$ d) $-12 : (-3)$
e) $-15 : (-5)$ f) $-56 : (-14)$

7 Ergänze die Tabelle im Heft.

:	5	-15	9	-3
90				
-45			-5	
135				

7 Ergänze die Tabelle im Heft.

:	5	-15	9	
-405				
270				-90
			-105	

8 Berechne schriftlich. Achte auf das Vorzeichen im Ergebnis.

a) $-615 : 5$ b) $1\,872 : (-8)$
c) $-2\,415 : (-7)$ d) $2\,736 : 6$
e) $17\,034 : (-3)$ f) $-61\,101 : (-9)$
g) $-201\,256 : (-4)$ h) $299\,380 : (-5)$

8 Dividiere schriftlich. Achte auf das Vorzeichen im Ergebnis.

a) $24,48 : (-7,2)$ b) $-24,2 : (-5,5)$
c) $13,44 : (-2,1)$ d) $-8,652 : 4,2$
e) $-6,825 : (-2,1)$ f) $10,08 : (-2,4)$
g) $24,48 : (-5,44)$ h) $-35,7 : 10,2$

9 Übertrage die Rechenbäume in dein Heft und fülle aus.

a)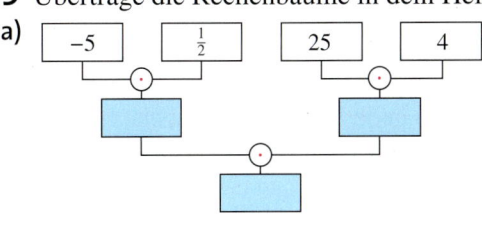

b)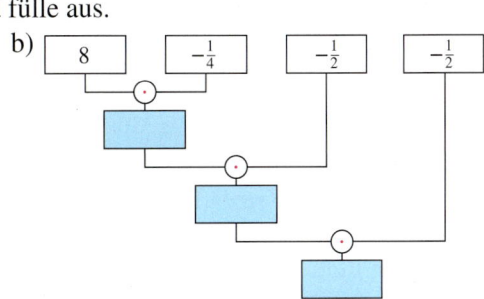

10 Bilde aus den Zahlen Multiplikationsaufgaben mit drei Faktoren und berechne sie.

$-\frac{1}{2}$	28	30	19
9	−10,5	21	
−35	−16	3,8	

10 Bilde aus den Zahlen Multiplikationsaufgaben mit mindestens vier Faktoren und berechne sie.

$\frac{1}{6}$	−39	12,5	17
−8	−5	−4	20
−25	−60	−43	−4,7
$-9\frac{1}{2}$	−69	6	

11 Berechne.
a) $5 \cdot (-3) \cdot 7$
b) $-10 \cdot 12 \cdot (-4)$
c) $15 \cdot (-3) \cdot 12$
d) $-100 \cdot 50 \cdot 10$
e) $-10 \cdot (-20) \cdot (-30)$
f) $20 \cdot (-40) \cdot 60$

11 Berechne.
a) $3 \cdot (-2) \cdot (-3) \cdot 7$
b) $3 \cdot (-4) \cdot (-2) \cdot (-1)$
c) $5 \cdot (-6) \cdot 2 \cdot (-1)$
d) $-8 \cdot (-4) \cdot 2 \cdot (-1)$
e) $2 \cdot (-2) \cdot 2 \cdot (-10)$
f) $(-3) \cdot 2 \cdot (-15)$

12 Die Klasse 7a misst im Skiurlaub jeden Tag die Außentemperaturen:

Mo.	Di.	Mi.	Do.	Fr.
−8 °C	+2 °C	−3 °C	+1 °C	−7 °C

Wie viel Grad Celsius beträgt die durchschnittliche Außentemperatur?

12 Der Schulkiosk rechnet am Ende eines jeden Tages die Einnahmen zusammen. Manchmal passieren Fehler beim Kassieren, dann stimmen die Tageseinnahmen in der Kasse nicht mit dem Preis der verkauften Waren überein:

Mo.	Di.	Mi.	Do.	Fr.
−2,55 €	34,75 €	−6,50 €	+12,30 €	+20,25 €

a) Was bedeuten hier „+" und „−"?
b) Wie viel € hat der Kiosk am Ende der Woche zu viel oder zu wenig eingenommen? Was ergibt das durchschnittlich pro Tag?

ZUM WEITERARBEITEN
Erfinde eigene Multiplikationsmauern. Achte darauf, dass es eine Lösung gibt. Erstelle ein Arbeitsblatt für deinen Nachbarn.

13 Multiplikationsmauern
a) Vervollständige die Multiplikationsmauern in deinem Heft.

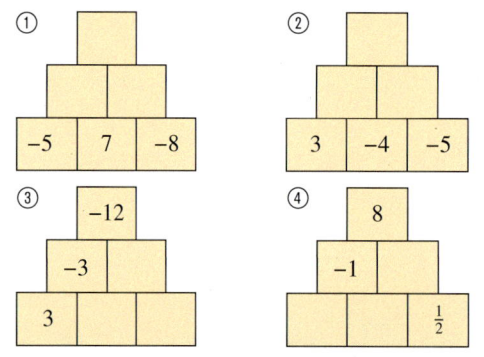

b) Verändert sich das Vorzeichen in der Spitze der Mauer, wenn genau ein Vorzeichen in der unteren Reihe verändert wird?

13 Multiplikationsmauern
a) Multiplikationsmauern zum Knobeln

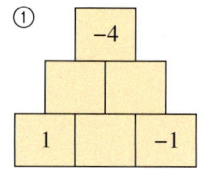
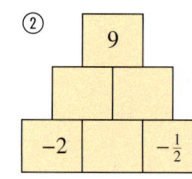

b) Erfinde je eine Multiplikationsmauer mit einer der unten genannten Eigenschaften oder begründe, warum es so eine Mauer nicht geben kann. Alle Mauern sollen drei Steine in der Grundreihe haben.
① In der Spitze steht die Zahl −6.
② Mauer mit genau einer negativen Zahl.
③ Mauer mit genau zwei positiven Zahlen.
④ Mauer mit genau zwei negativen Zahlen.

Vorrangregeln beachten und vorteilhaft rechnen

Entdecken

1 Vergleiche die Rechenwege der drei Schüler beim Lösen der Aufgabe $(-4) \cdot 17 \cdot (-25)$.

Pascal	René	Dominik
$(-4) \cdot 17 \cdot (-25)$	$(-4) \cdot 17 \cdot (-25)$	$(-4) \cdot 17 \cdot (-25)$
	die Faktoren darf ich vertauschen	$-$ mal $+$ ist $-$,
$(-4) \cdot 17$ ist (-68)	$(-4) \cdot (-25) = 100$	dann mal $-$ ist $+$,
und $(-68) \cdot (-25)$	und $100 \cdot 17 = 1700$.	also ist das Vorzeichen positiv.
ist $\underline{1700}$.		$4 \cdot 17 = 68$,
		$68 \cdot 25 = 1700$, also $+1700$.

NACHGEDACHT
Welche der drei Vorgehensweisen gefällt dir am besten und warum?

a) Welche „Tricks" werden beim Lösen dieser Multiplikationsaufgabe angewendet?
   Kennst du die mathematischen Fachbegriffe für die angewandten Rechengesetze?
b) Wie würdest du vorgehen um $-2 \cdot (-137) \cdot (-50)$ zu berechnen?
   👥 Vergleicht eure Vorgehensweisen zunächst zu zweit und dann in der Klasse.
c) 👥 Fasse die bisher gefundenen Rechengesetze in Merksätzen zusammen.

2 Katja und Michael machen in den Alpen eine Bergtour durch den Karwendel.

Ort	Höhe	Temperatur
Lenggries	679 m	$-2\,°C$
Lenggrieser Hütte	1 338 m	$-2\,°C$
Tegernseer Hütte	1 650 m	$-4\,°C$
Buchstein Hütte	1 260 m	$-2\,°C$
Hirschberghaus	1 535 m	$-4\,°C$
Bad Wiesee	750 m	$-4\,°C$

a) Berechne die Durchschnittstemperatur. Rechts siehst du einen
   Auszug aus ihrem Wanderbuch.
   👥 Vergleicht eure Ergebnisse und eure Vorgehensweisen.
b) Auf der Birkkarspitze wurden an einem Tag $-4\,°C$ und $-6\,°C$ gemessen.
   Mit welchen Rechnungen lässt sich daraus eine Durchschnittstemperatur bestimmen?
   ① $-4 - 6 : 2$ ② $-4 : 2 + (-6) : 2$ ③ $(-4 + (-6)) : 2$ ④ $-4 + (-6) : 2$
c) Vergleiche die beiden Rechnungen, die zur richtigen Lösung führen.
   Erkennst du ein Rechengesetz wieder?

3 Vergleiche jeweils die beiden Rechenwege.

① $(-3{,}5 + 1{,}5) \cdot (-7)$ $(-3{,}5 + 1{,}5) \cdot (-7)$
   $= (-2) \cdot (-7)$ $= (-3{,}5) \cdot (-7) + 1{,}5 \cdot (-7)$
   $= 14$ $= 24{,}5 - 10{,}5$
                  $= 14$

② $23 \cdot (-4) + 17 \cdot (-4)$ $23 \cdot (-4) + 17 \cdot (-4)$
   $= -92 + (-68)$ $= (23 + 17) \cdot (-4)$
   $= -160$ $= 40 \cdot (-4)$
                 $= -160$

a) Welcher Rechenweg ist jeweils in deinen Augen leichter? Begründe.
b) Welches Rechengesetz wurde verwendet?
c) Berechne $26 \cdot (-17) - 16 \cdot (-17)$ und $(26 - 16) \cdot (-17)$.

Verstehen

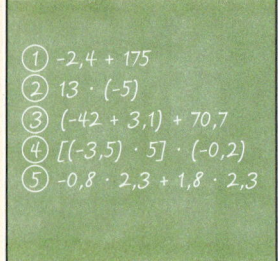

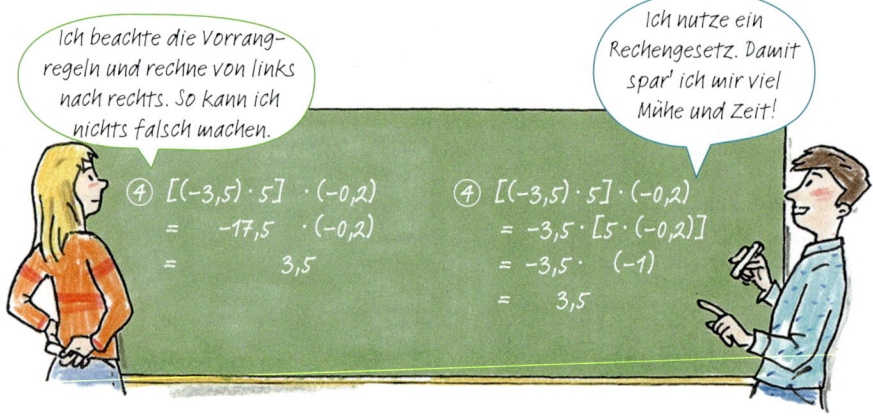

Ich beachte die Vorrangregeln und rechne von links nach rechts. So kann ich nichts falsch machen.

Ich nutze ein Rechengesetz. Damit spar' ich mir viel Mühe und Zeit!

① −2,4 + 175
② 13 · (−5)
③ (−42 + 3,1) + 70,7
④ [(−3,5) · 5] · (−0,2)
⑤ −0,8 · 2,3 + 1,8 · 2,3

④ $[(-3,5) \cdot 5] \cdot (-0,2)$
 $= \quad -17,5 \quad \cdot (-0,2)$
 $= \qquad 3,5$

④ $[(-3,5) \cdot 5] \cdot (-0,2)$
 $= -3,5 \cdot [5 \cdot (-0,2)]$
 $= -3,5 \cdot \quad (-1)$
 $= \qquad 3,5$

Die bekannten **Vorrangregeln** gelten auch beim Rechnen mit rationalen Zahlen.
1. Werte in Klammern werden zuerst berechnet.
2. Punktrechnung geht vor Strichrechnung.

$12 - (3 - 5) \cdot 3,1 = 12 - (-2) \cdot 3,1$
$= 12 - \quad (-6,2)$

Bei mehreren Klammern wird zuerst der Wert der *innersten* Klammer berechnet.

$7 - [5 \cdot (2 - 3)] = 7 - [5 \cdot (-1)]$

Die folgenden Rechengesetze kann man oft zum vorteilhaften Rechnen nutzen.

Die Aufgaben ① bis ⑤ von der Tafel werden als Beispiele vorgerechnet: links mit Katjas Rechenweg „von links nach rechts" und rechts wie Ben, der Rechenvorteile nutzt.

TIPP
Gehe Katjas und Bens Rechenwege durch: Welche Rechenschritte findest du leichter?

Merke   **Vertauschungsgesetz**
(Kommutativgesetz)
In einer Summe und in einem Produkt gilt:
Man darf die Zahlen vertauschen.
 $a + b = b + a$
 $a \cdot b = b \cdot a$

Beispiel 1   −2,4 + 175

−2,4 + 175	= 175 + (−2,4)
= 172,6	= 172,6

Beispiel 2   13 · (−5)

13 · (−5) = −65	= (−5) · 13 = −65

Merke   **Verbindungsgesetz**
(Assoziativgesetz)
In einer Summe und in einem Produkt gilt:
Die Zahlen dürfen beliebig durch Klammern zusammengefasst werden.
 $a + b + c = (a + b) + c = a + (b + c)$
 $a \cdot b \cdot c = (a \cdot b) \cdot c = a \cdot (b \cdot c)$

Beispiel 3   (−42 + 3,1) + 70,7

(−42 + 3,1) + 70,7	= −42 + (3,1 + 70,7)
= −38,9 + 70,7	= −42 + 73,8
= 31,8	= 31,8

Beispiel 4   [(−3,5) · 5] · (0,2)
Betrachte die Rechenwege oben an der Tafel.

Merke   **Verteilungsgesetz**
(Distributivgesetz)
Wird eine Summe (oder Differenz) mit einer Zahl multipliziert, kann man die Klammer folgendermaßen auflösen:
 $(a + b) \cdot c = a \cdot c + b \cdot c$
 $(a - b) \cdot c = a \cdot c - b \cdot c$
Das Gesetz gilt auch für die Division:
 $(a + b) : c = a : c + b : c$
 $(a - b) : c = a : c - b : c$

Beispiel 5
Einen Rechenvorteil bringt das Verteilungsgesetz, wenn man einen gemeinsamen Faktor ausklammern kann:
$$-0,8 \cdot 2,3 + 1,8 \cdot 2,3$$

−0,8 · 2,3 + 1,8 · 2,3	= (−0,8 + 1,8) · 2,3
= −1,84 + 4,14	= 1 · 2,3
= 2,3	= 2,3

Üben und anwenden

1 Berechne.
Denke an die Vorrangregeln.
a) $-12 + 8 \cdot 4$
b) $-12 - 8 \cdot 4$
c) $-12 + 8 : 4$
d) $-12 - 8 : 4$
e) $-12 - 8 - 4$
f) $-12 - 8 + 4$
g) $-12 \cdot 8 : 4$
h) $-12 \cdot (8 - 4)$

1 Setze Klammern so, dass das Ergebnis stimmt.
a) $3 + 2 \cdot 7 = 35$
b) $-12 : 4 - 2 = -6$
c) $-2 \cdot 4 - 5 + 1 = 3$
d) $4 - 2 - 7 = 9$
e) $23 - 8 : (-5) = -3$
f) $-13 + 2 \cdot 8 - 2 = -1$
g) $-14 : 2 + 5 = -2$
h) $7 - 12 \cdot 5 + 2 = -23$

2 Berechne. Beachte die Vorrangregeln.
a) $[(-5) + (-4)] \cdot (-2)$
b) $(4 + 2 - 8) \cdot (-12)$
c) $[7 \cdot (-3) + 6] : 3$
d) $9 - (-3) \cdot 4 + 2 \cdot [5 + (-3)]$

2 Berechne. Beachte die Vorrangregeln.
a) $[19 + (-12) \cdot (-4)] : (-5)$
b) $(-20) : [8 \cdot 4 - (14 - 5 \cdot (-2))]$
c) $[27 - (13 + 54)] \cdot [144 : (-12)]$
d) $(-9) \cdot [4 \cdot 5 \cdot 6 + 72 \cdot (-2)]$

3 Schreibe zuerst den Rechenbaum als Aufgabe, denke an die Klammern. Berechne anschließend.

a)
b)

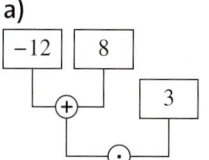
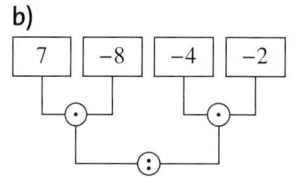

3 Rechenbäume:
Schreibe als Aufgabe und löse.

a)   b)

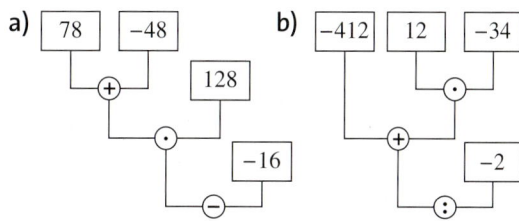

4 Würfle mit drei Würfeln. Setze vor jede Augenzahl ein Minus als Vorzeichen und bilde eine Aufgabe. Dabei darfst du alle Rechenzeichen und auch Klammern verwenden.

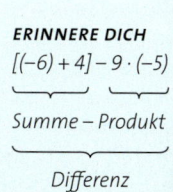

4 Würfle mit drei Würfeln. Setze vor jede Augenzahl ein Minus als Vorzeichen und bilde eine Aufgabe. Dabei darfst du alle Rechenzeichen und auch Klammern verwenden. Finde jeweils ein möglichst kleines und ein möglichst großes Ergebnis.

5 Stelle die Rechnung auf und berechne.
Tipp: Rechenbäume können helfen.
a) Multipliziere (-4) mit der Differenz aus 5 und 3.
b) Addiere zum Produkt der Zahlen (-5) und $(-2,5)$ die Zahl 1,5.
c) Dividiere die Summe der Zahlen 9 und 6 durch (-3).
d) Subtrahiere vom Produkt der Zahlen $\frac{3}{4}$ und (-8) die Zahl 5.

5 Stelle die Rechnung auf und berechne.
Tipp: Rechenbäume können helfen.
a) Multipliziere die Summe aus -15 und -45 mit der Differenz der Zahlen 12 und -4.
b) Multipliziere die Differenz aus $-3,5$ und $-1,5$ mit dem Quotienten aus -75 und 25.
c) Dividiere das Produkt der Zahlen 5,8 und 9,4 durch $-0,5$.
d) Dividiere die Summe der Zahlen 1,8 und 1,2 durch die Differenz dieser Zahlen.

ERINNERE DICH
$[(-6) + 4] - 9 \cdot (-5)$
Summe – Produkt
Differenz

6 Nutze Rechenvorteile.
a) $47 - 28 - 37$ b) $-56 + 104 + 26$
c) $89 - 231 - 19$ d) $-68 + 134 + 18$
e) $-32 + 84 + 12$ f) $-13 + 21 - 7 + 29$

6 Rechne vorteilhaft.
a) $8,2 - 4,3 + 1,8$ b) $5,7 + 4,5 - 9,7$
c) $8,7 - 6,5 - 2,7$ d) $14,6 + 12,8 - 13,6$
e) $-3,5 + 3,7 - 5,5$ f) $-13,9 - 15,3 + 17,9$

7 Nutze Rechenvorteile.
a) $-2 \cdot 9 \cdot (-5)$
b) $-12 \cdot (-5) \cdot (-7)$
c) $9 \cdot (-8) \cdot (-5)$
d) $-5 \cdot 16 \cdot (-1,2)$

7 Nutze Rechenvorteile.
a) $30 \cdot (-2) \cdot (-3) \cdot 7 \cdot (-5)$
b) $3 \cdot (-4) \cdot (-2) \cdot (-5)$
c) $0,2 \cdot (-0,3) \cdot (-0,4) \cdot 0,5$
d) $-0,8 \cdot 1,5 \cdot (-0,25) \cdot (-0,4)$

8 Fehler in Nadines Hausaufgaben
a) Finde jeweils heraus, was sie falsch gemacht hat, und korrigiere das Ergebnis.

① $2 - 6 \cdot 5 = -20$
② $14 - 21 : 7 = -1$
③ $-5 \cdot (7 - 14) = -49$
④ $(-48) : 4 \cdot 2 = -6$
⑤ $15 - 15 : 5 = 0$
⑥ $7 - 5 + 2 = 0$

b) Nadine behauptet, die Ergebnisse seien doch richtig, man müsse in den Aufgaben nur Klammern ergänzen oder weglassen. Ist das tatsächlich möglich?

8 Jamal hat das Vertauschungsgesetz angewendet. Doch die Ergebnisse sind verschieden!
a) Was hat er falsch gemacht?

① $-16 + 7,2 - 6 = -14,8$
$-16 + 6 - 7,2 = -17,2$

b) Wann gilt das Vertauschungsgesetz, wann nicht? Finde weitere Beispiele.

② $-2,5 - 1,5 = -4$
$1,5 - (-2,5) = 4$

c) Was muss man beachten, wenn man das Vertauschungsgesetz bei Rechnungen wie oben in Aufgabe 6 anwendet?
d) Untersuche das Verbindungsgesetz auf gleiche Weise.

9 Rechne wie im Beispiel auf zwei verschiedenen Wegen. Welchen Rechenweg findest du leichter?

Beispiel $(-6 - 4) \cdot (-7)$

$= -6 \cdot (-7) - 4 \cdot (-7)$
$= \quad 42 \quad + \quad 28 \quad = 70$

$= (-10) \cdot (-7)$
$= \qquad 70$

a) $-6 \cdot (100 + 3)$ b) $-9 \cdot (-13 - 37)$
c) $-4 \cdot (-25 + 8)$ d) $(-36 + 35) \cdot (-356)$
e) $(-3,6 + 3,6) \cdot 9,5$ f) $(-21 + 33) : 2$
g) $(4,2 + 2,8) : (-7)$ h) $(-45 + 15) : (-5)$

NACHGEDACHT
$6 : 2 + 6 : 1 =$
$= 3 + 6 = 9,$
aber
$6 : (2 + 1) =$
$= 6 : 3 = 2.$
Betrachte beide Rechnungen. Warum kann man in der oberen Rechnung die „6" nicht ausklammern?

10 Welche Rechenausdrücke führen zum selben Ergebnis? Ordne richtig zu.

① $3 \cdot (-8) - 5 \cdot (-8)$
② $3 \cdot (-8) - 3 \cdot 5$
③ $3 \cdot (-8) + 3 \cdot 5$
④ $3 \cdot 8 - 3 \cdot 5$
⑤ $(-3) \cdot (-8) - (-3) \cdot 5$

A) $3 \cdot (-8 + 5)$
B) $-3 \cdot (-8 - 5)$
C) $(3 - 5) \cdot (-8)$
D) $3 \cdot (8 - 5)$
E) $3 \cdot (-8 - 5)$

10 Berechne die Aufgaben möglichst einfach, indem du ausklammerst.
a) $5 \cdot (-6) + 15 \cdot (-6)$
b) $-8 \cdot 27 + (-8) \cdot 27$
c) $4 \cdot 25 + 4 \cdot (-100)$
d) $-7 \cdot (-9) + 9 \cdot (-9)$
e) $\frac{1}{2} \cdot (-4) + \frac{1}{2} \cdot (-2)$
f) $3 \cdot (-12) - 5 \cdot (-12)$

11 🗩🗩 Warum ist das so?
Begründet anhand mehrerer Beispiele mit unterschiedlichenRechenarten.
Erstellt ein Plakat und präsentiert eure Ergebnisse in der Klasse.

Die Vorrangregeln **muss** man beachten.

Aber bei den Rechengesetzen darf man wählen, ob man sie nutzt oder nicht.

Thema: Zahlbereiche

Schon im Kindergarten hast du Dinge gezählt und dabei ganz natürlich die Zahlen 0; 1; 2; 3; … verwendet.
Das sind die **natürlichen Zahlen** (kurz $\mathbb{N}$).

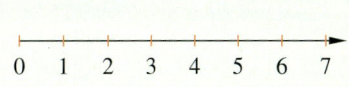

In der Grundschule hast du dann natürliche Zahlen addiert und subtrahiert.
Deine Lehrerinnen und Lehrer konnten die Zahlen bei Additionsaufgaben beliebig zusammenstellen. Aber bei Subtraktionsaufgaben mussten sie aufpassen.

1 Warum war die Subtraktion natürlicher Zahlen nicht immer möglich?

2 Begründe, weshalb du jetzt natürliche Zahlen beliebig subtrahieren kannst.

Die Menge der **ganzen Zahlen** (kurz $\mathbb{Z}$) ist eine **Erweiterung** der natürlichen Zahlen: Sie enthält alle natürlichen Zahlen und *zusätzlich* auch ihre negativen Gegenzahlen.

Die Menge der **rationalen Zahlen** (kurz $\mathbb{Q}$) ist eine **Erweiterung** der ganzen Zahlen: Sie enthält alle ganzen Zahlen und *zusätzlich* alle positiven und negativen Bruchzahlen.

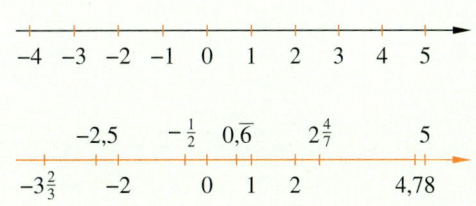

HINWEIS
$0,\overline{6} = 0,6666\ldots$
(sprich 0 Komma Periode 6)

3 Warum ist es *mathematisch* notwendig, auch die rationalen Zahlen einzuführen?

4 Nenne Beispiele aus dem Alltag, die zeigen, dass auch negative ganze Zahlen (negative Brüche) eine wichtige Rolle spielen.

5 Nele fragt: „Welche Bruchzahlen meinen die denn bei den rationalen Zahlen: solche wie 2,34 oder wie $\frac{12}{7}$?" Lea meint: „Das ist doch dasselbe." Was meinst du?

6 Nenne jeweils drei Beispiele.
a) natürliche Zahl **b)** Bruchzahl **c)** negative Zahl **d)** positive Zahl
e) ganze Zahl **f)** positive rationale Zahl **g)** negative rationale Zahl

7 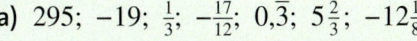 Betrachtet die Grafik rechts und erklärt euch gegenseitig, was sie darstellt. Zeichnet die Grafik ab (zeichnet die Bereiche größer als hier dargestellt). Tragt folgende Zahlen korrekt in eure Zeichnung ein:
a) 295; -19; $\frac{1}{3}$; $-\frac{17}{12}$; $0,\overline{3}$; $5\frac{2}{3}$; $-12\frac{1}{8}$
b) $\frac{8}{1}$; $-\frac{8}{1}$; $\frac{-5}{1}$; $\frac{-1}{5}$; $\frac{2}{2}$; $\frac{2}{-1}$; $-5,00$

$\mathbb{Q}$ $\mathbb{Z}$ $\ldots; -3; -2; -1$
$3\frac{5}{9}$ $\mathbb{N}$ $0; 1; 2; 3; \ldots$
$-187,5$
$-\frac{3}{4}$ $0,59$

8 Josua findet in einem Mathematikbuch eine andere Definition der rationalen Zahlen. Vergleicht mit der Definition von oben. Stimmen die Definitionen überein? Begründet.

> *Die rationalen Zahlen $\mathbb{Q}$ sind die Zahlen, die sich als Bruch zweier ganzer Zahlen schreiben lassen.*

Klar so weit?

→ Seite 10

Negative Zahlen

1 Welche Zahlen sind auf der Zahlengeraden markiert?

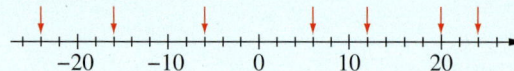

2 Zeichne eine Zahlengerade von –10 bis 10 bzw. von –3 bis 3. Markiere dort die Zahlen und ihre Gegenzahlen.
a) –5; +6; 0; –8; +3; –2
b) –2,5; –2,7; –2,1

3 Übertrage ins Heft und setze das passende Zeichen ein (>, < oder =).
a) 3 ■ 0   b) –5 ■ 2   c) –5 ■ –8
d) |5| ■ –4   e) 0 ■ –1   f) |–6| ■ 6
g) –9 ■ –7   h) 9 ■ |–7| i) –11 ■ –12

4 Koordinatensystem
a) Gib die Koordinaten der Eckpunkte des Fünfecks an.
b) In welchem Quadranten liegen die Punkte?

1 Welche Zahlen sind auf der Zahlengeraden markiert?

2 Zeichne jeweils eine geeignete Zahlengerade. Markiere dort die Zahlen und ihre Gegenzahlen.
a) –0,1; 1,5; 0,3; –0,8; 2,1; –2,2
b) –12,5; –12,7; –12,1; –11,8; –11,6

3 Setze im Heft das passende Zeichen ein.
a) 3,5 ■ –3,51   b) |–23| ■ |23|
c) –15,2 ■ –7,5   d) 0,79 ■ 1,1
e) $-\frac{1}{2}$ ■ –0,5   f) 0,8 ■ $-\frac{4}{5}$
g) |–2,31| ■ 2,099   h) –64,12 ■ –64,1

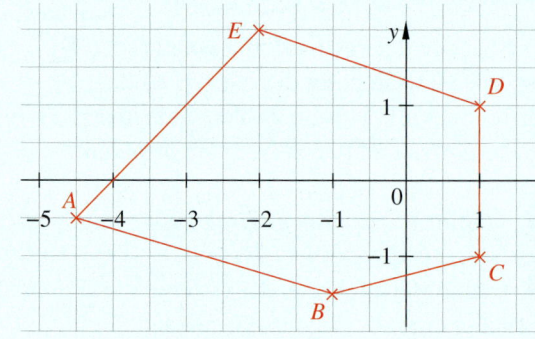

→ Seite 16

Rationale Zahlen addieren und subtrahieren

5 Ergänze die Tabellen im Heft.
a)

+	187	–22	–99
–67			
13			

b)

–	–19	–33	88
16			
–77			

5 Ergänze die Tabellen im Heft.
a)

+	$\frac{3}{4}$	$-\frac{1}{2}$	$-\frac{7}{8}$
$-\frac{1}{4}$			
$-1\frac{2}{8}$			

b)

–	$\frac{2}{5}$	–0,5	–1,2
$\frac{3}{4}$			
$-\frac{1}{3}$			

6 Schreibe ohne Klammer und berechne.
a) 24 – (+42)   b) –1 – (–15)
c) (–2) – 3   d) (–13) – (+28)
e) –76 + (–38)   f) –(–47) + (+13)

6 Schreibe ohne Klammer und berechne.
a) 1,25 – (–1,5)   b) –(–5,25) – 3,5
c) –3,5 – (+1,25)   d) 57 + (–3,4)
e) –8,75 – (–2,3)   f) 42,125 + (–32,25)

Rationale Zahlen multiplizieren und dividieren

→ *Seite 20*

7 Berechne und beachte die Vorzeichen.

a) $-8 \cdot (-9)$ b) $12 \cdot (-7)$

c) $-3 \cdot (-5)$ d) $-17 \cdot 14$

e) $9 \cdot (-15)$ f) $15 \cdot (-9)$

g) $11 \cdot (-11)$ h) $-8 \cdot 22$

7 Überschlage zuerst das Ergebnis.
Rechne dann schriftlich.

a) $205 \cdot (-19)$ b) $-98 \cdot (-21)$

c) $18 \cdot (-508)$ d) $-189 \cdot 11$

e) $1\,050 \cdot 1\,990$ f) $-52 \cdot 49$

8 Übertrage die Rechendreiecke in dein Heft und ergänze sie.

a)
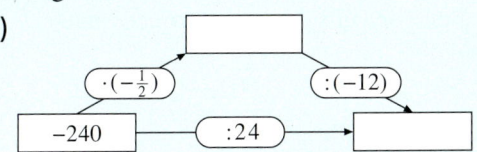

b)
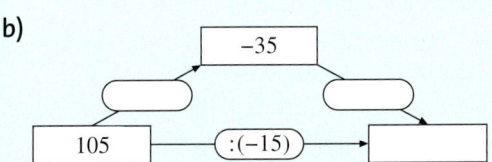

8 Übertrage die Rechendreiecke in dein Heft und ergänze sie.

a)
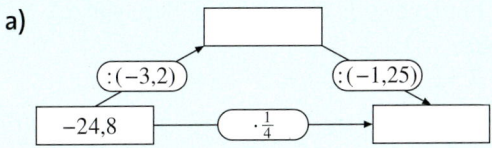

b)
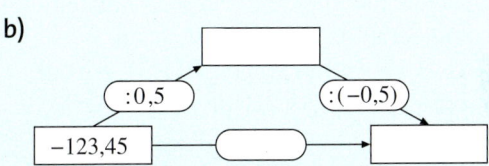

Vorrangregeln beachten und vorteilhaft rechnen

→ *Seite 24*

9 Was wurde hier falsch gemacht?
Berechne auch das richtige Ergebnis.

a) $-75 + 5 \cdot (-5) = 350$

b) $70 - 10 : 2 = 30$

c) $(-56) : 7 - (-21) = -29$

d) $-15 - 3 \cdot (-2) = -24$

e) $-12 : (-4) - 2 = 2$

9 Was wurde hier falsch gemacht?
Berechne auch das richtige Ergebnis.

a) $85 - (43 - 12) \cdot 4 = 120$

b) $17 - (-3) \cdot (-5) + 7 = 40$

c) $24 - 12 : 4 + 2 = 2$

d) $81 - |-3| \cdot (-3) = 72$

e) $|-2| \cdot |-3| - |-5| = 11$

10 Schreibe als Aufgabe und berechne.

a) Berechne die Summe der Zahlen -15 und -45. Dividiere dann durch 12.

b) Berechne die Differenz der Zahlen $-3,5$ und $-1,5$. Multipliziere dann mit 0,5.

c) Berechne das Produkt der Zahlen 12 und -8. Subtrahiere dann die Summe der Zahlen 12 und -8.

10 Schreibe als Aufgabe und berechne.

a) Multipliziere die Summe der Zahlen 6 und $-3,5$ mit der Differenz der Zahlen $-\frac{1}{2}$ und $1\frac{1}{2}$.

b) Dividiere den Quotienten der Zahlen -306 und 17 durch das Produkt aus 27 und $-\frac{2}{3}$.

c) Addiere zum Fünffachen von -17 das Dreifache der Summe aus -34 und -47.

11 Berechne möglichst vorteilhaft.

a) $13 - 7 + 4$

b) $-7 \cdot (-3) + 24 \cdot (-3)$

c) $-5 \cdot (-8) + 4 \cdot (-8)$

d) $124 - 29 + 5$

11 Berechne möglichst vorteilhaft.

a) $2,5 \cdot 15,6 \cdot 4$

b) $9 \cdot (-12,7) + 9 \cdot 13,7$

c) $-14 : (-2,5) + (-36) : 2,5$

d) $0,25 : (-0,05) - (-1,25) : (-0,05)$

Vermischte Übungen

1 Welche Zahlen sind markiert?

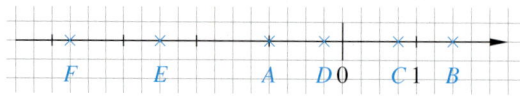

2 Welche Zahl liegt auf der Zahlengeraden in der Mitte zwischen den beiden Zahlen?

a) 1; 3 **b)** −4; −2 **c)** −1; 1

d) −2; 4 **e)** −3; 4 **f)** −8; −2

3 Finde jeweils die nächstgrößere ganze Zahl.

a) 3,5; 4,1; 5,6; −8,2; −3,4; −0,5

b) −0,01; −1,01; 3,05; 0,25; −0,33; −12,001

4 Zeichne die Punkte in ein Koordinatensystem, verbinde sie der Reihe nach.
$A(-1|-3)$; $B(0|3)$; $C(2|1)$; $D(1|3)$; $E(0|4)$; $F(-1|4)$; $G(-2|0{,}5)$; $H(-5|-1)$; $I(-5{,}5|4)$; $J(-6|-3)$

5 Wähle die angegebene Startzahl und durchlaufe den Rechenkreis. Gib das Endergebnis im Heft an.

a) −3 **b)** −7 **c)** 0,3 **d)** −8,2

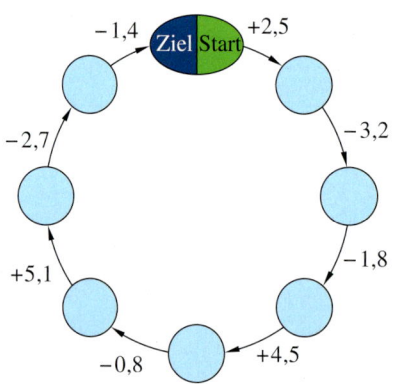

6 Schreibe ohne Klammern und berechne.

a) $11 - (+9)$ **b)** $-1 - (-15)$

c) $\frac{1}{2} - \left(+\frac{1}{4}\right)$ **d)** $(-5) + \left(+\frac{3}{4}\right)$

e) $\frac{9}{4} - 3$ **f)** $-\frac{1}{3} + \left(-\frac{2}{9}\right)$

g) $(-5) + 6 - (-7)$

h) $(-4) + 12 - 7 - (-9) + 3$

i) $21 - 9 + 8 - (-6) - 1$

1 Welche Zahlen sind markiert?

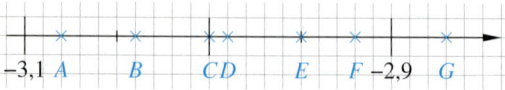

2 Welche Zahl liegt auf der Zahlengeraden in der Mitte zwischen den beiden Zahlen?

a) 2; 4 **b)** −0,5; 3,5 **c)** −3,5; 4,5

d) −4; −1 **e)** −2; 5 **f)** −7; −3

3 Finde jeweils die nächstgrößere ganze Zahl.

a) 5,8; 2,1; 12,9; 0,001; −5,8; −2,1

b) $-\frac{1}{3}$; $|-4{,}33|$; $-2\frac{1}{4}$; -7; $-5\frac{3}{8}$; $-0{,}87$

4 Verbinde die Punkte in einem Koordinatensystem: $A(-4|1)$; $B(-3|1)$; $C(-3|0)$; $D(-2|0)$; $E(-2|-1)$; $F(-1|-1)$.
Setze das Muster fort. Gib die Koordinaten der vier folgenden Punkte an.

5 Immer im Kreis

a) Mit welcher Startzahl zwischen −5 und 5 erhält man als Endergebnis −12?

b) Sollte man für ein positives Endergebnis eine positive oder eine negative Startzahl verwenden?

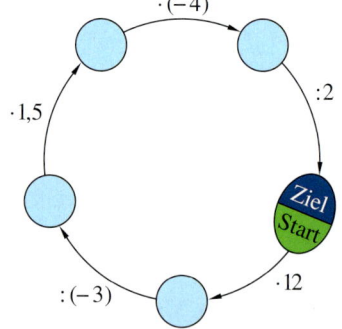

6 Schreibe ohne Klammern und berechne.

a) $-\frac{7}{2} + \left(-\frac{3}{4}\right)$ **b)** $-\frac{2}{3} - \left(-\frac{1}{12}\right)$

c) $29 - (-13) + (-4)$ **d)** $-1{,}8 - 2{,}1 - (+5)$

e) $6 - \frac{1}{2} + (+12{,}5) - (-36)$

f) $75 + (-35) - (-12) + (-28)$

g) $1{,}25 - \frac{3}{4} - (-1{,}5) - \frac{1}{4} + 0{,}75$

h) $-\frac{1}{8} + \left(-\frac{3}{8}\right) - \left(+\frac{1}{2}\right) - \left(-\frac{7}{4}\right)$

ERINNERE DICH
*In einem **magi-schen Quadrat der Addition** haben die Summen der Zahlen in jeder Zeile, in jeder Spalte und in jeder der Diagonalen den gleichen Wert.*

7 Überprüfe, ob dies magische Quadrate der Addition sind.

a)

−2	−9	−4
−7	−5	−3
−6	−1	−8

b)

0	0,2	0,2
0,4	−0,1	−0,3
−0,4	0,3	0,1

7 Übertrage ins Heft und ergänze zu magischen Quadraten der Addition.

a)

−0,5		
	0,7	−0,9
		1,9

b)

0		1
	$\frac{1}{4}$	
$-\frac{1}{2}$		

8 Herr Zeitz kann auf seinem Kontoauszug eine Zeile nicht mehr lesen.

Kontoauszug		Sparkasse Kleckersdorf
Alter Kontostand:		−117,80 €
Datum:	Vorgang:	Betrag:
21.04.	Kartenzahlung	− 30,27 €
22.04.	Überweisung	− 262,23 €
23.04.	Zahlungseingang	+ 50,00 €
24.04.	XXXXXXXXXX	XXXXXX
Kontostand am 25.04.2013, 10:35 Uhr		
		−344,73 €

8 Herr Gärtner hat auf seinem Konto ein Guthaben von 840 €. Es werden nacheinander folgende Beträge gebucht:
+200 €; −600 €; +150 €; −550 €; −280 €; −320 €; +120 €.
a) Wie lautet der Kontostand nach der letzten Buchung?
b) Wie viel Geld müsste eingezahlt werden, um das Konto auszugleichen?

9 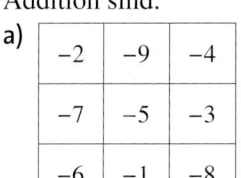 Würfelspiel: Es wird mit zwei verschiedenfarbigen Würfeln gespielt. Die Augenzahl des grünen Würfels wird als positive Zahl aufgefasst, die Augenzahl des roten Würfels als negative Zahl. Die beiden geworfenen Zahlen werden addiert.
Beispiel (+5)+ (−2)= + 3
a) Spielt zu zweit oder in kleinen Gruppen einige Runden.
b) Mit welchen Augenzahlen erzielt man die höchste Punktzahl?
c) Mit welchen Augenzahlen erzielt man die niedrigste Punktzahl?
d) Mit welchen Würfen erzielt man die Punktzahl +3? Mit welchen Würfen erzielt man −1?

10 Berechne im Kopf.

a) $-4 \cdot 8$ b) $-4 \cdot (-8)$
c) $7 \cdot (-3)$ d) $9 \cdot (-7)$
e) $-4 \cdot (-2) \cdot 1$ f) $-1 \cdot 1 \cdot (-1) \cdot 1$
g) $-4,5 \cdot 100 \cdot (-2)$ h) $2 \cdot (-2) \cdot 2$

10 Berechne im Kopf.

a) $-52 : (-4)$ b) $-1,3 + 3,5$
c) $-3,6 : (-3)$ d) $2,5 + (-1,8)$
e) $-15,4 - 12,8$ f) $-5,5 \cdot 3$
g) $4,8 - 7,2$ h) $5,2 \cdot (-3)$

11  Spielt zu zweit oder zu mehreren:
Findet jeweils möglichst viele Zahlenpaare, deren Produkt die angegebene Zahl ergibt.

BEISPIEL
32 = (−8) · (−4)

a) 32
b) −16
c) 0,36
d) −1,2

8   −16   −8   0,6   4   −0,6   −4   0,6   2   0,18   −2   −0,18   16   0,04

−0,04   0,12   9   −0,12   −9   3   0,4   −3   −0,4   0,3   0,9   −0,3   −0,9   −0,6

12 Setze im Heft passende Vorzeichen ein.

a) $8 : (-2) = \blacksquare 4$ b) $-15 : (\blacksquare 3) = 5$
c) $-24 : |-3| = \blacksquare 8$ d) $25 : (-5) = \blacksquare 5$
e) $\blacksquare 12 : (-6) = 2$ f) $\blacksquare 36 : 4 = |-9|$
g) $-1,8 : (-9) = \blacksquare 0,2$ h) $\blacksquare 2 : \left(-\frac{1}{2}\right) = -4$

12 Berechne.

a) $84 : (-7)$ b) $78 : (-13)$
c) $115 : (-23)$ d) $-70 : (-5)$
e) $9,8 : (-7)$ f) $-7 : (-0,5)$
g) $8,4 : (-14)$ h) $-102 : (-1,7)$

13 Rechendomino: Bringe die ungeordneten Dominosteine in die richtige Reihenfolge.

| START | $1 \cdot (-1)$ | | 0,04 | $0,04 \cdot (-100)$ | | 6 | $6 \cdot (-0,3)$ | | $-1,44$ | Ende |

| | 1 | $1 \cdot (-0,2)$ | | $-0,25$ | $-0,25 \cdot (-4)$ | | | | $-1,2$ | $-1,2 \cdot (-5)$ |

| | -1 | $-1 \cdot (-0,5)$ | | 0,5 | $0,5 \cdot (-0,5)$ | | 3,6 | $3,6 \cdot (-0,4)$ |

| | 9 | $9 \cdot 0,4$ | | -4 | $-4 \cdot (0,3)$ | | $-1,8$ | $-1,8 \cdot (-5)$ | | $-0,2$ | $-0,2 \cdot (-0,2)$ |

14 Schreibe als Aufgabe und berechne.
a) Bilde das Produkt aus (-12) und (-6).
b) Bilde die Divisionsaufgabe aus -64 und der Gegenzahl von 8.
c) Bilde die Summe aus -8 und 12. Dividiere die Summe durch -4.
d) Welche Zahl muss man mit -12 multiplizieren, um 72 zu erhalten?
e) Das Produkt einer Zahl und (-8) ergibt das Vierfache von 16.

14 Schreibe als Aufgabe und berechne.
a) Welche Zahl muss man durch 7 dividieren, um -6 zu erhalten?
b) Welche Zahl muss man durch -8 dividieren, um 11 zu erhalten?
c) Welche Zahl muss man durch -200 dividieren, um -5 zu erhalten?
d) Welche Zahl muss man durch -4 dividieren, um die Summe aus -14 und -18 zu erhalten?

ZU AUFGABE 15

$-3\frac{3}{4}E$

$-\frac{14}{25}E$

$7\frac{1}{5}R$

$\frac{2}{5}T$

$-\frac{4}{9}I$

$1\frac{7}{8}U$

$2A$ $-3H$

$-AS$

15 Berechne und schreibe das Ergebnis als ganze Zahl.
a) $\frac{-15}{5}$ b) $\frac{-6}{-3}$ c) $\frac{-24}{8}$ d) $\frac{-18}{9}$
e) $\frac{77}{-11}$ f) $\frac{-51}{17}$ g) $\frac{48}{-24}$ h) $\frac{-135}{-45}$
i) $\frac{720}{-60}$ j) $\frac{-170}{85}$ k) $\frac{-78}{-39}$ l) $\frac{-91}{-13}$

15 Berechne. Die Lösungen stehen in der Randspalte, sie ergeben ein Lösungswort.
a) $-\frac{1}{3} : \frac{1}{9}$ b) $-\frac{1}{2} : \left(-\frac{1}{4}\right)$ c) $-\frac{3}{4} : \left(-\frac{2}{5}\right)$
d) $\frac{2}{3} : \left(-\frac{1}{6}\right)$ e) $-\frac{1}{5} : \left(-\frac{1}{2}\right)$ f) $-\frac{1}{9} : \frac{1}{4}$
g) $\frac{2}{5} : \left(-\frac{5}{7}\right)$ h) $-\frac{1}{5} : \left(-\frac{1}{6}\right)$ i) $\frac{5}{8} : \left(-\frac{1}{6}\right)$

16 Dividiere schriftlich.
Runde das Ergebnis auf Zehntel.
a) $455 : 12$ b) $-445 : 12$
c) $-326 : (-18)$ d) $-268 : (-12)$
e) $694 : (-14)$ f) $478 : (-19)$

16 Dividiere schriftlich.
Runde das Ergebnis auf Tausendstel.
a) $-13 : 7$ b) $56 : (-13)$
c) $-134 : (-18)$ d) $457 : 51$
e) $-448 : 234$ f) $-568 : (-865)$

17 Berichtige die falsch gelösten Aufgaben im Heft.
a) $-12 \cdot 3,5 = 42$
b) $17 \cdot (-3) = -51$
c) $-19 \cdot (-8) = 152$
d) $-13 \cdot 6 = 78$
e) $15 \cdot (-11) = -156$

17 Hier wurden Fehler gemacht.
Prüfe nach und korrigiere im Heft.
a) $-0,001 : 0,1 = -0,01$
b) $-6793 : (-1) = 6793$
c) $-6,47 : 6,47 = 1$
d) $77493 : (-1000) = -77,4$
e) $-0,48 : 0,008 = -600$

18 Berechne. Denke an die Vorrangregeln.
a) $3 \cdot (-7) + 8 - 5 \cdot 2$
b) $(4 + 8 \cdot 2 - 36) : 2$
c) $3 + 5 \cdot 2 - 20 + 8 : 2 + 100$
d) $15 \cdot (-3) + 7 - 4 + 32 : 8 - 20$
e) $23 + 7 \cdot [7 - (3 + 6 : 2)]$

18 Berechne. Denke an die Vorrangregeln.
a) $27 : 9 + 3 \cdot 4 + 2 - 20$
b) $5 \cdot 7 + 2 \cdot (10 - 20 + 8) + 5$
c) $3 + 5 \cdot (7 - 12) + 40 - 25 \cdot 3 + 1$
d) $[42 : 4 + 0,5 - 3 \cdot (8 + 17)] \cdot 2 - 100$
e) $-3 : [(-7) : (10 + 12 : (-0,5))] + 6$

19 Rechne vorteilhaft.
a) $112 + (-36) - 12$
b) $-27 \cdot 9 + 9 \cdot 17$
c) $-69 + 34 - 9$
d) $19 \cdot (-4) - 7 \cdot 19$
e) $63,5 \cdot (-5) - 13,1 \cdot (-5)$

19 Rechne vorteilhaft.
a) $\frac{1}{2} \cdot (-6) + \frac{1}{2} \cdot (-2)$
b) $0,8 \cdot 1,2 \cdot 10$
c) $-4 \cdot 0,8 - (-9) \cdot 0,8$
d) $\frac{7}{8} \cdot 2,56 \cdot \frac{8}{7}$
e) $7,6 \cdot (-6,7) - 5,6 \cdot (-6,7)$

20 Zahlbereiche

a) Sind folgende Aussagen richtig oder falsch? Begründe.
① Jede ganze Zahl ist positiv.
② Jede Dezimalzahl ist eine rationale Zahl.
③ Zwischen zwei rationalen Zahlen liegt immer eine ganze Zahl.
④ Jede natürliche Zahl ist auch eine rationale Zahl.

b) 👥 Überlege dir ähnliche wahre und falsche Aussagen. Gib sie einer Partnerin oder einem Partner zum Lösen.

c) 👥 Arbeitet zu zweit.
Erklärt auf einem Plakat den Unterschied zwischen der Menge der ganzen Zahlen, der Menge der rationalen Zahlen und der Menge der negativen Zahlen.
Stellt auch Beispiele aus dem Alltag dar.

21 Clara, Leni und Nils verkaufen auf einem Adventsbasar selbstgebastelte Dinge. Sie hatten Materialkosten von 17,70 €. Außerdem müssen sie noch 12,50 € Standmiete bezahlen. Clara hat 9,40 € eingenommen, Leni 7,70 € und Nils 8,90 €. Der Gesamtbetrag wird gleichmäßig aufgeteilt.
a) Wie viel Gewinn oder Verlust bleibt für jeden?
b) Clara bemerkt, dass sie die Einnahmen aus ihrem Gewinnspiel noch gar nicht verteilt haben. Sie haben 27 Lose zu 20 ct verkauft.

21 Nathalie bekommt monatlich 15 € Taschengeld. Davon bezahlt sie auch ihre Handykosten. Bei ihrem Tarif kostet eine SMS 0,14 € und ein Telefonat 0,25 € pro Minute.
a) Nathalie versendet täglich drei SMS und telefoniert monatlich 15 Minuten. Reicht Nathalies Taschengeld aus?
b) Hast du ein Handy? Was würde Nathalie bei deinem Tarif bezahlen?
c) Wie viele SMS und Telefonminuten kann sich Nathalie monatlich maximal leisten? Finde verschiedene Möglichkeiten.

22 Setze in die Kästchen alle Vorzeichenkombinationen ein, die möglich sind.
Löse die jeweils entstehenden vier Aufgaben. Was fällt dir auf?
a) $(\square 3) + (\square 7)$
b) $(\square 3) - (\square 7)$
c) $(\square 9) + (\square 9)$
d) $(\square 57) - (\square 34)$

22 👥 Erfindet zu zweit eine Additionsmauer.
a) mit der Zahl -87 an der Spitze
b) mit genau zwei Nullen
c) mit genau einer positiven Zahl
d) mit genau zwei negativen Zahlen
Präsentiert eure Mauern in der Klasse.

23 Ein Radprofi trainiert in der Gegend des Toten Meeres.
Sein Trainer notiert das Streckenprofil.

Start: 200 m ü. NN;   3 km: 50 m u. NN;   10 km: 20 m u. NN;
20 km: 120 m u. NN;   40 km: 300 m ü. NN;   60 km: 30 m u. NN;
80 km: 10 m ü. NN

ü. NN = über Normalnull (über dem Meeresspiegel)
u. NN = unter Normalnull (unter dem Meeresspiegel)

a) Zeichne das Streckenprofil wie im Beispiel rechts in ein Koordinatensystem. (10 km $\hat{=}$ 1 cm auf der x-Achse; 40 Höhenmeter $\hat{=}$ 1 cm auf der y-Achse)
b) Berechne, wie viele Höhenmeter der Radprofi insgesamt bergauf gefahren ist.

24 Tiere im Meer

Die Meeresbewohner halten sich in verschiedenen Tiefen auf. Auf der Suche nach Beute oder zum Atmen verändern sie ihre Tauchtiefe.

Tier	abgelesene Tiefe	Veränderung	neue Tiefe
Delfin	−100 m	150 m ⇩	

a) Erstelle eine Tabelle wie links gezeigt.

b) Betrachte die Meeresgrafik ganz unten: In welcher Tiefe befinden sich die Meerestiere in diesem Moment? Trage die Namen und Werte in die Tabelle ein.

c) Im Laufe der folgenden Stunde schwimmen manche Tiere weiter nach oben, manche tauchen noch tiefer. Berechne ihre neuen Tiefen und trage sie in die Tabelle ein.

150 m ⇩   50 m ⇧   750 m ⇩   250 m ⇩   1 050 m ⇧

d) Notiere für jedes Tier die Veränderung als Rechenaufgabe.

25 Die Forscher des Weißen Hais

In der Grafik sind auch drei Forschungs-U-Boote mit ihrer jeweiligen Tauchtiefe markiert. Die Forscher untersuchen, wie tief Weiße Haie tauchen. Sobald sie einen Hai sichten, notieren sie die Uhrzeit und den Höhenunterschied des Raubfisches zum Boot.

a) Betrachte die Beobachtungsprotokolle: Woran kann man ablesen, ob sich der Hai oberhalb oder unterhalb des jeweiligen Bootes befand?

b) Berechne zu jeder Beobachtung die ungefähre Tauchtiefe des Hais. Runde sinnvoll.

c) Gib Minimum, Maximum und Spannweite der beobachteten Tauchtiefen der Haie an.

d) Stelle die Tauchtiefen der Haie mit der Uhrzeit der Beobachtungen in einer geeigneten Grafik dar.

11:00
−185 m

12:00
+56 m

14:30
+175 m

17:00
−108 m

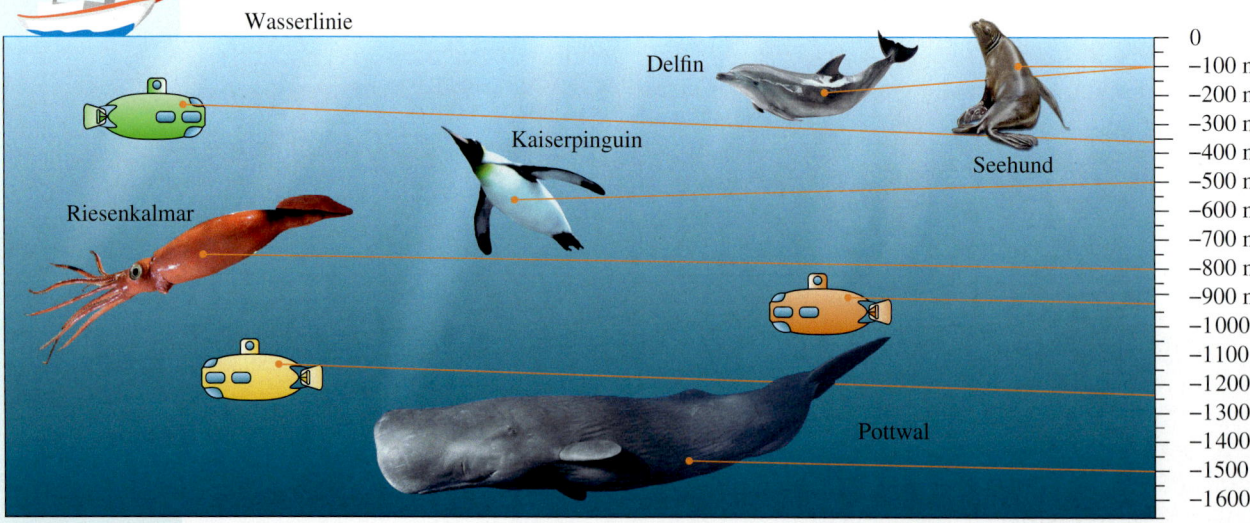

Wasserlinie

Delfin

Kaiserpinguin

Riesenkalmar

Seehund

Pottwal

0
−100 m
−200 m
−300 m
−400 m
−500 m
−600 m
−700 m
−800 m
−900 m
−1000 m
−1100 m
−1200 m
−1300 m
−1400 m
−1500 m
−1600 m

Zusammenfassung

Negative Zahlen

→ *Seite 10*

Die Menge der **ganzen Zahlen** (kurz $\mathbb{Z}$) enthält alle natürlichen Zahlen $\mathbb{N}$, die Null und ihre negativen Gegenzahlen.

$$\mathbb{Z} = \{\dots; -3; -2; -1; 0; 1; 2; 3; \dots\}$$

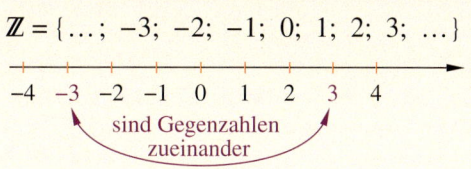

Zwei Zahlen heißen **Gegenzahlen**, wenn sie den gleichen Abstand zur Null haben.

Die Menge der **rationalen Zahlen** (kurz $\mathbb{Q}$) enthält alle ganzen Zahlen und alle positiven und negativen Bruchzahlen.

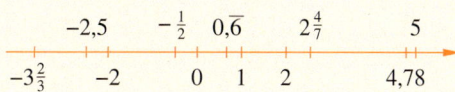

Der Abstand einer Zahl zur Null heißt **Betrag**.

$$|{-3{,}5}| = 3{,}5 \qquad |{+132{,}13}| = 132{,}13$$

Rationale Zahlen addieren und subtrahieren

→ *Seite 16*

Addieren

- Bei *gleichen* Vorzeichen: Addiere die Beträge der Zahlen. Das Ergebnis bekommt das gemeinsame Vorzeichen.

$$(+6) + (+2{,}7) = +8{,}7$$
$$(-16) + (-33) = -49$$

- Bei *verschiedenen* Vorzeichen: Subtrahiere den kleineren vom größeren Betrag. Das Ergebnis bekommt das Vorzeichen der Zahl mit dem größeren Betrag.

$$(-2) + (+12) = 12 - 2 = +10$$
$$(+5) + (-9{,}3) = |{-9{,}3}| - |{+5}| = 9 - 5 = -4{,}3$$

Subtrahieren

Wandle die Aufgabe um: Statt die Zahl zu subtrahieren, addierst du ihre Gegenzahl.

$$(-14) - (+4) = (-14) + (-4)$$
$$(-2) - \left(-3\tfrac{1}{3}\right) = (-2) + \left(+3\tfrac{1}{3}\right)$$

Rationale Zahlen multiplizieren und dividieren

→ *Seite 20*

Multipliziere (bzw. **dividiere**) zuerst ohne Vorzeichen. Bestimme dann das Vorzeichen:

- beide Zahlen haben *verschiedene* Vorzeichen → Ergebnis negativ (−)

$$(+3) \cdot (-1{,}5) = -4{,}5 \qquad (+4) : (-8) = -0{,}5$$
$$(-3) \cdot (+1{,}5) = -4{,}5 \qquad (-4) : (+8) = -0{,}5$$

- beide Zahlen haben das *gleiche* Vorzeichen → Ergebnis positiv (+)

$$(+3) \cdot (+1{,}5) = +4{,}5 \qquad (+4) : (+8) = +0{,}5$$
$$(-3) \cdot (-1{,}5) = +4{,}5 \qquad (-4) : (-8) = +0{,}5$$

Vorrangregeln beachten und vorteilhaft rechnen

→ *Seite 24*

Die **Vorrangregeln** gelten auch bei negativen Zahlen:
1. Werte in Klammern werden zuerst berechnet.
2. Punkt- geht vor Strichrechnung.

Für Addition und Multiplikation gelten:
- **Vertauschungsgesetz** (Kommutativgesetz)
- **Verbindunggesetz** (Assoziativgesetz)

Außerdem gilt das **Verteilungsgesetz** (Distributivgesetz).

Teste dich!

2 Punkte

1 Zahlengerade

a) Welche Zahlen sind rot markiert?

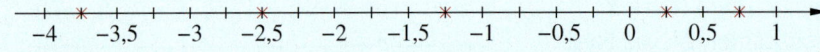

b) Markiere die angegebenen Zahlen *und* ihre Gegenzahlen auf einer Zahlengeraden. Verwende eine geeignete Einteilung.

$$0,7; \ -1,6; \ 0,1;$$
$$-0,8; \ -0,25; \ 1\tfrac{1}{2}$$

3 Punkte

2 Zeichne ein Koordinatensystem.
Trage die Punkte $A(-1,5|-2)$; $B(3,5|-2)$; $C(3,5|3)$ in das Koordinatensystem ein.
Verbinde $A–B–C–A$. Was für eine Figur entsteht?

8 Punkte

3 Zeichne eine Zahlengerade von -12 bis $+12$ und übertrage die Tabellen ins Heft.
Löse die Aufgaben mithilfe der Zahlengerade und trage die Lösungen in die Tabellen ein.

a)

alte Temperatur	Temperaturänderung	neue Temperatur
4 °C	6 Grad kälter	
	9 Grad wärmer	6 °C
−6 °C		−11 °C
	8 Grad kälter	−2 °C

b)

Kontostand alt	Kontostand neu	Bewegung
−17 €	+36 €	
−156 €		+39 €
	−44 €	−67 €
	−18 €	+55 €

8 Punkte

4 Berechne im Kopf.

a) $-68 + 9$ b) $-34 - 70$ c) $15 \cdot (-8)$ d) $-99 : (-3)$

e) $-1,25 \cdot 4$ f) $-0,75 : (-0,25)$ g) $-\tfrac{3}{4} + \tfrac{1}{2}$ h) $-1\tfrac{1}{4} - \tfrac{3}{8}$

6 Punkte

5 Berichtige falsch gelöste Aufgaben im Heft.

a) $12 - 7 \cdot 4 = 20$ b) $12 - (8 - 25) = 29$

c) $12 : (-4) - 121 : (-11) = 14$ d) $-7 \cdot (100 + 9) = -637$

e) $(98 - 120) : \left(-\tfrac{1}{2}\right) = -11$ f) $\left(-\tfrac{1}{4} - \tfrac{1}{8}\right) : \left(-\tfrac{1}{8}\right) = 3$

6 Punkte

6 Setze > oder < richtig ein.

a) $3 \cdot (-7) \ \blacksquare \ -20$ b) $-8 + 15 \ \blacksquare \ -22$

c) $-4 \cdot (-8) \ \blacksquare \ -7 \cdot (-5)$ d) $3 \cdot (-8) \ \blacksquare \ (-7) \cdot 6 - (-5) \cdot 6$

e) $27 : (-3) \ \blacksquare \ -19 \cdot (-8 + 7)$ f) $-4 \cdot (-4) \ \blacksquare \ 28 : (-2)^2$

4 Punkte

7 Der Wasserspiegel des Toten Meeres liegt bei -423 m (423 m unter Normalnull).

a) Sam wandert mit seinem Vater vom Ufer des Toten Meeres auf den Gipfel des Har Meron. Wie groß ist der Höhenunterschied, den sie dabei bewältigen?

b) Das Tote Meer ist bis zu 381 m tief. Wie viel Meter unter Normalnull liegt die tiefste Stelle des Sees?

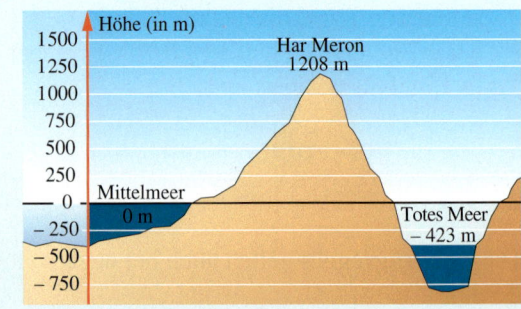

3 Punkte

8 Gib jeweils zwei passende Beispiele an.

a) positive rationale Zahlen b) negative ganze Zahlen c) Zahlen mit demselben Betrag

Gold: 38–40 Punkte, Silber: 31–37 Punkte, Bronze: 24–30 Punkte Lösungen ab Seite 204

Dreiecke

Obwohl das Dreieck eine der einfachsten geometrischen
Flächen darstellt, gibt es erstaunlich viele Formen.
Dieses Bild zeigt jede Menge unterschiedlicher Dreiecke.
Du kannst sie nach der Länge der Seiten,
der Winkelgröße oder der Farbe unterscheiden.
Findest du zwei absolut gleiche Dreiecke?

Noch fit?

<table>
<tr><td>

Einstieg

</td><td>

Aufstieg

</td></tr>
</table>

1 Winkelarten
Erinnere dich an die verschiedenen Winkelarten und ergänze die Lücken im Heft.
a) Ein rechter Winkel hat eine Größe von ▪.
b) Ein Winkel, der kleiner als 90° ist, heißt ▪.
c) Ein Winkel α mit $90° < \alpha < 180°$ heißt ▪.
d) Ein überstumpfer Winkel ist größer als ▪.
e) Ein 180°-Winkel heißt ▪.

2 Winkel messen
a) Gib die jeweilige Winkelart an.
b) Miss die Größe der Winkel α, β und γ.

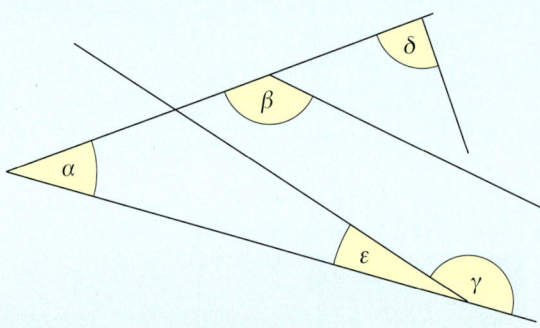

<table>
<tr><td>

3 Winkel zeichnen
Zeichne die Winkel in dein Heft. Ordne den Winkeln die Winkelart (spitzer Winkel, rechter Winkel, stumpfer Winkel, überstumpfer Winkel) zu.
a) $\alpha = 90°$ b) $\beta = 52°$
c) $\gamma = 127°$ d) $\delta = 232°$

</td><td>

3 Winkel zeichnen
Zeichne zu jeder Winkelart einen Winkel. Gib seine genaue Größe an.
a) spitzer Winkel
b) rechter Winkel
c) stumpfer Winkel
d) überstumpfer Winkel

</td></tr>
<tr><td>

4 Dreiecke zeichnen
Zeichne die Punkte in ein Koordinatensystem. Verbinde sie zu einem Dreieck ABC.
Gib jeweils ohne zu messen an, welche Winkelarten innerhalb des Dreiecks vorkommen.
a) $A(2|1)$; $B(6|1)$; $C(4|5)$
b) $A(1|2)$; $B(7|1)$; $C(4|3)$

</td><td>

4 Dreiecke zeichnen
Verbinde die Punkte $A(2|2)$; $B(6|4)$; $C(3|4)$ im Koordinatensystem zum Dreieck ABC.
a) Welche Winkelarten kommen darin vor?
b) Zeichne im Koordinatensystem ein Dreieck mit drei spitzen Winkeln und gib die Koordinaten der Eckpunkte an.

</td></tr>
<tr><td>

5 Winkelgrößen bestimmen
Gib jeweils ohne zu messen die Größe des Winkels α an.
a)

b)

c)

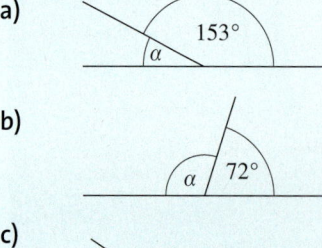

</td><td>

5 Winkelgrößen bestimmen
Gib ohne zu messen jeweils die Größe der Winkel an.

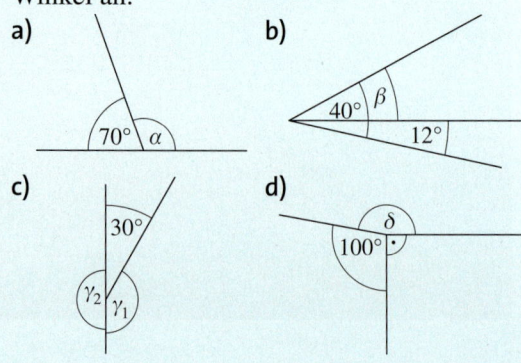

</td></tr>
</table>

Lösungen ab Seite 204

Dreiecksarten erkennen und beschreiben

Entdecken

1 In Giebeln und Dachgauben findet man oft Fenster mit unterschiedlichen Formen.

a) Aus welchen geometrischen Formen bestehen die Fenster?
b) Welche Vorteile hat es, nicht nur rechteckige Fenster im Giebel einzubauen?
c) Entwirf ein eigenes Fenster für einen Dachgiebel.

2 👥 Arbeitet zu zweit oder in Kleingruppen. Betrachtet die folgenden Dreiecke.

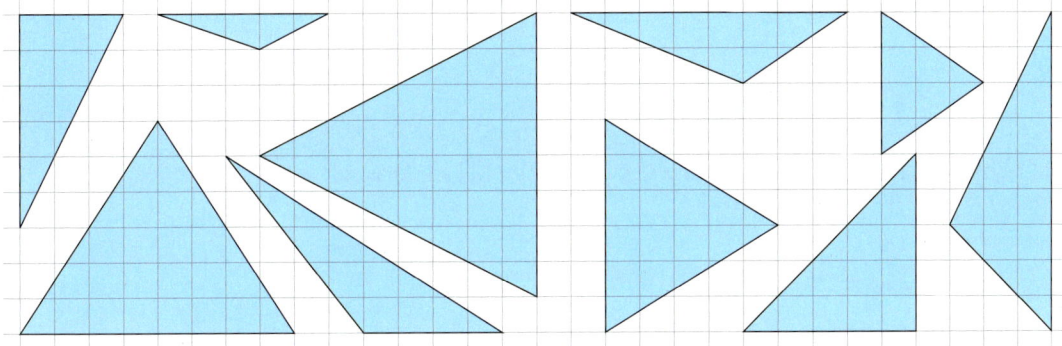

a) Zeichnet die Dreiecke auf Kästchenpapier und schneidet sie aus.
b) Überlegt gemeinsam, nach welchen geometrischen Merkmalen ihr die Dreiecke sortieren könnt. Sortiert die Dreiecke dann nach ihren Eigenschaften.
c) Erstellt ein Plakat, auf das ihr die verschiedenen Dreiecke geordnet aufklebt. Vielleicht könnt ihr den einzelnen Dreiecksformen schon Bezeichnunen geben.

3 Du hast fünf Holzstäbe in den nebenstehenden Längen zur Verfügung, aus denen du unterschiedliche Dreiecke bilden kannst.
a) Nenne drei Möglichkeiten, bei denen ein Dreieck zustande kommt.
b) Nenne drei Möglichkeiten, bei denen ein Dreieck *nicht* gebildet werden kann.
c) Finde heraus, wann eine Dreiecksbildung möglich ist und wann nicht.

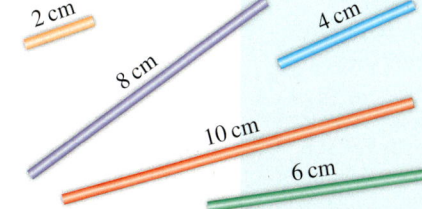

4 Zeichne ein Koordinatensystem, trage immer die drei zusammengehörenden Punkte ein und verbinde sie zu einem Dreieck. Male die Dreiecke in unterschiedlichen Farben aus:
① $\triangle ABC$ mit $\quad$ $A(2|1),$ $\qquad$ $B(2|5),$ $\qquad$ $C(-2|4)$
② $\triangle DEF$ mit $\quad$ $D(-5|3),$ $\qquad$ $E(-5|-1),$ $\quad$ $F(-5|-6)$
③ $\triangle GHI$ mit $\quad$ $G(6|2),$ $\qquad$ $H(4|0),$ $\qquad$ $I(5|-6)$
④ $\triangle JKL$ mit $\quad$ $J(-3|-3),$ $\qquad$ $K(3|1),$ $\qquad$ $L(6|3)$
a) Formuliere, was dir beim Zeichnen der Dreiecke auffällt.
b) Entdeckst du darin eine Gesetzmäßigkeit? Tausche deine Ideen mit deinem Nachbarn aus.

HINWEIS
$\triangle ABC$ steht für ein Dreieck mit den Eckpunkten A, B und C.

Verstehen

Aus den farbigen Holzstäben legen Justin, Celina und Eric verschiedene Dreiecksformen.

Beispiel 1

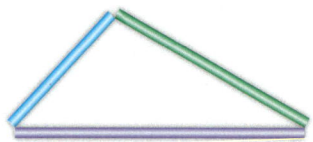

Meine Schenkel sind gleich lang.

Merke Dreiecke können nach ihren **Seitenlängen** eingeteilt werden:

Unregelmäßige Dreiecke haben drei verschieden lange Seiten.

Gleichschenklige Dreiecke haben zwei gleich lange Seiten.

Gleichseitige Dreiecke haben drei gleich lange Seiten.

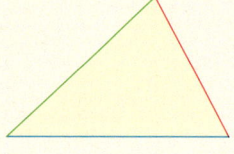
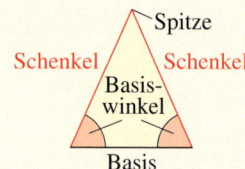
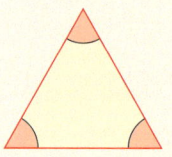

Die Länge der Holzstäbchen gibt die Größe der Winkel im Dreieck vor.

Beispiel 2

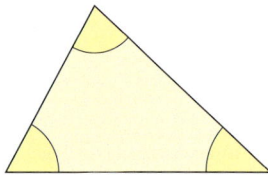
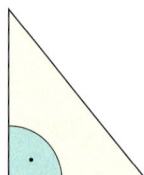
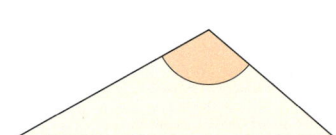

Merke Dreiecke können auch nach ihren **Winkelgrößen** eingeteilt werden:

HINWEIS
Die **Eckpunkte** eines Dreiecks werden mit Großbuchstaben, die **Seiten** mit Kleinbuchstaben entgegen dem Uhrzeigersinn bezeichnet. Dabei liegt die Seite a dem Eckpunkt A gegenüber usw. Der **Winkel** α gehört zum Eckpunkt A usw.

Spitzwinklige Dreiecke haben drei spitze Winkel.

Rechtwinklige Dreiecke haben einen rechten Winkel.

Stumpfwinklige Dreiecke haben einen stumpfen Winkel.

Für alle Dreiecksformen gilt die folgende Beziehung zwischen den Seitenlängen, die man Dreiecksungleichung nennt.

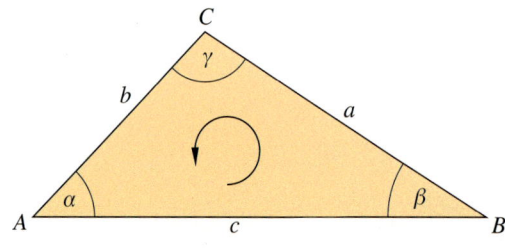

Beispiel 3

$a + b > c$
$a + c > b$
$b + c > a$

Merke Dreiecksungleichung:
In jedem Dreieck sind zwei Seiten zusammen stets länger als die dritte Seite.

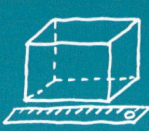

Üben und anwenden

1 Was ist falsch beschriftet?

a) 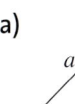 b)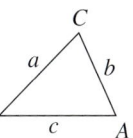

1 Zeichne die Dreiecke ab und vervollständige die Beschriftungen zu $\triangle ABC$.

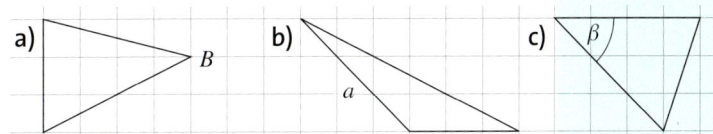

2 Prüfe jeweils mithilfe der Dreiecksungleichung, ob sich mit den gegebenen Längen ein Dreieck zeichnen lässt. Begründe.

	a)	b)	c)	d)	e)	f)
Seite *a* in cm	9	8	2	3	6	2
Seite *b* in cm	4	3	4	5	3	5
Seite *c* in cm	7	5	7	6	2	2

2 Gib für die fehlende Dreiecksseite jeweils die kleinstmögliche und die größtmögliche Seitenlänge an, damit ein Dreieck gezeichnet werden kann.
Prüfe dein Ergebnis mit einer Zeichnung.

a) $a = 6\,cm$ und $b = 4\,cm$
b) $b = 4{,}7\,cm$ und $c = 2{,}9\,cm$
c) $a = 34\,mm$ und $b = 67\,mm$

3 Betrachte die Dreiecke. Fülle die Tabelle ohne zu messen im Heft aus.

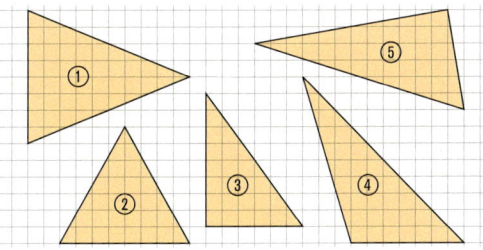

	①	②	③	④	⑤
spitzwinklig	✓				
rechtwinklig	–				
stumpfwinklig	–				
gleichschenklig					
gleichseitig					
unregelmäßig					

4 Schreibe jeweils die Dreiecksart nach Seiten *und* nach Winkeln auf.
Beispiel
Dreieck 1: unregelmäßig, rechtwinklig

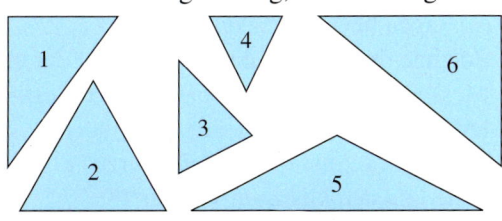

4 Finde Dreiecke in dieser Figur.

a) Notiere jeweils zwei gleichschenklige und zwei unregelmäßige Dreiecke.

b) Notiere jeweils zwei spitzwinklige, zwei rechtwinklige und zwei stumpfwinklige Dreiecke.

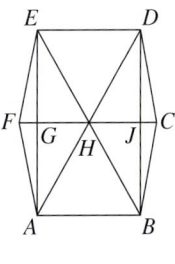

5 Zeichne die Figuren ab und spiegele sie an der Spiegelachse (blaue Linie). Betrachte die durch die Spiegelung entstandenen Dreiecke. Welche Sonderformen erkennst du?

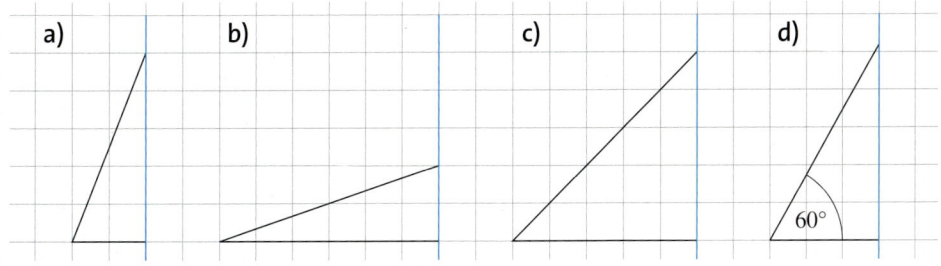

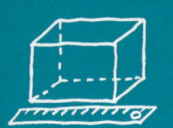

ERINNERE DICH
Die Symmetrie-achse (Spiegel-gerade) zerlegt eine Figur in zwei Teile, die man deckungs-gleich überein-ander klappen kann.

6 Übertrage das Dreieck in dein Heft und zeichne die Symmetrieachsen ein.

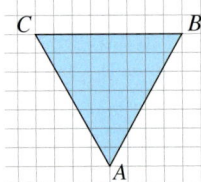

6 Übertrage die Dreiecke in ein Koordinaten-system.
Trage alle Symmetrieachsen ein.
a) $A(2|1)$; $B(8|2,5)$; $C(3,5|7)$
b) $A(3|8,5)$; $B(1|4,5)$; $C(5|2,5)$
c) $A(9,5|3)$; $B(8|6,5)$; $C(4,5|8)$

7 Durch Falten eines gleichschenkligen Dreiecks kann man die Symmetrieachse finden.
Beschreibe die Dreiecke, die dabei entstehen.

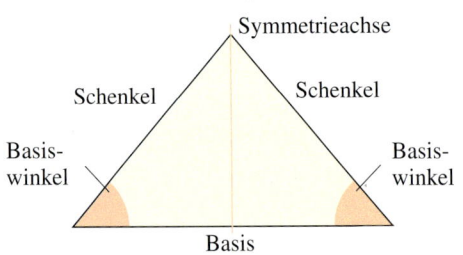

7 Suche Dreiecke in der Figur.
a) Wie viele gleichseitige (gleichschenklige, unregelmäßige) Dreiecke gibt es?
b) Wie viele spitzwinklige (rechtwinklige, stumpfwinklige) Dreiecke findest du?

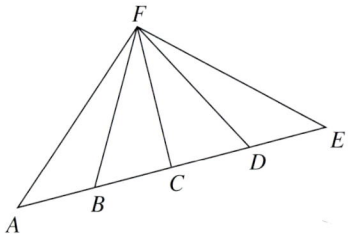

8 In der Tabelle sind Dreiecke nach ihren Symmetrieeigenschaften geordnet.
Übertrage die Tabelle ins Heft und fülle die Tabelle mit den entsprechenden Dreiecken aus.

Form \ Winkelart	spitzwinklig	rechtwinklig	stumpfwinklig	Anzahl der Symmetrieachsen
gleichseitig		–	–	3
gleichschenklig		![Dreieck]		1
unregelmäßig			![Dreieck]	keine

9 👥 Welche Behauptung ist richtig, welche falsch?
Prüfe jeweils zeichnerisch.
a) Ein rechtwinkliges Dreieck kann auch zwei rechte Winkel haben.
b) Ein Dreieck mit drei gleich langen Seiten hat auch drei gleich große Winkel.
c) Wenn ein Dreieck zwei gleich große Win-kel hat, dann ist es gleichschenklig.

9 Aussagen über Dreiecke.
a) Zeichne drei Dreiecke und überprüfe durch Messen: „In jedem Dreieck liegt der längs-ten Seite der größte Winkel gegenüber."
b) Mache eine Aussage über die kürzeste Seite und den kleinsten Winkel.
c) Im Dreieck ABC sind die Seitenlängen $a = 6\,cm$, $b = 8\,cm$ und $c = 4\,cm$. Ordne die Winkel α, β und γ der Größe nach.

10 👥 Stellt auf dem Schulhof die verschiedenen Dreiecks-formen dar.
Überlegt euch vorher, welche Hilfsmittel ihr benötigt, damit die Dreiecke möglichst exakt werden.
Fotografiert die verschiedenen Dreiecksformen.

Dreiecke zeichnen (ohne Zirkel)

Entdecken

1 Claudio möchte die nebenstehende Aufgabe auf der Rätselseite in seiner Zeitung lösen.
Dazu misst er alle Seitenlängen und alle Winkelgrößen aus.
a) Wie würdest du die Aufgabe angehen?
b) Zu welcher Lösung gelangst du? 👥 Tausche dich über dein Ergebnis mit deinem Sitznachbarn oder deiner Sitznachbarin aus.

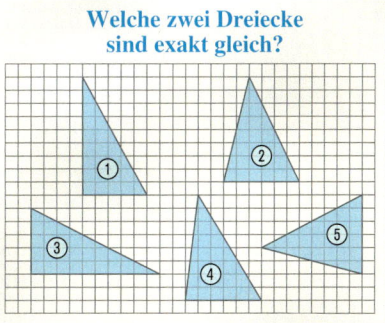

Welche zwei Dreiecke sind exakt gleich?

2 👥 Celina und Linus sollen ein Dreieck nach den vorgeschriebenen Angaben an der Tafel zeichnen. Celina beginnt ihre Zeichnung mit Seite b, Linus fängt mit Seite c an.

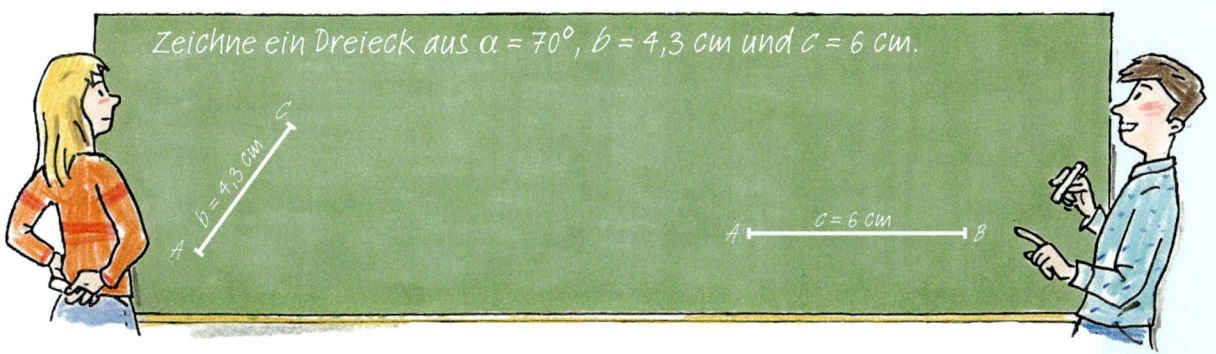

Zeichne ein Dreieck aus $\alpha = 70°$, $b = 4{,}3$ cm und $c = 6$ cm.

Zeichnet das Dreieck nach beiden Ansätzen ins Heft und diskutiert, ob es Vorteile für den einen oder anderen Weg gibt.

3 👥 Zeichne auf ein leeres Blatt Papier ein beliebiges Dreieck und gib es deinem Partner als Vorlage. Dein Partner misst das Dreieck aus und zeichnet es in sein Heft.
Zur Kontrolle kann das Originaldreieck ausgeschnitten und auf die Zeichnung gelegt werden.
Lege zur Kontrolle die beiden Zeichnungen übereinander und halte sie gegen das Licht.

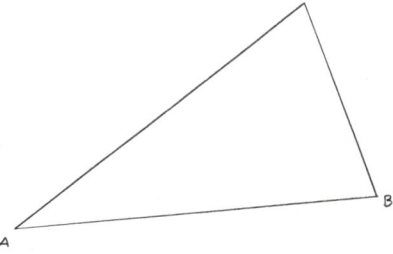

4 Marie soll als Hausaufgabe ein Dreieck zeichnen.
Da sie in der letzten Mathestunde gefehlt hat und es allein nicht schafft, lässt sie sich von ihrer Freundin Susan per Telefon die Konstruktion genau beschreiben.

Zuerst musst du Strecke $\overline{AB}$ mit 6,5 cm zeichnen. Dann in Punkt A den Winkel $\alpha = 42°$ antragen. Jetzt den Schenkel von α auf 4,7 cm verlängern. Nenne den Endpunkt C; verbinde C mit B, dann bist du fertig.

a) Zeichne das Dreieck nach Susans Beschreibung ins Heft.
b) Mit welchen anderen Angaben hättest du dasselbe Dreieck zeichnen können?
   Fallen dir mehrere Möglichkeiten ein?

Verstehen

Claudio möchte wissen, ob die Dreiecke gleich sind. Dazu schneidet er sie zuerst aus. Dann versucht er, sie durch Drehen, Verschieben und Umklappen übereinander zu legen.
Passen sie genau, nennt man die Dreiecke **deckungsgleich** oder **kongruent**.

> **Merke** Wenn Dreiecke in den drei Seitenlängen und der Größe ihrer drei Winkel übereinstimmen, dann nennt man sie **zueinander kongruent** (Zeichen: ≅).

HINWEIS
*Eine **Planskizze** ist eine einfache Zeichnung. Die gegebenen Stücke werden farbig hervorgehoben, auf genaue Maße darf man verzichten.*

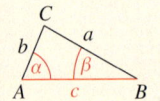

Um Dreiecke **eindeutig** zeichnen zu können, müssen nicht alle drei Seitenlängen und alle drei Winkelgrößen gegeben sein.

Beispiel 1 Im $\triangle ABC$ sind $c = 4{,}8$ cm, $\alpha = 40°$ und $\beta = 70°$ gegeben.

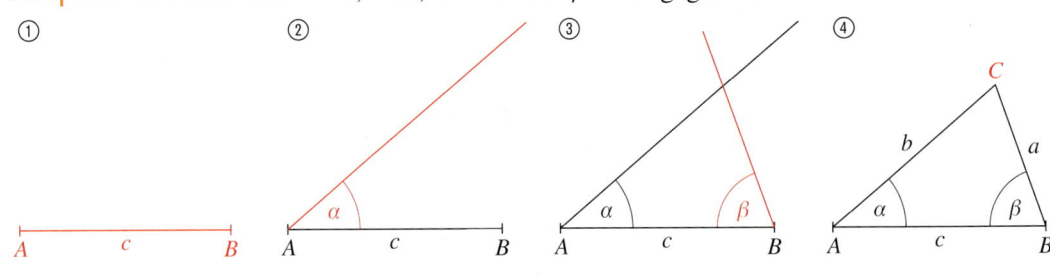

Zeichne $c = 4{,}8$ cm mit den Eckpunkten A und B.

Zeichne in A an c den Winkel $\alpha = 40°$ an.

Zeichne in B an c den Winkel $\beta = 70°$ an.

Schnittpunkt der beiden Schenkel a und b ist C.

Alle Dreiecke, die nach diesen drei Angaben gezeichnet sind, haben gleiche Form und Größe. Auch die übrigen drei Bestimmungsstücke (a, b, γ) sind in diesen Dreiecken gleich groß.

> **Merke** Wenn Dreiecke in einer Seite und den beiden anliegenden Winkeln übereinstimmen, dann sind sie kongruent (Kongruenzsatz **WSW = W**inkel-**S**eite-**W**inkel).

Auch bei drei anderen Bestimmungsstücken kann das Dreieck **eindeutig** konstruiert werden.

Beispiel 2 Im $\triangle ABC$ sind $a = 5{,}3$ cm, $b = 3{,}7$ cm und $\gamma = 105°$ gegeben.

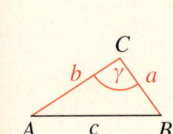
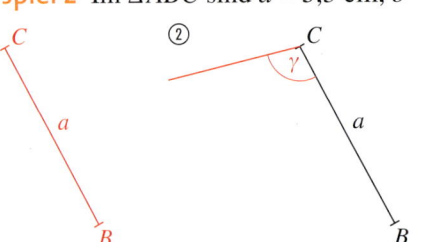
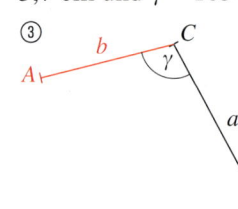
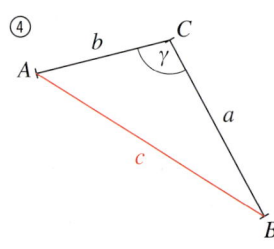

Zeichne $a = 5{,}3$ cm.

Zeichne in C an a den Winkel $\gamma = 105°$ an.

Verlängere den Schenkel von γ auf $b = 3{,}7$ cm. Endpunkt ist A.

Verbinde A und B.

> **Merke** Wenn Dreiecke in zwei Seiten und dem eingeschlossenen Winkel übereinstimmen, dann sind sie kongruent (Kongruenzsatz **SWS = S**eite-**W**inkel-**S**eite).

Üben und anwenden

1 Welche Dreiecke sind deckungsgleich? Prüfe mithilfe einer geeigneten Methode.

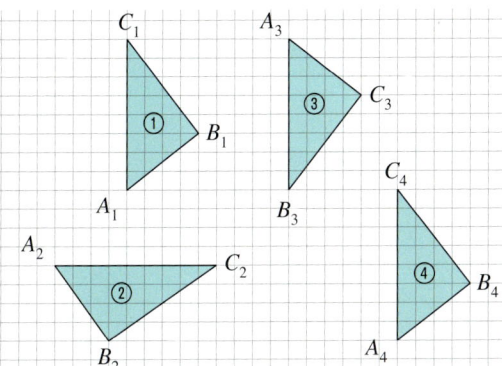

2 Ordne folgende Angaben den Planskizzen aus der Randspalte zu.
a) $a = 3{,}6\,\text{cm}$; $\gamma = 90°$; $\beta = 60°$
b) $b = 5\,\text{cm}$; $\beta = 50°$; $\gamma = 45°$
c) $a = b = c = 4{,}3\,\text{cm}$
d) $\alpha = \gamma = 65°$; $c = 7\,\text{cm}$
e) $\alpha = 25°$; $\beta = 111°$; $\gamma = 34°$

3 Zeichne das Dreieck ABC.
Fertige zunächst eine Planskizze an.
a) $a = 4\,\text{cm}$; $\gamma = 60°$; $\beta = 85°$
b) $c = 6\,\text{cm}$; $\alpha = 45°$; $\beta = 76°$
c) $a = 8\,\text{cm}$; $\gamma = 92°$; $\beta = 27°$
d) $b = 6{,}7\,\text{cm}$; $\alpha = 80°$; $\gamma = 50°$
e) $b = 5{,}6\,\text{cm}$; $\alpha = 67°$; $\gamma = 49°$
f) $a = 3{,}8\,\text{cm}$; $\gamma = 112°$; $\beta = 34°$

4 Zeichne das Dreieck ABC und beschreibe wie du vorgegangen bist.
a) $c = 5\,\text{cm}$; $\alpha = 70°$; $\beta = 70°$
b) $c = 4\,\text{cm}$; $\alpha = 90°$; $\beta = 60°$
c) $a = 2{,}4\,\text{cm}$; $\beta = \gamma = 80°$
d) $b = 7\,\text{cm}$; $\alpha = 35°$; $\gamma = 95°$

5 Zeichne die Figur aus einem Quadrat und vier zueinander kongruenten Dreiecken ab. Die folgenden Bestimmungsstücke der gelben Dreiecke sind gegeben:
$c = 5{,}3\,\text{cm}$; $\alpha = 59°$; $\beta = 31°$.
a) Beschreibe, wie du beim Zeichnen vorgegangen bist.
b) Gibt es eine möglichst geschickte Lösung? Vergleicht eure Ergebnisse untereinander.

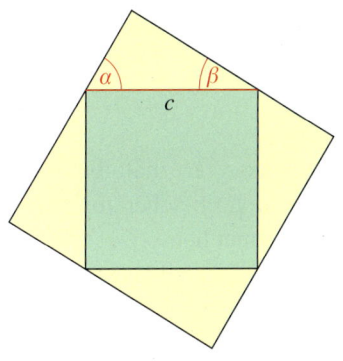

1 Übertrage $\triangle ABC$ und den Punkt C' in dein Heft.

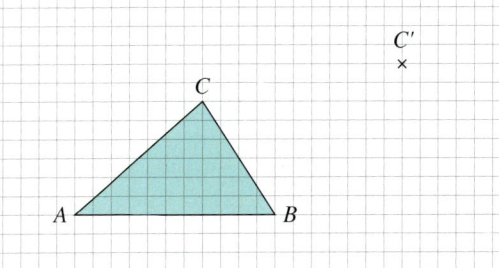

Verschiebe so, dass C auf C' liegt und das neue $\triangle A'B'C'$ kongruent zu $\triangle ABC$ ist.

2 Erstelle Planskizzen.
Um welche besonderen Dreiecke handelt es sich jeweils?
a) $a = 6\,\text{cm}$; $a = b = c$
b) $b = 5{,}9\,\text{cm}$; $\alpha = 40°$; $\alpha = \gamma$
c) $\gamma = 90°$; $a = 5\,\text{cm}$; $c = 7\,\text{cm}$
d) $b = c = 4{,}5\,\text{cm}$; $\gamma = 55°$

3 Zeichne das Dreieck ABC.
Fertige zunächst eine Planskizze an.
a) $c = 3{,}9\,\text{cm}$; $\alpha = 52°$; $\beta = 82°$
b) $c = 4{,}2\,\text{cm}$; $\alpha = 100°$; $\beta = 45°$
c) $a = 6{,}2\,\text{cm}$; $\beta = 37°$; $\gamma = 74°$
d) $a = 4{,}1\,\text{cm}$; $\beta = 28°$; $\gamma = 105°$
e) $b = 5{,}4\,\text{cm}$; $\alpha = 65°$; $\gamma = 79°$
f) $b = 3{,}9\,\text{cm}$; $\alpha = 118°$; $\gamma = 35°$

4 Zeichne das Dreieck ABC und beschreibe wie du vorgegangen bist.
a) $a = 3{,}5\,\text{cm}$; $\beta = 123°$; $\gamma = 23°$
b) $b = 5{,}9\,\text{cm}$; $\gamma = 55°$; $\alpha = 55°$
c) $c = 6{,}5\,\text{cm}$; $\alpha = 43°$; $\beta = 57°$
d) $a = 6{,}9\,\text{cm}$; $\gamma = 81°$; $\beta = 35°$

ZU AUFGABE 2
Eine Planskizze bleibt übrig. Wie könnten die Angaben für die Skizze lauten?

①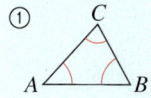
②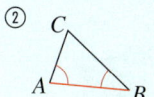
③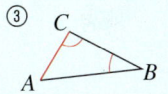
④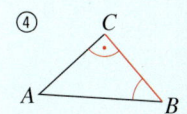
⑤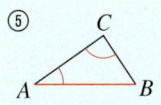
⑥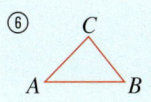

6 Zeichne das Dreieck *ABC*.
a) $b = 6{,}5$ cm; $c = 9{,}3$ cm; $\alpha = 83°$
b) $a = 3{,}5$ cm; $c = 4{,}2$ cm; $\beta = 57°$
c) $b = 2{,}1$ cm; $c = 6{,}2$ cm; $\alpha = 79°$
d) $a = 3{,}4$ cm; $b = 3{,}9$ cm; $\gamma = 65°$

7 Zeichne das gleichschenklige Dreieck.
a) $c = 4{,}9$ cm; $\alpha = 71°$; es gilt $a = b$
b) $a = 6{,}3$ cm; $\gamma = 48°$; es gilt $c = b$
c) $b = 5{,}2$ cm; $\alpha = 35°$; es gilt $a = c$
d) $b = 6{,}1$ cm; $\alpha = 25°$; es gilt $b = c$
e) $a = 5{,}6$ cm; $\gamma = 50°$; es gilt $a = b$
f) $c = 4{,}9$ cm; $\alpha = 67°$; es gilt $b = c$

8 Das Dreieck *ABC* soll gezeichnet werden.
a) Bringe die Konstruktionsschritte in die richtige Reihenfolge.

① Kreisbogen um *C* mit $\overline{BC} = a = 5{,}2$ cm zeichnen.

② $\overline{AC} = b = 4$ cm zeichnen.

③ *A* und *B* verbinden.

④ Winkel $\gamma = 33°$ in Punkt *C* an Seite *b* antragen.

b) Konstruiere das Dreieck.
c) Miss alle Seiten und Winkel.

9 Wie weit sind die beiden Messlatten voneinander entfernt? Löse die Aufgabe mit einer maßstabsgerechten Zeichnung.

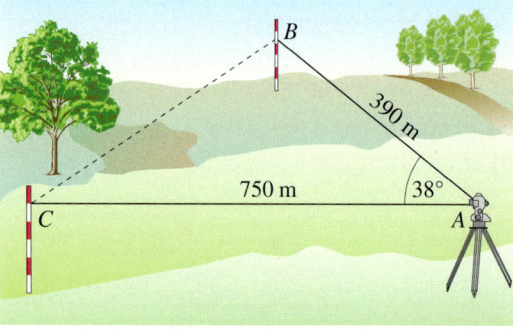

6 Zeichne das Dreieck *ABC*.
a) $a = 2{,}7$ cm; $c = 7{,}5$ cm; $\beta = 15°$
b) $b = 5{,}4$ cm; $c = 5{,}4$ cm; $\alpha = 45°$
c) $a = 5{,}6$ cm; $b = 2{,}8$ cm; $\gamma = 60°$
d) $a = b = 4$ cm; $\alpha = \beta = 60°$

7 Zeichne das Dreieck *ABC* und gib an wie du vorgegangen bist.
a) $b = 3{,}8$ cm; $c = 4{,}4$ cm; $\alpha = 60°$
b) $b = 5{,}2$ cm; $c = 6{,}1$ cm; $\alpha = 90°$
c) $a = 3{,}5$ cm; $c = 6{,}4$ cm; $\beta = 37°$
d) $a = 2$ cm; $b = 5$ cm; $\gamma = 115°$
e) $a = 33$ mm; $b = 36$ mm; $\gamma = 85°$

8 Zeichne diese Figur, die aus acht rechtwinkligen Dreiecken besteht. Beginne mit dem kleinsten Dreieck. Bei genauer Konstruktion muss die längste Seite im größten Dreieck 3 cm lang sein. Prüfe, wie genau du konstruiert hast.

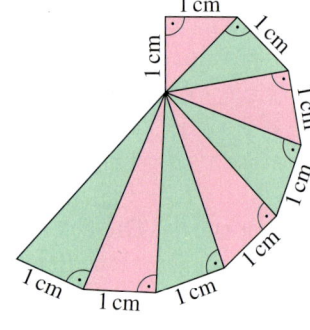

9 Die Schenkel einer aufklappbaren Leiter sind jeweils 2,20 m lang. Klappt man die Leiter auf und stellt sie hin, beträgt der Öffnungswinkel zwischen den Schenkeln 60°.
a) Zeichne zuerst eine Planskizze.
b) Wie hoch reicht die Leiter?
c) Wie weit stehen die Füße auseinander?

10 👥 Die Klasse 7b erhält die Aufgabe, aus $\alpha = 37°$, $\beta = 82°$ und $\gamma = 61°$ ein Dreieck zu zeichnen. Beim Vergleichen mit seinen Nachbarn stellt Noah fest, dass jeder ein anderes Dreieck gezeichnet hat.
a) Zeichnet ein Dreieck nach den Angaben und vergleicht untereinander.
b) Sucht eine Begründung für die unterschiedlichen Lösungen.

Dreiecke konstruieren (mit Zirkel)

Entdecken

1 👥 Das „Sommerdreieck" ist bei uns ab Juli am Sternenhimmel gut sichtbar.
Bereits kurz nach Sonnenuntergang kann man das Dreieck aus den Sternen Wega, Deneb und Atair am südlichen Himmel erkennen.
Beratet zu zweit, wie man das „Sommerdreieck" ohne Geodreieck, nur mit Zirkel und Lineal, möglichst exakt ins Heft übertragen kann. Probiert eure Lösung anschließend aus.

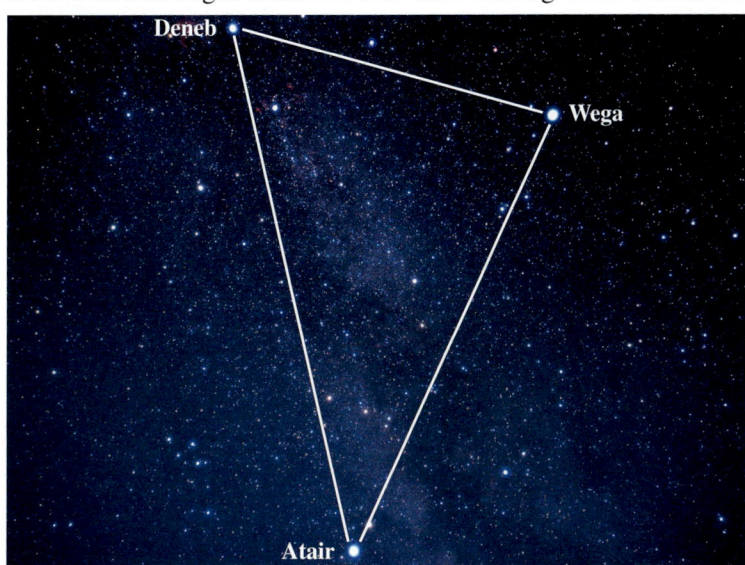

2 Die Konstruktionsbeschreibung für das Dreieck ist durcheinander geraten.
Bringe die Kärtchen in die richtige Reihenfolge und konstruiere aus den Angaben ein Dreieck mit den Seitenlängen 4 cm, 5 cm und 7 cm.
👥 Vergleiche dein Ergebnis mit deiner Nachbarin oder deinem Nachbarn.
Was fällt euch auf?

Zeichne um den einen Endpunkt der Strecke einen vollständigen Kreis mit dem Radius 5 cm.

Vervollständige zu einem Dreieck.

Zeichne eine Strecke von 7 cm Länge.

Zeichne um den anderen Endpunkt der Strecke einen vollständigen Kreis mit dem Radius 4 cm.

3 Zeichne zwei Punkte M_1 und M_2 mit einem Abstand von 5 cm zueinander ins Heft.
a) Ziehe um beide Mittelpunkte M_1 und M_2 jeweils einen Kreisbogen mit dem Radius 4 cm.
b) Wiederhole die Zeichnung, aber dieses Mal mit dem Radius 2,5 cm und dann mit dem Radius 1,5 cm.
Was fällt dir auf?

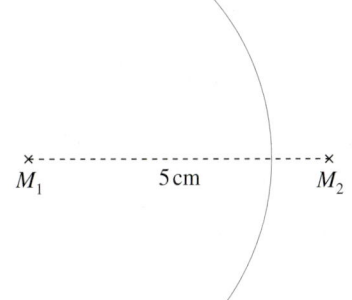

Verstehen

Henry möchte eine Landkarte von Schleswig-Holstein maßstäblich abzeichnen.
Er beginnt mit der Lage der drei Städte Pinneberg (*A*), Lübeck (*B*) sowie Flensburg (*C*) zueinander und misst die Verbindungslinien der Städte:
$\overline{AB} = 1{,}7\,\text{cm}$, $\overline{BC} = 3{,}4\,\text{cm}$, $\overline{AC} = 3{,}3\,\text{cm}$.
Aus den drei Längen kann er das Städtedreieck zeichnen, denn zur Konstruktion dieses Dreiecks genügen drei Angaben.

Beispiel 1

Im $\triangle ABC$ sind $a = 3{,}4\,\text{cm}$, $b = 3{,}3\,\text{cm}$ und $c = 1{,}7\,\text{cm}$ gegeben.

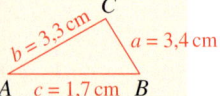

 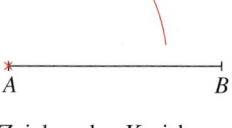  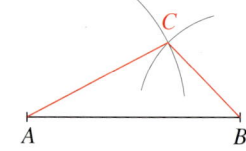

Zeichne eine Gerade und markiere den Eckpunkt *A*. Zeichne den Kreisbogen um *A* mit dem Radius von $c = 1{,}7\,\text{cm}$. Schnittpunkt des Kreisbogens und der Gerade ist *B*.

Zeichne den Kreisbogen um *A* mit dem Radius von $b = 3{,}3\,\text{cm}$.

Zeichne den Kreisbogen um *B* mit dem Radius $a = 3{,}4\,\text{cm}$.

Schnittpunkt der beiden Kreisbögen ist *C*. Verbinde *A* mit *C* und *B* mit *C* und beschrifte die Seiten.

Alle Dreiecke, die nach diesen drei Angaben gezeichnet sind, haben gleiche Form und Größe. Auch die übrigen drei Bestimmungsstücke (α, β, γ) sind in diesen Dreiecken gleich groß.

> **Merke** Wenn Dreiecke in allen drei Seiten übereinstimmen, dann sind sie kongruent (Kongruenzsatz **SSS = S**eite-**S**eite-**S**eite).

Auch aus folgenden drei Bestimmungsstücken kann das Dreieck eindeutig konstruiert werden.

Beispiel 2

Im $\triangle ABC$ sind $c = 3{,}2\,\text{cm}$, $\alpha = 30°$ und $a = 3{,}5\,\text{cm}$ gegeben.

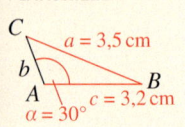

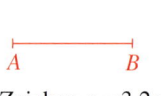
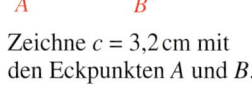 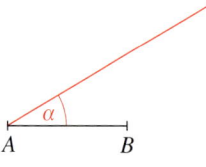 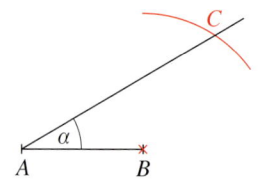 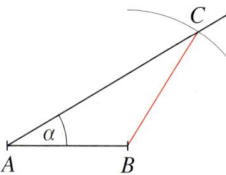

Zeichne $c = 3{,}2\,\text{cm}$ mit den Eckpunkten *A* und *B*.

Zeichne in *A* an *c* den Winkel $\alpha = 30°$.

Schnittpunkt des Kreisbogens mit dem Schenkel von *b* ist *C*. Zeichne den Kreisbogen um *B* mit dem Radius $a = 3{,}5\,\text{cm}$.

Verbinde *B* mit *C* und beschrifte die Seiten.

> **Merke** Wenn Dreiecke in zwei Seiten und dem Winkel übereinstimmen, der der längeren Seite gegenüber liegt, dann sind sie kongruent (Kongruenzsatz **SsW = S**eite-**S**eite-**W**inkel).

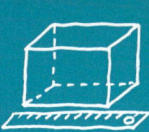

Üben und anwenden

1 Konstruiere das Dreieck ABC. Wie bist du dabei vorgegangen?
a) $a = 7\,\text{cm}$; $b = 4\,\text{cm}$; $c = 5\,\text{cm}$
b) $a = 6\,\text{cm}$; $b = 4\,\text{cm}$; $c = 8\,\text{cm}$
c) $a = 5,4\,\text{cm}$; $b = 3,7\,\text{cm}$; $c = 6,5\,\text{cm}$
d) $a = 6,1\,\text{cm}$; $b = 6,5\,\text{cm}$; $c = 4,4\,\text{cm}$

1 Konstruiere das Dreieck ABC und gib eine Konstruktionsbeschreibung an.
a) $a = 4,5\,\text{cm}$; $b = 3,5\,\text{cm}$; $c = 5,5\,\text{cm}$
b) $a = 7,1\,\text{cm}$; $b = 5,2\,\text{cm}$; $c = 42\,\text{mm}$
c) $a = 22\,\text{mm}$; $b = 6,7\,\text{cm}$; $c = 7,3\,\text{cm}$
d) $a = 48\,\text{mm}$; $b = 5,2\,\text{cm}$; $c = 0,5\,\text{dm}$

HINWEIS
Denke an die Planskizze.

2 Konstruiere das Dreieck ABC. Betrachte die Seitenlängen und gib die Dreiecksart an.
a) $a = 8\,\text{cm}$; $b = c = 5\,\text{cm}$
b) $a = c = 6\,\text{cm}$; $b = 5\,\text{cm}$
c) $a = b = c = 4\,\text{cm}$
d) $a = 10\,\text{cm}$; $b = 5\,\text{cm}$; $c = 7\,\text{cm}$

2 Konstruiere das Dreieck ABC. Was für ein Dreieck entsteht jeweils?
a) $a = b = 6,2\,\text{cm}$; $c = 4,6\,\text{cm}$
b) $a = c = 3,7\,\text{cm}$; $b = 5,9\,\text{cm}$
c) $a = b = c = 5,3\,\text{cm}$
d) $a = 4,8\,\text{cm}$; $b = 6\,\text{cm}$; $c = 3,6\,\text{cm}$

3 Konstruiere die Dreiecke ABC und ABD nach der Konstruktionsbeschreibung.
1. Zeichne $c = 4,5\,\text{cm}$.
2. Zeichne um A einen Kreis ($b = 6\,\text{cm}$).
3. Zeichne um B einen Kreis ($a = 3\,\text{cm}$).
4. Die Kreise schneiden sich in C und D.
5. Verbinde C mit A und mit B, ebenso D.

3 Konstruiere das Dreieck ABC nach dieser Kurzbeschreibung:
1. $\overline{AC} = 4,5\,\text{cm}$ zeichnen
2. Kreisbogen um A mit $c = 5\,\text{cm}$
3. Kreisbogen um C mit $a = 4,2\,\text{cm}$
4. Schnittpunkt ist B
5. ABC verbinden

4 Zeichne das Windrad in dein Heft. Das Windrad besteht aus acht zueinander kongruenten Dreiecken.
1. Beginne mit den grünen Flächen.
2. Ergänze anschließend die gelben Flächen.

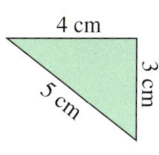

5 Zeichne den Stern in dein Heft.
Beginne so:
Zeichne das gleichseitige Dreieck ABC mit $\overline{AB} = 12\,\text{cm}$ und dann das gleichseitige Dreieck DEF mit $d = 4\,\text{cm}$.

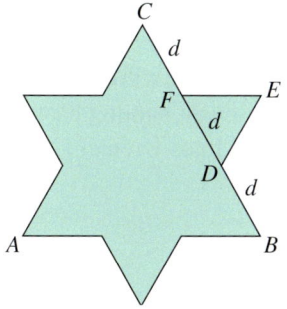

5 Zeichne den Stern in dein Heft.
Beginne so:
Zeichne die Geraden g und h ($g \perp h$). Zeichne dann das Dreieck ABC mit $\overline{AC} = 5,1\,\text{cm}$, $\overline{AB} = 2,4\,\text{cm}$ und $\overline{BC} = 3,8\,\text{cm}$.

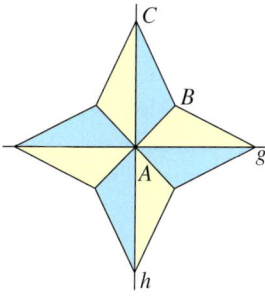

6 Versuche das Dreieck ABC mit $a = 6\,\text{cm}$, $b = 3\,\text{cm}$ und $c = 2\,\text{cm}$ zu konstruieren. Beginne mit der längsten Seite.
a) Warum ist dies nicht möglich?
b) Wie muss die Seitenlänge von a geändert werden, damit sich ein Dreieck ergibt?
c) Was muss für die längste Seite gelten, damit sich ein Dreieck aus drei Seitenlängen konstruieren lässt?

6 Versuche das Dreieck ABC mit den Seiten $a = 2,7\,\text{cm}$, $b = 3,3\,\text{cm}$ und $c = 7,2\,\text{cm}$ zu konstruieren.
a) Warum kann kein Dreieck entstehen?
b) Formuliere, was erfüllt sein muss, damit man aus drei Seitenangaben ein Dreieck zeichnen kann.
c) Ändere beim Dreieck ABC eine Seitenlänge, sodass sich ein Dreieck ergibt.

Methode: Dreiecke mit dem Computer konstruieren

Mithilfe eines Computerprogramms kann man ebenso wie auf Papier geometrische Konstruktionen ausführen.

Das dazu benötigte Programm ist eine dynamische Geometrie-Software, entsprechend der Anfangsbuchstaben abgekürzt DGS.

Die Arbeit mit einer dynamischen Geometrie-Software bietet Vorteile: Figuren können schnell und genau konstruiert werden, aber auch bewegt und dynamisch verändert werden.

Die fertigen Zeichnungen können gespeichert und ausgedruckt werden.

1 Grundwerkzeuge

Mache dich mit den Werkzeugen des Programms vertraut. Zeichne einige Grundelemente wie Strecke, Kreis oder Dreieck.

Bei einigen Programmen erhältst du, wenn du auf den Rand der Werkzeug-Schaltfläche klickst, weitere Werkzeuge. Probiere die einzelnen Werkzeuge aus.

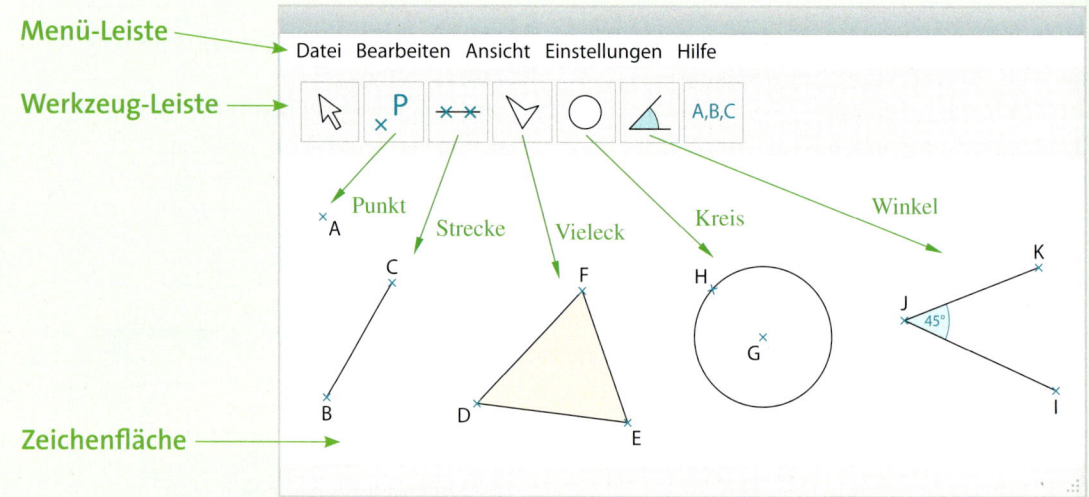

BEACHTE

Bei der Eingabe von Dezimalbrüchen kann es sein, dass du bei einigen Programmen statt des Kommas einen Punkt eingeben musst.

Beispiel

Für 2,75 cm schreibt man 2.75 in das Dialogfenster.

2 Konstruktion verschiedener Dreiecksarten

a) Führe die Konstruktionsschritte wie im Bild für ein rechtwinkliges Dreieck aus. Notiere in einem Merkheft, welche Werkzeuge des Programms du benutzt hast.

b) Konstruiere ein gleichseitiges und ein gleichschenkliges Dreieck. Notiere jeweils, welche Schritte du im Programm ausgeführt hast.

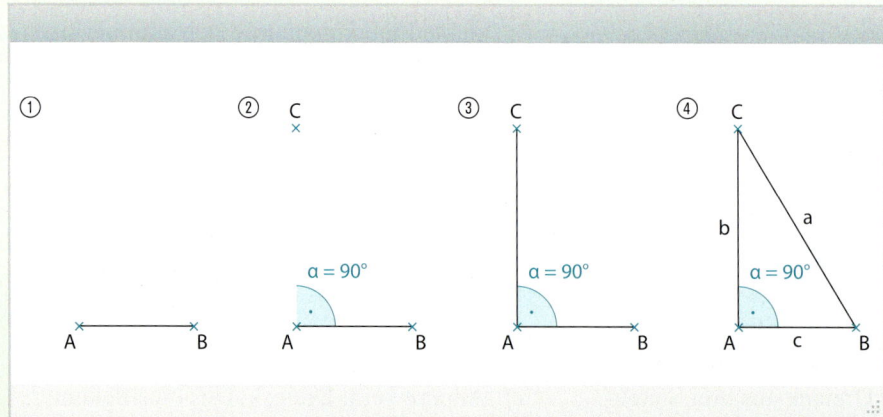

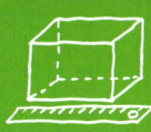

3 Koordinatensystem und Gitterlinien

Auf der Zeichenfläche kann man ein Koordinatensystem und Gitterlinien einblenden.

a) Zeichne das nebenstehende Dreieck über die Eckpunkte ab.
Welche Dreiecksform ist entstanden?

b) Zeichne weitere Dreiecke mithilfe ihrer Eckpunkte.
Beschreibe jeweils ihre Form.
① $\triangle ABC$ mit
$A(-4|-2)$, $B(1|3)$, $C(-2|6)$
② $\triangle DEF$ mit
$D(2|3)$, $E(-2|-5)$, $F(6|-5)$
③ $\triangle GHI$ mit
$G(6|4)$, $H(-6/0)$, $I(-1|-1)$

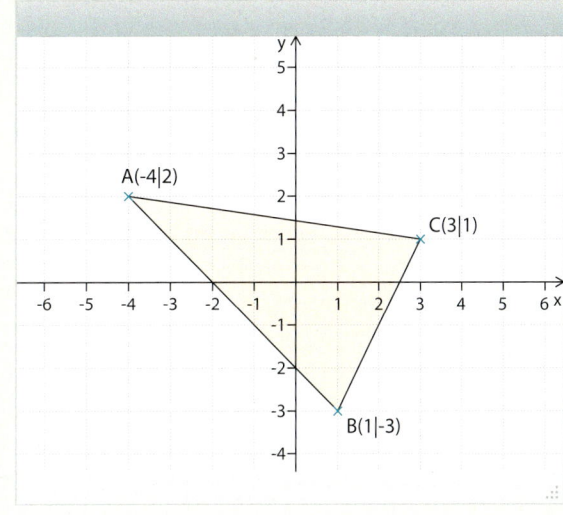

4 Mit dem Zirkel arbeiten

Konstruiere folgende Dreiecke.

a) $a = 4\,cm$,
$b = 5\,cm$,
$c = 7\,cm$

b) $a = b = 4{,}5\,cm$,
$c = 6{,}3\,cm$

c) $a = b = c = 5{,}3\,cm$

d) $a = b = 4{,}5\,cm$,
$c = 10\,cm$
Was fällt dir auf?

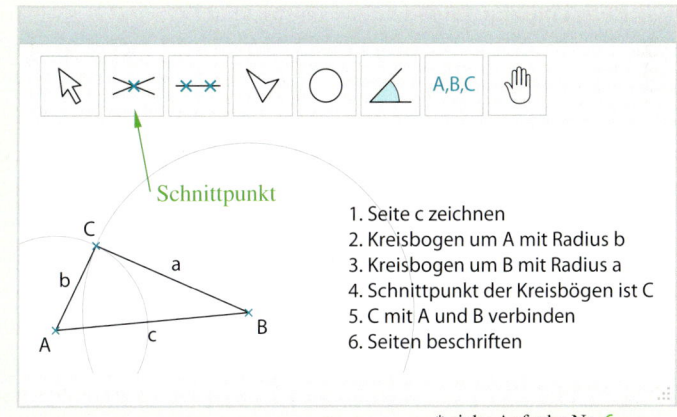

Schnittpunkt

1. Seite c zeichnen
2. Kreisbogen um A mit Radius b
3. Kreisbogen um B mit Radius a
4. Schnittpunkt der Kreisbögen ist C
5. C mit A und B verbinden
6. Seiten beschriften

5 Ergebnisse ausdrucken

* siehe Aufgabe Nr. 6

a) Konstruiere das Dreieck nachfolgender Kurzbeschreibung und drucke die Zeichnung aus.
① $\overline{AC} = 4{,}7\,cm$
② in Punkt A Winkel $\alpha = 41°$
③ von A aus Strahl durch Endpunkt des Schenkels
④ in Punkt C Winkel $\gamma = 70°$
⑤ von C aus Strahl durch Endpunkt des Schenkels
⑥ Schnittpunkt der beiden Strahlen ist B
⑦ Dreieck beschriften (siehe 6)

b) Nach welchem Kongruenzsatz ist das Dreieck konstruiert?

6 Konstruktionen beschriften

a) Konstruiere das Dreieck, beginne mit $\overline{BC}$.
Benutze das Werkzeug zur Beschriftung, um die Bestimmungsstücke zu benennen.

b) Zeichne und beschrifte das folgende Dreieck:
$b = 4{,}2\,cm$,
$a = 6\,cm$,
$\alpha = 43°$

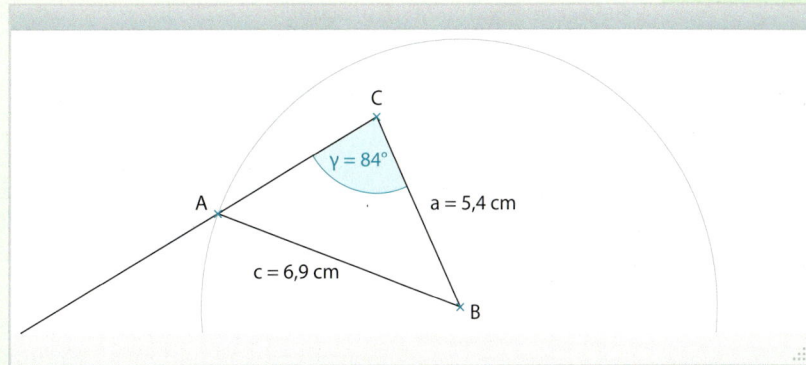

TIPP
Arbeite mit einer Planskizze.

7 Welcher Winkel muss angegeben werden, damit eine Kongruenz nach SsW vorliegt?
a) $a = 3,6$ cm; $c = 4,8$ cm
b) $b = 8,9$ cm; $c = 6,7$ cm
c) $b = 3,4$ cm; $a = 11,3$ cm
d) $a = 6,3$ cm; $c = 6,5$ cm

8 Prüfe, ob der Winkel gegeben ist, der der größeren Seite gegenüberliegt. Falls ja, konstruiere das Dreieck.
a) $a = 7$ cm; $b = 4,8$ cm; $\beta = 73°$
b) $c = 4,3$ cm; $a = 6,9$ cm; $\alpha = 37°$
c) $b = 3,4$ cm; $c = 11,3$ cm; $\beta = 104°$
d) $a = 6,3$ cm; $c = 6,5$ cm; $\gamma = 54°$

9 Konstruiere das Dreieck ABC.
a) $a = 3,8$ cm; $c = 5,4$ cm; $\gamma = 70°$
b) $a = 3,9$ cm; $b = 6,4$ cm; $\beta = 54°$
c) $b = 5,5$ cm; $c = 4,7$ cm; $\beta = 48°$
d) $a = 3,3$ cm; $c = 5,8$ cm; $\gamma = 67°$
e) $b = 4,2$ cm; $c = 4,7$ cm; $\gamma = 40°$
f) $a = 5,7$ cm; $b = 4,1$ cm; $\alpha = 72°$

9 Konstruiere das Dreieck ABC.
a) $b = 7$ cm; $c = 3$ cm; $\beta = 78°$
b) $a = 3,5$ cm; $b = 6$ cm; $\beta = 26°$
c) $a = 7$ cm; $c = 3,6$ cm; $\alpha = 120°$
d) $a = 2,8$ cm; $c = 2$ cm; $\alpha = 87°$
e) $b = 33$ mm; $c = 40$ mm; $\gamma = 66°$
f) $a = 50$ mm; $c = 91$ mm; $\gamma = 122°$

10 Betrachte die Angaben des Dreiecks ABC. Entscheide, ob es eindeutig konstruierbar ist. Falls ja, konstruiere das Dreieck ABC.
a) $a = 3,7$ cm; $c = 4,9$ cm; $\gamma = 72°$
b) $c = 4,8$ cm; $b = 5,2$ cm; $\gamma = 55°$
c) $b = 4,5$ cm; $a = 3,7$ cm; $\beta = 68°$
d) $a = 3,5$ cm; $c = 5,6$ cm; $\alpha = 30°$
e) $b = 6,3$ cm; $c = 3,7$ cm; $\beta = 95°$
f) $c = 6,3$ cm; $a = 4,7$ cm; $\alpha = 27°$

10 Konstruiere nur die Dreiecke, die eindeutige Angaben nach SsW haben.
a) $b = 1,7$ cm; $c = 2,5$ cm; $\beta = 38°$
b) $a = 4,5$ cm; $b = 8$ cm; $\beta = 26°$
c) $a = 3,2$ cm; $c = 5,4$ cm; $\alpha = 31°$
d) $a = 1,4$ cm; $c = 2,8$ cm; $\gamma = 58°$
e) $b = 51$ mm; $c = 64$ mm; $\gamma = 69°$
f) $a = 79$ mm; $c = 34$ mm; $\alpha = 144,5°$

11 In einem gleichschenkligen Dreieck ist eine Seite mit 5 cm doppelt so lang wie die andere. Zeichne alle möglichen Dreiecke ABC.

11 Konstruiere das Dreieck ABC mit $b = 6$ cm, $c = 4$ cm und $\beta = 95°$. Beachte die Planskizze.

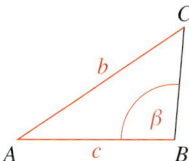

Erstelle eine Konstruktionsbeschreibung.

12 Aachen liegt am Dreiländereck, an dem Deutschland an Belgien und die Niederlande grenzt. Auf dem „Dreilandenpunkt" steht der Baudouinturm, von dem man Aachens Dom und Universitätsklinik sehen kann. In der Karte bilden die Luftlinien vom Turm zum Klinikum und zum Dom einen 41°-Winkel. Klinikum und Dom sind 10,5 km voneinander entfernt, Turm und Klinikum 9 km. Konstruiere das Dreieck verkleinert im Maßstab von 1:100 000 ins Heft und bestimme die Entfernung vom Aussichtsturm zum Dom.

ERINNERE DICH
Beim Maßstab 1:100 000 entspricht 1 cm in der Zeichnung 1 km in der Wirklichkeit.

12 Auf welcher Höhe befindet sich die Bergstation der Seilbahn? Konstruiere ein Dreieck im Maßstab 1 : 100 000 und lies die Höhe ab. Entnimm alle Angaben der Zeichnung unten.

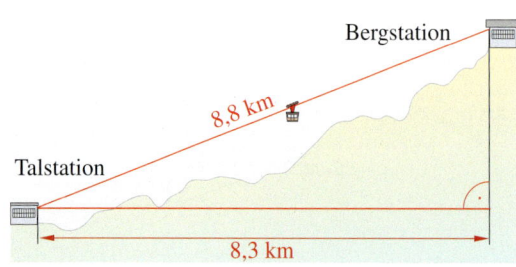

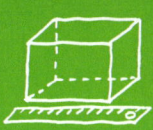

3 Koordinatensystem und Gitterlinien

Auf der Zeichenfläche kann man ein Koordinatensystem und Gitterlinien einblenden.

a) Zeichne das nebenstehende Dreieck über die Eckpunkte ab.
   Welche Dreiecksform ist entstanden?

b) Zeichne weitere Dreiecke mithilfe ihrer Eckpunkte.
   Beschreibe jeweils ihre Form.

   ① $\triangle ABC$ mit
      $A(-4|-2)$, $B(1|3)$, $C(-2|6)$

   ② $\triangle DEF$ mit
      $D(2|3)$, $E(-2|-5)$, $F(6|-5)$

   ③ $\triangle GHI$ mit
      $G(6|4)$, $H(-6/0)$, $I(-1|-1)$

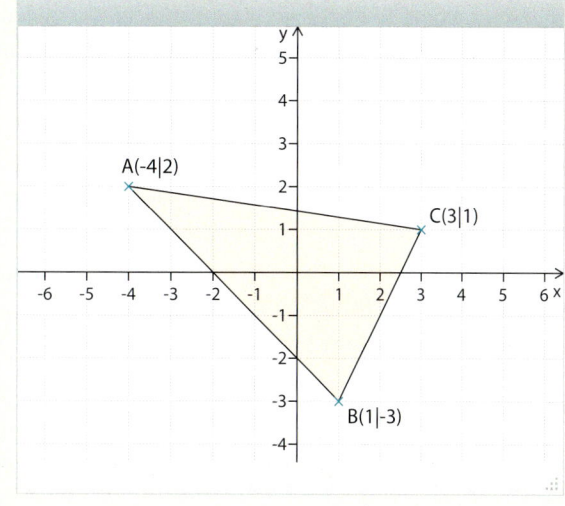

4 Mit dem Zirkel arbeiten

Konstruiere folgende Dreiecke.

a) $a = 4\,\text{cm}$,
   $b = 5\,\text{cm}$,
   $c = 7\,\text{cm}$

b) $a = b = 4,5\,\text{cm}$,
   $c = 6,3\,\text{cm}$

c) $a = b = c = 5,3\,\text{cm}$

d) $a = b = 4,5\,\text{cm}$,
   $c = 10\,\text{cm}$
   Was fällt dir auf?

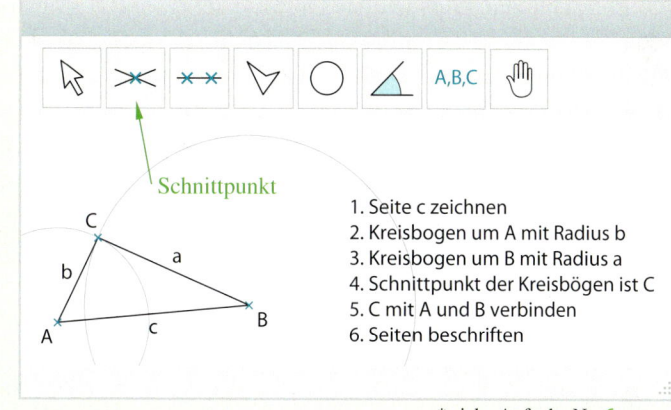

Schnittpunkt

1. Seite c zeichnen
2. Kreisbogen um A mit Radius b
3. Kreisbogen um B mit Radius a
4. Schnittpunkt der Kreisbögen ist C
5. C mit A und B verbinden
6. Seiten beschriften

5 Ergebnisse ausdrucken

* siehe Aufgabe Nr. 6

a) Konstruiere das Dreieck nachfolgender Kurzbeschreibung und drucke die Zeichnung aus.
   ① $\overline{AC} = 4,7\,\text{cm}$ ② in Punkt A Winkel $\alpha = 41°$
   ③ von A aus Strahl durch Endpunkt des Schenkels   ④ in Punkt C Winkel $\gamma = 70°$
   ⑤ von C aus Strahl durch Endpunkt des Schenkels
   ⑥ Schnittpunkt der beiden Strahlen ist B ⑦ Dreieck beschriften (siehe 6)

b) Nach welchem Kongruenzsatz ist das Dreieck konstruiert?

6 Konstruktionen beschriften

a) Konstruiere das Dreieck, beginne mit $\overline{BC}$.
   Benutze das Werkzeug zur Beschriftung, um die Bestimmungsstücke zu benennen.

b) Zeichne und beschrifte das folgende Dreieck:
   $b = 4,2\,\text{cm}$,
   $a = 6\,\text{cm}$,
   $\alpha = 43°$

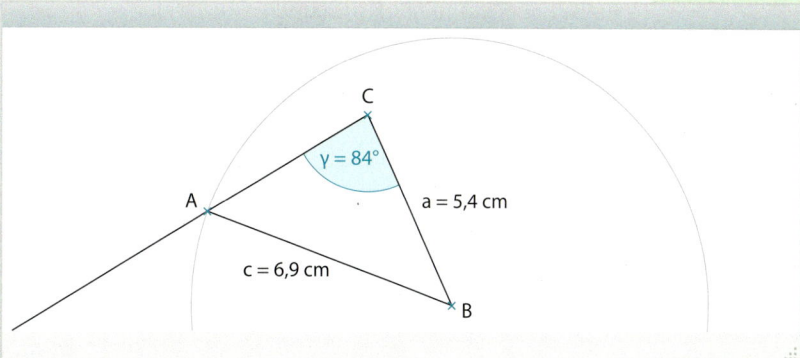

TIPP
Arbeite mit einer Planskizze.

7 Welcher Winkel muss angegeben werden, damit eine Kongruenz nach SsW vorliegt?
a) $a = 3{,}6\,\text{cm}$; $c = 4{,}8\,\text{cm}$ b) $b = 8{,}9\,\text{cm}$; $c = 6{,}7\,\text{cm}$
c) $b = 3{,}4\,\text{cm}$; $a = 11{,}3\,\text{cm}$ d) $a = 6{,}3\,\text{cm}$; $c = 6{,}5\,\text{cm}$

8 Prüfe, ob der Winkel gegeben ist, der der größeren Seite gegenüberliegt.
Falls ja, konstruiere das Dreieck.
a) $a = 7\,\text{cm}$; $b = 4{,}8\,\text{cm}$; $\beta = 73°$ b) $c = 4{,}3\,\text{cm}$; $a = 6{,}9\,\text{cm}$; $\alpha = 37°$
c) $b = 3{,}4\,\text{cm}$; $c = 11{,}3\,\text{cm}$; $\beta = 104°$ d) $a = 6{,}3\,\text{cm}$; $c = 6{,}5\,\text{cm}$; $\gamma = 54°$

9 Konstruiere das Dreieck ABC.
a) $a = 3{,}8\,\text{cm}$; $c = 5{,}4\,\text{cm}$; $\gamma = 70°$
b) $a = 3{,}9\,\text{cm}$; $b = 6{,}4\,\text{cm}$; $\beta = 54°$
c) $b = 5{,}5\,\text{cm}$; $c = 4{,}7\,\text{cm}$; $\beta = 48°$
d) $a = 3{,}3\,\text{cm}$; $c = 5{,}8\,\text{cm}$; $\gamma = 67°$
e) $b = 4{,}2\,\text{cm}$; $c = 4{,}7\,\text{cm}$; $\gamma = 40°$
f) $a = 5{,}7\,\text{cm}$; $b = 4{,}1\,\text{cm}$; $\alpha = 72°$

9 Konstruiere das Dreieck ABC.
a) $b = 7\,\text{cm}$; $c = 3\,\text{cm}$; $\beta = 78°$
b) $a = 3{,}5\,\text{cm}$; $b = 6\,\text{cm}$; $\beta = 26°$
c) $a = 7\,\text{cm}$; $c = 3{,}6\,\text{cm}$; $\alpha = 120°$
d) $a = 2{,}8\,\text{cm}$; $c = 2\,\text{cm}$; $\alpha = 87°$
e) $b = 33\,\text{mm}$; $c = 40\,\text{mm}$; $\gamma = 66°$
f) $a = 50\,\text{mm}$; $c = 91\,\text{mm}$; $\gamma = 122°$

10 Betrachte die Angaben des Dreiecks ABC. Entscheide, ob es eindeutig konstruierbar ist. Falls ja, konstruiere das Dreieck ABC.
a) $a = 3{,}7\,\text{cm}$; $c = 4{,}9\,\text{cm}$; $\gamma = 72°$
b) $c = 4{,}8\,\text{cm}$; $b = 5{,}2\,\text{cm}$; $\gamma = 55°$
c) $b = 4{,}5\,\text{cm}$; $a = 3{,}7\,\text{cm}$; $\beta = 68°$
d) $a = 3{,}5\,\text{cm}$; $c = 5{,}6\,\text{cm}$; $\alpha = 30°$
e) $b = 6{,}3\,\text{cm}$; $c = 3{,}7\,\text{cm}$; $\beta = 95°$
f) $c = 6{,}3\,\text{cm}$; $a = 4{,}7\,\text{cm}$; $\alpha = 27°$

10 Konstruiere nur die Dreiecke, die eindeutige Angaben nach SsW haben.
a) $b = 1{,}7\,\text{cm}$; $c = 2{,}5\,\text{cm}$; $\beta = 38°$
b) $a = 4{,}5\,\text{cm}$; $b = 8\,\text{cm}$; $\beta = 26°$
c) $a = 3{,}2\,\text{cm}$; $c = 5{,}4\,\text{cm}$; $\alpha = 31°$
d) $a = 1{,}4\,\text{cm}$; $c = 2{,}8\,\text{cm}$; $\gamma = 58°$
e) $b = 51\,\text{mm}$; $c = 64\,\text{mm}$; $\gamma = 69°$
f) $a = 79\,\text{mm}$; $c = 34\,\text{mm}$; $\alpha = 144{,}5°$

11 Konstruiere das Dreieck ABC mit $b = 6\,\text{cm}$, $c = 4\,\text{cm}$ und $\beta = 95°$. Beachte die Planskizze.

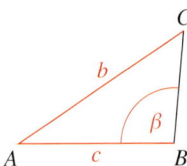

Erstelle eine Konstruktionsbeschreibung.

11 In einem gleichschenkligen Dreieck ist eine Seite mit 5 cm doppelt so lang wie die andere. Zeichne alle möglichen Dreiecke ABC.

12 Aachen liegt am Dreiländereck, an dem Deutschland an Belgien und die Niederlande grenzt. Auf dem „Dreilandenpunkt" steht der Baudouinturm, von dem man Aachens Dom und Universitätsklinik sehen kann.
In der Karte bilden die Luftlinien vom Turm zum Klinikum und zum Dom einen 41°-Winkel. Klinikum und Dom sind 10,5 km voneinander entfernt, Turm und Klinikum 9 km.

Konstruiere das Dreieck verkleinert im Maßstab von 1:100 000 ins Heft und bestimme die Entfernung vom Aussichtsturm zum Dom.

ERINNERE DICH
Beim Maßstab 1:100 000 entspricht 1 cm in der Zeichnung 1 km in der Wirklichkeit.

12 Auf welcher Höhe befindet sich die Bergstation der Seilbahn? Konstruiere ein Dreieck im Maßstab 1 : 100 000 und lies die Höhe ab. Entnimm alle Angaben der Zeichnung unten.

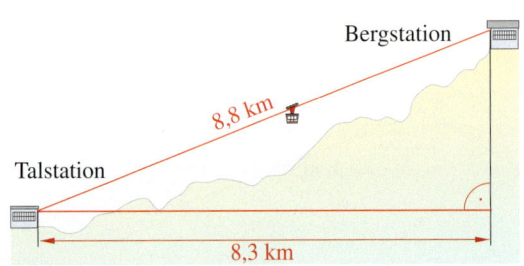

Bergstation

Talstation

8,8 km

8,3 km

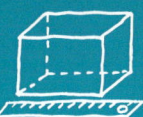

Winkelsumme in Dreiecken

Entdecken

1 👥 Arbeitet zu zweit. Zeichnet je ein Dreieck und schneidet
es aus. Beschriftet die Winkel. Dann reißt alle Ecken ab. Legt
die Ecken beider Dreiecke an den Scheitelpunkten zusammen.
a) Was stellt ihr fest?
b) Was stellt ihr fest, wenn ihr die Ecken eines der Dreiecke
   entsprechend anordnet?

2 👥 Arbeitet in Gruppen. Zuerst zeichnet jedes Gruppenmitglied ein beliebiges Dreieck ins
Heft und misst die Innenwinkel. Tragt dann für jedes Dreieck die gemessenen Winkel in eine
Tabelle ein. Was fällt euch auf?
Vergleicht mit der ganzen Klasse eure Ergebnisse.

Name	α	β	γ	$\alpha + \beta + \gamma$
Marcel				
...				

3 Wenn du ein dynamisches Geometrieprogramm verwendest, kannst du Aufgabe 2 auch mit
dem Computer bearbeiten.
① Zeichne mit dem *Vieleck-Werkzeug* ein Dreieck.
   Die Hilfe rechts oben im Programmfenster
   erklärt dir immer, wie es gemacht wird.
② Wähle das Winkelwerkzeug und klicke dein
   Dreieck an. Die Winkel α, β und γ werden
   automatisch eingezeichnet und gemessen.
③ Gib in der Befehlszeile den Term $\alpha + \beta + \gamma$
   ein und drücke die Eingabe-Taste. Mit dem
   Winkelsymbol am Ende der Eingabezeile
   erhält man die griechischen Buchstaben.
④ Verändere das Dreieck, indem du die Eckpunkte verschiebst.
   Lies das Ergebnis des Terms (δ) ab.

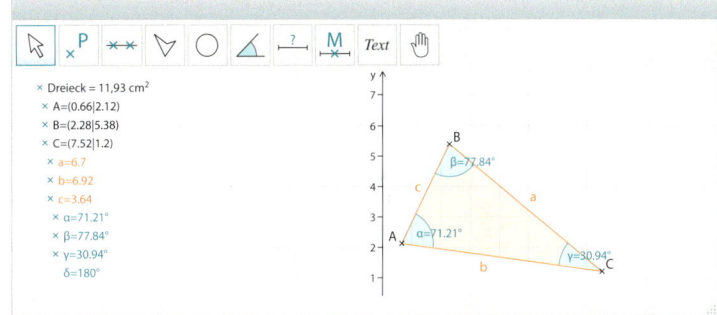

4 Die Reihenfolge der Berechnung der fehlenden Winkelgröße im Dreieck *ABC* ist durcheinander geraten.
Bringe die Kärtchen in die richtige Reihenfolge und ergänze.

Formuliere eine
Antwort: ...

Schreibe die Gleichung auf.
$\alpha + \beta + \gamma = 180°$

Setze die bekannten
Größen ein.
$\alpha + \blacksquare + \blacksquare = 180°$

$180° - 90° - 30° = 60°$,
daraus folgt $\alpha = 60°$.

Prüfe dein Ergebnis, indem du
alle Größen in die Gleichung
einsetzt und ausrechnest.
$\blacksquare + \blacksquare + \blacksquare = 180°$

Lege fest, welche Größe
du kennst und welche du
berechnen willst.
gegeben: $\beta = 90°$, $\gamma = 30°$
gesucht: $\blacksquare$

Verstehen

Die Leiter in der Baugrube bildet zusammen mit dem Boden und der Wand ein rechtwinkliges Deieck.
Aus Sicherheitsgründen muss die Leiter in einem Winkel von 65° bis 75° stehen.
Der Winkel muss vor dem Herabsteigen bekannt sein und kann deshalb nicht direkt gemessen werden.
Er kann aber berechnet werden, falls die beiden anderen Winkel bekannt sind.

Beispiel 1

Die Leiter lehnt in einem Winkel von 24° an der Wand der Baugrube. Dieser Winkel bildet zusammen mit den Wechselwinkeln zu β und zu dem rechten Winkel einen gestreckten Winkel (180°). Somit beträgt die Summe der drei Innenwinkel des Dreiecks 180°.
So kann β berechnet werden:

$$90° + 24° + \beta = 180°$$
$$114° + \beta = 180°$$
$$\beta = 66°$$

Die Leiter kann also sicher bestiegen werden.

> **Merke** In jedem Dreieck ABC beträgt die **Summe der Innenwinkel** 180°: $\alpha + \beta + \gamma = 180°$.

Das Wissen über die Winkelssumme im Dreieck kann man nutzen, um die Größe eines Winkels mithilfe anderer Winkelgrößen zu berechnen.

Beispiel 2

In einem rechtwinkligen Dreieck misst ein Winkel 75°. Wie groß sind die drei Winkel?

① gegeben: $\alpha = 90°$; $\gamma = 75°$
gesucht: β

② $\alpha + \beta + \gamma = 180°$, also $90° + \beta + 75° = 180°$

③ $180° - 90° - 75° = 15°$, daraus folgt $\beta = 15°$

④ $90° + 15° + 75° = 180°$

⑤ Die drei Winkel sind 90°, 15° und 75° groß.

> **Merke** Um die Größe eines Winkels zu berechnen, stellt man eine **Gleichung** auf und löst diese.
>
> ① Lege fest, welche Größen du kennst und welche du berechnen willst.
>
> ② Schreibe die Gleichung auf und setze die bekannten Größen ein.
>
> ③ Löse die Gleichung (durch Probieren oder „Rückwärtsarbeiten")
>
> ④ Prüfe dein Ergebnis, indem du alle Größen in die Gleichung einsetzt und ausrechnest.
>
> ⑤ Formuliere eine Antwort.

Üben und anwenden

1 Markus hat in zwei Dreiecken jeweils zwei Winkel gemessen.
Kann er richtig gemessen haben? Begründe.
a) $\alpha = 65°$; $\beta = 118°$ b) $\beta = 95°$; $\gamma = 88°$

1 Lara hat in einem gleichschenkligen Dreieck zwei Winkel gemessen.
Kann sie richtig gemessen haben? Begründe.
a) $\alpha = 40°$; $\gamma = 101°$ b) $\alpha = 80°$; $\gamma = 25°$

2 Begründe jeweils:
a) Gibt es ein Dreieck mit drei Winkeln, jeder kleiner als 60°?
b) Gibt es ein Dreieck mit drei Winkeln, jeder größer als 60°?
c) Gibt es ein Dreieck mit ein Dreieck mit zwei rechten Winkeln?
d) Gibt es verschiedene gleichschenklige Dreiecke mit einem rechten Winkel?

3 Berechne zu den zwei gegebenen Winkeln eines Dreiecks die Größe des dritten Winkels.
Beispiel

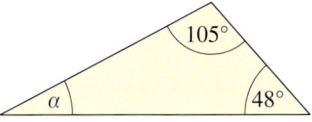

$\alpha = 180° - 48° - 105°$
$= 27°$

a) 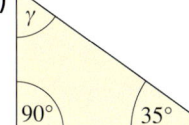 b) 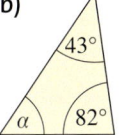 c)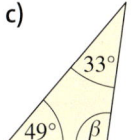

3 Berechne zu den zwei gegebenen Winkeln eines Dreiecks die Größe des dritten Winkels.
Beispiel $\alpha = 40°$; $\beta = 2\alpha$
$$\gamma = 180° - \alpha - 2\alpha$$
$$= 180° - 40° - 2 \cdot 40°$$
$$= 60°$$

a) 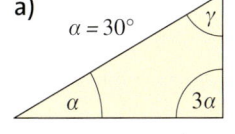 b)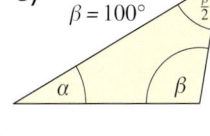

c)

4 Wie groß ist der fehlende Winkel?
a) $\alpha = 47°$, $\beta = 52°$
b) $\alpha = 107°$, $\beta = 40°$
c) $\beta = 29°$, $\gamma = 98°$
d) $\alpha = 70°$, $\gamma = 34°$

4 Wie groß ist der fehlende Winkel?
a) $\alpha = 65°$, $\gamma = 52°$
b) $\beta = 16°$, $\gamma = 22°$
c) $\alpha = 139°$, $\gamma = 12°$
d) $\alpha = 35°$, $\gamma = 107°$

5 Berechne die fehlenden Winkelgrößen.

a)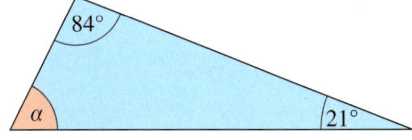

b) 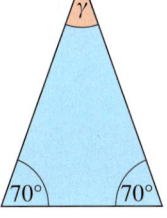 c)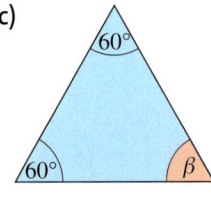

5 Berechne die fehlenden Winkelgrößen.

a) 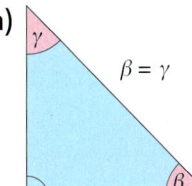 b)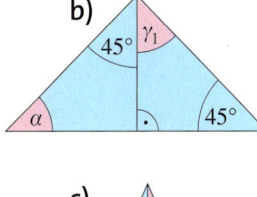

c)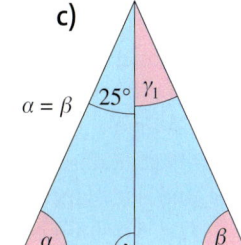

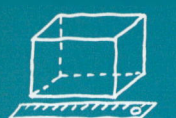

6 Berechne die fehlenden Winkel im Dreieck ABC. Stelle dazu eine Gleichung auf und löse sie.

Winkel	a)	b)	c)	d)	e)	f)	g)	h)	i)
α	50°	45°		37°	43°	87°		73,5°	8,7°
β	70°		55°		75°		102°		28,9°
γ		90°	55°	73°		56°	27,5°	99,5°	

7 Stelle eine Gleichung auf und berechne die Größe aller Innenwinkel des Dreiecks.
a) Das Dreieck hat einen rechten Winkel. Die beiden anderen Winkel sind gleich groß.
b) Zwei Winkel sind je 54° groß.
c) Ein Winkel misst 120°. Die anderen beiden Winkel unterscheiden sich um 20°.

7 Welche Größe haben die Innenwinkel des Dreiecks?
a) Zwei Winkel sind je 65° groß.
b) Ein Winkel ist 50° groß. Die beiden anderen Winkel unterscheiden sich um 10°.
c) Ein Winkel ist 30° groß. Ein anderer Winkel ist um 10° größer.

8 Ein Winkel von 245° wurde in drei Teilwinkel aufgeteilt. Berechne die Winkelgrößen.
a) Ein Winkel misst 88°, ein anderer 12°.
b) Ein Winkel ist 55° groß, die anderen beiden Winkel sind gleich groß.
c) Der zweite Winkel ist um 10° und der dritte ist um 25° größer als der erste.

9 Wie groß sind die fehlenden Winkel?

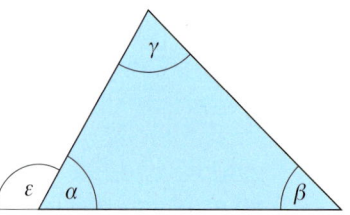

a) $\alpha = 37°$; $\beta = 42°$ b) $\gamma = 74°$; $\varepsilon = 118°$
c) $\beta = 46°$; $\varepsilon = 152°$ d) $\alpha = 58°$; $\gamma = 87°$
e) $\beta = 32°$; $\gamma = 90°$ f) $\gamma = 69°$; $\alpha = 73°$
g) $\varepsilon = 132°$; $\gamma = 66°$ h) $\gamma = 105°$; $\varepsilon = 109°$

9 Wie groß sind die fehlenden Winkel?

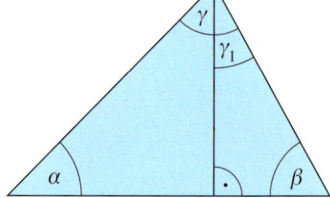

a) $\alpha = 45°$; $\gamma = 65°$ b) $\alpha = 69°$; $\beta = 32°$
c) $\beta = 56°$; $\gamma = 104°$ d) $\gamma_1 = 67°$; $\gamma = 90°$
e) $\alpha = 34°$; $\gamma_1 = 79°$ f) $\beta = 55°$; $\gamma = 98°$
g) $\gamma = 100°$; $\gamma_1 = 45°$ h) $\alpha = 35°$; $\gamma = 112°$

ZU AUFGABE 10
gestreckter Winkel; Stufenwinkel; 180°; gleich groß; Wechselwinkel

10 Begründe, dass die Innenwinkelsumme in jedem Dreieck 180° beträgt. Ergänze den Lückentext mit den Wörtern aus der Randspalte.

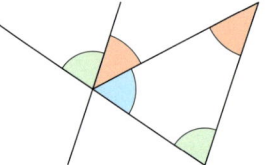

Die roten Winkel sind _____, die grünen Winkel sind _____. Deshalb sind die beiden roten bzw. die beiden grünen Winkel _____.
An der Geradenkreuzung bilden der rote, der grüne und der blaue Winkel einen _____ _____. Deshalb beträgt die Summe der Innenwinkel im Dreieck _____.

10 Begründe, dass die Innenwinkelsumme in jedem Dreieck 180° beträgt. Verwende dazu eine der abgebildeten Zeichnungen.

①

②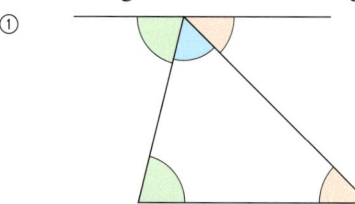

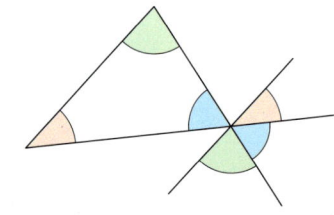

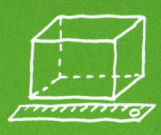

Thema: Dreiecksmuster

Dreiecke werden oft in Firmenlogos verwendet. Aber auch in der Kunst lassen sich mit Dreiecken vielfältige Muster zeichnen.

1 Sierpinski-Dreieck

Der polnische Mathematiker Sierpinski zeigte 1915, wie man aus einem Dreieck unendlich viele Dreiecke erzeugen kann.

Konstruiere das nebenstehende Dreiecksmuster auf einem unlinierten Blatt Papier. Die schrittweise Anleitung hilft dir dabei.

Achte darauf, dass du sehr exakt arbeitest.

Wacław Sierpiński war ein polnischer Mathematiker (1882–1969).

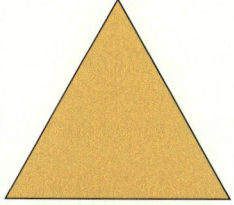

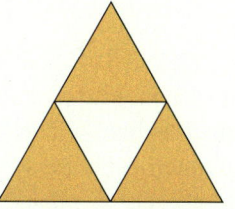

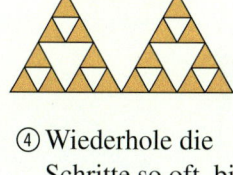

① Zeichne ein gleichseitiges Dreieck.

② Miss von jeder Seite die Seitenmitte aus. Verbinde die drei Seitenmitten miteinander.

③ Verfahre in den drei äußeren Dreiecken genauso wie unter ② beschrieben.

④ Wiederhole die Schritte so oft, bis die Dreiecke ganz klein sind.

2 Fraktale

Das Muster besteht aus vielen verkleinerten Kopien von sich selbst: Es ist zu sich selbst ähnlich. Selbstähnliche Dreiecksmuster, sogenannte Fraktale, lassen sich auch aus gleichschenkligen, rechtwinkligen oder sogar unregelmäßigen Dreiecken herstellen.

a) Beschreibe die Ausgangsform des abgebildeten Fraktals.

b) Veranstaltet in der Klasse einen Wettbewerb, wer die schönsten Fraktale zeichnen kann. Hängt die Bilder in einer Ausstellung aus. Vielleicht könnt ihr auch den Kunstunterricht in den Wettbewerb mit einbeziehen.

SCHON GEWUSST?
*Das Sierpinski-Dreieck ist zu sich selbst ähnlich. Man nennt solche Figuren **Fraktal**.*

3 Muster gestalten

Zeichne die folgenden Muster nach und male sie verschiedenfarbig aus.

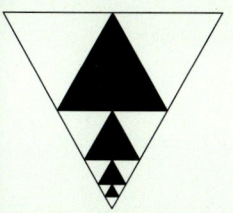

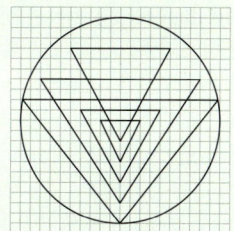

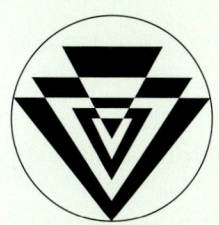

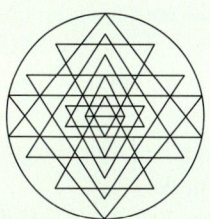

Klar so weit?

→ Seite 40

Dreiecksarten erkennen und beschreiben

1 Betrachte die Dreiecke. Übertrage die Tabelle in dein Heft und kreuze für jedes Dreieck an, welche Eigenschaften es besitzt.

	①	②	③	④
spitzwinklig				
rechtwinklig				
stumpfwinklig				
gleichschenklig				
gleichseitig				
unregelmäßig				

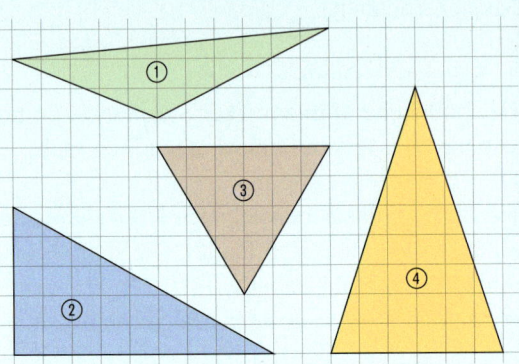

2 Übertrage die Dreiecke in dein Heft.

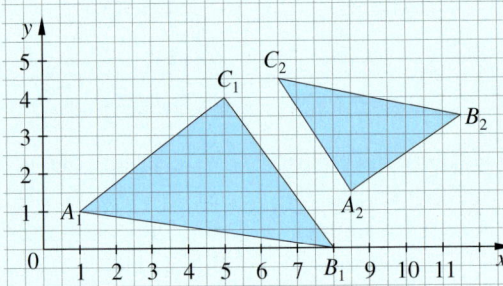

a) Zeichne jeweils die Symmetrieachse ein.
b) Welche Seiten sind Schenkel, welche Seiten sind Basis? Färbe die Basis rot.

3 Zeichne die Vierecke ① und ② in dein Heft und verbinde zwei gegenüberliegende Eckpunkte durch eine Diagonale.
Welche Dreiecksformen entstehen jeweils?
① ein Quadrat mit 7 cm Seitenlänge
② ein beliebiges Rechteck

2 Zeichne das Dreieck ABC in ein Koordinatensystem. Prüfe, ob das Dreieck ABC gleichschenklig ist. Zeichne gegebenenfalls die Symmetrieachse ein.

a) $A(2|1)$;   b) $A(3|8,5)$;   c) $A(1|0)$;
$B(8|2)$; $B(1|4,5)$ $B(4,5|2)$;
$C(3|7)$ $C(5,5|2,5)$; $C(1|4)$

3 Übertrage die Vierecke in dein Heft und verbinde zwei gegenüberliegende Eckpunkte durch eine Diagonale.
Welche Dreiecke entstehen? Benenne nach Seiten und Winkeln. Was ändert sich, wenn du die andere Diagonale betrachtest?

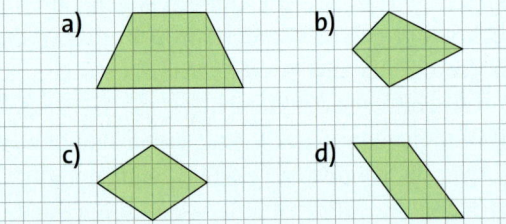

a)   b)

c)   d)

→ Seite 44

Dreiecke zeichnen (ohne Zirkel)

4 Zeichne das Dreieck ABC und beschreibe, wie du vorgegangen bist.
a) $b = 3,8\,\text{cm}$; $c = 4,4\,\text{cm}$; $\alpha = 60°$
b) $a = 3,5\,\text{cm}$; $c = 6,4\,\text{cm}$; $\beta = 35°$

4 Zeichne das Dreieck ABC und beschreibe, wie du vorgegangen bist.
a) $a = 33\,\text{mm}$; $b = 3,6\,\text{cm}$; $\gamma = 87°$
b) $b = c = 5,4\,\text{cm}$; $\alpha = 45°$

5 Welche Dreiecke sind eindeutig konstruierbar, welche nicht? Begründe.
a) $\alpha = 70°$; $\beta = 39°$; $\gamma = 71°$ b) $\alpha = 97°$; $b = 5,7\,\text{cm}$; $c = 9\,\text{cm}$ c) $\beta = 150°$; $a = 7,3\,\text{cm}$; $\gamma = 85°$

6 Zeichne die Figur exakt. Beginne mit Punkt A. Miss zum Schluss die Größe von Winkel γ.

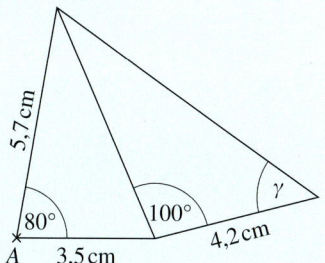

6 Zeichne die Figur und miss zum Schluss die Länge von Seite x.

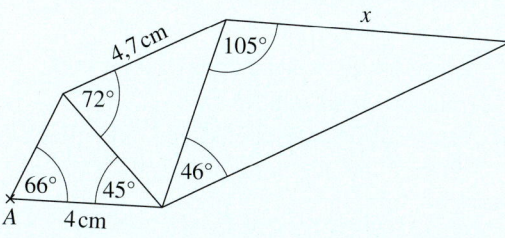

Dreiecke konstruieren (mit Zirkel)

→ Seite 48

7 Konstruiere das Dreieck ABC. Gib eine Konstruktionsbeschreibung an.
a) $a = 4{,}7\,cm$; $b = 5{,}2\,cm$; $c = 3{,}9\,cm$
b) $a = 2{,}8\,cm$; $b = 5{,}9\,cm$; $c = 4{,}5\,cm$
c) $a = 5{,}5\,cm$; $b = 3{,}3\,cm$; $c = 3{,}6\,cm$

7 Konstruiere das Dreieck ABC und gib eine Konstruktionsbeschreibung an.
a) $a = 2{,}4\,cm$; $b = 7\,cm$; $c = 7{,}4\,cm$
b) $a = 4{,}8\,cm$; $b = 5{,}7\,cm$; $a = c$
c) $a = b = c = 3{,}6\,cm$

8 Konstruiere nur die Dreiecke, die eindeutig konstruierbar sind. Denke an die Planskizze.
a) $a = 6{,}3\,cm$; $b = 4{,}2\,cm$; $γ = 63°$
b) $c = 4{,}5\,cm$; $b = 9{,}7\,cm$; $a = 5{,}1\,cm$
c) $α = 39°$; $c = 6{,}7\,cm$; $a = 4{,}4\,cm$
d) $b = 5{,}1\,cm$; $c = 6{,}9\,cm$; $γ = 98°$

8 Konstruiere das Dreieck ABC mit $c = 4\,cm$, $a = 5{,}5\,cm$ und $α = 50°$.
a) Ändere die Länge der Seite a so, dass zwei Dreiecke konstruiert werden können.
b) Mit welchen Längen für a ist das Dreieck gar nicht konstruierbar?

9 Zeichne die Figuren ins Heft. Alle erkennbaren Dreiecke sind gleichseitig.
a) $\overline{AB} = 6\,cm$, b) $\overline{AB} = 4\,cm$,
   $\overline{AD} = 3\,cm$, $\overline{AD} = 3\,cm$,
   $\overline{BE} = 3\,cm$ $\overline{BE} = 3\,cm$

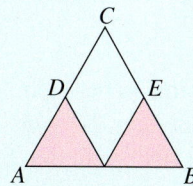 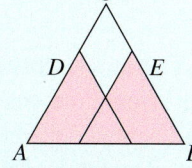

9 Das Dreieck ABC ist gleichseitig. Die Dreiecke ABD, BCE und AFC sind kongruent und gleichschenklig. Zeichne die Figur, beginne mit dem Dreieck ABC mit $c = 6\,cm$. Weiter gilt $\overline{AD} = 3{,}3\,cm$.

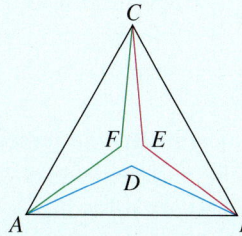

Winkelsumme in Dreiecken

→ Seite 54

10 Berechne den fehlenden Winkel γ in einem Dreieck ABC.
a) $α = 40°$; $β = 50°$
b) $α = 135°$; $β = 10°$
c) $α = 72°$; $β = 65°$
d) $α = 26{,}7°$; $β = 135°$
e) $α = 80°$; $β = 48{,}6°$

10 Berechne den fehlenden Winkel γ in einem Dreieck ABC.
a) $α = 63°$; $β = 58°$
b) $α = 42{,}2°$; $β = 73°$
c) $α = 31{,}3°$; $β = 47{,}7°$
d) $α = 35{,}2°$; $β = 84{,}8°$
e) $α = 56{,}3°$; $β = 12{,}9°$

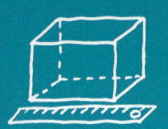

Vermischte Übungen

1 Betrachte die Dreiecke und sortiere sie nach ihren Eigenschaften.

a) Schreibe auf, welche der Dreiecke rechtwinklig, welche spitzwinklig und welche stumpfwinklig sind.

b) Nenne alle gleichschenkligen, alle gleichseitigen und alle unregelmäßigen Dreiecke.

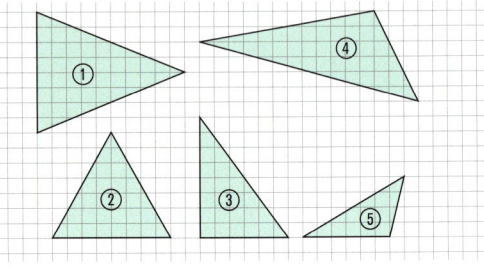

2 Zeichne das Dreieck, wenn möglich. Wenn nicht, begründe, warum es nicht geht.

a) gleichschenklig, spitzwinklig

b) gleichschenklig, stumpfwinklig

c) gleichseitig, spitzwinklig

d) gleichseitig, rechtwinklig

e) gleichseitig, stumpfwinklig

f) gleichschenklig, rechtwinklig

3 Ordne den gegebenen Bestimmungsstücken die passenden Kongruenzsätze in der Randspalte zu.

a) $a = 7{,}6\,cm$; $\alpha = 34°$; $c = 6{,}7\,cm$

b) $a = 3{,}4\,cm$; $b = 6{,}9\,cm$; $c = 5{,}2\,cm$

c) $\alpha = 91°$; $\beta = 53°$; $c = 3{,}1\,cm$

d) $b = 5\,m$; $c = 9\,m$; $\alpha = 45°$

e) $a = 3{,}4\,dm$; $b = 7{,}9\,dm$; $c = 4{,}2\,dm$

f) $b = 3\,km$; $c = 5\,km$; $\gamma = 70°$

g) $\alpha = 60°$, $b = 1\,cm$; $\gamma = 80°$

3 Ergänze die dritte Angabe, sodass nach dem angegebenen Kongruenzsatz ein Dreieck eindeutig konstruierbar ist.

a) nach SsW $\quad a = 5{,}4\,cm$; $c = 6{,}9\,cm$

b) nach SSS $\quad a = 4{,}3\,cm$; $b = 8{,}9\,cm$

c) nach WSW $\quad \alpha = 47°$; $\gamma = 47°$

d) nach SsW $\quad b = 4\,m$; $c = 7{,}5\,m$

e) nach SsW $\quad a = 2{,}9\,dm$; $c = 3{,}7\,dm$

f) nach SSS $\quad b = 2{,}3\,km$; $c = 1{,}9\,km$

g) nach WSW $\quad \beta = 40°$; $\gamma = 80°$

4 Zeichne das Dreieck *ABC*. Nach welchem der drei Fälle *SSS*, *SWS* und *WSW* musst du es konstruieren?

a) $a = 3\,cm$; $b = 6\,cm$; $c = 5\,cm$

b) $c = 5{,}3\,cm$; $\alpha = 43°$; $\beta = 62°$

c) $b = 2{,}9\,cm$; $c = 5{,}3\,cm$; $\alpha = 36°$

d) $a = 4\,cm$; $b = 6\,cm$; $\gamma = 47°$

4 Begründe zunächst, dass bei der Konstruktion tatsächlich ein Dreieck entsteht. Zeichne dann das Dreieck *ABC* ins Heft.

a) $c = 4{,}2\,cm$; $\alpha = 100°$; $\beta = 45°$

b) $a = 2{,}4\,cm$; $b = 4{,}7\,cm$; $c = 3{,}5\,cm$

c) $a = 3{,}9\,cm$; $b = 4{,}5\,cm$; $\gamma = 54°$

d) $c = 4\,cm$; $b = 5{,}1\,cm$; $\beta = 85°$

5 Damit eine Stufenleiter sicher steht, darf der Winkel α nicht größer als 70° sein. Wie lang muss die Leiter dann mindestens sein, damit sie an einer Hauswand bis in eine Höhe von 4,5 m reicht? Zeichne 2 cm für 1 m.

5 Damit eine Stufenleiter sicher steht, darf der Winkel α nicht größer als 70° sein. Im Fachhandel werden Leitern in den Längen 4 m, 5 m und 6 m angeboten. Fertige maßstabsgerechte Zeichnungen an, mit deren Hilfe du bestimmen kannst, bis in welche Höhe jede Leiter bei dem größtmöglichen Neigungswinkel reicht.

6 Das abgebildete Dreieck ist ein gleichschenkliges Dreieck. Berechne die fehlenden Winkel.

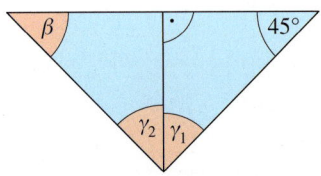

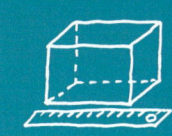

7 Das Land Guyana liegt in Südamerika. Die Flagge dieses Landes enthält gleichschenklige Dreiecke. Zeichne diese Flagge mit den angegebenen Maßen:

$a = 3$ cm; $\alpha_1 = 61°$; $\alpha_2 = 74°$

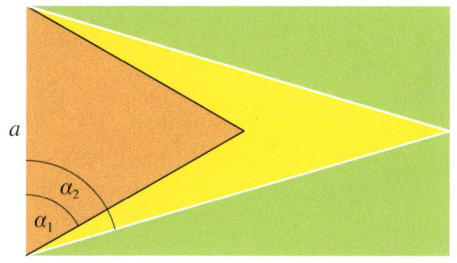

7 Ein Schiff wird von den beiden Orten Juist und Norderney gleichzeitig gesichtet, beide Orte liegen 12 km voneinander entfernt. Entnimm die Winkelgrößen der Zeichnung und konstruiere ein entsprechendes Dreieck im Maßstab 1 : 100 000.
Bestimme so, wie weit das Schiff in diesem Moment von den beiden Orten entfernt war.

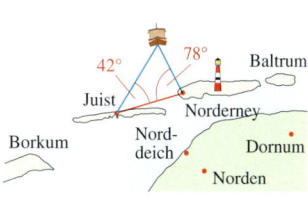

8 Die Höhe eines Bürogebäudes soll vermessen werden.
Dazu wird ein Winkelmessgerät, ein sogenannter Theodolit, in 50 m Entfernung vom Gebäude aufgestellt. Die Messung ergibt einen Winkel von $\alpha = 35°$.

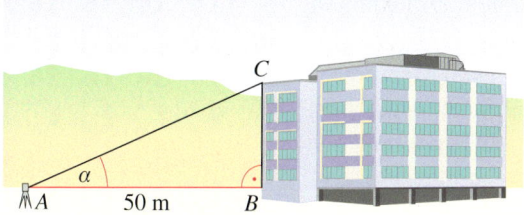

a) Fertige nach der Skizze eine verkleinerte Zeichnung im Maßstab 1 : 500 an.
b) Bestimme aus der Zeichnung die Höhe des Bürogebäudes. Beachte dabei den Hinweis zur Augenhöhe in der Randspalte.

8 Die Höhe eines Kirchturms soll bestimmt werden. Dazu wurden zwei geeignete Punkte A und B im Gelände gewählt.

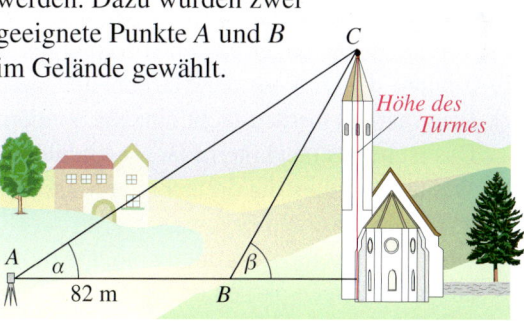

Höhe des Turmes

Die Entfernung der Punkte A und B beträgt 82 m. Von A und von B aus wird die Kirchturmspitze angepeilt. Die Messungen ergeben $\alpha = 27°$ und $\beta = 57°$.
Fertige eine verkleinerte Zeichnung im Maßstab 1 : 1000 und bestimme mithilfe der Zeichnung die Höhe des Turms in Wirklichkeit. Beachte die Augenhöhe.

HINWEIS

*Ein **Theodolit** ist ein Winkelmessgerät und wird in der Landvermessung eingesetzt.*
Der Theodolit ist auf einem Stativ in einer Höhe von 1,50 m über dem Boden (Augenhöhe) befestigt.

9 Oft ist das zu vermessende Gelände nicht direkt zugänglich.

a) Eine Eisenbahngesellschaft plant eine neue Strecke mit einem Tunnel (gestrichelte Linie) durch bergiges Gelände. Die Kosten für den Tunnel werden anhand einer maßstabsgetreuen Zeichnung ermittelt. Fertige eine Zeichnung an und berechne die Kosten für den Tunnel. Ein Meter Tunnel kostet ca. 18 000 €.

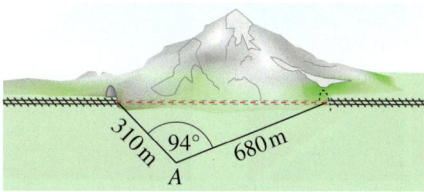

b) Eine Segelregatta führt vom Hafen um zwei Bojen herum zurück zum Ausgangspunkt. Die Bojen sind 4,9 km voneinander entfernt. Entnimm der Skizze die erforderlichen Größen, fertige eine maßstabsgetreue Zeichnung an und bestimme die Länge der gesamten Regattastrecke.

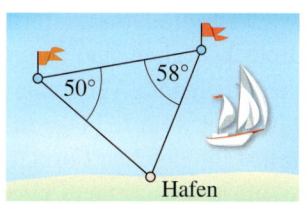

10 Briefmarken aus aller Welt

Die meisten Briefmarken sind viereckig, es gibt aber auch Ausnahmen. Schon seit Beginn des vorigen Jahrhunderts werden auch dreieckige Marken herausgegeben.
Bei Sammlern sind solche Marken besonders beliebt, weil sie so selten sind.

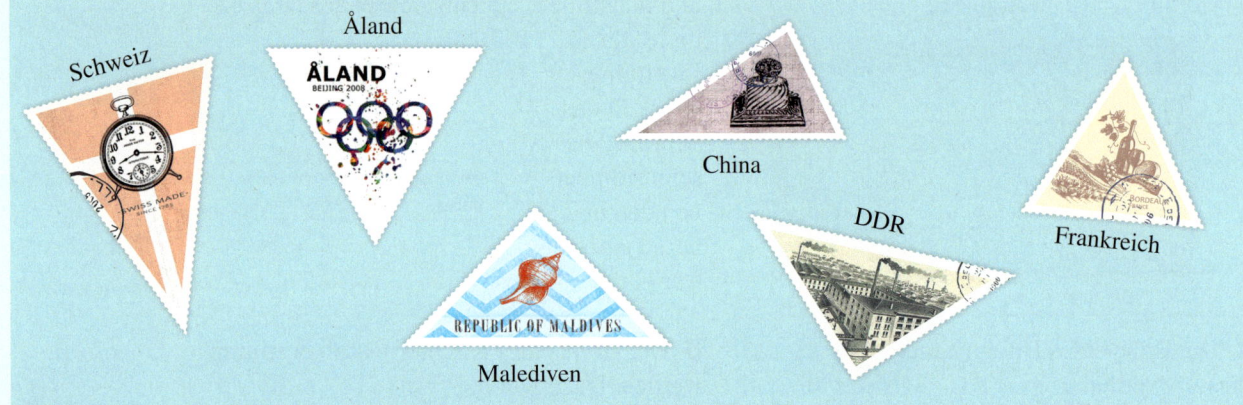

a) Vergleiche die abgebildeten Briefmarken. Bestimme jeweils die genaue Dreiecksform.
b) Zeichne die Umrisse der Marken ab. Überlege vorher, welche Maße du benötigst.
c) Briefmarken werden nicht einzeln, sondern auf Bogen gedruckt.
   Das ist bei rechteckigen Marken einfach (siehe rechts).
   Wie aber können die dreieckigen Marken auf einem Druckbogen angeordnet werden?
   Überlege dir eine Anordnung, sodass möglichst viele Marken auf einen Bogen passen und möglichst wenige Lücken entstehen.
   Die Briefmarkenbogen sollen rechteckig sein und 20 cm mal 15 cm messen.
   ① Beginne mit der Malediven-Marke.
   ② Skizziere auch Bogen mit den Marken aus der Schweiz und aus Åland.

11 Flaggen verschiedener Nationen

Auf den Flaggen zahlreicher Länder sind dreieckige Flächen zu finden.

①  ②  ③

a) Für welche Länder stehen die abgebildeten Flaggen?
b) Bestimme jeweils die Dreiecksformen, die in den Flaggen vorkommen.
c) Welche Dreiecksflächen sind zueinander kongruent?
d) Zeichne die Flaggen ab. Verwende dazu das Rechteckmaß 6 cm × 4 cm.
e) Suche im Internet weitere Flaggen mit Dreiecksflächen.
f) Gestalte selbst im gleichen Format eine Flagge mit Dreiecksformen.
   Stellt eure selbstentworfenen Flaggen aus.

Zusammenfassung

→ Seite 40

Dreiecksarten erkennen und beschreiben

Dreiecke können nach ihren **Seiten** oder **Winkeln** unterschieden werden.

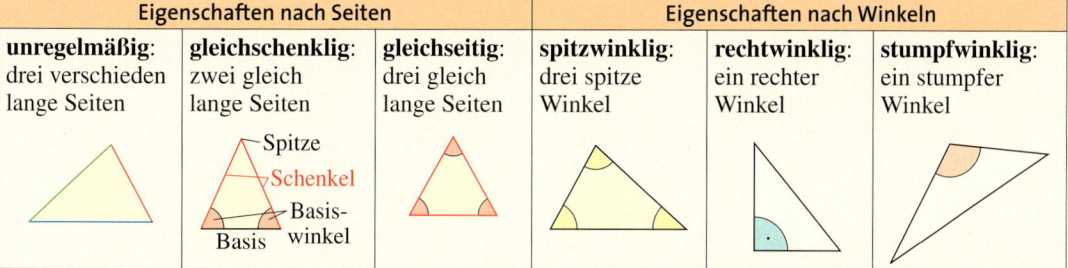

Eigenschaften nach Seiten			Eigenschaften nach Winkeln		
unregelmäßig: drei verschieden lange Seiten	**gleichschenklig:** zwei gleich lange Seiten	**gleichseitig:** drei gleich lange Seiten	**spitzwinklig:** drei spitze Winkel	**rechtwinklig:** ein rechter Winkel	**stumpfwinklig:** ein stumpfer Winkel

Dreiecke zeichnen (ohne Zirkel)

→ Seite 44

Wenn Dreiecke in den drei Seitenlängen und der Größe ihrer drei Winkel übereinstimmen, dann haben sie die gleiche Form und die gleiche Größe. Die Dreiecke sind deckungsgleich. Man nennt sie **zueinander kongruente** Dreiecke (Zeichen: ≅). Nach den **Kongruenzsätzen** benötigt man jeweils nur **drei Bestimmungsstücke** zum eindeutigen Zeichnen des Dreiecks.

WSW: Eine Seite und die beiden anliegenden Winkel müssen gegeben sein.

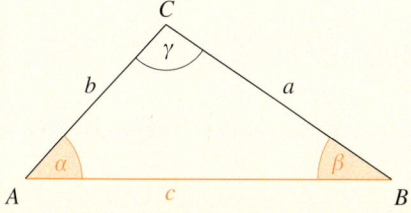

SWS: Zwei Seiten und der eingeschlossene Winkel müssen gegeben sein.

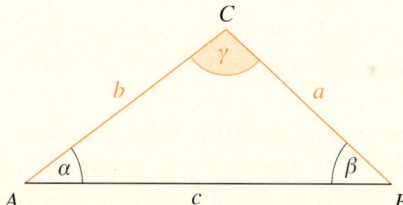

Dreiecke konstruieren (mit Zirkel)

→ Seite 48

SSS: Drei Seiten müssen gegeben sein.

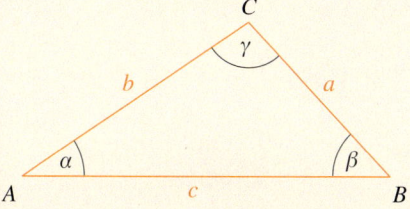

SsW: Zwei Seiten und der Winkel, der der längeren Seite gegenüberliegt, müssen gegeben sein.

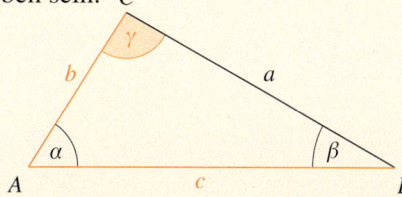

Winkelsumme in Dreiecken

→ Seite 54

In einem **Dreieck** beträgt die Summe der **Innenwinkel** immer 180°.

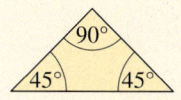

Teste dich!

3 Punkte

1 Betrachte die Skizze des Dreiecks.
a) Konstruiere das Dreieck mit den vorgegebenen Maßen in dein Heft.
b) Beschrifte das Dreieck vollständig.
c) Miss alle fehlenden Größen.

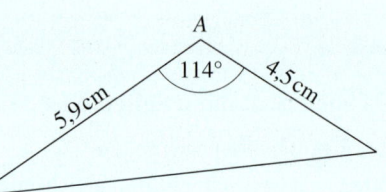

3 Punkte

2 Berechne die fehlenden Winkel.

a)
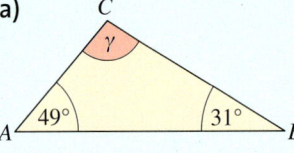

b)
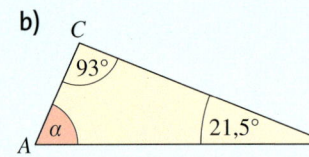

c)
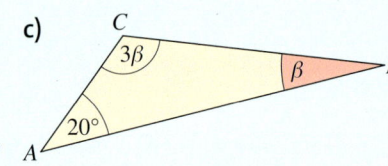

4 Punkte

3 Wahr oder falsch? Entscheide anhand einer Zeichnung.
a) In jedem gleichseitigen Dreieck sind auch alle drei Winkel gleich groß.
b) Jedes spitzwinklige Dreieck ist gleichschenklig.
c) Jedes unregelmäßige Dreieck ist stumpfwinklig.
d) In einem gleichschenkligen Dreieck sind mindestens zwei Winkel gleich groß.

7 Punkte

4 Zeichne das Dreieck *ABC*.
a) Führe folgende Konstruktionsbeschreibung aus:
   1. Zeichne $\overline{AB} = c = 7\,\text{cm}$.
   2. Zeichne je einen Kreisbogen um *A* und *B* mit dem Radius $r = 7\,\text{cm}$.
   3. Bezeichne den Schnittpunkt der beiden Kreisbogen mit *C*.
   4. Verbinde *C* mit *A* und *C* mit *B*.
   5. Halbiere alle drei Seiten des Dreiecks *ABC* und markiere jeweils den Halbierungspunkt.
   6. Verbinde die drei Halbierungspunkte miteinander.
b) Benenne die entstandenen Dreiecksformen.

12 Punkte

5 Konstruiere die Dreiecke.
Erstelle zuerst eine Planskizze und gib an, welcher Kongruenzsatz vorliegt.
a) $c = 6,3\,\text{cm}$;
   $b = 4,5\,\text{cm}$;
   $\alpha = 84°$
b) $a = 4,8\,\text{cm}$;
   $\beta = 24°$;
   $\gamma = 120°$
c) $a = 5,1\,\text{cm}$;
   $b = 5,5\,\text{cm}$;
   $c = 3,4\,\text{cm}$
d) $a = 4,2\,\text{cm}$;
   $c = 5,5\,\text{cm}$;
   $\gamma = 46°$

3 Punkte

6 Begründe, warum nach den folgenden Angaben keine kongruenten Dreiecke gezeichnet werden können.
a) $a = 4,2\,\text{cm}$;
   $b = 5,5\,\text{cm}$;
   $\alpha = 46°$
b) $\alpha = 51°$;
   $\beta = 102°$;
   $\gamma = 27°$
c) $a = 9,2\,\text{cm}$;
   $b = 5,5\,\text{cm}$;
   $c = 3,4\,\text{cm}$

2 Punkte

7 In einer Parkanlage wurde der See vermessen. Wie weit sind die Messstäbe an den beiden Ufern des Sees voneinander entfernt? Ermittle die Entfernung zeichnerisch. Zeichne 1 cm für 10 m.

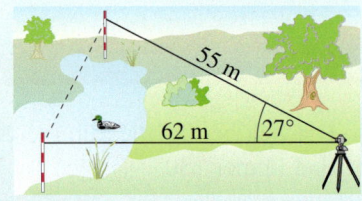

Zuordnungen

Zuordnungen findest du überall in deiner Umwelt.
Auf diesem Bild siehst du nummerierte, amerikanische Briefkästen.
Die Nummern werden benötigt, damit jeder Briefträger genau weiß,
welcher Briefkasten zu welchem Haushalt gehört.
Somit kann jedem Briefkasten ein Haushalt zugeordnet werden.

Noch fit?

Einstieg

1 Zahlenreihen
Ergänze die Zahlenreihen um sechs Zahlen.
a) 2; 4; 6; 8; …
b) 7; 14; 21; 28; …
c) 3; 7; 11; 15; …
d) 105; 99; 93; 87; …

2 Paare von Werten ablesen
Erkläre die Einträge in der Tabelle.
a) Mathematikbücher wurden zu einem Turm gestapelt. Die Höhe des Turmes wurde mehrmals gemessen.

Anzahl der Bücher	0	1	10	20
Turmhöhe (in cm)	0	1,2	12	24

b) Nach der Geburt eines Babys wurde die durchschnittliche Schlafzeit pro Tag in einer Tabelle notiert.

Alter (in Monaten)	0	1	3	6
Schlafzeit (in Stunden)	18	17	15	12

3 Sachaufgaben
Berechne und schreibe einen Antwortsatz.
a) Ein Stück Kuchen kostet 1,20 €.
   Wie viel kosten drei Stücke Kuchen?
b) An der Kinokasse zahlen drei Schüler zusammen 13,50 €.
   Wie viel müssen vier Schüler bezahlen?
c) 5 € pro Monat sind so viel wie ■ pro Jahr.
d) Ein Paket wiegt 450 g. Die Verpackung wiegt 55 g. Wie schwer ist der Inhalt?

4 Punkte im Koordinatensystem
a) Lies jeweils den Mittelpunkt der beiden Kreise ab.
   Gib die Koordinaten der Punkte an.
b) Übertrage das Koordinatensystem ins Heft.
   Zeichne die Punkte ein und verbinde sie der Reihe nach.
   (0|7); (2|8); (9|8); (8|7); (5|7);
   (5|5); (7|4); (8|2); (7|1,5); (6|4);
   (6|0); (5|0); (5|4); (3|4); (3|5);
   (2|7); (1|6); (1|4); (0|4)

Aufstieg

1 Zahlenreihen
Ergänze die Zahlenreihen um sechs Zahlen.
a) 8; 16; ■; 32; 40; ■; 56; …
b) ■; 74; 67; 60; ■; 46; …

2 Paare von Werten ablesen
In dem Diagramm sind Gewicht und Preis von Apfelsinen dargestellt. Lies die Preise für 1 kg, 2 kg, 3 kg, 4 kg und 5 kg ab.

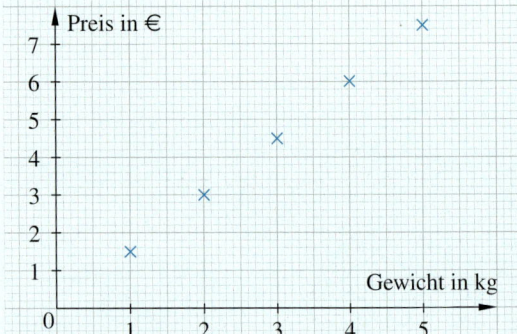

3 Sachaufgaben
Berechne und beantworte die Frage.
a) Marvin fährt 3 km bis zur Schule. Die Fahrt dauert 20 Minuten. Wie lange ist er unterwegs, wenn er 9 km weit fährt?
b) Ein Gärtner pflanzt pro Stunde zehn Sträucher. Wie viele Blumen pflanzen zwei Gärtner in einer Stunde?
c) Ein Foto kostet 19 ct, der Versand 2,50 €. Wie teuer sind 12 Fotos mit Versand?

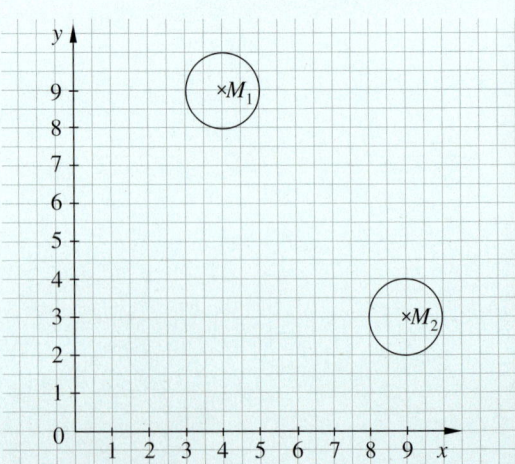

Lösungen ab Seite 204

Proportionale Zuordnungen und Dreisatz

Entdecken

1 👥 Für den folgenden Versuch benötigt ihr eine Brief- oder Haushaltswaage und Schokolinsen.

Wie kann man die Anzahl der Schokolinsen in einer Packung ermitteln, ohne alle Schokolinsen abzuzählen?

a) Entwickelt ein Verfahren, wie man mithilfe der Waage die Anzahl der Schokolinsen in der Tüte möglichst genau ermitteln kann.

b) Berechnet mithilfe des entwickelten Verfahrens die Anzahl der Schokolinsen in der Verpackung und vergleicht eure Ergebnisse mit denen eurer Mitschüler.

2 👥 Arbeitet zu zweit.

Familie Hansen möchte ihren Urlaub in London verbringen.

In Großbritannien bezahlt man mit britischen Pfund (£).

1 £ hat zurzeit einen Wert von 1,20 €.

Um beim Einkaufen schneller umrechnen zu können, hilft eine Umrechnungstabelle:

£	1	2	3	4	5	6	7	8	9	10	11	12	13	14
€	1,20				6,00									

a) Übertragt die Tabelle in euer Heft und vervollständigt sie.

b) Wie könnt ihr mithilfe des Graphen die Werte für 3,50 £; 8,50 £ und 0,50 £ bestimmen?
Erklärt euch gegenseitig, wie ihr dabei vorgeht.
Wählt gemeinsam vier weitere Werte aus und rechnet in Euro um.

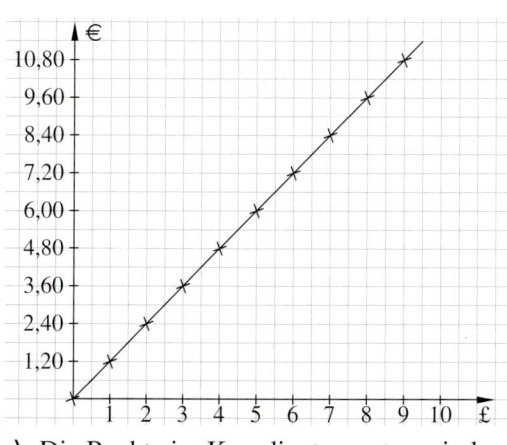

c) Die Punkte im Koordinatensystem sind verbunden. Begründet, warum das in diesem Fall möglich ist.

d) Eine Jeanshose kostet in England 52 £. Gib den Preis in Euro an.

e) Gebt die folgenden Beträge in Euro an: 60 £; 36 £; 108 £; 264 £.
Erklärt, wie ihr vorgegangen seid. Vergleicht eure Ergebnisse.

Verstehen

Natascha hat für ihr Handy einen Prepaid-Tarif und zahlt 15 Cent pro Minute für Telefonate in alle Handy-Netze und ins Festnetz.
Um eine übersichtliche Zeit-Kosten-Zuordnung zu erhalten, hat sie für sich eine Tabelle (*Kosten für das Telefonieren → Zeit*) erstellt.

Kosten (in €)	0,15	0,30	0,45	0,60	0,75	0,90	1,05	1,20	1,35	1,50
Zeit (in min)	1	2	3	4	5	6	7	8	9	10

Merke Jedes Wertepaar der Tabelle bildet einen gleichwertigen Bruch:
$\frac{0,15}{1} = \frac{0,30}{2} = \frac{0,45}{3} = \frac{0,60}{4} = 0,15$. Da alle Quotienten gleich sind, nennt man die Wertepaare bei einer Zuordnung **quotientengleich**.

Die Werte aus der Tabelle lassen sich im Koordinatensystem durch eine **Halbgerade**, die im Nullpunkt (0|0) beginnt, darstellen.

Man sagt, Kosten und Zeit sind zueinander proportional.

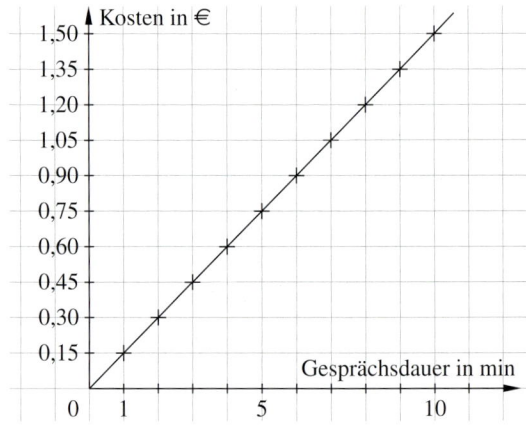

Merke Kann man bei einer Zuordnung die eine Größe immer mit demselben Faktor multiplizieren, um die zugeordnete Größe zu erhalten, dann heißt dieser Faktor **Proportionalitätsfaktor**.
Die Zuordnung heißt dann **proportional**.

Natascha berechnet ihre Kosten für das Versenden von SMS für den Monat Mai.
Im Monat April hatte sie 16 SMS versendet. Auf ihrer Rechnung stand für die 16 SMS ein Betrag von 2,88 €. Im Monat Mai hat sie 10 SMS mehr verschickt als im April.
Welcher Betrag wird auf ihrer Rechnung für den Monat Mai stehen?

HINWEIS
Die gesuchte Größe steht rechts in der Tabelle.

① Einander zugeordnete Größen erkennen:
   16 SMS kosten 2,88 €
② Berechnen der Einheit (1 SMS):
   1 SMS kostet = 0,18 €.
③ Berechnen der gesuchten Größe:
   26 SMS kosten 0,18 € · 26 = 4,68 €.
   Natascha bezahlt im Mai 4,68 € für SMS.

SMS (Anzahl)	Kosten (€)
16	2,88
1	$\frac{2,88}{16} = 0,18$
26	0,18 · 26 = 4,68

: 16   · 26   : 16   · 26

Merke Bei einer proportionalen Zuordnung kann die gesuchte Größe nach dem **Dreisatzschema** berechnet werden:
① Einander zugeordnete Größen aufschreiben
② Einheit berechnen (Division)
③ Gesuchte Größe berechnen (Multiplikation)

Üben und anwenden

1 Welche der folgenden Zuordnungen können proportional sein? Begründe.
a) *Alter → Körpergröße*
b) *Anzahl der Eiskugeln → Preis*
c) *Seitenlänge eines Quadrats → Umfang*
d) *Kantenlänge eines Würfels → Volumen*

2 Prüfe, ob folgende Zuordnungen proportional sein können. Begründe.
a) Fünf Eintrittskarten kosten 40 €, zehn kosten 80 €.
b) 3 kg Äpfel kosten 6 €. 9 kg kosten 8 €.
c) Eine CD-ROM kostet 49 Cent. Zehn CD-ROMs werden für 4,95 € verkauft.
d) Ein Autofahrer fährt in einer Stunde 96 km. In einer halben Stunde fährt er 48 km.
e) Aus 10 kg (2 kg) Beeren kann man 5 l (1,5 l) Johannisbeersaft gewinnen.

3 Übertrage ins Heft und ergänze die Tabellen so, dass eine proportionale Zuordnung entsteht.

a)
kg	1	2	3	4	5	6
€	1,90	3,80				

b)
Anzahl	1	2	3	4	5	6
€		2,30	4,60			

c)
€	1	2	3	6	10	12
Anzahl	3	6				

1 Unter welchen Bedingungen sind die Zuordnungen proportional?
a) *Größe der Pizza → Preis*
b) *Anzahl der Bananen → Gewicht*
c) *Zeit im Internet → Kosten*
d) *Anzahl der Bäume → Waldgröße*

2 Angebote für losen Tee:

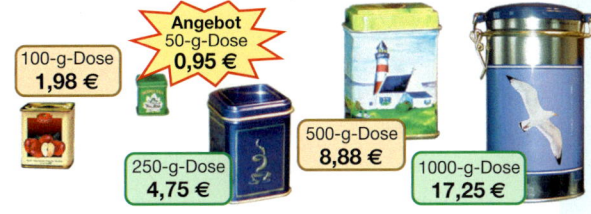

100-g-Dose **1,98 €**
Angebot 50-g-Dose **0,95 €**
250-g-Dose **4,75 €**
500-g-Dose **8,88 €**
1000-g-Dose **17,25 €**

a) Ist die Zuordnung *Teemenge → Preis* proportional? Begründe.
b) Verändere die Preise so, dass eine proportionale Zuordnung vorliegt.

3 Übertrage ins Heft und ergänze die Tabellen so, dass eine proportionale Zuordnung entsteht.

a)
Füllmenge (l)	1	5	10	20	30
Preis (€)			12		

b)
Zeit (h)	1	4	7	8	10
Lohn (€)				248	

c)
Anzahl	1	2	3	4	5
Preis (€)				2,20	

NACHGEDACHT
Denke dir zu den Tabellen in Aufgabe 3 jeweils eine passende Situation aus.

4 Übertrage die folgenden Koordinatensysteme in dein Heft.
Ergänze sie um mindestens drei Punkte, sodass eine proportionale Zuordnung entsteht.

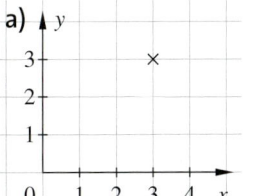
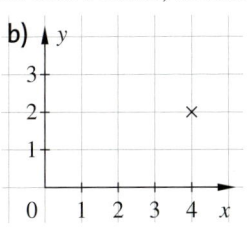
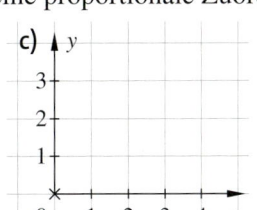
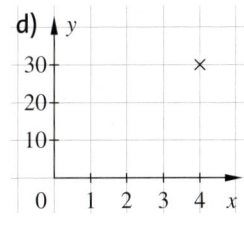

5 Beachte das Bild in der Randspalte. Ist die Zuordnung *Anzahl* der *Brötchen → Preis* proportional?
Beschreibe, wie du bei der Beantwortung der Frage vorgegangen bist.

5 Ergänze die Aussagen für proportionale Zuordnungen.
a) Verdoppelung des einen Wertes führt zu …
b) Jeder Graph ist …
c) Ich prüfe auf Proportionalität, indem …

Brötchen
1 Stück € 0.25
5 Stück € 1.10
10 Stück € 2.20

69

Methode: Zuordnungen grafisch darstellen

Zuordnungen können mithilfe einer Tabelle dargestellt werden.
Dabei enthält die Zuordnungstabelle mehrere Wertepaare.

Beispiel

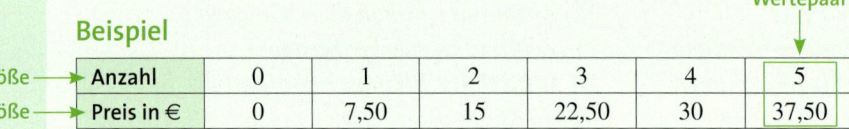

Wertepaar

Ausgangsgröße →

zugeordnete Größe →

Anzahl	0	1	2	3	4	5
Preis in €	0	7,50	15	22,50	30	37,50

Die Wertepaare können in einem Koordinatensystem eingetragen werden.

Dabei bildet jedes Wertepaar einen Punkt $P(x|y)$, der aus einer x-Koordinate und einer y-Koordinate besteht. Die Tabelle für das Beispiel liefert die folgenden Punkte:
$P_1(0|0)$, $P_2(1|7,5)$, $P_3(2|15)$, $P_4(3|22,5)$, $P_5(4|30)$ und $P_6(5|37,5)$.

Auf der x-Achse wird die Ausgangsgröße abgetragen, auf der y-Achse wird die zugeordnete Größe abgetragen.

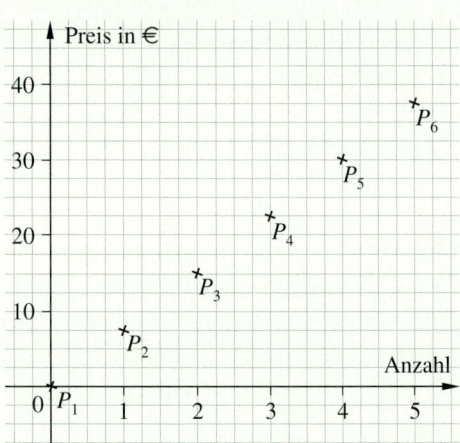

BEACHTE
Im Beispiel werden die Punkte nicht verbunden, da der Ausgangsbereich keine Zwischenwerte enthält.

1 Notiere alle Wertepaare aus der Tabelle als Punkte.

Anzahl	0	1	2	3	4	5	6	7
Preis in €	0	3	6	7	10	13	15	18

2 Trage alle Wertepaare aus der Tabelle in ein Koordinatensystem ein. Überlege vor dem Zeichnen, wie du die Achsen einteilst. Entscheide, ob du die Punkte verbinden darfst.
a) Eintrittspreise im Kino

Kartenanzahl	1	2	3	5	7	10	12	15
Preis in €	4,50	9,00	13,50	22,50	31,50	45,00	54,00	67,50

b) Fieberkurve

Messung	1	2	3	4	5	6	7	8
Temperatur in °C	38,0	38,2	38,3	38,1	37,9	38,2	37,5	37,2

ZU AUFGABE 3 C)
Zwischenhalte auf der Fahrt von Kiel nach Frankfurt (Main): Hannover, Neumünster, Hamburg Hbf, Hamburg-Harburg, Hamburg Dammtor, Kassel-Wilhelmshöhe

3 Raphael und Kiara fahren mit der Bahn von Kiel nach Frankfurt (Main). Der Fahrplan gibt die Länge der einzelnen Streckenabschnitte sowie die Fahrzeit an.

Fahrzeit (in min)	0	17	69	75	87	160	233	317
Streckenlänge (in km)	0	31	108	109	121	287	431	624

a) Stelle die Zuordnung *Fahrzeit → zurückgelegte Strecke* in einem Koordinatensystem dar.
b) Der Zug fährt um 5:43 Uhr los. Wann kommen Raphael und Kiara in Frankfurt (Main) an?
c) Gib die richtige Reihenfolge der Zwischenhalte (siehe Randspalte) an. Ein Atlas oder das Internet helfen dabei.

Zuordnungen können auch mithilfe des Computers dargestellt werden. Dazu benötigt man z. B. ein Tabellenkalkulationsprogramm. Auf dieser Seite wird das Vorgehen mit „Microsoft Excel" beschrieben.

Ausgehend von Werten in einer Tabelle erzeugt das Programm mit einigen Klicks ein Diagramm. Diagrammtyp sowie Größe, Farbe und Schrift können beliebig angepasst werden, man nennt das Formatieren. Anschließend kann man das Diagramm speichern und ausdrucken.

1. Tabelle anlegen und Zellen markieren
Zuerst müssen die Wertepaare in eine Tabelle übertragen werden.
Dabei ist es egal, ob die Tabelle längs oder quer angelegt wird.
Dann wird die ganze Tabelle markiert.

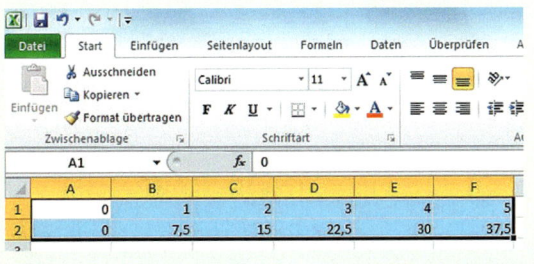

2. Diagrammtyp auswählen
Öffne die Registerkarte **Einfügen** und wähle als Diagrammtyp **Punkt** aus, z. B. Punkte nur mit Datenpunkten.

3. Diagramm formatieren
Aus der reinen Tabelle erzeugt Excel ein Diagramm ohne Achsenbeschriftung und Titel. Klicke das Diagramm an und ergänze über den Reiter **Diagrammtools → Layout** z. B. eine Achsenbeschriftung.

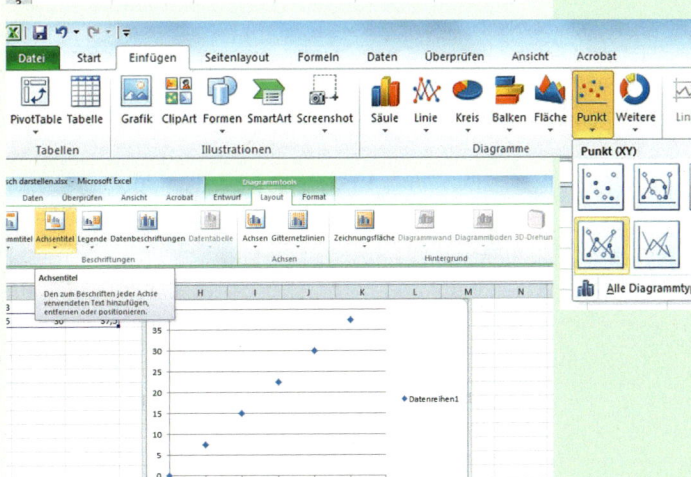

Weitere Formatierungen kannst du vornehmen, indem du mit der rechten Maustaste auf die entsprechenden Elemente im Diagramm klickst:
Achsen können Pfeilspitzen erhalten, an den Punkten können Werte angezeigt werden usw.
Das fertige Diagramm könnte z. B. so aussehen:

4 Öffne ein Tabellenkalkulationsprogramm und erstelle damit das Diagramm aus dem Beispiel.
Probiere verschiedene Einstellungen aus und beobachte die Auswirkungen.

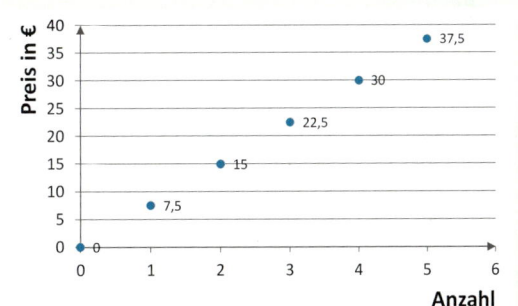

5 Stelle die Zuordnungen mithilfe eines Tabellenkalkulationsprogramms dar.

a) Haarwachstum beim Menschen

Zeit (in Jahren)	0	0,5	0,75	1	1,25	1,5	1,75	2
Länge in (cm)	0	6	9	12	15	18	21	24

b) Pegelstände der Elbe in Hamburg

Zeit	0	2	4	6	8	10	12	14	16	18	20	24
Pegel (in m)	688	565	455	355	579	673	638	506	408	345	545	664

6 Übertrage die Tabellen in dein Heft und vervollständige sie.
Die Zuordnungen sind proportional.

a)

Gewicht (in kg)	Preis (in €)
2	4
1	2
5	

(: 2 und · 5 auf Gewicht-Spalte; : 2 und · 5 auf Preis-Spalte)

b)

Anzahl	Preis (in €)
3	4,50
1	
10	

c)

Länge (in m)	Preis (in €)
3	24
1	
5	

6 Übertrage die Tabellen in dein Heft und ergänze sie. Die Zuordnungen sind proportional.

a)

Fahrstrecke (in km)	Verbrauch (in l)
100	8
1	
750	

b)

Anzahl	Masse (in g)
7	245
1	
5	

c)

Fahrdauer (in h)	Strecke (in km)
$\frac{1}{2}$	46
1	
$2\frac{1}{2}$	

7 Berechne. Erkläre jeweils, wie du vorgegangen bist.
a) Ein Heft kostet 0,24 €.
   Wie viel kosten acht Hefte?
b) Eine Tube Klebstoff kostet 1,53 €.
   Wie viel kosten drei Tuben?
c) Eine Packung Bleitstifte kostet 1,75 €.
   Wie viel kosten drei Packungen? Wie viele Packungen bekommt man für 7 €?
d) Ein Radiergummi kostet 0,89 €.
   Wie viel kosten zehn (fünf) Radiergummis?

7 Übertrage die Tabelle in dein Heft und ergänze so, dass eine proportionale Zuordnung vorliegt. Erkläre dein Vorgehen.

a)

x	2	4	10	14	20
y	3,50				

b)

x	4	5	9	13	14
y	9	11,25			

c)

x	3	7	10	13	14
y		$16\frac{1}{3}$	$23\frac{1}{3}$		

8 Eine Fabrik stellt in drei Stunden 105 Volleybälle her. Wie viele Bälle werden in fünf Stunden, acht Stunden und zehn Stunden hergestellt?
a) Löse mithilfe einer grafischen Darstellung.
b) Überprüfe mit dem Dreisatz.
c) Ist die Zuordnung fallend oder wachsend? Begründe.

9 👥 Gebt Beispiele aus dem Alltag an und entscheidet jeweils, ob es sich um eine proportionale Zuordnung handelt.
Begründet eure Entscheidung.
a) Je größer …, desto größer …
b) Je größer …, desto kleiner …
c) Verdoppelt sich …, so verdoppelt sich … .
d) Halbiert sich …, so verdoppelt sich … .
e) Finde weitere Beispiele:
   je höher …;
   je schneller …; usw.

9 Formuliere selbst Aufgaben, die mit dem Dreisatz gelöst werden können. Stellt sie euch gegenseitig.

Antiproportionale Zuordnungen und Dreisatz

Entdecken

1 In die 7a gehen 23 Schülerinnen und Schüler. Ihr Klassenraum soll gestrichen werden. Die Klassenlehrerin meint, dass sie ungefähr 12 Stunden benötigt, wenn sie den Raum alleine streicht.

a) Erstelle für die Zuordnung *Anzahl* der *Personen → Zeit* eine Tabelle.

b) Unter welchen Voraussetzungen hat deine Tabelle aus Aufgabenteil a) nur Gültigkeit?

c) Stelle die Zuordnung grafisch dar.
Dürfen die Punkte miteinander verbunden werden?
Begründe.

d) Wie stehst du zu dem Vorschlag, dass die ganze Klasse beim Streichen helfen sollte?

2 Züge erreichen immer höhere Geschwindigkeiten und ermöglichen dadurch immer kürzere Reisezeiten.
Für die 100 km lange Strecke von Kiel nach Hamburg benötigt ein Zug, der mit einer Durchschnittlichen Geschwindigkeit von $100 \frac{km}{h}$ fährt, eine Stunde.

a) Die Tabelle zeigt den Zusammenhang zwischen der Geschwindigkeit des Zuges und der benötigten Zeit für die Strecke von Kiel nach Hamburg.
Vervollständige sie im Heft.

Geschwindigkeit (in $\frac{km}{h}$)	100	10	40	120	160	240	300
Zeit (in min)	60	600					

b) Hochgeschwindigkeitszüge fahren mit einer Geschwindigkeit von bis zu $300 \frac{km}{h}$, Flugzeuge verbinden Städte mit einer Geschwindigkeit von ca. $800 \frac{km}{h}$.
Der Transrapid, eine Magnetschwebebahn, erreicht Geschwindigkeiten bis zu $500 \frac{km}{h}$.
Stimmst du für oder gegen den Bau einer Transrapid-Trasse zwischen Kiel und Hamburg (Hamburg und Berlin; Entfernung ca. 300 km)?
Begründe.

Verstehen

Bei einem Schulfest der Franziskus-Mayer-Schule wurde ein Gewinn von 600 € erzielt. Dieser Gewinn soll gespendet werden. Die Schülervertretung überlegt, wie viel Geld für einzelne Projekte zur Verfügung steht, wenn das Geld an mehrere Projekte gleichmäßig gespendet wird.

Beispiel 1
Die Schülervertretung erstellt eine Tabelle:

Anzahl der Projekte	1	2	3	4	5	6
Geld pro Projekt (in €)	600	300	200	150	120	100

Jedes Wertepaar der Tabelle hat das gleiche Produkt: $1 \cdot 600 = 2 \cdot 300 = 3 \cdot 200 = \ldots = 600$. Da alle Produkte gleich sind, nennt man die Wertepaare **produktgleich**.

Die Werte aus der Tabelle lassen sich in einem Koordinatensystem darstellen.

Steigt die Anzahl der Projekte, dann *verringert* sich das Geld pro Projekt.
Die beiden Größen *Anzahl der Projekte* und *Geld pro Projekt* ändern sich im **umgekehrten** Maß. Man sagt, die Größen sind **antiproportional** zueinander.

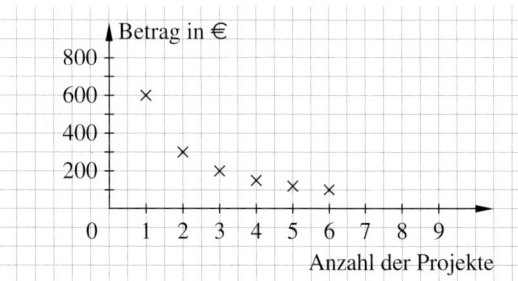

ERINNERE DICH
*Bei einer proportionalen Zuordnung ändern sich die beiden Größen im **selben** Maß.*

Eine antiproportionale Zuordnung liegt vor, wenn gilt:
– Zum Doppelten (Dreifachen, Vierfachen usw.) der einen Größe gehört die Hälfte (das Drittel, das Viertel usw.) der anderen Größe.
– Zur Hälfte (zum Drittel, Viertel usw.) der einen Größe gehört das Doppelte (das Dreifache, das Vierfache usw.) der anderen Größe.

> **Merke** Bei einer **antiproportionalen Zuordnung** ändern sich die einander zugeordneten Größen im umgekehrten Maß. Die Wertepaare sind **produktgleich**.
> Bei der grafischen Darstellung einer antiproportionalen Zuordnung liegen alle Punkte auf einer fallenden Kurve. Diese Art einer Kurve nennt man **Hyperbel**.

Beispiel 2
Die Schülervertretung möchte gern insgesamt acht Projekte unterstützen.

HINWEIS
Die gesuchte Größe steht rechts in der Tabelle.

① Einander zugeordnete Größen erkennen:
  6 Projekte erhalten jeweils 100 €.
② Berechnen der Einheit:
  1 Projekt erhält 600 €.
③ Berechnen der gesuchten Größe:
  8 Projekte erhalten jeweils 75 €.

Operationen	Anzahl der Projekte	Betrag (in €)	Umkehroperationen
: 6	6	100	· 6
· 8	1	600	: 8
	8	75	

ERINNERE DICH
Bei proportionalen Zuordnungen sind die Rechenoperationen für beide Größen gleich.

> **Merke** Auch bei einer antiproportionalen Zuordnung kann die gesuchte Größe nach dem **Dreisatzschema** berechnet werden.
> Dabei ist die Rechenoperation für die gesuchte Größe jeweils die Umkehroperation zur Rechenoperation der ersten Größe: Wird bei einer Größe multipliziert, so wird bei der anderen Größe dividiert und umgekehrt.

Üben und anwenden

1 Entscheide, ob eine antiproportionale Zuordnung vorliegen kann.
a) Je größer die Fluggeschwindigkeit, desto geringer die Flugzeit.
b) Je mehr Helfer bei der Ernte, desto schneller ist das Feld abgeerntet.
c) Je kürzer der Tag, desto länger die Nacht.
d) Je mehr Essensteilnehmer, um so kleiner die Portionen.
e) Je mehr Angler am Teich sitzen, um so weniger Fische fängt jeder.

1 Welche Zuordnungen können antiproportional sein? Begründe und gib gegebenenfalls notwendige Bedingungen an.
a) *Futtermenge → Anzahl der Tiere, die davon ernährt werden können*
b) *Anzahl der Teilnehmer an einem Wettkampf → Anzahl der Medaillen*
c) *Anzahl der Ampeln in einer Stadt → Anzahl der Unfälle*
d) *Geschwindigkeit beim Durchfahren eines Tunnels → Durchfahrzeit*

2 Überprüfe, ob folgende Zuordnungen antiproportional sind. Begründe deine Antwort.

a)
x	1	2	3	4	5
y	60	30	20	15	12

b)
x	1	2	3	4	5
y	60	50	40	30	20

c)
x	0	1	2	3	4
y	15	11	8	6	5

2 Übertrage die Tabellen in dein Heft und ergänze zu einer antiproportionalen Zuordnung.

a)
x	1	2	3	4	5
y	36	18			

b)
x	1	2	3	4	5
y	60				

c)
x	1	2	4	5	8
y				16	

3 Ein Flughafen wird ausgebaut.

Setzt man sechs Walzen an den Landebahnen ein, können die Arbeiten in 30 Tagen abgeschlossen sein.
a) Die Landebahn kann mit weniger Walzen erst später fertig werden. Ergänze die Tabelle im Heft.

Anzahl der Walzen	6	3	2	1	5	4
Anzahl der Tage	30					

b) Gibt es so viele Walzen, dass die Landebahn in 0 Stunden fertig werden kann?

3 Je höher der Benzinverbrauch, desto kürzer die Fahrstrecke mit einer Tankfüllung.

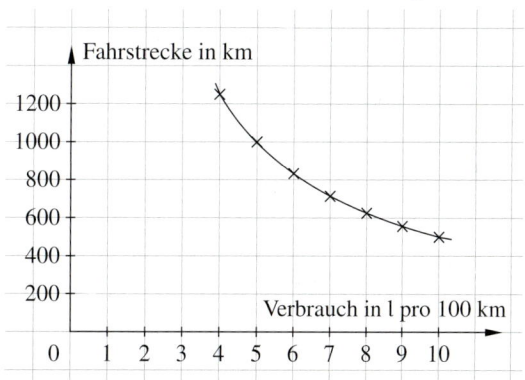

Erstelle eine Wertetabelle und überprüfe, ob die Zuordnung *Verbrauch → Streckenlänge* antiproportional ist.

4 Ist die Zuordnung antiproportional? Prüfe, ob die Wertepaare produktgleich sind. Berichtige gegebenenfalls.

x	1	2	3	4	5	6
y	30	15	10	7,5	6	5
x·y						

4 Sind die Zuordnungen antiproportional?

a)
x	1	2	3	4	5
y	180	90	60	45	36

b)
x	1	2	3	4	5
y	50	25	$16\frac{2}{3}$	12,5	10

5 Vervollständige die Tabellen in deinem Heft. Die Zuordnungen sind antiproportional.

a)

Anzahl der Lkws	Zeit (in h)
1	220
4	

b)

Zeit (in h)	Anzahl der Lkws
4	3
1	

c)

Anzahl der Arbeiter	Zeit (in h)
5	8
1	

d)

Zeit (in h)	Anzahl der Arbeiter
8	2
1	
4	

5 Übertrage die Tabellen in dein Heft und vervollständige sie so, dass eine antiproportionale Zuordnung vorliegt.
Kannst du die Tabellen ergänzen, ohne zunächst die Einheit zu berechnen? Begründe.

a)

x	2	4	6	16	24
y	96				

b)

x	1	4	5	8	10
y		$2\frac{1}{2}$			

c)

x	$1\frac{1}{4}$	$2\frac{1}{2}$	5	10	50
y		20			

d)

x	$\frac{1}{4}$	$\frac{3}{4}$	$1\frac{1}{2}$	3	6
y					3

6 Für eine einwöchige Klassenfahrt wird ein holländisches Segelschiff gemietet.
Bei 29 Teilnehmern müssen 182 € pro Person gezahlt werden.
a) Wie viel kostet die Klassenfahrt insgesamt?
b) Wie verändert sich der Preis pro Person, wenn nur 24 Schülerinnen und Schüler sowie ein Lehrer den Mietpreis aufbringen müssen?
Berechne mithilfe des Dreisatzschemas.

6 In den Parallelklassen 7a und 7b sind zusammen 56 Schülerinnen und Schüler. Sie planen gemeinsam eine Fahrt mit dem Bus. Die Klassenlehrer holen dazu folgende Angebote ein:

1. Angebot	2240 €
2. Angebot	2380 €
3. Angebot	2100 €

a) Berechne den Fahrpreis pro Person für jedes Angebot.
b) Wie verändert sich der Fahrpreis pro Person bei jedem Angebot, wenn 6 Teilnehmer ausfallen, so dass nur noch 50 Schülerinnen und Schüler mitfahren?

7 Der Fußboden eines Zimmers soll mit Teppichboden ausgelegt werden. Wählt man Teppichboden von 2 m Breite, braucht man 22,5 m. Wie viel Meter braucht man, wenn der Teppichboden nur 1,5 m breit ist und zerschnitten werden darf?

7 Frau Hansen möchte in ihrem Haus eine Wand mit Holz verkleiden.
Dazu benötigt sie insgesamt 28 Bretter mit einer Breite von 15 cm. Im Baumarkt gibt es nur 21 cm breite Bretter.
Wie viele Bretter benötigt sie davon?

8 Bauunternehmer Reichelt plant für den Ausbau einer Straße die Arbeitszeit: 18 Arbeiter brauchen 30 Tage.
Zu Beginn des Ausbaus werden 3 Arbeiter auf einer anderen Baustelle gebraucht. Wie viel Zeit benötigen die verbleibenden Arbeiter?

8 Um Bauschutt von einer Baustelle abzufahren, müssen 8 Lkws fünfmal fahren.
Wie oft müssen 5 Lkws bei gleicher Ladung fahren?
Wie oft müssen 5 Lkws fahren, die doppelt so viel Bauschutt transportieren können?

Methode: Zuordnungen untersuchen

Um bei einer Zuordnung Werte zu berechnen, musst du zuerst prüfen, welche Art von Zuordnung für die vorgegebene Aufgabe vorliegt.
Wenn mehrere Wertepaare gegeben sind, wird zuerst geprüft, ob es sich um eine steigende oder eine fallende Zuordnung handelt. Das weitere Verfahren kannst du dem Diagramm entnehmen.

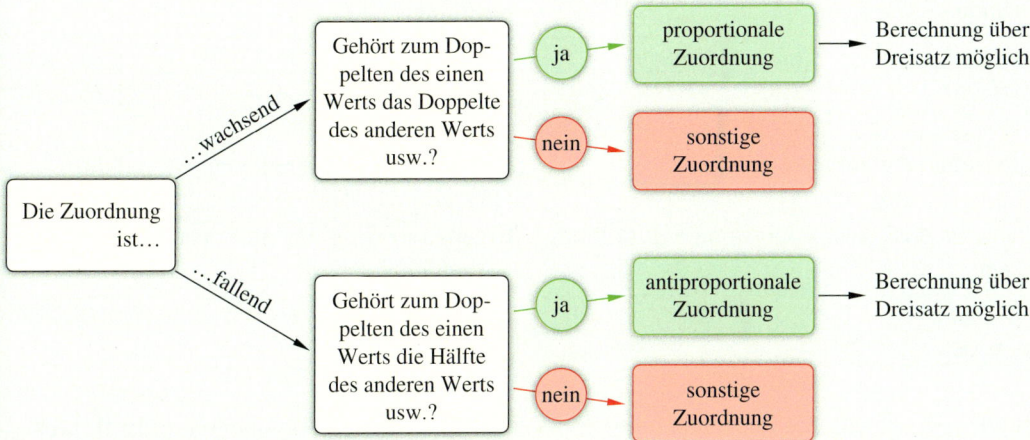

👥 Untersucht die folgenden Aufgaben und prüft, ob es sich um eine proportionale Zuordnung, eine antiproportionale Zuordnung oder eine sonstige Zuordnung handelt.

1 In der Aula wird eine Theateraufführung veranstaltet. Dazu sollen insgesamt 300 Stühle aufgestellt werden.
Der Hausmeister kann folgende Anordnungen wählen:

Anzahl der Reihen	Anzahl der Stühle pro Reihe
30	10
15	20
10	30

3 Eine Libelle kann bei einer Geschwindigkeit von $30\,\frac{km}{h}$ eine Strecke in 6 s überwinden. Ein Wolf schafft die Strecke mit $60\,\frac{km}{h}$ in 3 s. Ein Gepard läuft sie mit $120\,\frac{km}{h}$ in 1,5 s.

2 Im Supermarkt
a) Acht Kiwis kosten 2,80 €.

Preis in €	1,40	0,70	0,35
Anzahl	4	2	1

b) Vier Honigmelonen kosten 10,36 €.

Preis in €	7,77	5,18	2,59
Anzahl	3	2	1

c) 2,5 kg Kartoffeln kosten 1,45 €.

Preis in €	5	7,5	25
Kilogramm	2,78	3,98	12,98

4 Julians Vater hat jedes Jahr gemessen, wie groß Julian an seinem Geburtstag war.
Die Messergebnisse hat er in einem Diagramm notiert.

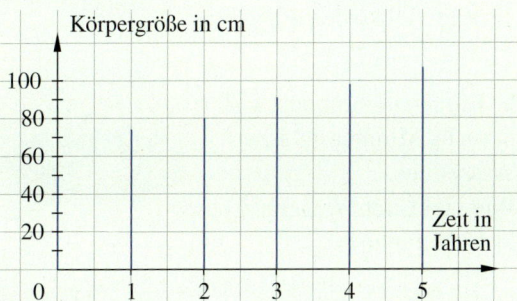

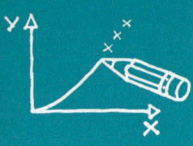

Klar so weit?

→ Seite 68

Proportionale Zuordnungen und Dreisatz

1 Schau dir die Tabelle an.
Ist die Zuordnung proportional?
Begründe.

Anzahl	1	2	4	8
Preis (in €)	1,20	2,40	4,80	9,60

1 Schau dir die Tabelle an.
Ist die Zuordnung proportional?
Begründe.

Anzahl	5	8	20	3	11	17
Preis (in €)	30	48	120	18	66	102

2 Übertrage die Tabelle zuerst in dein Heft.
Ergänze so, dass eine proportionale Zuordnung vorliegt.

Füllmenge (in l)	1	5	10	20	30
Preis (in €)	2,5				

2 Übertrage die Tabelle zuerst in dein Heft.
Ergänze so, dass eine proportionale Zuordnung vorliegt.

Füllmenge (in l)	1	5	10	20	30
Preis (in €)			13,20		

3 Stelle fest, welche der Zuordnungen proportional sind.
Begründe.

a)

x	1	2	6	9	10
y	90	45	15	10	9

b)

x	1	2	3	4	5
y	4	8	12	16	20

c)

x	2	1	5	8	10
y	40	80	16	10	8

d)

x	3	1	7	4	10
y	9	3	21	12	30

3 Ergänze die Wertetabellen im Heft, falls die Zuordnung proportional ist.
Begründe.

a)

x	4	6	8	10	
y	14	21			56

b)

x	2	3	6	8	9
y		2,4	1,2		

c)

x	6	2	8		16
y	180	60		15	

d)

x		60	15	5	12
y	1		2	6	

4 Berechne.
a) Fünf Flaschen Saft kosten 3,95 €.
Wie viel kostet eine Flasche Saft?
b) 1,5 kg Äpfel kosten 2,97 €.
Wie viel kostet 1 kg Äpfel?
c) 2,5 m Stoff kosten 12,45 €.
Wie viel kostet 1 m Stoff?
d) 750 g Tomaten kosten 1,35 €.
Wie viel kosten 100 g?

4 Zu Schuljahresbeginn kauft Familie Becker neue Hefte und Stifte.
Wie viel Geld hat jedes der Kinder ausgegeben, wenn 3 Hefte 0,57 € und 5 Stifte 2,75 € kosten?

Name	Anzahl der Hefte	Anzahl der Stifte
Lisa	4	3
Tim	2	4
Nico	5	6

5 Ein Springbrunnen wirft in sechs Minuten 48 Liter Wasser aus.
Wie viel Liter Wasser sind es in 13 Minuten?

5 Ein Handwerker berechnet für 8 Arbeitsstunden 336 € Lohnkosten.
Wie teuer sind 17 (28) Arbeitsstunden?

6 Kartoffelpreise

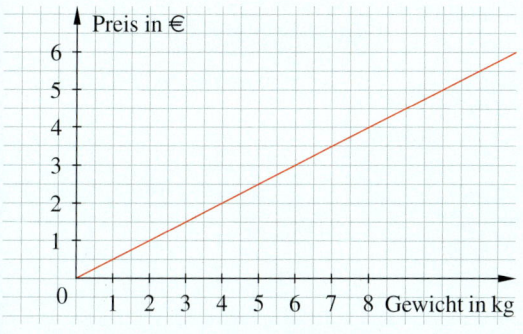

a) Wie teuer sind 2,5 kg Kartoffeln?
   Wie teuer sind 10 kg Kartoffeln?
b) Wie viel kg Kartoffeln kann man für 2 € kaufen?
   Wie viel kg Kartoffeln kann man für 3,50 € kaufen?
c) Stelle eine Zuordnungstabelle für zehn Wertepaare auf.

6 Flugdauer

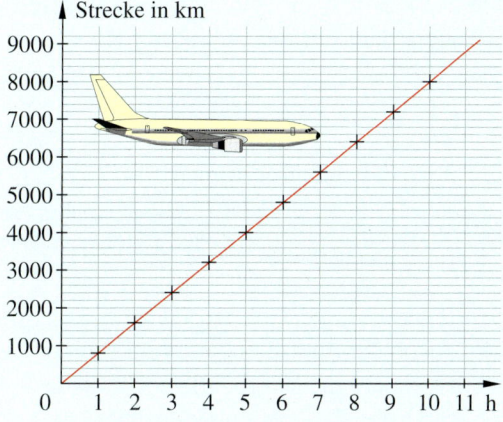

a) Begründe, warum die Zuordnung *Flugdauer → Strecke* proportional ist.
b) Wie viel km legt das Flugzeug in 6 Stunden (3,5 Stunden) zurück?
c) Gib die Dauer für 2 000 km (7 200 km) an.

Antiproportionale Zuordnungen und Dreisatz

→ Seite 74

7 Ist die Zuordnung antiproportional? Ersetze *x* und *y* durch Größen und begründe.

x	1	2	3	4	5
y	24	12	8	6	4

7 Ändere Werte, so dass die Zuordnung antiproportional wird. Gib für *x* und *y* Größen an.

x	1	2	3	4	5
y	60	30	20	15	10

8 Ergänze die Tabelle im Heft so, dass eine antiproportionale Zuordnung vorliegt.

x	1	2	3	4	5
y	1 200				

8 Ergänze die Tabelle im Heft so, dass eine antiproportionale Zuordnung vorliegt.

x	1	2	3	4	5
y	$\frac{1}{2}$				

9 Tippgemeinschaften bekommen ihren Lottogewinn gemeinsam ausgezahlt. Die Gewinnsumme einer Tippgemeinschaft beträgt 18 144 €.

Anzahl der Mitglieder	4	7	9	15
Gewinn pro Mitglied (in €)				

10 Ein Lexikon besteht aus 20 Bänden mit jeweils 1 000 Seiten.
Wie viele Bände sind für den gleichen Inhalt erforderlich, wenn jeder Band 800 Seiten hat?

10 Die Ballonfahrer Piccard und Jones umrundeten 1999 die Erde in 20 Tagen mit einer Durchschnittsgeschwindigkeit von 97 $\frac{km}{h}$.
Wie lange benötigt ein Flugzeug mit 900 $\frac{km}{h}$?

11 Die Pumpe für den Swimmingpool ist defekt und der Pool muss per Hand geleert werden. Mit einem 10-l-Eimer braucht man 3 Stunden. Wie lange braucht man mit einem ...
a) 20-l-Eimer?   b) 5-l-Eimer?

11 Beim Mähen des Rasens muss Herr Nielsen sechzig Mal den Fangkorb mit einem Volumen von 30 l wechseln. Wie oft müsste er einen Fangkorb mit einem Volumen von ...
a) 40 l   b) 20 l wechseln?

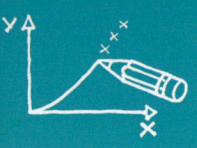

Vermischte Übungen

1 Ordne die folgenden Eigenschaften und Beispiele und erstelle daraus ein Lernplakat zum Thema „Proportionale und antiproportionale Zuordnungen". Präsentiere dein Lernplakat vor der Klasse.

Punkte auf einer Kurve

Dem Doppelten der Ausgangsgröße wird das Doppelte der zugeordneten Größe zugeordnet.

20 Pflücker benötigen zusammen 8 Stunden, um ein Erdbeerfeld abzuernten.

Dem Doppelten der Ausgangsgröße wird die Hälfte der zugeordneten Größe zugeordnet.

quotientengleich

Halbgerade durch Ursprung

x	1	2	5
y	10	5	2

produktgleich

500 g Erdbeeren kosten 1,95 €.

x	1	2	5
y	2	4	10

2 Prüfe, ob die Zuordnungen proportional sind. Korrigiere die Werte falls nötig, so dass eine proportionale Zuordnung vorliegt.
a) Zwei Eier kosten 34 Cent.
   Zehn Eier werden für 1,70 € verkauft.
b) 4 Schachteln Pralinen wiegen 500 g.
   20 Schachteln Pralinen sind 2 kg schwer.
c) Ein Inlineskater fährt in einer Stunde 36 km. In den ersten 20 Minuten hat er 15 km geschafft.

2 Welche Zuordnung ist proportional? Begründe deine Antwort.

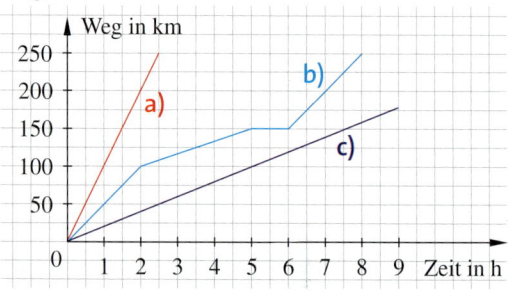

3 👥 Gebt Beispiele aus dem Alltag an und entscheidet jeweils, um welche Art von Zuordnung es sich handelt. Begründet eure Entscheidung.
a) Je mehr …, desto teurer …
b) Je größer …, desto kleiner …
c) Verdoppelt sich …, so verdoppelt sich … .
d) Viertelt sich …, so vervierfacht sich … .

4 Tee wird zu 1,75 € je 100 g verkauft.
a) Erstelle im Heft eine Zuordnungstabelle für 100 g; 200 g; …; 1 000 g.
b) Stelle die Zuordnung in einem Koordinatensystem dar und verbinde die Punkte.
c) Lies die Preise für 150 g; 250 g; …; 950 g im Koordinatensystem ab.
d) Was kosten 2,3 kg Tee? Berechne.

4 An zwei benachbarten Ständen auf einem Markt werden rechteckige Pizzaschnitten vom Blech verkauft.
a) Welche Pizzaschnitte ist preiswerter?
b) Was würde Pizza *Tutti* kosten, wenn sie die Größe von Pizza *Forte* hätte?

Pizza Tutti 9,00 €

15 cm

15 cm

Pizza Forte 9,60 €

16 cm

20 cm

5 Kosten für ein Fahrgeschäft: 4 € für vier Chips, 1,20 € für einen Chip.
a) Du erhältst von deinen Eltern 8 € (10 €, 11 €, 12 €). Wie oft kannst du maximal fahren?
b) Deine Eltern erlauben dir, fünfmal zu fahren. Kannst du sie davon überzeugen, dich öfter fahren zu lassen?
c) Bewerte die Preisgestaltung. Würdest du etwas verbessern?

1 Chip 1,20 €
4 Chips 4 €
6 Chips 5 €
8 Chips 7 €

6 Butter wird aus Milch hergestellt. Hier ist dargestellt, wie viel Milch für die Herstellung von Butter benötigt wird.

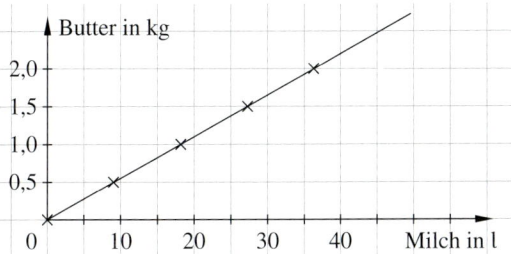

a) Erstelle eine Zuordnungstabelle mit fünf Wertepaaren.
b) Ist die Zuordnung proportional? Begründe.
c) Wie viel Milch braucht man für die Herstellung von 4 kg Butter?

7 Übertrage und ergänze die Tabelle im Heft.

a)

Fahrtdauer (in min)	Strecke (in km)
30	12
1	
80	

b)

Anzahl	Preis (in €)
25	120
1	
15	

8 Beantworte die Fragen mithilfe des Dreisatzverfahrens.

a) Eine Gießmaschine in einer Kerzenfabrik stellt in drei Stunden 30 000 Kerzen her. Wie viele Kerzen stellt sie in einer Schicht von acht Stunden her?
b) Eine Eismaschine stellt in drei Stunden 108 000 Portionen her. Wie viel Eis wird in einer Woche (38 Stunden) hergestellt?
c) Zuckerwattemaschinen können in drei Stunden 1 110 Portionen herstellen. Wie viel Portionen Zuckerwatte sind das in einem Monat (160 Stunden)?

6 Tanja fährt mit dem Fahrrad zur 10 km entfernten Schule. Ihre Fahrt ist dargestellt.

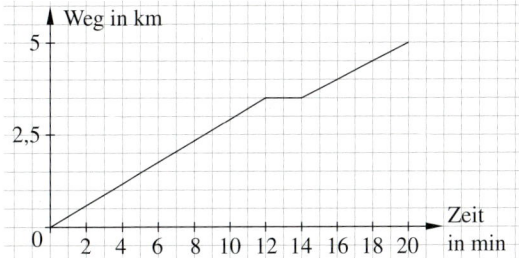

a) Denke dir eine Geschichte aus, die zur Grafik passt.
b) Wie lange braucht Tanja für den Weg?
c) Verändere die Geschichte und den Graphen, damit die Zuordnung *Zeit → Weg* proportional wird.

7 Jana hat auf der Klassenfahrt Fotos gemacht. Für 36 Abzüge hat sie 2,88 € bezahlt. Was kosten die Fotos für ihre Mitschüler?

Name	Anzahl der Fotos	Preis in €
Martin	13	
Tim	7	
Hanna	10	
Nils	4	
Leni	14	

8 Familie Hansen renoviert ihre Wohnung. Es werden drei verschiedene Tapeten gekauft.

a) Drei Rollen von Tapete A kosten 40,80 €. Es werden fünf Rollen benötigt.
b) Acht Rollen von Tapete B haben 79,20 € gekostet. Eine Rolle wird zurückgegeben.
c) Tapete C kostet 6 € mehr als Tapete A. Es werden sieben Rollen benötigt.
d) Wie viel Geld gibt Familie Hansen insgesamt für die 19 Rollen Tapete aus?

9 In der belgischen Stadt Malmedy wird jedes Jahr ein Riesenomelett gebacken. Dabei werden 10 000 Eier verbraucht. Wie viele Personen können davon essen, wenn acht Eier für ein Omelett für vier Personen reichen?

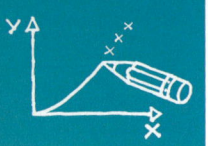
10 Bewegungsgeschichten

Ordne den Graphen Ⓐ–Ⓓ einen der Texte ① bis ③ zu.
Finde für den übrig gebliebenen Graphen selbst eine Geschichte.

① Zunächst kamen wir sehr gut voran. Aber in Oldenburg überraschte uns zähfließender Verkehr.

② Matthias lief den ersten Streckenabschnitt recht langsam, setzte dann aber zu einem Spurt an.

③ Kevin rannte los wie die Feuerwehr, bis ihm die Puste ausging und er stehen blieb.

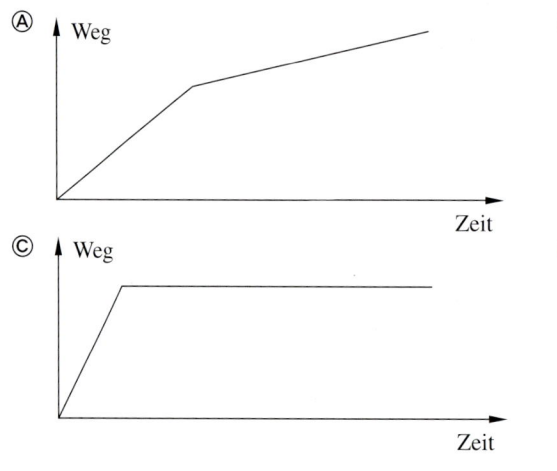

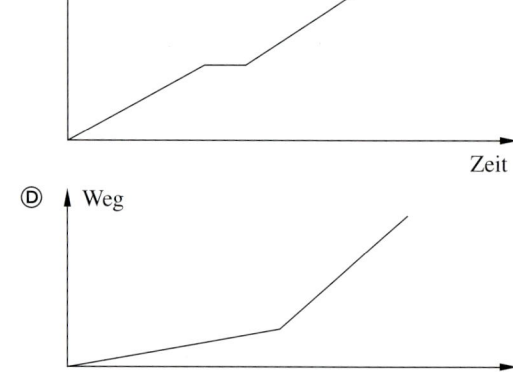

11 Zu Fuß

Alexander und Kira joggen mit einem Schrittzähler, an dem die gelaufene Strecke in Schritten, in Metern und in Kilometern abgelesen werden kann.

a) Alexander hat eine Schrittweite von 0,75 m eingegeben. Wie viele Meter ergeben sich nach 1 000 (2 000; 3 000) Schritten?

b) Welche Strecke hat Kira nach 1 000 (2 000; 3 000) Schritten zurückgelegt, wenn ihre Schrittweite 0,70 m beträgt?

12 In der Luft

In Am 25. Juli 1909 überflog der Franzose Louis Bleriot als Erster den Ärmelkanal. Für die Strecke von Calais nach Dover benötigte er mit seinem Flugzeug rund 28 Minuten bei einer Geschwindigkeit von $85 \frac{km}{h}$.
In welcher Zeit würde ein Hubschrauber dieselbe Strecke mit einer Durchschnittsgeschwindigkeit von $160 \frac{km}{h}$ zurücklegen?

13 Eine Radreise

Max unternimmt eine Radreise. Er überlegt, wie er sein Taschengeld so einteilen kann, dass er jeden Tag den gleichen Betrag zur Verfügung hat.
Ist er 12 Tage unterwegs, kann er 11 € pro Tag ausgeben.

Anzahl der Tage	12	10	15	6	8	16
Geld pro Tag (in €)	11					

a) Wie viel Taschengeld hat Max?

b) Vervollständige die Tabelle im Heft.

Zusammenfassung

Proportionale Zuordnungen und Dreisatz

→ Seite 68

Eine Zuordnung ist **proportional**, wenn gilt:
– Zum Doppelten usw. der einen Größe gehört das Doppelte usw. der anderen Größe.
– Zur Hälfte usw. der einen Größe gehört die Hälfte usw. der anderen Größe.

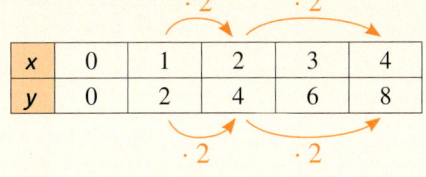

Proportionale Zuordnungen sind **quotientengleich**: $\frac{1}{2} = \frac{2}{4} = \frac{3}{6} = \frac{4}{8} = 0{,}5$

Alle Punkte liegen auf einer **Halbgeraden**, die im Nullpunkt $(0|0)$ beginnt.

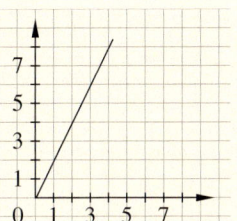

Dreisatzschema:
① Wertepaar aufschreiben
② Einheit berechnen (Division)
③ Gesuchte Größe berechnen (Multiplikation)

Anzahl der CDs	Preis (in €)
5	64,95
1	12,99
6	77,94

Antiproportionale Zuordnungen und Dreisatz

→ Seite 74

Für **antiproportionale** Zuordnungen gilt:
– Zum Doppelten usw. der einen Größe gehört die Hälfte usw. der anderen Größe.
– Zur Hälfte usw. der einen Größe gehört das Doppelte usw. der anderen Größe.

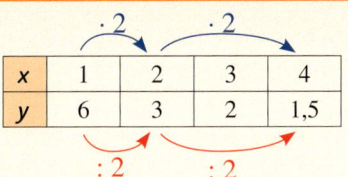

Antiproportionale Zuordnungen sind **produktgleich**: $1 \cdot 6 = 2 \cdot 3 = 3 \cdot 2 = 4 \cdot 1{,}5 = 6$

Alle Punkte liegen auf einer **Hyperbel**.

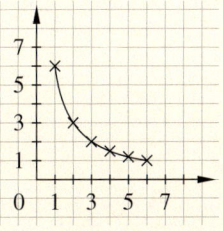

Dreisatzschema:
① Wertepaar aufschreiben
② Einheit berechnen (Division)
③ Gesuchte Größe berechnen (Multiplikation)

Anzahl der Arbeiter	Zeit (in h)
3	16
1	48
4	12

Teste dich!

2 Punkte

1 Nenne jeweils ein Beispiel für eine …
a) … proportionale Zuordnung.
b) … antiproportionale Zuordnung.

3 Punkte

2 Im Fußballstadion soll neuer Rasen verlegt werden.
Die grafische Darstellung zeigt, wie viele m² Rasenfläche in der Zeit von einer Stunde bis 5 Stunden verlegt werden können.
a) Welche Größen werden einander zugeordnet?
b) Ergänze die Tabelle im Heft. Lies die fehlenden Werte ab.

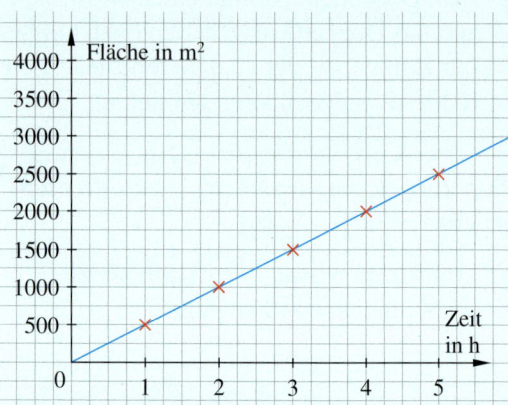

Zeit (in h)	1	2	3	4	5
Fläche (in m²)	500				

c) Handelt es sich um eine proportionale Zuordnung? Begründe deine Antwort.

2 Punkte

3 Ergänze in deinem Heft so, dass die Zuordnung proportional ist.

a)

x	1	2	3	4	5
y	1,40				

b)

x	1	2	3	5	7
y		$4\frac{1}{2}$			

4 Punkte

4 Welche der grafischen Darstellungen ist proportional? Begründe deine Antwort.

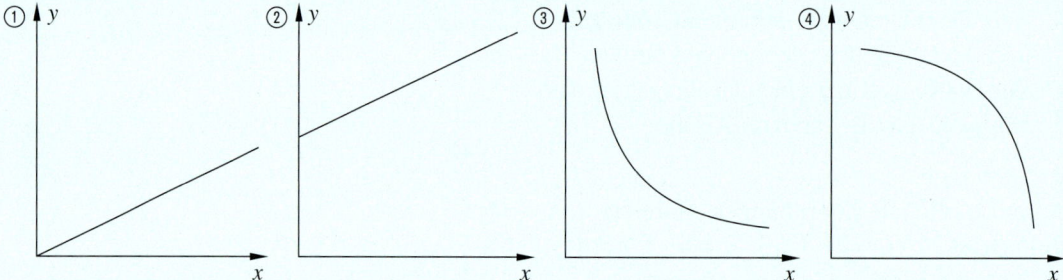

2 Punkte

5 Familie Bohm und Familie Berger sind mit ihren Autos jeweils 720 km in den Urlaub gefahren. Familie Bohm hat 54 l Benzin verbraucht, Familie Berger sogar 63 l. Berechne für beide Autos den Benzinverbrauch auf 100 km.

2 Punkte

6 Birgül und Aylin machen eine Radtour. Wenn sie 12 Tage unterwegs sind, können sie täglich 20 € ausgeben. Sie wollen aber 16 Tage fahren. Wie viel Geld können sie täglich ausgeben?

7 Punkte

7 Sofie hat bei einem Gewinnspiel 2,5 kg Gummibärchen gewonnen. Sie teilt ihren Gewinn gleichmäßig mit ihren Freundinnen.
a) Wie viel Gummibärchen bekommt jede? Ergänze die Tabelle im Heft.

Anzahl der Personen	1	2	4	5	8	10	25
Gummibärchen (in g)	2 500						

b) Ist diese Zuordnung proportional oder antiproportional? Begründe.

Gold: 21–22 Punkte, Silber: 18–20 Punkte, Bronze: 13–17 Punkte   Lösungen ab Seite 204

Besondere Linien und Punkte im Dreieck

„Um den Schatz zu finden, musst du mit deinem Schiff am nördlichsten Punkt der Insel anlegen. Von dort siehst du die Spitze des Vulkans und der Pyramide. Vorsicht! Der einzige Weg an diesen beiden vorbeizukommen ist genau in der Mitte, sonst versinkst du im Treibsand. Wenn du fast auf der anderen Seite der Insel bist, kommst du zu einem Dickicht. Halte dich östlich bis zu dem markierten Punkt auf der Karte.

Aber pass auf, dass du nicht von Blackbeard und seinen Piraten im Süden angegriffen wirst...“

Noch fit?

Einstieg **Aufstieg**

1 Winkelarten
Kennst du dich noch mit Winkeln aus?
a) Erkläre die Begriffe:
   Scheitelpunkt, Schenkel, rechter Winkel, Vollwinkel, gestreckter Winkel.
b) Zeichne Winkel mit den Größen: 35°; 72°; 90°; 108°; 145°; 180°; 215°; 252°.

2 Winkel messen
Miss die Größe der Winkel und gib an, ob es sich um einen spitzen, stumpfen oder überstumpfen Winkel handelt.

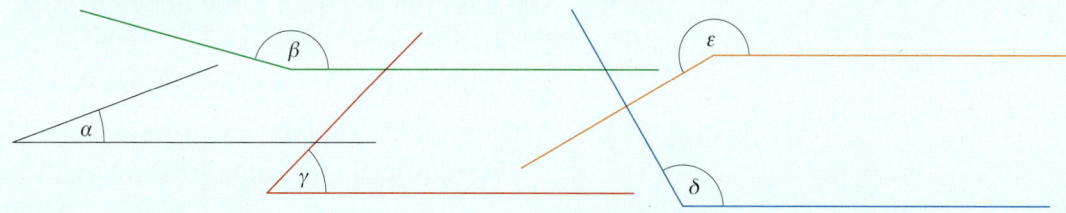

3 Abstand messen
Miss jeweils den Abstand von P zur Geraden g.

a)

b) $\times\,P$

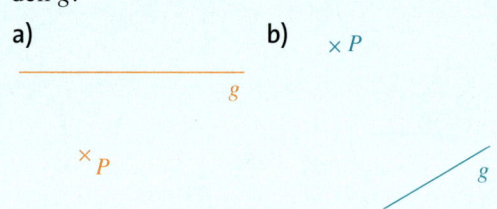

3 Abstand messen
Zeichne die Punkte $A\,(2\,|\,1)$ und $B\,(6\,|\,1)$ in ein Koordinatensystem und verbinde sie.
a) Zeichne eine Senkrechte zu $\overline{AB}$ durch den Punkt $C\,(3\,|\,3)$. Miss den Abstand von A und B zur Senkrechten durch C.
b) Zeichne eine Senkrechte zu $\overline{AB}$ durch den Punkt $D\,(4,5\,|\,0,5)$. Miss den Abstand von A und B zur Senkrechten durch D.

4 Kreise zeichnen
Zeichne drei Kreise mit den Radien $r_1 = 5\,\text{cm}$; $r_2 = 6,5\,\text{cm}$ und $r_3 = 3,8\,\text{cm}$ ins Heft.
Gib jeweils die Länge des Kreisdurchmessers d an.

4 Kreise zeichnen
Zeichne die Kreise in ein Koordinatensystem.
① $M_1\,(0\,|\,0)$ ② $M_2\,(3\,|\,1)$ ③ $M_3\,(-2\,|\,0)$
$d = 7,2\,\text{cm}$ $r = 2,5\,\text{cm}$ $r = 16\,\text{mm}$
Beschreibe die Lage der Kreise zueinander.

5 Dreiecke konstruieren
Konstruiere das Dreieck ABC.
Fertige zunächst eine Planskizze an.
a) $c = 6\,\text{cm}$; $\alpha = 60°$; $\beta = 45°$
b) $c = 4,5\,\text{cm}$; $a = 6\,\text{cm}$; $b = 3,5\,\text{cm}$

5 Dreiecke konstruieren
Konstruiere das Dreieck ABC mit folgenden Angaben.
a) $a = 6\,\text{cm}$; $b = 6\,\text{cm}$; $\gamma = 60°$
b) $c = 5,8\,\text{cm}$; $\alpha = 32°$; $a = 6,5\,\text{cm}$

6 Kurz und knapp
a) Bei einem gleichseitigen Dreieck sind …
b) Ein rechtwinkliges Dreieck hat …
c) Bei einem gleichschenkligen Dreieck sind …
d) Die Winkelsumme im Dreieck beträgt …
e) Bei einem Dreieck mit drei gleich großen Winkeln handelt es sich immer um ein …

  Lösungen ab Seite 204

Mittelsenkrechte

Entdecken

1 Zwei Familien wohnen an einem Fluss. Sie wollen nicht länger durch den Fluss getrennt sein und beschließen, eine Brücke zu bauen. Diese soll gleich weit von jedem Haus entfernt sein. An welcher Stelle würdest du die Brücke bauen? Begründe deine Meinung.

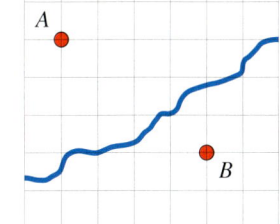

2 Zeichne eine Strecke $\overline{AB}$ auf ein Blatt. Markiere die Endpunkte deutlich und falte das Blatt so, dass die beiden Punkte aufeinander liegen.

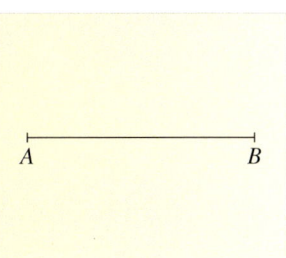 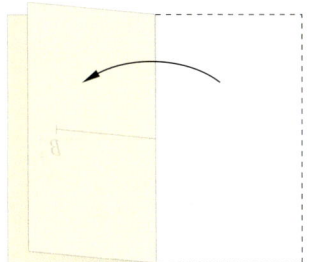 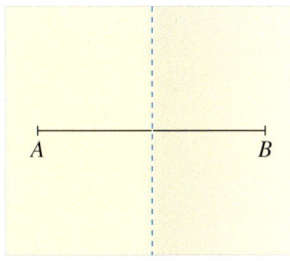

a) Wähle auf der Faltlinie einen beliebigen Punkt C und vergleiche die Längen von $\overline{AC}$ und $\overline{BC}$.
b) Kannst du der Faltlinie einen mathematischen Namen geben?

3

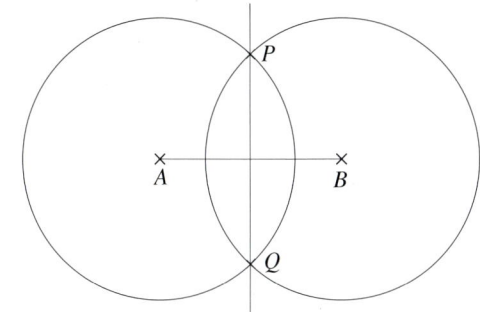

Das Bild wurde mit einer Geometrie-Software erstellt.
a) Beschreibe, welche Eigenschaften die Gerade durch die Punkte P und Q hat.
b) Was lässt sich über die Radien der beiden Kreise sagen?
c) Erkläre, wie die Gerade $\overline{PQ}$ konstruiert worden ist, wenn man von der Strecke $\overline{AB}$ ausgeht.

4 Das Bermuda-Dreieck ist eine Region im Atlantik, in der es angeblich übermäßig viele Schiffs- und Flugzeugunglücke gibt.
Übertrage die Karte auf Folie oder ein Stück Butterbrotpapier.
Überprüfe, ob die folgenden Aussagen wahr oder falsch sind.
Verwende nur einen Zirkel.
a) $\overline{AM} = \overline{AP}$
b) $\overline{MB} = \overline{PB}$
c) $\overline{MH} > \overline{MA}$
d) $\overline{AB} < \overline{PB}$

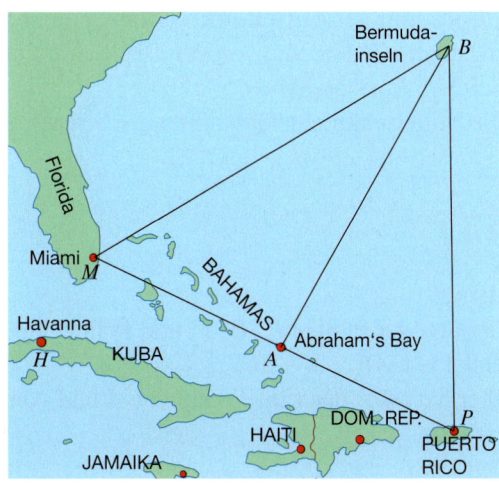

Verstehen

Claudine möchte die Mitte eines 3,9 cm breiten Streifens mit dem Geodreieck bestimmen.
„Die Mittellinie muss dann genau 1,95 cm vom Rand verlaufen. So genau kann ich aber mit dem Geodreieck nicht zeichnen."

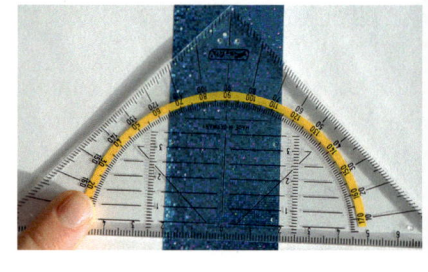

Claudines ältere Schwester Jaqueline stimmt ihr zu.
„Ich erinnere mich aber an ein Verfahren, das schon die griechischen Mathematiker des Altertums kannten. Sie brauchten dazu nur ein Lineal und einen Zirkel."

1. Zeichne eine Strecke $\overline{AB}$ und um den Punkt A einen Kreis, dessen Radius r größer ist als die Hälfte von $\overline{AB}$.

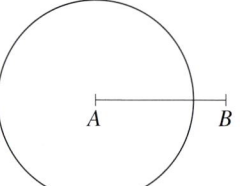

2. Zeichne mit dem gleichen Radius r einen Kreis um B. Die beiden Kreise schneiden sich in P und Q.

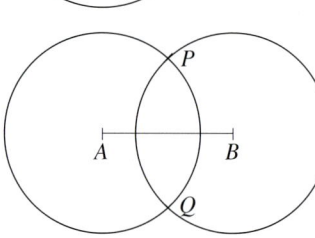

3. Die Gerade durch P und Q halbiert die Strecke $\overline{AB}$ im Punkt M und ist senkrecht zu ihr.
Sie ist die Mittelsenkrechte von $\overline{AB}$.

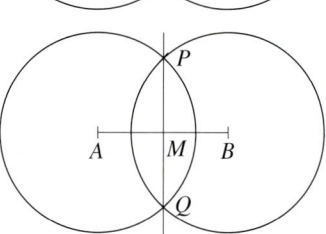

> **Merke** Auf der **Mittelsenkrechten** m einer Strecke $\overline{AB}$ liegen alle Punkte, die von den Punkten A und B den gleichen Abstand haben.
> Die Mittelsenkrechte m halbiert die Strecke $\overline{AB}$.

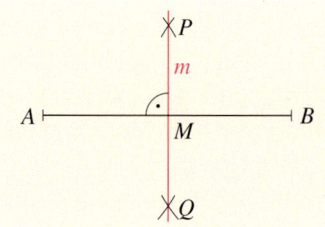

Beispiel

Jeder der vier Punkte P_1, P_2, P_3 und P_4 liegt auf der Mittelsenkrechten von $\overline{AB}$.
Daher hat jeder der vier Punkte von A und von B den gleichen Abstand.

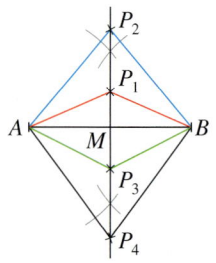

Üben und Anwenden

1 Ist *m* die Mittelsenkrechte der Strecke?

a)

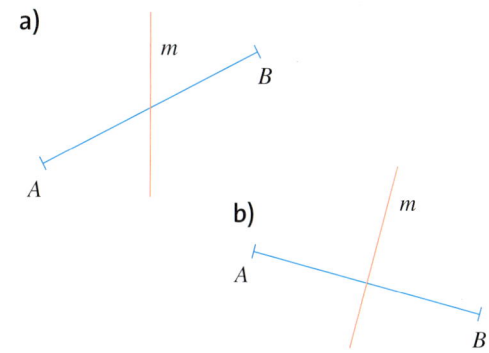

b)

2 Konstruiere jeweils die Mittelsenkrechte mit Zirkel und Lineal.

a) $\overline{AB} = 4\,\text{cm}$ b) $\overline{CD} = 7\,\text{cm}$
c) $\overline{EF} = 3,4\,\text{cm}$ d) $\overline{GH} = 5,2\,\text{cm}$
e) $\overline{IJ} = 6,5\,\text{cm}$ f) $\overline{KL} = 8,3\,\text{cm}$
g) $\overline{MN} = 1,1\,\text{cm}$ h) $\overline{OP} = 4,7\,\text{cm}$

3 Zeichne die Strecke $\overline{AB} = 6,1\,\text{cm}$ in dein Heft.

a) Bestimme die beiden Punkte, die sowohl von *A* als auch von *B* 4 cm entfernt sind.

b) Wie weit sind diese Punkte vom Mittelpunkt der Strecke $\overline{AB}$ entfernt?

4 Übertrage die Figur ins Heft und konstruiere zu jeder Rechteckseite die Mittelsenkrechte.

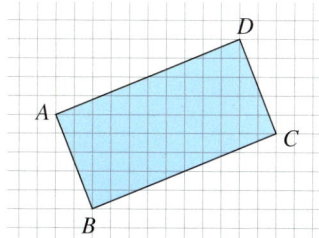

5 Zeichne ein Koordinatensystem. Zeichne in das Koordinatensystem die Strecke $\overline{AB}$ mit $A(1|1)$ und $B(7|3)$.
Zeichne in ein neues Koordinatensystem die Strecke $\overline{CD}$ mit $C(1|5)$ und $D(3|3)$.

a) Konstruiere die Mittelsenkrechten von $\overline{AB}$ und $\overline{CD}$.

b) Gib jeweils die Koordinaten des Mittelpunkts *M* der Strecke an.

1 Zur Strecke $\overline{AB} = 3,5\,\text{cm}$ soll die Mittelsenkrechte konstruiert werden. Bringe die Konstruktionsbeschreibung in die richtige Reihenfolge. Konstruiere dann die Mittelsenkrechte nach der Beschreibung.

1. Ich zeichne den Kreis um *B* mit $r = 2\,\text{cm}$.
2. Ich zeichne die Strecke $\overline{AB} = 3,5\,\text{cm}$.
3. Die Kreise schneiden sich in zwei Punkten. Durch diese beiden Punkte zeichne ich eine Gerade. Diese Gerade ist die Mittelsenkrechte von $\overline{AB}$.
4. Ich zeichne einen Kreis um *A* mit $r = 2\,\text{cm}$.

2 Übertrage die Strecken mit dem Zirkel ins Heft. Halbiere sie nur mit Zirkel und Lineal.

a)   *A*   *B*
b)   *C*   *D*
c)   *E*   *F*
d) *G*   *H*

3 Zeichne die Strecke $\overline{AB} = 6,1\,\text{cm}$ in dein Heft.

a) Bestimme alle Punkte, die von *A* und *B* jeweils 4 cm entfernt sind.

b) Nenne die Punkte *C* und *D*. Welche Figur entsteht, wenn man *ABCDA* verbindet?

4 Übertrage das Parallelogramm ins Heft und konstruiere zu jeder Seite des Parallelogramms die Mittelsenkrechte.

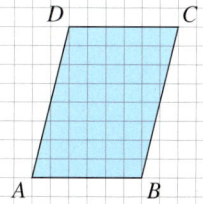

5 Zeichne die Strecke $\overline{AB}$ mit $A(0|0)$ und $B(7|5)$ in ein Koordinatensystem. Zeichne dann die Strecke $\overline{CD}$ mit $C(1|5)$ und $D(7|5)$.

a) Konstruiere zu jeder Strecke die Mittelsenkrechte.

b) Entnimm dem Koordinatensystem den Mittelpunkt jeder Strecke.

c) Gib die Koordinaten des Schnittpunkts der Mittelsenkrechten an.

6 Konstruiere nach dieser Planfigur.

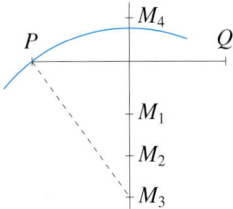

1. Zeichne die Strecke $\overline{PQ}$ = 6,3 cm.
2. Konstruiere ihre Mittelsenkrechte.
3. Wähle auf der Mittelsenkrechten beliebig die Punkte M_1, M_2, M_3 und M_4.
4. Zeichne um jeden dieser Punkte einen Kreis, der durch P und Q geht.

7 Zeichne einen Kreis mit dem Radius r = 3 cm. Beschrifte den Mittelpunkt M. Zeichne wie in der Abbildung die beiden Strecken $\overline{AB}$ und $\overline{CD}$ beliebig ein.

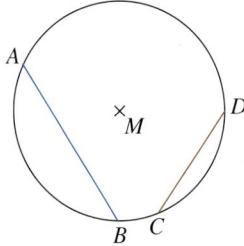

Konstruiere die Mittelsenkrechten beider Strecken. Was fällt dir auf? Beschreibe.

8 Übertrage das Dreieck im Koordinatensystem in dein Heft.

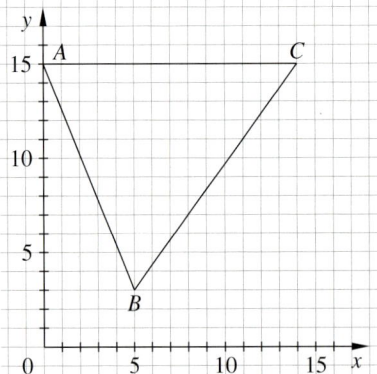

a) Konstruiere mit Zirkel und Lineal zu den Seiten $\overline{AB}$ und $\overline{BC}$ jeweils die Mittelsenkrechte.
b) In welchem Koordinatenpunkt schneiden sich die beiden Mittelsenkrechten?

6 Zeichne einen Kreis mit dem Radius r = 2,5 cm. Beschrifte den Mittelpunkt M. Zeichne wie in der Abbildung eine Strecke $\overline{AB}$ beliebig ein.

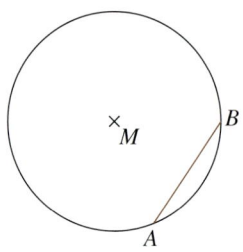

Konstruiere die Mittelsenkrechte der Strecke $\overline{AB}$. Geht sie durch den Punkt M? Begründe.

7 Astrid will ein Ziermuster mit Kreisen herstellen. Leider hat sie im Augenblick keinen Zirkel zur Verfügung. Sie benutzt ein Wasserglas, um den Kreis zu zeichnen.

Für ihr Ziermuster braucht sie die Lage des Mittelpunktes. Kannst du ihn konstruieren?

8 Übertrage die Dreiecke ins Heft. Konstruiere jeweils zu den beiden kürzeren Dreiecksseiten die zugehörige Mittelsenkrechte. Vergleiche die Lage der Schnittpunkte.

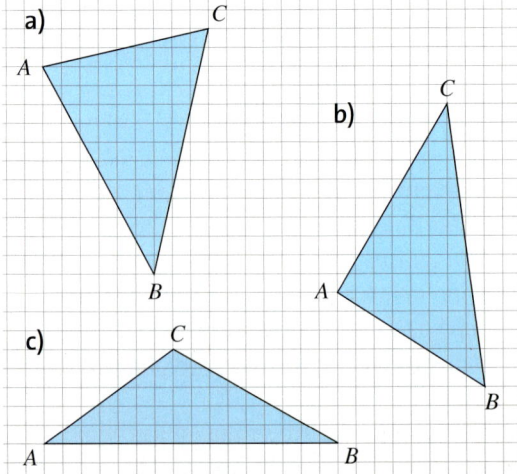

Winkelhalbierende

Entdecken

1 Zeichne einen spitzen Winkel α auf ein Blatt und benenne die Schenkel a und b.
Falte das Blatt so, dass die beiden Schenkel aufeinander liegen.

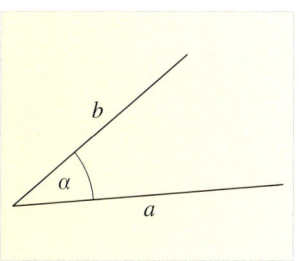 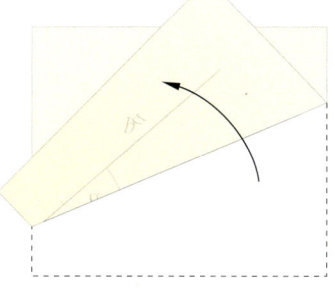 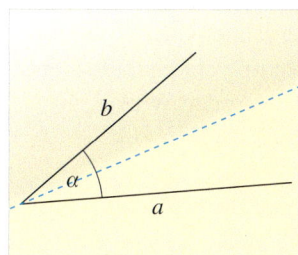

Wähle auf der Faltlinie einen Punkt C.
a) Miss mit dem Geodreieck den Abstand zu jedem der beiden Schenkel. Was entdeckst du?
b) Miss auch die Größe der beiden Winkel. Was stellst du fest?
   Begründe.
c) Kannst du der Faltlinie einen mathematischen Namen geben?

2 Übertrage das Koordinatensystem mit dem Kreis in dein Heft.
a) Zeichne noch drei weitere Kreise in dasselbe Koordinatensystem, die die Koordinatenachsen jeweils in einem Punkt
   berühren.
   Markiere ihre Mittelpunkte.
b) 👥 Teile einer Mitschülerin oder einem Mitschüler mit, welche Vermutung du über die Lage der vier Mittelpunkte hast.

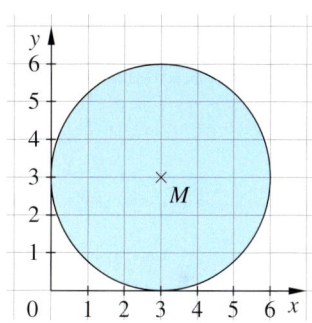

3 Zeichne einen beliebigen spitzen Winkel α in dein Heft.
a) Versuche einen Kreis zu zeichnen, der die beiden Schenkel
   jeweils in einem Punkt berührt.
   Wenn du erfolgreich warst: Markiere den Mittelpunkt M.
b) 👥 Überlege mit einem Mitschüler oder einer Mitschülerin,
   wo der Mittelpunkt eines weiteren Kreises liegen könnte.
   Zeichne ihn.

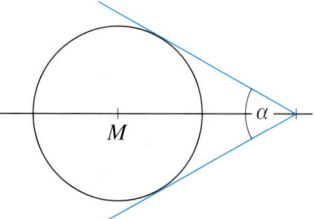

4 Von Dorf Oberau aus verlaufen zwei Wanderwege in einem Winkel
von $55°$. Es sollen zwei Hochsitze gebaut werden, die von den beiden
Wanderwegen jeweils den gleichen Abstand haben.
a) Zeichne die beiden Wanderwege in dein Heft.
b) Finde Punkte, an denen ein Hochsitz gebaut werden könnte.
   Gib jeweils den Abstand der Hochsitze zu den Wanderwegen an.
c) 👥 Vergleicht die Lage eurer Hochsitze.
   Auf welcher Linie sollten sich alle möglichen Hochsitze befinden?

Verstehen

Mit dem Geodreieck kann man einen Winkel
halbieren.
Dazu muss man zunächst die Größe des
Winkels messen. Dann markiert man am
Geodreieck die Hälfte des Winkels.

Man zeichnet vom Scheitelpunkt des Winkels zur
Markierung eine gerade Linie.
Sie halbiert den Winkel.

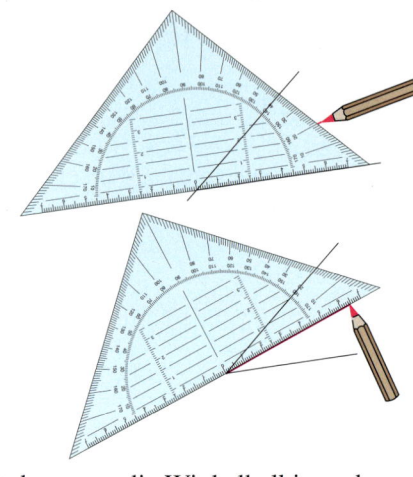

Die griechischen Mathematiker kannten ein Verfahren, mit dem man die Winkelhalbierende
eines beliebigen Winkels konstruieren kann, ohne den Winkel zu messen.

1. Zeichne einen Kreis um den Scheitelpunkt A des Winkels α.
Der Kreis schneidet die Schenkel in den Punkten B und C.

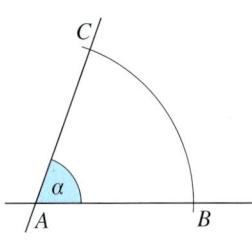

2. Zeichne um B und C je einen Kreis mit dem gleichen Radius.
Die beiden Kreise schneiden sich in dem Punkt D.

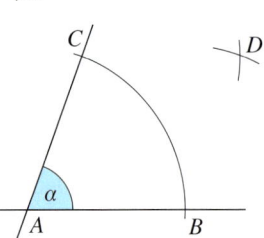

3. Zeichne die Gerade durch die Punkte A und D.
Sie ist die Winkelhalbierende w_α des Winkels α.

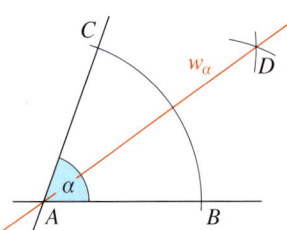

Merke Auf der **Winkelhalbierenden** w_α eines Winkels α
liegen alle Punkte, die von den Schenkeln des Winkels
den gleichen Abstand haben.
Die Winkelhalbierende halbiert den Winkel α.

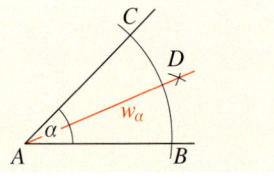

Beispiel
Jeder der Punkte P_1, P_2 und P_3 liegt auf der Winkelhalbierenden w_α.
Daher haben sie zu den Schenkeln den gleichen Abstand.

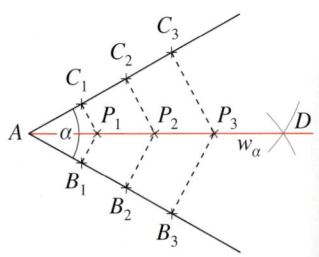

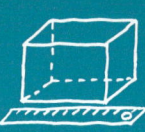

Üben und anwenden

1 Ist die blaue Linie die Winkelhalbierende des markierten Winkels?

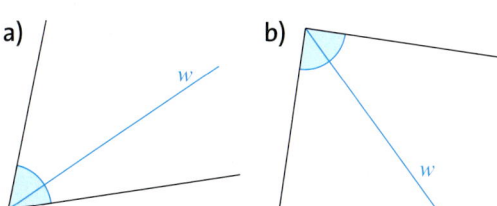

a)

b)

2 Konstruiere die Winkelhalbierende des gegebenen Winkels ohne Geodreieck.

a)	b)	c)	d)
β	ε	α	δ
90°	57°	63°	81°

3 Zeichne ein gleichseitiges Dreieck mit 6,4 cm Seitenlänge.
Konstruiere zu jedem Winkel des Dreiecks die Winkelhalbierende.
Was fällt dir auf?

4 Zeichne das Quadrat in dein Heft. Konstruiere zu jedem Winkel die Winkelhalbierende.

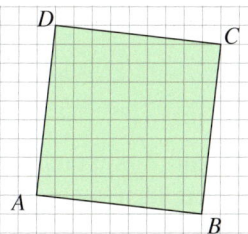

1 Ist die blaue Linie die Winkelhalbierende des Winkels?

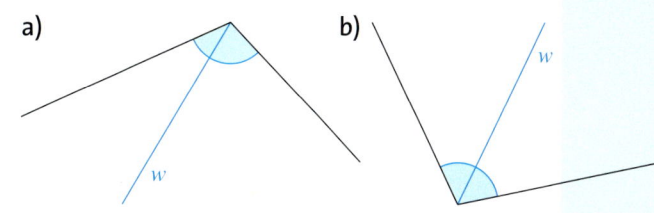

a)

b)

2 Konstruiere die Winkelhalbierende des gegebenen Winkels ohne Geodreieck.

a)	b)	c)	d)
δ	γ	β	α
190°	145°	163°	177°

3 Zeichne ein gleichschenkliges Dreieck mit den Schenkellängen $a = b = 7,3$ cm und der Basislänge $c = 5,5$ cm. Konstruiere zu jedem Winkel im Dreieck die Winkelhalbierende.
Was fällt dir auf?

4 Zeichne das Viereck in dein Heft und konstruiere zu jedem Winkel die Winkelhalbierende.

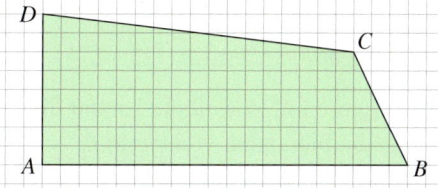

5 Übertrage die Figuren ins Heft und konstruiere zu jedem Winkel der Vierecke die Winkelhalbierenden.

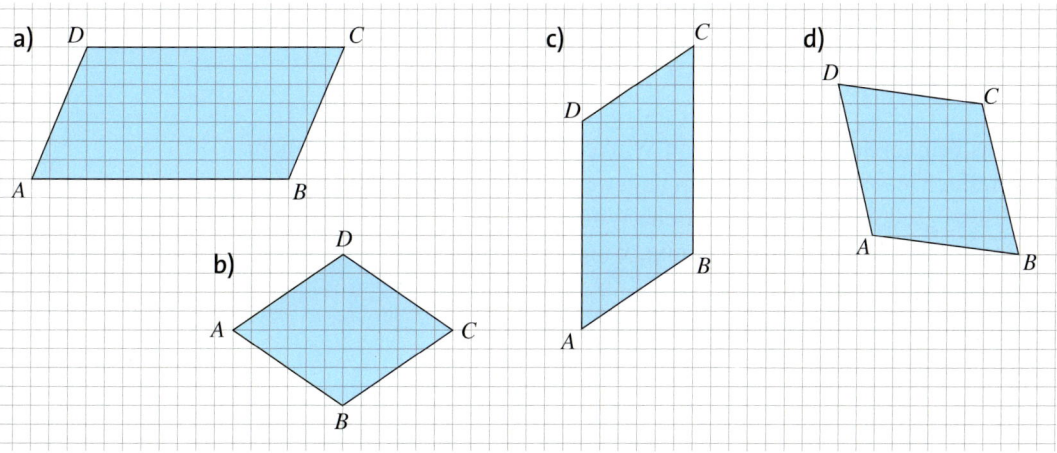

a)

b)

c)

d)

6 Übertrage die Figur in dein Heft. Konstruiere zu jedem Winkel des Vierecks die Winkelhalbierende.

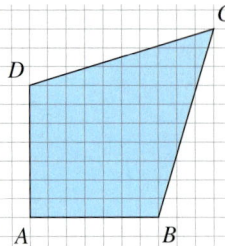

6 Übertrage ins Heft und konstruiere zu jedem Winkel des Vierecks die Winkelhalbierende.

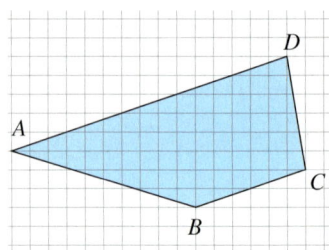

7 Zeichne das gleichseitige Dreieck *ABC* und konstruiere anschließend die Winkelhalbierenden aller Winkel.
a) $c = 5\,\text{cm}$
b) $b = 4\,\text{cm}$
c) $a = 3,6\,\text{cm}$

7 Zeichne das gleichschenklige Dreieck *ABC* und konstruiere die Winkelhalbierenden der Winkel, die die gleiche Größe haben.
a) $a = 4\,\text{cm}$; $b = 5,5\,\text{cm}$; $a = c$
b) $c = 4,8\,\text{cm}$; $b = 5,7\,\text{cm}$; $a = b$
c) $a = 6,2\,\text{cm}$; $b = 4,4\,\text{cm}$; $b = c$

8 Zeichne das rechtwinklige Dreieck *ABC* und die Winkelhalbierenden von α und β.
a) $a = 4,7\,\text{cm}$; $c = 4,2\,\text{cm}$; $\beta = 90°$
b) $b = 5,1\,\text{cm}$; $c = 3\,\text{cm}$; $\alpha = 90°$

8 Zeichne das Dreieck *ABC* und die Winkelhalbierenden von α und β.
a) $b = 6,5\,\text{cm}$; $c = 9,3\,\text{cm}$; $\alpha = 83°$
b) $a = 3,5\,\text{cm}$; $c = 4,2\,\text{cm}$; $\beta = 57°$

9 Zeichne das Dreieck *ABC* nach dieser Planfigur $b = 4,2\,\text{cm}$; $\alpha = 65°$; $\gamma = 90°$.

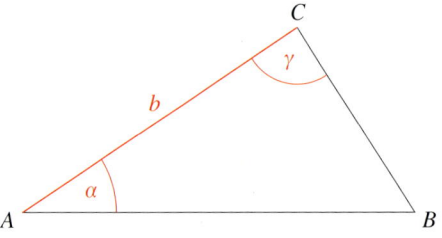

a) Konstruiere mit Zirkel und Lineal die Winkelhalbierenden von γ und β.
b) Wie groß ist der Winkel β?

9 Zeichne das Dreieck *ABC* nach dieser Planfigur $a = 43\,\text{mm}$; $\beta = 30°$; $\gamma = 110°$.

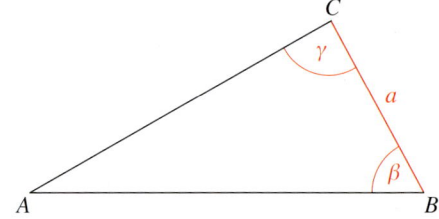

a) Konstruiere mit Zirkel und Lineal die Winkelhalbierenden von γ und α.
b) Wie groß ist der Winkel α?

10 In dieser Zeichnung wurde ein Winkel geviertelt.
a) Beschreibe, wie dabei vorgegangen wurde.
b) Teile den Winkel von 135° (173°, 239°) mit Zirkel und Lineal in vier gleiche Teile.

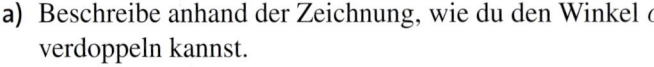

11 Das Prinzip des Halbierens von Winkeln wird auch beim Verdoppeln (Verdreifachen, usw.) von Winkeln angewendet. Der Winkel *ABC* ist doppelt so groß wie der ursprüngliche Winkel *DBC*.
a) Beschreibe anhand der Zeichnung, wie du den Winkel α verdoppeln kannst.
b) Verdopple den Winkel α nur mit Zirkel und Lineal.
 $\alpha = 26°$ ($\alpha = 34°$; $\alpha = 56°$)
c) Verdreifache den Winkel β.
 $\beta = 39°$ ($\beta = 47°$; $\beta = 71°$)

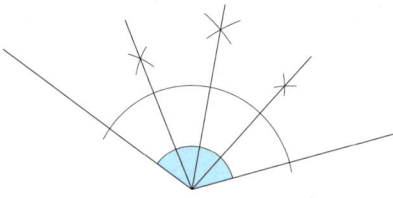

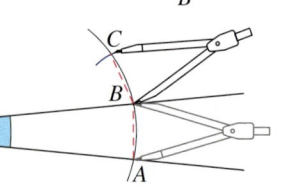

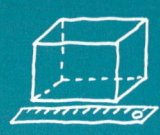

Anwendungen der Grundkonstruktionen

Entdecken

1 Der Kupferstich zeigt, wie ein mittelalterlicher Gelehrter einen Kreis zeichnet, der durch zwei Eckpunkte eines gleichschenkligen Dreiecks geht.
Zeichne ein gleichschenkliges Dreieck ABC mit den Seitenlängen $c = 4\,\text{cm}$ und $a = b = 6\,\text{cm}$.
Zeichne einen Kreis, der durch die Punkte A und B geht.
Auf welcher Linie liegt der Mittelpunkt?

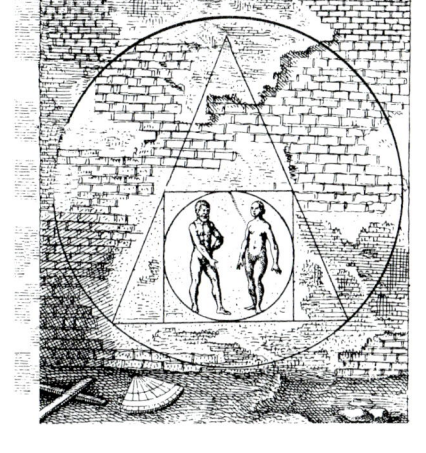

2 Wenn man das Bild genau anschaut, kann man sich vorstellen, dass der Gelehrte einen Kreis durch alle drei Eckpunkte des Dreiecks zeichnen wollte.
Zeichne das gleichschenklige Dreieck aus Aufgabe 1 noch einmal und suche den Kreis, der durch alle Eckpunkte verläuft.
Hast du eine Vermutung, wo der Mittelpunkt liegt? 🗣 Sprich mit deinen Mitschülern darüber.

3 Versuche beim Rechteck und beim Parallelogramm einen Kreis durch alle Eckpunkte zu zeichnen?
Übertrage dazu die Figuren in dein Heft und gib wenn möglich die Koordinaten des Mittelpunktes an.

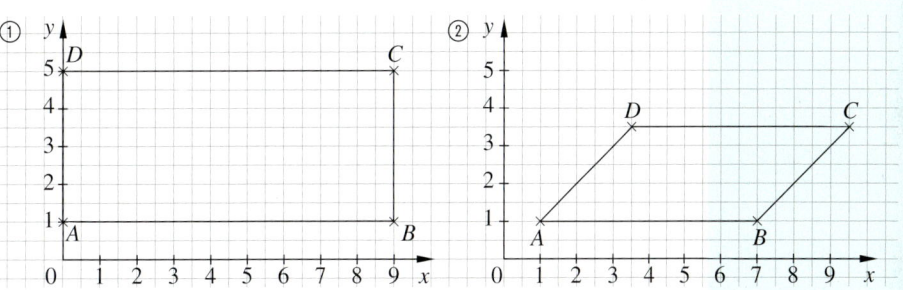

4 Aus einer dreieckigen Korkplatte will Matthis den größtmöglichen kreisrunden Glasuntersatz herstellen.
a) Zeichne das Dreieck mit den Seitenlängen $11{,}5\,\text{cm}$, $10{,}5\,\text{cm}$ und $8\,\text{cm}$ in dein Heft.
b) 👥 Besprche mit einem Mitschüler, wo der Mittelpunkt des Kreises liegen könnte.
c) 👥 Versucht mit dem Zirkel den Kreis in das Dreieck zu zeichnen. Gebt den Radius an.

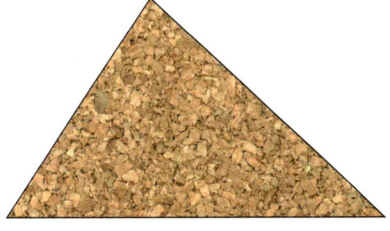

5 Der Kreis berührt die beiden Schenkel des Winkels $\alpha = 60°$ jeweils in genau einem Punkt T_1 bzw. T_2.
Kannst du die Konstruktion in dein Heft zeichnen?
a) Überlege dir, auf welchen Linien der Mittelpunkt M des Kreises liegen muss.
b) Vervollständige deine Konstruktion so, dass ein gleichseitiges Dreieck entsteht.

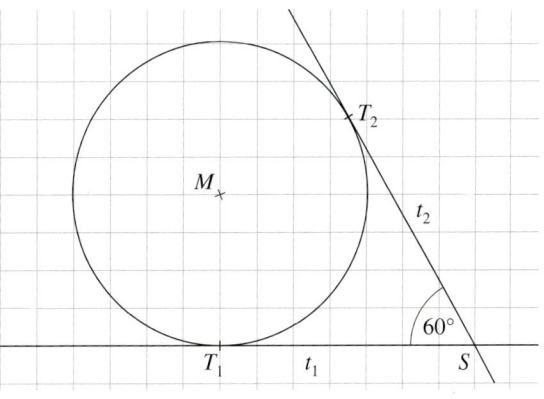

95

Verstehen

Tabea zeichnet ein Dreieck. Sie möchte einen möglichst großen Kreis in das das Dreieck zeichnen.

Aber wo liegt der Mittelpunkt des Kreises?

Zeichnet man die Winkelhalbierenden w_α, w_β und w_γ der Winkel des Dreiecks ABC ein, so schneiden sie sich in einem Punkt M.

Man kann einen Kreis um diesen Mittelpunkt zeichnen, so dass er alle drei Seiten des Dreiecks berührt.

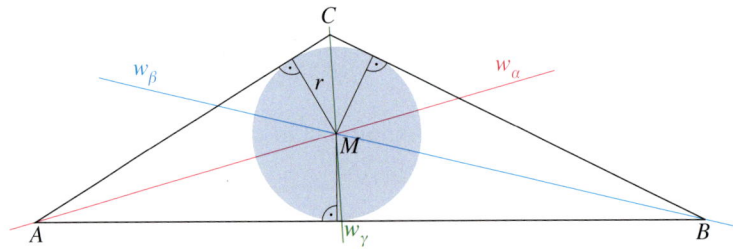

Merke Die **Winkelhalbierenden** eines Dreiecks schneiden sich in einem Punkt M. Der Kreis um diesen Punkt M, der jede Seite des Dreiecks genau einmal berührt, heißt **Inkreis**. Der Abstand des Mittelpunktes M von einer Dreiecksseite ist der Radius r des Inkreises.

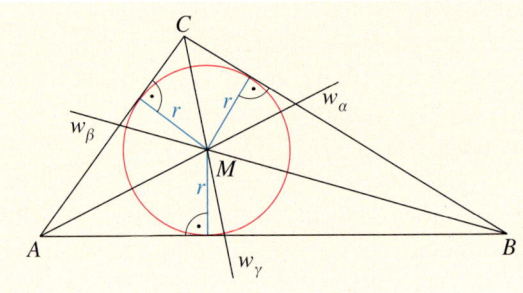

Tabea fragt sich, ob sie auch einen Kreis zeichnen kann, der durch alle Eckpunkte des Dreiecks geht.

Merke Die **Mittelsenkrechten** eines Dreiecks schneiden sich in einem Punkt M. Der Kreis um diesen Punkt M, der durch alle Eckpunkte des Dreiecks ABC geht, heißt **Umkreis**. Der Abstand des Mittelpunkts von einem Eckpunkt ist der Radius r des Umkreises.

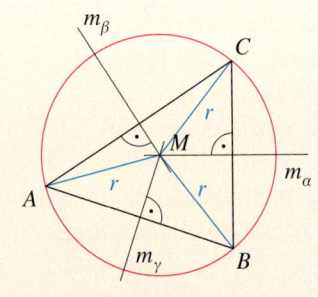

Üben und anwenden

1 Übertrage das Dreieck ins Heft und konstruiere alle seine Winkelhalbierenden. Zeichne jeweils den Inkreis.

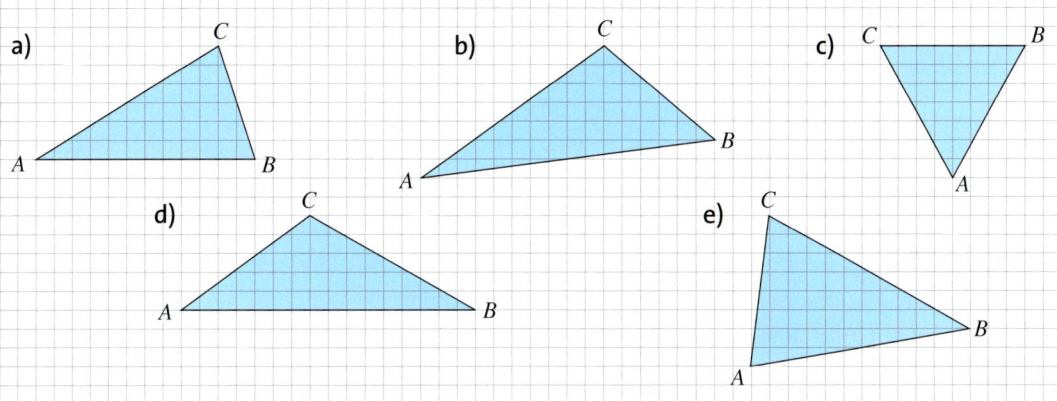

2 Zeichne das Dreieck in ein Koordinatensystem. Wähle als Längeneinheit 1 cm. Konstruiere die Winkelhalbierenden und zeichne den Inkreis.
a) $A(3|2)$; $B(7|2)$; $C(5|9)$
b) $A(0|0)$; $B(6|2)$; $C(2|8)$
c) $A(1|2)$; $B(7|2)$; $C(5|6)$

2 Zeichne das Dreieck in ein Koordinatensystem. Wähle als Längeneinheit 1 cm. Konstruiere die Winkelhalbierenden und zeichne den Inkreis.
a) $A(1|2)$; $B(9|4)$; $C(5|7)$
b) $A(0|6)$; $B(6|0)$; $C(5|5)$
c) $A(0,5|2)$; $B(6|0)$; $C(2|4)$

3 Mara soll aus einem dreieckigen Stück Pappe einen möglichst großen Kreis ausschneiden.
Bestimme den Radius des Kreises.

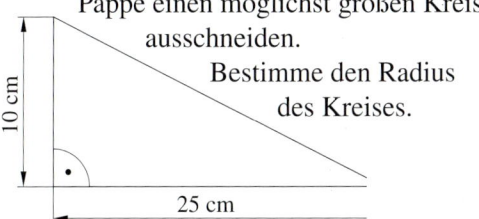

3 In einer Dachgaube soll das kreisrunde Fenster möglichst groß ausgebaut werden. Die Dachgaube hat die Form eines gleichschenkligen Dreiecks mit einer Höhe von 1,50 m und einer Breite von 2,20 m. Fertige eine maßstabsgerechte Zeichnung an. Wie groß kann der Radius des Fensters höchstens sein?

4 Konstruiere nach der Planfigur und den Maßangaben das Dreieck. Beschreibe die Konstruktion.
Konstruiere anschließend den Inkreis. Miss den Radius des Inkreises.

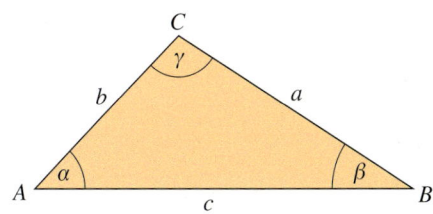

a) $a = 5,2$ cm; $b = 3,5$ cm; $c = 5,2$ cm
b) $c = 6$ cm; $b = 4$ cm; $\alpha = 65°$
c) $b = 5$ cm; $c = 2$ cm; $\alpha = 118°$

4 Konstruiere nach der Planfigur und den Maßangaben das Dreieck. Beschreibe die Konstruktion.
Konstruiere anschließend den Inkreis. Miss den Radius des Inkreises.

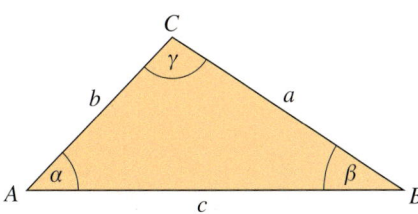

a) $b = 4,7$ cm; $\alpha = 105°$; $\gamma = 35°$
b) $c = 5,1$ cm; $\alpha = 68°$; $\beta = 50°$
c) $b = 3,5$ cm; $c = 4$ cm; $\alpha = 49°$

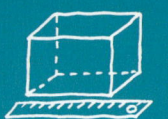

5 Übertrage die Dreiecke ins Heft. Konstruiere jeweils die Mittelsenkrechten und zeichne den Umkreis des Dreiecks.
Was fällt dir auf?

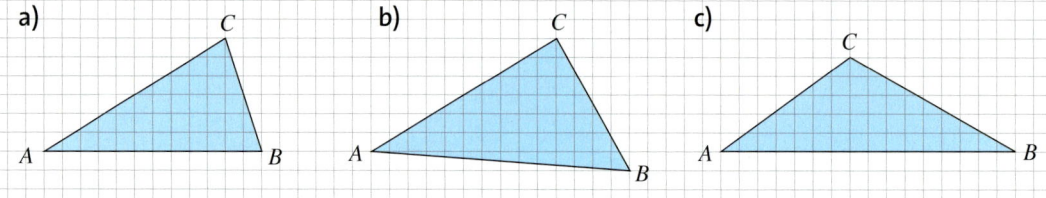

6 Übertrage das Dreieck *ABC* ins Heft. Konstruiere die Mittelsenkrechten aller Seiten und zeichne den Umkreis mit dem Mittelpunkt *M*.
Miss den Abstand von *M* zu den Eckpunkten.

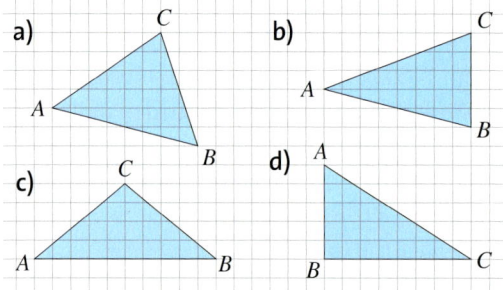

6 Zeichne das Dreieck *ABC* in ein Koordinatensystem ein. Konstruiere den Umkreis des Dreiecks mit dem Mittelpunkt *M*.
Gib die Koordinaten des Mittelpunktes *M* an.
Wie weit ist der Mittelpunkt *M* von den drei Eckpunkten entfernt?

a) $A(3|1)$; $B(9|2)$; $C(5|5)$
b) $A(3|2)$; $B(6|5)$; $C(1|4)$
c) $A(0|1)$; $B(4|0)$; $C(4|4)$
d) $A(1|2)$; $B(6|3)$; $C(2|5)$

7 Konstruiere das Dreieck und den Umkreis nach den Maßangaben. Mache eine Planfigur mit allen notwendigen Bezeichnungen. Beschreibe die Konstruktionsschritte.
Miss den Radius des Umkreises.

a) $a = 8\,\text{cm}$; $b = 10\,\text{cm}$; $c = 12\,\text{cm}$
b) $c = 10\,\text{cm}$; $b = 8\,\text{cm}$; $\alpha = 65°$
c) $a = 5\,\text{cm}$; $c = 6\,\text{cm}$; $\beta = 45°$

7 Konstruiere das Dreieck und den Umkreis nach den Maßangaben. Mache eine Planfigur mit allen notwendigen Bezeichnungen. Beschreibe die Konstruktionsschritte.
Miss den Radius des Umkreises.

a) $a = 5\,\text{cm}$; $b = 4,3\,\text{cm}$; $\gamma = 100°$
b) $b = 4,8\,\text{cm}$; $\alpha = 55°$; $\gamma = 60°$
c) $b = 3,5\,\text{cm}$; $c = 2,9\,\text{cm}$; $\alpha = 75°$

8 Ben behauptet: „Bei diesen rechtwinkligen Dreiecken liegt der Mittelpunkt des Umkreises immer in der Mitte der längsten Seite".

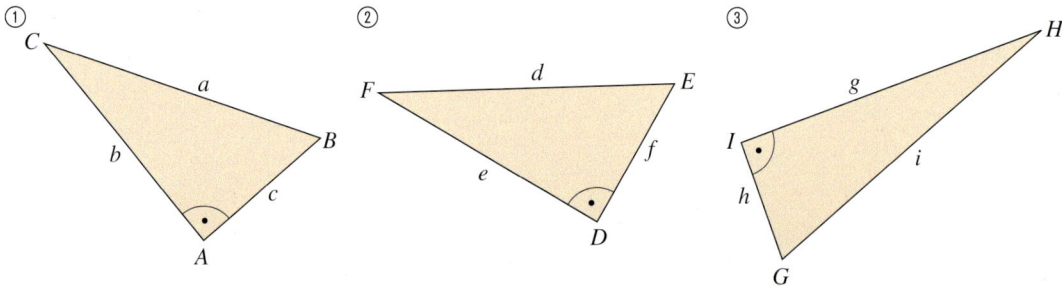

a) Übertrage die Dreiecke in dein Heft und überprüfe Bens Behauptung.
b) Zeichnet in der Klasse beliebige rechtwinklige Dreiecke.
   Trifft Bens Aussage auf alle eure rechtwinkligen Dreiecke zu?

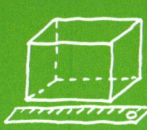

Thema: Weitere besondere Linien im Dreieck

Durch Falten kann man in einem Dreieck besondere Linien herstellen:

a) 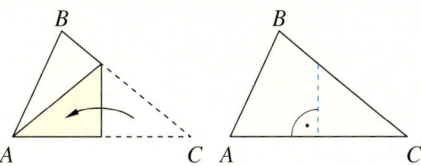 Bei diesem Falten des Dreiecks ist die Mittelsenkrechte der Strecke $\overline{AC}$ entstanden.

b) 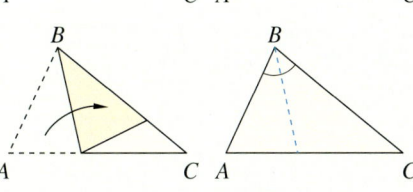 Dieses Falten des Dreiecks ergab die Winkelhalbierende des Winkels.

c) 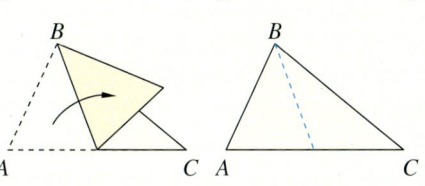 Wenn man auf diese Weise faltet, erhält man eine Linie, die durch die Mitte der Seite $\overline{AC}$ und den gegenüberliegenden Punkt B geht.
Diese Seite nennt man **Seitenhalbierende** der Seite $\overline{AC}$.

d) 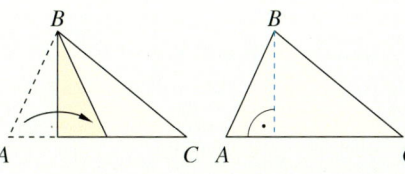 Faltet man auf diese Weise, erhält man eine Linie, die senkrecht zu $\overline{AC}$ steht und durch den gegenüberliegenden Punkt B geht.
Sie wird **Höhe** der Seite $\overline{AC}$ genannt.
Die Höhe gibt den Abstand des Punktes B von der Seite $\overline{AC}$ an.

1 Zeichne zum Ausschneiden ein Dreieck ABC mit den Seiten $\overline{AB}$ = 4,8 cm; $\overline{AC}$ = 5,3 cm und $\overline{BC}$ = 6,5 cm. Falte so, dass für jede Dreiecksseite die Mittelsenkrechte entsteht.
Kontrolliere, ob sich die Mittelsenkrechten in einem Punkt schneiden.

2 Zeichne zum Ausschneiden das Dreieck ABC mit b = 6,5 cm; c = 9,3 cm und α = 83°. Falte so, dass für jeden Winkel die Winkelhalbierende entsteht.
Kontrolliere, ob sich die Winkelhalbierenden in einem Punkt schneiden.

3 Schneide folgendes Dreieck aus: $\overline{BC}$ = 6,2 cm; γ = 74° und β = 37°
a) Falte die Seitenhalbierende für jede Dreieckseite.
Schneiden sich die Seitenhalbierenden in einem Punkt?
b) Zeichne das Dreieck ins Heft und trage die Seitenhalbierenden ein.
Schneiden sie sich in einem Punkt?

4 Zeichne folgendes Dreieck zum Ausschneiden: a = 6,9 cm; b = 7,5 cm und γ = 54°.
a) Falte für jede Dreieckseite die Höhe. Schneiden sie sich in einem Punkt?
b) Zeichne das Dreieck ins Heft und trage die Höhen ein.
Schneiden sie sich in einem Punkt?

5 Elmar behauptet „In diesen Dreiecken liegen die Schnittpunkte der Mittelsenkrechten, Winkelhalbierenden, Seitenhalbierenden und Höhen immer innerhalb des Dreiecks."
Bist du gleicher Meinung?

ZUR INFORMATION
*Den Schnittpunkt der drei Seitenhalbierenden in einem Dreieck nennt man **Schwerpunkt**.*

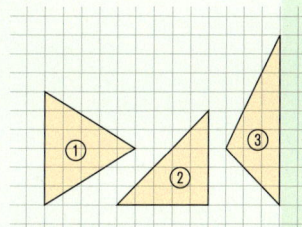

99

Klar so weit?

→ Seite 88

Mittelsenkrechte

1 Ist *m* die Mittelsenkrechte von $\overline{AB}$?

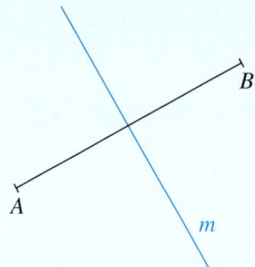

1 Ist *m* die Mittelsenkrechte von $\overline{BC}$ und *n* die Mittelsenkrechte von $\overline{CD}$?

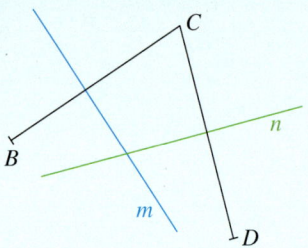

2 Konstruiere jeweils die Mittelsenkrechte mit Zirkel und Lineal.
a) $\overline{AB} = 5\,\text{cm}$ b) $\overline{CD} = 7\,\text{cm}$
c) $\overline{EF} = 4,4\,\text{cm}$ d) $\overline{GH} = 5,2\,\text{cm}$

2 Konstruiere jeweils die Mittelsenkrechte mit Zirkel und Lineal.
a) $\overline{AB} = 45\,\text{mm}$ b) $\overline{CD} = 6,3\,\text{cm}$
c) $\overline{EF} = 37\,\text{mm}$ d) $\overline{GH} = 5,1\,\text{cm}$

3 Übertrage das Parallelogramm ins Heft und konstruiere zu jeder Seite des Parallelogramms die Mittelsenkrechte mit dem Zirkel.

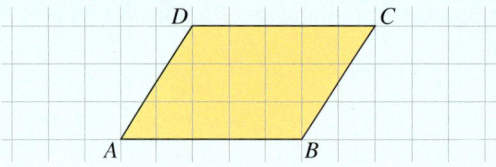

3 Übertrage ins Heft und konstruiere zu jeder Seite die Mittelsenkrechte mit dem Zirkel.

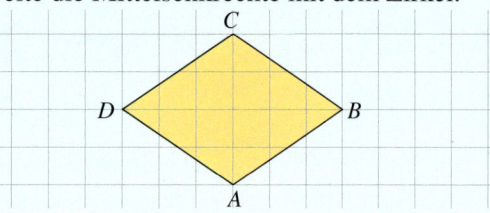

4 Zeichne eine Strecke $\overline{AB}$ mit der Länge 6,5 cm. Bestimme in der Zeichnung einen Punkt, der sowohl vom Punkt *A* als auch vom Punkt *B* 5 cm entfernt ist.

4 Zeichne eine Strecke $\overline{AB}$ mit der Länge 5,5 cm. Bestimme in der Zeichnung Punkte, die sowohl vom Punkt A als auch vom Punkt B 5 cm entfernt sind.

5 Zeichne ein Koordinatensystem. Zeichne die Strecken $\overline{AB}$ mit $A(1|1)$ und $B(7|3)$. Konstruiere die Mittelsenkrechte und stelle fest, ob der Punkt $P(4|5)$ auf der Mittelsenkrechten liegt.

5 Zeichne ein Koordinatensystem. Zeichne die Strecken $\overline{AB}$ mit $A(1|1)$ und $B(7|3)$ und $\overline{CD}$ mit $C(1|5)$ und $D(3|3)$. Konstruiere die Mittelsenkrechten von $\overline{AB}$ und von $\overline{CD}$.

→ Seite 9

Winkelhalbierende

6 Halbiert die blaue Linie den Winkel?

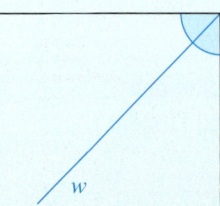

6 Halbiert die blaue Linie den Winkel? Begründe deine Meinung.

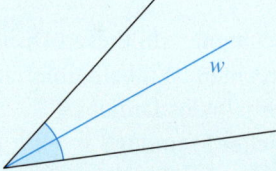

7 Zeichne den Winkel und konstruiere die Winkelhalbierende mit dem Zirkel.
a) 47° **b)** 66° **c)** 81°

7 Zeichne den Winkel und konstruiere die Winkelhalbierende mit dem Zirkel.
a) 91° **b)** 105° **c)** 180°

8 Übertrage ins Heft und konstruiere zu jedem Winkel des Parallelogramms ABCD die Winkelhalbierende.

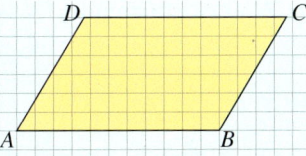

8 Übertrage die Raute ABCD in dein Heft.
Konstruiere anschließend zu jedem Winkel der Raute die Winkelhalbierende.

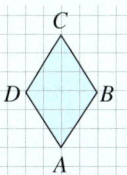

Anwendungen der Grundkonstruktionen

→ *Seite 96*

9 Übertrage das Dreieck ABC ins Heft und konstruiere den In- und Umkreis.

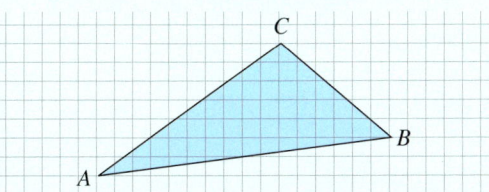

9 Übertrage das Dreieck ABC ins Heft und konstruiere den In- und Umkreis.

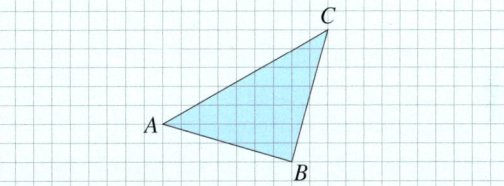

10 Aus einem dreieckigen Stück Pappe soll ein möglichst großer Kreis ausgeschnitten werden. Wie groß ist sein Radius?

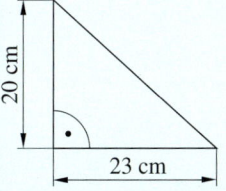

10 Zwei Geraden schneiden sich unter einem Winkel von $\alpha = 60°$. Finde durch Konstruktion den Mittelpunkt eines Kreises, der den Radius $r = 1{,}5$ cm hat und die Schenkel des Winkels in jeweils einem Punkt berührt.

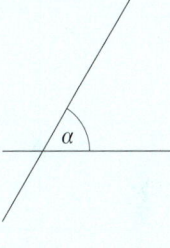

11 Zeichne das Dreieck ABC in ein Koordinatensystem. (1 LE ≙ 1 cm).
Konstruiere anschließend den Inkreis und den Umkreis.
a) $A(3|2)$; $B(7|2)$; $C(5|9)$
b) $A(0|0)$; $B(6|2)$; $C(2|8)$

11 Zeichne das Dreieck ABC in ein Koordinatensystem. (1 LE ≙ 1 cm).
Konstruiere anschließend den Inkreis und den Umkreis.
a) $A(1|2)$; $B(9|4)$; $C(5|7)$
b) $A(0|6)$; $B(6|0)$; $C(5|5)$

12 Zeichne das gleichseitige Dreieck ABC mit folgenden Angaben in dein Heft:
$a = b = c = 6$ cm.
Konstruiere anschließend den Umkreis und Inkreis des Dreiecks.
Haben die beiden Kreise den gleichen Mittelpunkt?

12 Zeichne das gleichschenklige Dreieck ABC mit folgenden Angaben in dein Heft:
$a = 6{,}2$ cm; $b = 4{,}4$ cm; $b = c$.
Konstruiere anschließend den Umkreis und Inkreis des Dreiecks.
Haben die beiden Kreise den gleichen Mittelpunkt?

Vermischte Übungen

1 Zeichne den Winkel und konstruiere die Winkelhalbierende.

a) $\alpha = 45°$ b) $\beta = 90°$ c) $\gamma = 155°$

1 Zeichne den Winkel und konstruiere die Winkelhalbierende.

a) $\delta = 190°$ b) $\alpha = 270°$ c) $\beta = 210°$

2 Ist der Strahl w in den Zeichnungen jeweils die Winkelhalbierende des Winkels? Begründe deine Entscheidung.

a)   b)

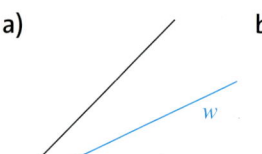

2 Ist der Strahl w in den Zeichnungen jeweils die Winkelhalbierende des Winkels? Begründe deine Entscheidung.

a)   b)

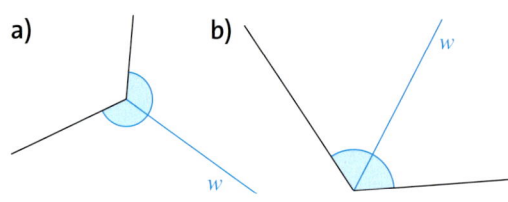

3 Zeichne das Dreieck ABC und konstruiere die Winkelhalbierenden der angegebenen Winkel.

a) $c = 6{,}5\,\text{cm}$; $\alpha = 43°$; $\beta = 57°$
b) $a = 2{,}4\,\text{cm}$; $\beta = \gamma = 80°$

3 Zeichne das Dreieck ABC und konstruiere die Winkelhalbierenden der angegebenen Winkel.

a) $a = 3{,}5\,\text{cm}$; $\beta = 123°$; $\gamma = 23°$
b) $b = 2\,\text{cm}$; $\alpha = 55°$; $\gamma = 95°$

4 Ist die Gerade m jeweils die Mittelsenkrechte der Strecke $\overline{AB}$? Begründe deine Antwort.

a)   b)   c)   d)

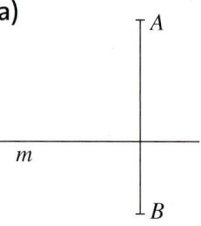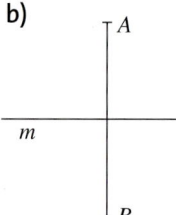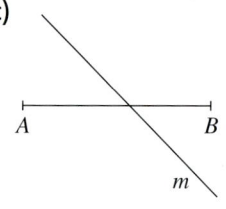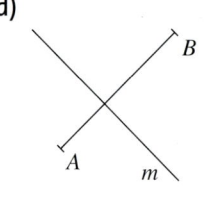

5 Zeichne den Winkel und verdopple durch Konstruktion seine Winkelgröße.

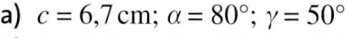

a) $\alpha = 26°$ b) $\alpha = 39°$ c) $\beta = 34°$
d) $\beta = 47°$ e) $\gamma = 56°$ f) $\gamma = 71°$

6 Ein Dreieck ABC mit $c = 4\,\text{cm}$, $\alpha = 60°$ und $\gamma = 75°$ soll gezeichnet werden.

a) Berechne zunächst den Winkel β und zeichne dann das Dreieck.
b) Konstruiere nur mit Zirkel und Lineal die Mittelsenkrechte zu c.

6 Zeichne das Dreieck ABC. Konstruiere nur mit Zirkel und Lineal die Mittelsenkrechte zur angegebenen Seite.

a) $c = 6{,}7\,\text{cm}$; $\alpha = 80°$; $\gamma = 50°$
b) $b = 5{,}6\,\text{cm}$; $\beta = 49°$; $\gamma = 67°$
c) $a = 3{,}8\,\text{cm}$; $\alpha = 112°$; $\beta = 34°$

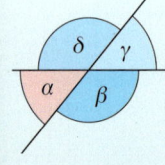

7 Zeichne zwei Geraden, die den Winkel α bilden. Halbiere jeden der Winkel. Was stellst du fest?

a) $\alpha = 35°$ b) $\alpha = 78°$

7 Zeichne zwei Geraden, die den Winkel δ bilden. Halbiere geschickt jeden der Winkel. Beschreibe wie du vorgehst und begründe.

a) $\delta = 117°$ b) $\delta = 90°$

8 Zeichne ein gleichschenkliges Dreieck ABC mit den Schenkellängen $a = b = 7{,}3\,\text{cm}$ und der Basislänge $c = 5{,}5\,\text{cm}$.
a) Konstruiere zu jedem Winkel im Dreieck die Winkelhalbierende.
b) Schneiden sich die Winkelhalbierenden auf der Mittelsenkrechten von c? Begründe.

8 Zeichne ein gleichseitiges Dreieck mit $6{,}4\,\text{cm}$ Seitenlänge. Konstruiere zu jedem Winkel des Dreiecks die Winkelhalbierende.
a) Schneiden sich die Winkelhalbierenden in einem Punkt?
b) Wenn ja, kann dieser Punkt auch der Mittelpunkt des Umkreises sein? Begründe.

9 Zeichne die Dreiecke in ein Koordinatensystem und konstruiere jeweils den Inkreis.
a) $A(0|3)$, $B(3|0)$, $C(4|5)$
b) $R(1|0)$, $S(4|0)$, $T(2|3)$

9 Zeichne die Dreiecke in ein Koordinatensystem und konstruiere jeweils den Inkreis.
a) $E(3|1)$, $F(6|3)$, $G(4|5)$
b) $U(0|2)$, $V(4|2)$, $W(2|4)$

10 Zeichne die Dreiecke jeweils in ein Koordinatensystem und konstruiere zu jedem Dreieck den Umkreis.
a) $A(0|3)$, $B(3|0)$, $C(4|5)$
b) $E(1|0)$, $F(4|0)$, $G(2|3)$

10 Zeichne die Dreiecke jeweils in ein Koordinatensystem und konstruiere zu jedem Dreieck den Umkreis.
a) $R(3|1)$, $S(6|3)$, $T(4|5)$
b) $U(0|2)$, $V(4|2)$, $W(2|4)$

11 Zeichne das Rechteck in dein Heft. Hat das Rechteck Inkreis und Umkreis? Begründe.

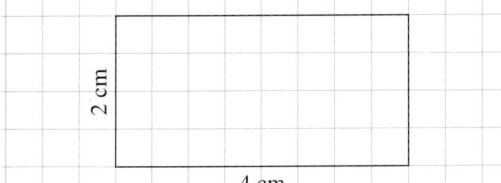

11 Zeichne das Parallelogramm in dein Heft. Hat das Parallelogramm Inkreis und Umkreis? Begründe.

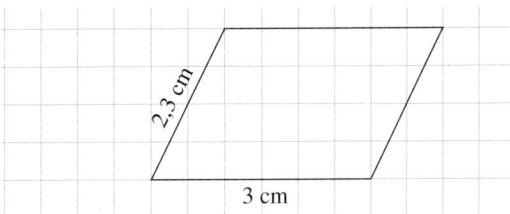

ZUR INFORMATION
Es gibt Dreiecke, Vierecke, Fünfecke, Sechsecke, … bei denen alle Seiten gleich lang sind und alle Innenwinkel gleich groß sind. Diese besonderen Vielecke nennt man regelmäßige Vielecke. Regelmäßige Vielecke haben einen Inkreis und einen Umkreis, z.B. regelmäßiges Achteck:

12 Zeichne das gleichseitige Dreieck ABC mit $a = b = c = 6\,\text{cm}$. Hat das gleichseitige Dreieck Inkreis und Umkreis? Begründe.

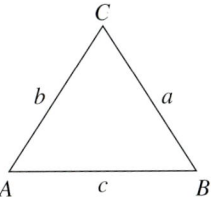

12 Zeichne das Quadrat in dein Heft und konstruiere zu jedem Winkel die Winkelhalbierende. Hat das Quadrat Inkreis und Umkreis? Begründe.

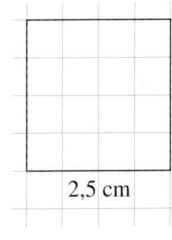

13 Zeichne dieses regelmäßige Sechseck mit seinem Inkreis und Umkreis.

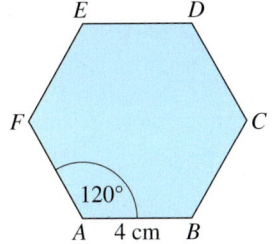

13 Zeichne dieses regelmäßige Fünfeck mit seinem Inkreis und Umkreis.

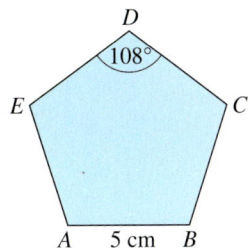

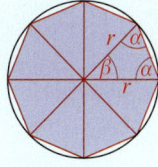

14 Mandala aus Dreiecken gestalten

Entwickle diese einfache Mandalaform aus einem gleichseitigen Dreieck, das eine Seitenlänge von 75 mm hat.

a) Färbe die drei Kreisteile in unterschiedlichen Farben und finde dann für das Dreieck eine passende Farbe.

b) Durch Einzeichnen des Inkreises kannst du ein neues Mandala erstellen.

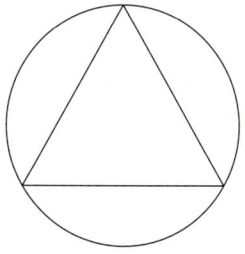

15 Mandala aus Quadraten gestalten

Auch aus einem Kreis und einem Quadrat entsteht ein einfaches Mandala.

a) Zeichne es mit einem Radius von $r = 3\,\text{cm}$ in dein Heft.

b) Zeichne auch den Inkreis des Quadrates.

c) Färbe anschließend die einzelnen Teile des Mandalas nach deinem Geschmack.

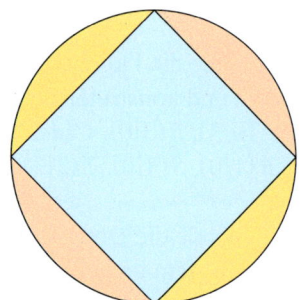

16 Farbige Mandala gestalten

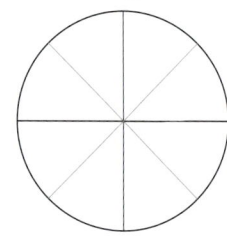

Du kannst leicht dieses farbige Mandala zeichnen, wenn du zunächst den Kreis in 8 gleich große Teile teilst.
Beschreibe einem Mitschüler, wie du vorzugehen planst.

17 Inkreis eines Achtecks

Du kannst das Mandala aus Aufgabe 16 so zeichnen, dass der innere Kreis zum Inkreis von beiden Quadraten wird. Beschreibe mit mathematischen Fachwörtern (z. B. Winkelhalbierende, Mittelsenkrechte, …) wie du dabei vorgegangen bist und wo der Mittelpunkt des Inkreises liegt. Färbe nach deinen Wünschen.

18 Ziermuster

Zeichne auf Karopapier ein Quadrat mit 14 cm Seitenlänge.
Entwirf in diesem Quadrat ein Ziermuster aus Dreiecken mit ihren Inkreisen.
Ein Beispiel, wie das aussehen kann, siehst du hier.
Stellt eure Muster in der Klasse aus. Wählt das schönste Muster.

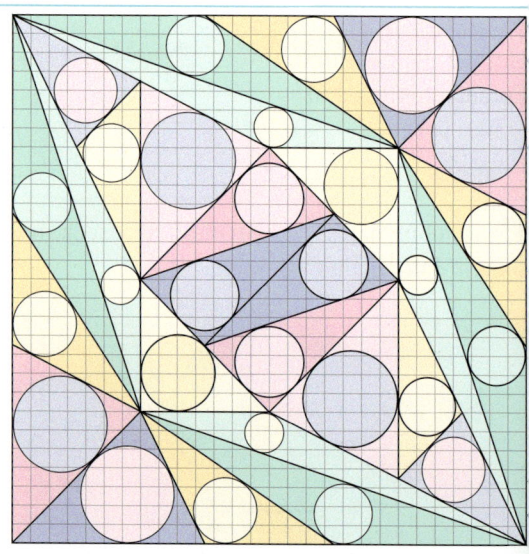

Zusammenfassung

Mittelsenkrechte

→ Seite 88

Auf der **Mittelsenkrechten** m einer Strecke $\overline{AB}$ liegen alle Punkte, die von den Punkten A und B den gleichen Abstand haben.
Die Mittelsenkrechte m halbiert die Strecke $\overline{AB}$.

Konstruktion:
1. Zeichne eine Strecke $\overline{AB}$ und um den Punkt $\overline{A}$ einen Kreis, dessen Radius r größer ist als die Hälfte von $\overline{AB}$.
2. Zeichne mit dem gleichen Radius r einen Kreis um B. Die beiden Kreise schneiden sich in P und Q.
3. Die Gerade durch P und Q ist die Mittelsenkrechte von $\overline{AB}$.

Winkelhalbierende

→ Seite 92

Auf der **Winkelhalbierenden** w_α eines Winkels α liegen alle Punkte, die von den Schenkeln des Winkels den gleichen Abstand haben.
Die Winkelhalbierende halbiert den Winkel α.

Konstruktion:
1. Zeichne einen Kreis um den Scheitelpunkt A des Winkels α. Der Kreis schneidet die Schenkel in den Punkten B und C.
2. Zeichne um B und C je einen Kreis mit dem gleichen Radius. Die beiden Kreise schneiden sich in dem Punkt D.
3. Die Gerade durch die Punkte A und D ist die Winkelhalbierende W_α des Winkels α.

Anwendungen der Grundkonstruktionen

→ Seite 96

Die drei **Winkelhalbierenden** eines Dreiecks schneiden sich in einem Punkt, dem Mittelpunkt M des **Inkreises**.

Der Inkreis berührt jede Seite des Dreiecks in einem Punkt.
Der Abstand des Mittelpunktes M von einer Dreiecksseite ist der Radius r des Inkreises.

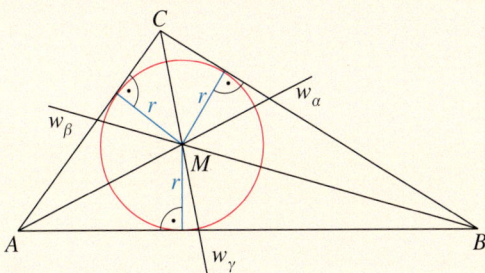

Der **Umkreis** geht durch alle Eckpunkte des Dreiecks ABC.
Die **Mittelsenkrechten** eines Dreiecks schneiden sich in einem Punkt, dem Mittelpunkt M des Umkreises.
Der Abstand des Mittelpunkts von einem Eckpunkt ist der Radius r des Umkreises.

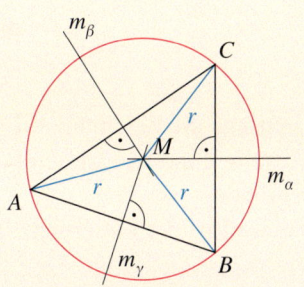

Teste dich!

1 Punkt

1 Zeichne den Winkel $\alpha = 78°$ und konstruiere die Winkelhalbierende.

2 Punkte

2 Miss den Winkel α, zeichne ihn ins Heft und konstruiere die Winkelhalbierende.

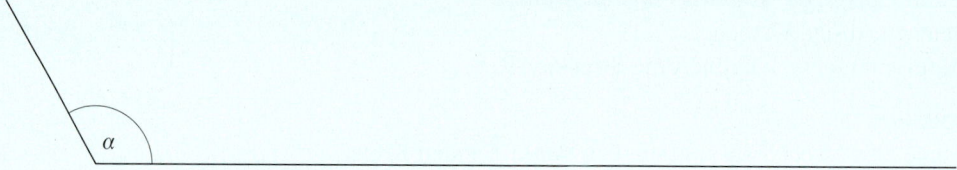

2 Punkte

3 Zeichne die Strecke und konstruiere die Mittelsenkrechte.
a) $\overline{AB} = 7{,}8\,\text{cm}$
b) $\overline{CD} = 2{,}6\,\text{cm}$

4 Punkte

4 Zeichne das Dreieck ABC mit den Eckpunkten $A\,(2|2)$, $B\,(8|3)$ und $C\,(4|6)$ in ein Koordinatensystem in deinem Heft.
Konstruiere den Mittelpunkt des Inkreises. Gib seine Koordinaten näherungsweise an.

3 Punkte

5 Konstruiere das Dreieck ABC mit $b = 4{,}5\,\text{cm}$; $a = 5\,\text{cm}$; $\gamma = 90°$ und zeichne den Umkreis des Dreiecks.

6 Punkte

6 Die Geraden t_1 und t_2 schneiden sich unter einem Winkel von $\alpha = 50°$. Konstruiere im Heft einen Kreis, der die beiden Geraden im Punkt T_1 berührt.
Der Punkt T_1 ist 2,4 cm von S entfernt.

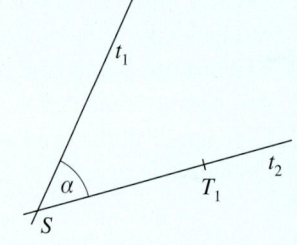

6 Punkte

7 Die Kinder aus Bronzbach, Silberstein und Goldberg wollen gemeinsam im Wald einen Fütterungsplatz für Waldtiere anlegen.
Der Platz soll gleich weit von allen Dörfern entfernt liegen.

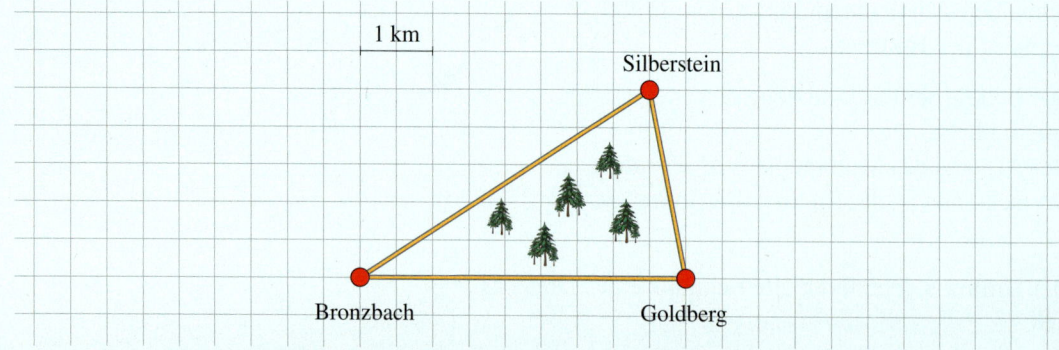

a) Übertrage die Zeichnung in dein Heft.
   Wo sollten die Kinder den Futterplatz anlegen?
   Begründe.
b) Wie weit ist der Futterplatz in etwa von jedem Dorf entfernt?

Prozentrechnung

50%

30%

70%

Prozentangaben kennst du
sicher aus vielen Bereichen.
Beim Einkaufen beispielsweise wird häufig
mit Prozentangaben geworben.
Das Wort Prozent kommt vom italienischen
„per cento" (von hundert).
„per cento" wurde später abgekürzt mit cto.
Daraus entstand mit der Zeit die Schreibweise %.

cento → cto → ᶜ⁄ₒ → ᶜ⁄ₒ → º⁄ₒ → %

70%

30%

30%

70%

30%

50%

Noch fit?

Einstieg　　　　　**Aufstieg**

1 Bruchbilder
Gib den Anteil der rot gefärbten und der blau gefärbten Fläche jeweils als Bruch an.

a) 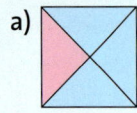　　b) 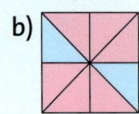　　c) 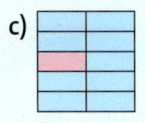　　d) 　　e) 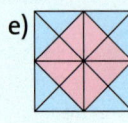　　f)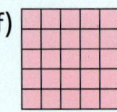

---

2 Bruchbilder zeichnen
Zeichne drei Quadrate mit der Seitenlänge 6 cm.
Färbe im ersten Quadrat $\frac{1}{4}$, im zweiten $\frac{1}{3}$ und im dritten $\frac{3}{4}$ der Fläche ein.

2 Bruchbilder zeichnen
Zeichne drei Rechtecke, jedes mit den Seitenlängen 3 cm und 5 cm.
Färbe im ersten Rechteck $\frac{1}{2}$, im zweiten $\frac{3}{4}$ und im dritten $\frac{1}{10}$ der Fläche ein.

---

3 Brüche umwandeln
Schreibe als Dezimalbruch.

a) $\frac{7}{10}$　　b) $\frac{87}{100}$　　c) $\frac{4}{5}$　　d) $\frac{7}{20}$

e) $\frac{3}{4}$　　f) $\frac{14}{25}$　　g) $\frac{7}{50}$　　h) $\frac{77}{1000}$

3 Brüche umwandeln
Schreibe als Dezimalbruch.

a) $\frac{9}{15}$　　b) $\frac{3}{150}$　　c) $\frac{3}{12}$　　d) $\frac{6}{125}$

e) $2\frac{9}{20}$　　f) $\frac{5}{8}$　　g) $3\frac{111}{125}$　　h) $\frac{990}{5500}$

ERINNERE DICH
$3{,}818181... =$
$= 3{,}\overline{81}$

4 Zahlen dividieren
Berechne.

a) $12 : 10$　　b) $29 : 4$　　c) $15 : 8$

d) $21 : 6$　　e) $31 : 3$　　f) $15 : 6$

g) $101 : 9$　　h) $42 : 11$　　i) $2 : 3$

4 Zahlen dividieren
Berechne.

a) $18 : 8$　　b) $20 : 9$　　c) $52 : 7$

d) $123 : 5$　　e) $16 : 11$　　f) $15 : 16$

g) $1 : 12$　　h) $2 : 11$　　i) $0{,}3 : 12$

---

5 Bruchteile berechnen
Wie viel sind …

a) $\frac{1}{2}$ von 240?　　b) $\frac{1}{4}$ von 52?

c) $\frac{2}{3}$ von 270?　　d) $\frac{5}{6}$ von 54?

5 Bruchteile berechnen
Wie viel sind …

a) $\frac{3}{4}$ von 310?　　b) $\frac{5}{8}$ von 96?

c) $\frac{1}{12}$ von 290?　　d) $\frac{3}{8}$ von 330?

6 Anteile vergleichen
Zwei Basketball-Sportler unterhalten sich über ihre Leistungen.
Sportler A: „Ich habe von 75 Würfen 25 Körbe erzielt."
Sportler B: „Bei mir waren es von 90 Würfen genau 30."
Welcher Sportler hatte mehr Erfolg?

---

7 Verschiedene Schreibweisen
Welche Zahlen sind gleich?

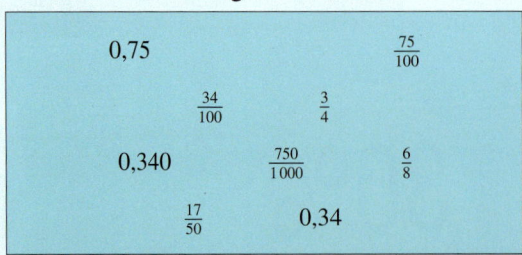

7 Verschiedene Schreibweisen
Welche Zahlen sind gleich?

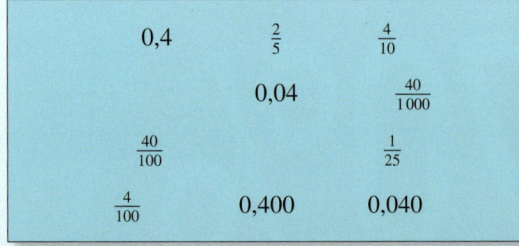

Anteile und Prozente

Entdecken

1 Was bedeuten die Prozentangaben hier?
Suche weitere Beispiele und stelle sie in der Klasse vor.

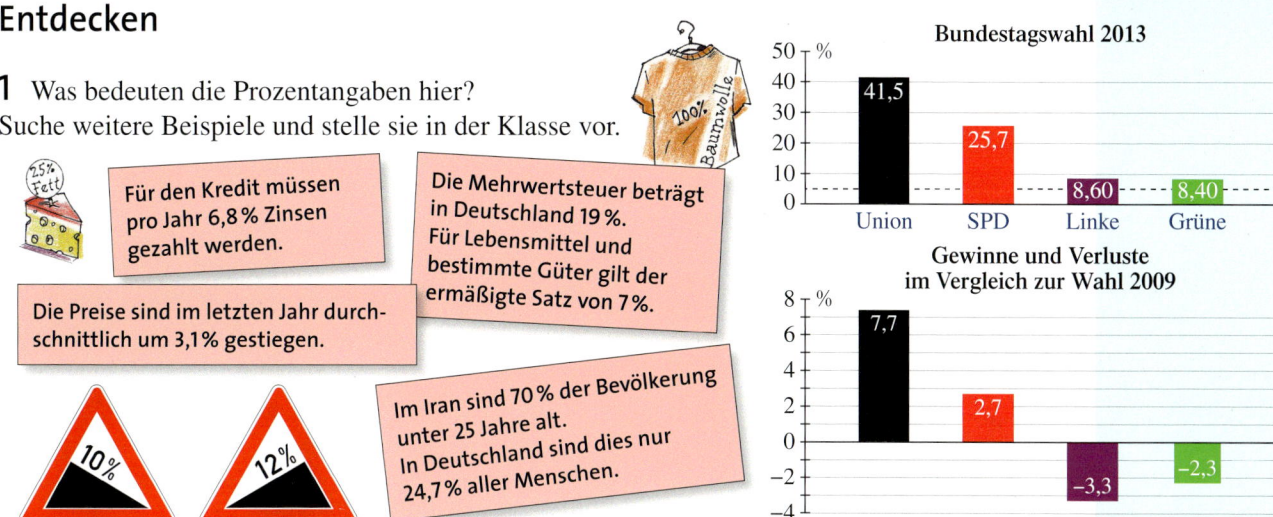

Für den Kredit müssen pro Jahr 6,8 % Zinsen gezahlt werden.

Die Mehrwertsteuer beträgt in Deutschland 19 %. Für Lebensmittel und bestimmte Güter gilt der ermäßigte Satz von 7 %.

Die Preise sind im letzten Jahr durchschnittlich um 3,1 % gestiegen.

Im Iran sind 70 % der Bevölkerung unter 25 Jahre alt. In Deutschland sind dies nur 24,7 % aller Menschen.

Bundestagswahl 2013

Gewinne und Verluste im Vergleich zur Wahl 2009

2 Kolja, Merle und Max haben eine Umfrage zu Schwimmabzeichen durchgeführt.
Sie haben in allen siebten Klassen erfragt, wer schon Silber oder Gold hat.

Bei uns haben 18 von 23 Jugendlichen Silber oder Gold.

Bei uns haben es 14, 6 haben es nicht.

In unserer Klasse haben 75 % Silber oder Gold.

3 Die Schülerinnen und Schüler der Kunst-AG üben sich im Zeichnen von Personen. Wichtig ist dabei auch, dass die Proportionen stimmen, also die Größenverhältnisse der einzelnen Körperteile zueinander.
Bei Erwachsenen macht z. B. der Kopf etwa $\frac{1}{8}$ der Körperlänge aus. Die Schülerinnen und Schüler untersuchen das genauer.

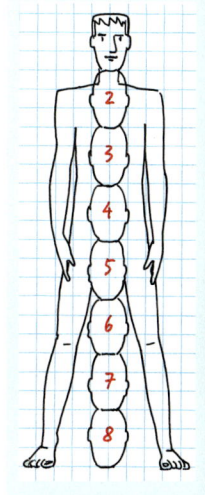

Name (Alter)	Körper-länge	Kopf-länge	Anteil
Paul (8)	1,36 m	21 cm	$\frac{21}{136} \approx 15,4\%$
Liu (10)	1,45 m	21 cm	
Sina (12)	1,50 m	22 cm	
Hannes (13)	1,60 m	23 cm	
David (16)	1,92 m	24 cm	
Fr. Wagner (30)	1,72 m	21 cm	
Hr. Paffen (63)	1,78 m	25 cm	

a) Bestimme jeweils, welchen Anteil der Kopf an der gesamten Körperlänge hat.

b) Ordne die Personen nach dem Anteil des Kopfes an der Körperlänge.
Schreibe auch das Alter dazu.
Was fällt auf?

c) Bei welcher Testperson kommt der Anteil der Kopflänge dem typischen Wert $\frac{1}{8}$ am nächsten?

d) Messt selbst bei mehreren Personen und wertet die Daten auf ähnliche Weise aus.

Verstehen

Seit vielen Jahren nehmen die Schülerinnen und Schüler der Jesse-James-Schule an den Prüfungen zum Sportabzeichen teil.
Bisher haben in jedem Jahr mindestens 50 % der Teilnehmer das Sportabzeichen erworben.
Die siebten Klassen haben ihre Ergebnisse in einer Tabelle notiert:

Klasse	Teilnehmer	erworbene Abzeichen	Anteil der Kinder, die das Sportabzeichen geschafft haben
7a	25	20	$\frac{20}{25} = \blacksquare\,\%$
7b	32	24	$\frac{24}{32} = \blacksquare\,\%$
7c	25	18	$\frac{18}{25} = \blacksquare\,\%$
7d	24	21	$\frac{21}{24} = \blacksquare\,\%$

Die Ergebnisse der Klassen kann man mithilfe von **Anteilen** vergleichen.
Anteile werden mit Brüchen dargestellt.
Wenn die Brüche verschiedene Nenner haben, ist ein Vergleichen im Kopf meist schwierig.
Deswegen nutzt man beim Vergleichen von Anteilen Brüche mit dem Nenner 100.

Beispiel

Umwandeln in einen Hundertstelbruch:

a) Klasse 7a: $\frac{20}{25} = \frac{20 \cdot 4}{25 \cdot 4} = \frac{80}{100} = 80\,\%$

b) Klasse 7b: $\frac{24}{32} = \frac{24 : 8}{32 : 8} = \frac{3 \cdot 25}{4 \cdot 25} = \frac{75}{100} = 75\,\%$

Dividieren des Zählers durch den Nenner:

c) Klasse 7c: $18 : 25 = 0{,}72 = \frac{72}{100} = 72\,\%$

d) Klasse 7d: $21 : 24 = 0{,}875 = \frac{87{,}5}{100} = 87{,}5\,\%$

Merke Brüche mit dem Nenner 100 kann man in der Prozentschreibweise angeben.

$$1\,\% = \frac{1}{100}$$

Das Zeichen % (**Prozent**) bedeutet „von hundert" (Hundertstel).
Das *Ganze* umfasst immer 100 %.

Der Anteil der Schüler, die das Sportabzeichen geschafft haben, ist in der Klasse 7d am größten.

In **Streifen-** und **Kreisdiagrammen** kann man Anteile gut darstellen und vergleichen.

Streifendiagramm:

| Klasse 7a: 80 % |
| Klasse 7b: 75 % |

0 %   50 %   100 %

5 % entsprechen 0,5 cm
80 % enstprechen 8 cm
75 % enstprechen 7,5 cm

Kreisdiagramm:

Klasse 7c   Klasse 7d

72 %   87,5 %

1 % entspricht 3,6°
72 % entsprechen 259,2°
87,5 % entsprechen 315°

Die folgenden Anteile kommen häufig vor. Präge sie dir ein. Sie sind für das Kopfrechnen, Überschlagen und Schätzen sehr nützlich.

Bruch	$\frac{1}{100}$	$\frac{1}{10}$	$\frac{1}{5}$	$\frac{1}{4}$	$\frac{1}{3}$	$\frac{1}{2}$	$\frac{2}{3}$	$\frac{3}{4}$	1
Dezimalbruch	0,01	0,1	0,2	0,25	$0{,}\overline{3}$	0,5	$0{,}\overline{6}$	0,75	1
Prozent	1 %	10 %	20 %	25 %	$33\frac{1}{3}\,\%$	50 %	$66\frac{2}{3}\,\%$	75 %	100 %

Üben und anwenden

1 Gib den Anteil in Prozent an.

a) $\frac{1}{100}$; $\frac{12}{100}$; $\frac{35}{100}$; $\frac{60}{100}$; $\frac{85}{100}$

b) $\frac{52}{100}$; $\frac{59}{100}$; $\frac{73}{100}$; $\frac{84}{100}$; $\frac{99}{100}$

c) $\frac{1}{10}$; $\frac{1}{4}$; $\frac{1}{5}$; $\frac{7}{20}$; $\frac{25}{50}$

2 Was gehört zusammen?

Beispiel $\frac{1}{5} = \frac{20}{100} = 20\%$

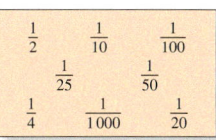

$\frac{1}{2}$	$\frac{1}{10}$	$\frac{1}{100}$
$\frac{1}{25}$		$\frac{1}{50}$
$\frac{1}{4}$	$\frac{1}{1000}$	$\frac{1}{20}$

10%	5%	4%
0,1%	25%	2%
	1%	50%

3 Gib den Anteil der gefärbten Fläche an der Gesamtfläche in Prozent an.

a) 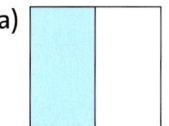 b)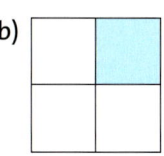

c) 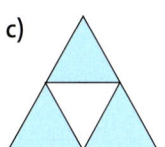 d)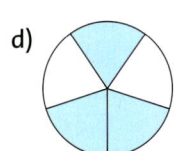

4 Ergänze die Tabelle in deinem Heft.

a)

Dezimalbruch	0,28	0,67		0,17
Bruch	$\frac{28}{100}$		$\frac{82}{100}$	
Prozent				

b) Kürze die Brüche vollständig.

Dezimalbruch	0,2	0,5		0,7
Bruch	$\frac{1}{5}$		$\frac{3}{10}$	
Prozent				

5 Schreibe als Dezimalbruch, runde auf Hundertstel. Schreibe dann als Prozentzahl.

Beispiel $\frac{5}{6} = 5 : 6 \approx 0,83 \approx 83\%$

a) $\frac{5}{6}$; $\frac{4}{6}$; $\frac{3}{6}$; $\frac{2}{6}$; $\frac{1}{6}$

b) $\frac{1}{3}$; $\frac{1}{9}$; $\frac{1}{8}$; $\frac{1}{7}$; $\frac{1}{4}$

c) $\frac{5}{6}$; $\frac{2}{9}$; $\frac{2}{3}$; $\frac{3}{11}$; $\frac{2}{15}$

1 Erweitere oder kürze die Brüche auf den Nenner 100. Schreibe sie dann als Prozent.

a) $\frac{3}{4}$; $\frac{9}{20}$; $\frac{7}{50}$; $\frac{3}{25}$; $\frac{3}{10}$

b) $\frac{21}{25}$; $\frac{154}{200}$; $\frac{81}{900}$; $\frac{2}{5}$; $\frac{480}{600}$

c) $\frac{13}{50}$; $\frac{7}{20}$; $\frac{3}{5}$; $\frac{9}{10}$; $\frac{45}{100}$

2 Welche Angaben sind gleich?

$\frac{3}{4}$	$\frac{3}{2}$	$\frac{77}{100}$
$\frac{82}{100}$	$\frac{26}{1000}$	$\frac{49}{50}$
	$\frac{27}{150}$	$\frac{2}{4}$

50%	82%	150%
2,6%	18%	75%
	98%	77%

3 Schreibe den Anteil der gefärbten Flächen an der Gesamtfläche als Prozentzahl.

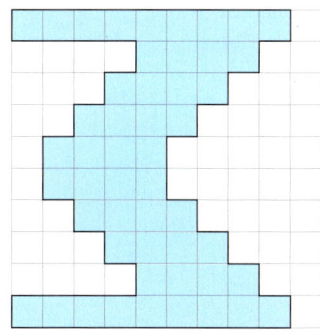 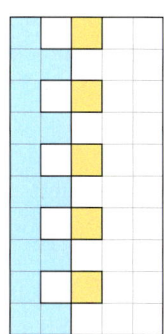

4 Ergänze die Tabelle in deinem Heft.

a)

35%			65%	
$\frac{35}{100}$	$\frac{45}{100}$			
		0,85		0,24

b) Kürze die Brüche vollständig.

$\frac{1}{50}$				$\frac{17}{20}$
0,02		0,9		
	22%		31%	

5 Schreibe als Dezimalbruch, runde auf Tausendstel.
Schreibe dann als Prozentzahl.

a) $\frac{1}{6}$; $\frac{1}{5}$; $\frac{1}{13}$; $\frac{1}{15}$; $\frac{1}{21}$

b) $\frac{5}{6}$; $\frac{5}{7}$; $\frac{5}{8}$; $\frac{5}{9}$; $\frac{5}{10}$

c) $\frac{6}{9}$; $\frac{8}{12}$; $\frac{10}{15}$; $\frac{12}{18}$; $\frac{14}{21}$

ERINNERE DICH

Erweitern:
$\frac{3}{25} = \frac{3 \cdot 4}{25 \cdot 4} = \frac{12}{100}$

Kürzen:
$\frac{18}{600} = \frac{18 : 6}{600 : 6} = \frac{3}{100}$

6 Tim hilft seinem Vater bei der Vorbereitung der Mitgliederversammlung des Sportvereins „Kondor 09". Er möchte die Mitgliederzahlen in Diagrammen präsentieren.
Hierzu hat er folgende Tabelle angelegt:

Sportverein „Kondor 09"		Anteil als Bruch	Anteil in %	Winkelgröße	Streifenlänge in cm
Abteilung	Mitglieder				
Fußball	128	$\frac{128}{640}$	20	72°	2
Basketball	192				
Leichtathletik	256				
Schwimmen	64				
Insgesamt	640	$\frac{640}{640}$	100	360°	10

a) Übertrage und ergänze die Tabelle im Heft.
b) Zeichne ein passendes Streifendiagramm. Wähle 10 cm als Streifenlänge.
c) Zeichne ein passendes Kreisdiagramm mit einem Radius von 5 cm.
d) Welches Diagramm würdest du Tim empfehlen? Begründe.

7 Die Grafik zeigt, dass die Schülersprecherwahl der Maria Montessori-Schule heiß umkämpft war. Von den 995 Schülerinnen und Schülern haben 885 gewählt.
a) Wie groß war die Wahlbeteiligung?
b) Welche Klasse stellt den Schülersprecher?
c) Ist das Kreisdiagramm aussagekräftig?

☐ 7a
☐ 8b
☐ 9d
☐ 9e
☐ 10c
☐ 10f

7 In der Maria-Montessori-Schule wurde der Schülersprecher gewählt.
Berechne mithilfe der Tabelle die jeweiligen Anteile der Klassen von den 885 abgegebenen Stimmen.
Runde sinnvoll.

Klasse	7a	8b	9d	9e	10c	10f
Winkel in °	38	33	102	51	46	92

8 Welche Klasse war am besten?
Vergleiche erst die Anzahlen und dann die Anteile.
a) Sportfest

	Schüleranzahl	Anzahl der Urkunden
7a	22	11
7b	30	24
7c	20	17
7d	25	16

b) Diktate
200 Worte (Kl. 7c): durchschn. 5 Fehler
250 Worte (Kl. 8a): durchschn. 6 Fehler

8 Durchschnittswerte in Deutschland

	Körperlänge	Kopflänge
Neugeborenes	48 cm	12 cm
6 Jahre alt	1,08 m	18 cm
12 Jahre alt	1,40 m	20 cm
25 Jahre alt	1,76 m	22 cm

a) Beschreibe die Informationen.
b) Gib jeweils den Anteil des Kopfes an der Körperlänge als Bruch an.
c) Berechne auch die entsprechenden Prozentwerte.
Runde sinnvoll.

9 In einer Klassenarbeit werden 20 Englisch-Vokabeln abgefragt.
An wie viel Prozent der Vokabeln erinnern sich die Schüler noch?
a) Katrin weiß noch 17 Vokabeln.
b) Paul erinnert sich an 15 Wörter.
c) Cedric kann 12 Vokabeln übersetzen.
d) Lea erinnert sich an 9 Vokabeln.
e) Fritz weiß noch 5 Übersetzungen.
f) Klara erinnert sich an 18 Vokabeln.

Prozentsatz

Entdecken

1 👥 Arbeitet mit einer „Prozente-Scheibe".

Für den Bau einer Prozente-Scheibe benötigt ihr zwei Prozentskalen. Zeichnet dazu zwei Kreise auf ein Blatt Papier und unterteilt sie gleichmäßig in Prozentschritten.
Anleitung:
1. Schneidet die beiden Prozentskalen kreisförmig aus.
2. Färbt eine Prozentskala beidseitig ein.
3. Schneidet entlang der gestrichelten Linie jeweils einen Schlitz bis zum Mittelpunkt.

a) Ergänzen zum Ganzen
Steckt die Scheiben so ineinander, wie im Bild zu sehen ist.
Stellt auf der weißen Seite einen Prozentsatz ein. Welcher Anteil von der weißen Scheibe ist auf der Rückseite zu sehen?
Ergänzt die Tabelle im Heft, wählt abwechselnd weitere Werte aus.

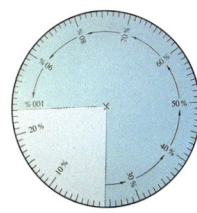

Vorderseite	75%	25%	30%			
Rückseite						

b) Spiel: Anteile raten
Steckt die Scheiben diesmal anders zusammen: so, dass nur ein Partner die Skalen sehen kann.
– Der eine stellt auf der weißen Scheibe einen Prozentwert ein,
– die andere schätzt, welcher Anteil auf der Vorderseite eingestellt ist.
Wechselt euch ab.
Notiert die eingestellten und die geschätzten Werte. Wer 10-mal näher dran war, gewinnt.
Tipp: Überlegt zuerst, ob man beim Schätzen auf den weißen oder auf den farbigen Teil der Rückseite achten muss.

2 Zum Regieren brauchen Parteien mehr als 50% der Sitze im Parlament. Um die 50% zu erreichen, schließen sich meistens zwei Parteien zusammen. Das nennt man eine Koalition.

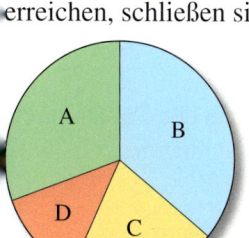

a) Schätze, ohne genau zu messen: Welche der Parteien könnten eine Koalition bilden?
b) Gib die Anteile der Parteien an den Parlamentssitzen so genau wie möglich in Prozent an.
c) Recherchiere die aktuelle Sitzverteilung im Landtag von Schleswig-Holstein.
Erstelle ein passendes Kreisdiagramm.

3 Brüche umwandeln
a) Schreibe zuerst als Bruch mit dem Nenner 10; 100; 1 000 oder 10 000.
Schreibe dann als Prozentzahl.

① $\frac{3}{20}$; $\frac{3}{25}$; $\frac{11}{50}$; $\frac{1}{4}$

② $\frac{10}{40}$; $\frac{3}{30}$; $\frac{36}{80}$; $\frac{18}{60}$

③ $\frac{1}{500}$; $\frac{6}{250}$; $\frac{3}{125}$; $\frac{7}{2\,000}$

④ $\frac{6}{15}$; $\frac{30}{150}$; $\frac{9}{12}$; $\frac{3}{1\,500}$

b) Wähle aus ①, ②, ③ und ④ jeweils ein Beispiel und beschreibe Schritt für Schritt wie du vorgegangen bist. Stelle deine Erklärung auf einem Plakat dar.

Verstehen

In der Klasse 7 a sind 25 Jugendliche. Davon sind 12 Mädchen und 13 Jungen. Wie groß ist der Anteil an Mädchen in der Klasse?

Rahel rechnet so:
$$\frac{12}{25} = \frac{12 \cdot 4}{25 \cdot 4} = \frac{48}{100} = 48\,\%$$

48 % der Jugendlichen aus der 7 a sind Mädchen.

Begriffe der Prozentrechnung

In der Klasse 7 a sind 25 Jugendliche.	**Grundwert:** 25 Jugendliche	Der Grundwert ist immer **das Ganze**. Er entspricht **100 %**.
Davon sind 12 Mädchen.	**Prozentwert:** 12 Mädchen	Der Prozentwert ist ein Teil vom Ganzen: 12 von 25 Jugendlichen.
Das sind 48 %.	**Prozentsatz:** 48 %	Der Prozentsatz gibt den Anteil in Prozent an: $\frac{12}{25} = 48\,\%$

In der 7 b sind 14 Mädchen und 17 Jungen.
Der Anteil der Mädchen der Klasse 7 b beträgt $\frac{14}{31}$.

Martin rechnet schriftlich:
$$\frac{14}{31} = 14 : 31 = 0,451\,612\,9\ldots \approx 45,2\,\%$$

In der 7 b sind rund 45,2 % der Jugendlichen Mädchen.

> **Merke** Der Anteil in Prozentschreibweise heißt **Prozentsatz**.
> Man schreibt: $p\,\%$

Beispiel
Der Prozentsatz der Mädchen in der 7 a beträgt $p\,\% = 48\,\%$.

Es gibt drei Möglichkeiten, den Prozentsatz zu berechnen.

Ⓐ $\frac{12}{25} = \frac{48}{100} = 48\,\%$ $\qquad$ **$p\,\% = 48\,\%$** $\qquad$ Manche Brüche kann man auf den Nenner 100 (den Nenner 10; 1 000; …) kürzen oder erweitern.

Ⓑ $\frac{14}{31} = 14 : 31 \approx 45,2\,\%$ $\qquad$ **$p\,\% \approx 45,2\,\%$** $\qquad$ Bei allen Brüchen kann man den Zähler durch den Nenner (schriftlich) dividieren.

Ⓒ $\quad$ Man nutzt das **Dreisatzschema**:
Jona fragt: „Wie hoch ist der Mädchenanteil in den beiden 7. Klassen zusammen?"
26 Mädchen von 56 Jugendlichen

TIPP
Schreibe beim Dreisatz immer links die bekannten Werte und rechts die gesuchten Werte.

bekannt: Anzahl der Schüler(innen)	gesucht: Anteil ($p\,\%$)
56	100 %
1	$\frac{100\,\%}{56}$
26	$\frac{100\,\%}{56} \cdot 26 \approx 46,4\,\%$

: 56 ⟍ $\qquad$ ⟋ : 56
· 26 ⟍ $\qquad$ ⟋ · 26

① Das Ganze ist immer gleich 100 %.
Hier: „*alle Jugendlichen der 7. Klassen*".

② Man berechnet zuerst $p\,\%$ für 1 Mädchen.

③ Der Prozentsatz $p\,\%$ für die 26 Mädchen beträgt gerundet 46,4 %.

Üben und anwenden

1 Bestimme den Prozentsatz.

a)
10 m	25 m	50 m	78 m	99 m
von 100 m				

b)
2 kg	20 kg	90 kg	100 kg	150 kg
von 200 kg				

2 Bestimme den Prozentsatz.
Beschreibe den Unterschied zu Aufgabe 1.

a)
5 € von				
10 €	20 €	50 €	100 €	200 €

b)
5 cm von				
5 cm	8 cm	50 cm	80 cm	100 cm

3 In der Klasse 7c einer Schule sind 12 Jungen und 18 Mädchen. Wie viel Prozent der Schülerzahl sind das jeweils?

4 Bei der letzten Klassenarbeit gab es bei 25 Arbeiten nur einmal die Note 1. Wie viel Prozent sind das?

5 Berechne den Prozentsatz.
Beschreibe dein Vorgehen.

a) 1 cm von 1 m   b) 1 g von 1 kg
c) 1 min von 1 h   d) 37 cm von 10 m
e) 6 € von 200 €   f) 48 ct von 7,68 €
g) 24 s von 5 min   h) 65 cm von 2 m

6 Wie rechnet Magnus?

Bei diesen Aufgaben muss ich nicht lange rechnen, um die Prozentsätze zu bestimmen.

① 15 von 60 Handys

② 40 von 160 Elfmetern

③ 45 von 90 Telefonaten

7 Ein Fahrrad wurde für 500 (400 €, 750 €) im Schaufenster angeboten. Beim Kauf wird es aber 50 € (60 €) billiger verkauft. Wie viel Prozent beträgt der Preisnachlass?

8 Wie viel Prozent der Lose sind jeweils Gewinne? Runde auf eine Nachkommastelle. Kannst du eine Empfehlung aussprechen?

a) 2000 Lose 500 Gewinne	**b)** 870 Lose 175 Gewinne	**c)** 750 Lose 162 Gewinne	**d)** 1500 Lose 225 Gewinne	**e)** 1217 Lose 216 Gewinne

1 Bestimme den Prozentsatz.

a)
2 €	20 €	25 €	50 €	75 €
von 200 €				

b)
5 min	10 min	12 min	20 min	30 min
von 60 min				

2 Bestimme den Prozentsatz.
Beschreibe den Unterschied zu Aufgabe 1.

a)
80 g von				
120 g	400 g	600 g	880 g	1 kg

b)
6 min von				
1 h	2 h	4 h	5 h	10 h

3 Von 1500 Schülerinnen und Schülern einer Schule gehören 117 der 7. Jahrgangsstufe an. Wie viel Prozent sind das?

4 In einer Schulklasse mit 24 Jugendlichen sind 6 an Grippe erkrankt. Wie viel Prozent sind das?

5 Wie viel Prozent …
a) sind 50 ct (40 ct; 75 ct) von 1 €?
b) sind 750 m (0,1 km; 50 cm) von 1 km?
c) sind 25 min (0,4 h; 100 s) von 1 h?
d) sind 1 kg (75 kg; 200 g) von 173 kg?
Beschreibe dein Vorgehen.

7 Ein Auto wird für 5700 € verkauft. Der Neuwert des Autos betrug 15000 €. Wie viel Prozent des Neuwertes beträgt der Kaufpreis?

NACHGEDACHT
Betrachte die Rechenverfahren Ⓐ bis Ⓒ auf der Verstehensseite gegenüber:
– Mit welchem Verfahren kommst du am besten zurecht?
– Bei welchen Aufgaben kann man Verfahren Ⓐ nicht anwenden?

9 Bei einem Basketballspiel erzielte Lukas bei 9 Würfen 4 Treffer, Amelie mit 15 Würfen 9 Treffer und Kevin traf bei 25 Würfen 11-mal. Vergleiche die Trefferquoten: Wer hatte die beste Trefferquote?

9 Stadt A hat 25 000 Einwohner, Stadt B hat 45 000 Einwohner. In A fahren 12 000 Menschen mit dem Auto zur Arbeit, in B 16 000.
a) Wie viel Prozent hat Stadt B mehr an Einwohnern als Stadt A?
b) In welcher Stadt fährt ein höherer Prozentsatz mit dem Auto zur Arbeit?

10 Um in die Schule zu kommen, nutzen von den insgesamt 920 Schülerinnen und Schülern einer Schule 257 den Bus, 449 das Fahrrad und 42 ein Moped. Die anderen kommen zu Fuß zur Schule. Wie viel Prozent fahren mit welchem Verkehrsmittel bzw. kommen zu Fuß zur Schule?

11 Finde die Fehler und korrigiere im Heft.
8 kg von 40 kg:

bekannt: Gewicht	gesucht: Anteil (p %)
40 kg	100
1 kg	4000
8 kg	$\frac{4000}{7}$

(· 40, : 8 / · 40, : 8)

11 Finde die Fehler und korrigiere im Heft.
a) 7 kg von 50 kg   b) 2 € von 12,50 €

bekannt: Gewicht	gesucht: Anteil (p %)	bekannt: Anteil (p %)	gesucht: Preis
50 kg	100 %	100 %	12,50 €
1 kg	100 % · 50	1 %	$\frac{12,50 €}{100}$
7 kg	$\frac{100 \% \cdot 50}{7} \approx$ ■	2 %	$\frac{12,50 € \cdot 2}{100} \approx$ ■

Der Preis von 500 g Kirschen wird von 1,89 € auf 1,99 € erhöht.

Der Preis für 1 kg Mehl sinkt von 69 ct auf 59 ct.

12 Preisänderungen
a) Wie viel Prozent beträgt die Preiserhöhung bzw. der Preisnachlass?
b) Auf wie viel Prozent des ursprünglichen Preises wurden die Preise erhöht bzw. reduziert?
c) Vergleiche die Ergebnisse zu a) und b): Was fällt dir auf?
d) Jona meint: „Mehr als 100 %? Das geht doch gar nicht!" Diskutiert.

13 Ein Eisladen hat die Preise geändert. Bestimme jeweils:
a) Um wie viel % ist der Preis gestiegen oder gesunken?
b) Wie viel % des vorigen Preises kostet das Produkt jetzt?
Beschreibe den Unterschied der Angaben zu a) und b).

① Eisbecher: 4,80 €; neu 4,50 €
② Eiskaffee: 2,80 €; neu 2,50 €
③ Eiskugel: 80 ct; neu 90 ct
④ Streusel: 10 ct; neu 30 ct

14 Bestimme die gesamte Strecke, die jeder Deutsche im Jahr durchschnittlich zurücklegt.

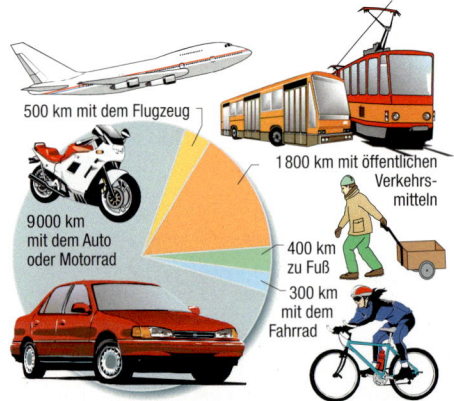

500 km mit dem Flugzeug
1 800 km mit öffentlichen Verkehrsmitteln
9 000 km mit dem Auto oder Motorrad
400 km zu Fuß
300 km mit dem Fahrrad

Berechne die Prozentsätze für die fünf Bereiche und trage sie in eine Tabelle ein.

14 Zeitungen in Deutschland

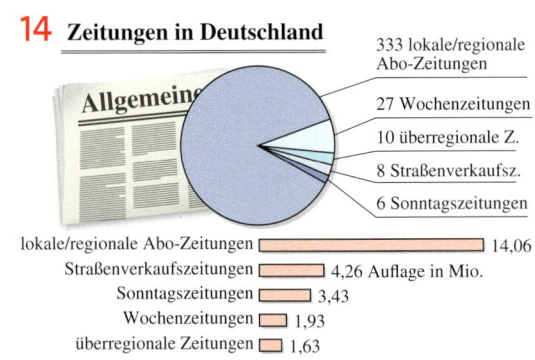

333 lokale/regionale Abo-Zeitungen
27 Wochenzeitungen
10 überregionale Z.
8 Straßenverkaufsz.
6 Sonntagszeitungen

lokale/regionale Abo-Zeitungen 14,06
Straßenverkaufszeitungen 4,26 Auflage in Mio.
Sonntagszeitungen 3,43
Wochenzeitungen 1,93
überregionale Zeitungen 1,63

Hier sind zwei Statistiken dargestellt. Berechne für beide die prozentuale Verteilung und stelle sie in einer Tabelle dar. Was fällt dir auf?

Zeitungsart	Anteil an Anzahl	Anteil an Auflage

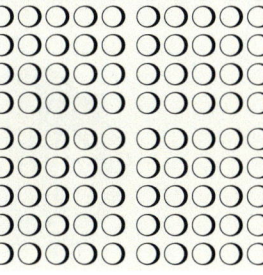

Prozentwert

Entdecken

1 Said zeichnet sich ein Hunderterfeld mit Schälchen.
Auf diese Schälchen verteilt er 360 € gleichmäßig.
a) Wie viel Geld liegt in *einem* Schälchen?
   Wie viel Prozent vom gesamten Betrag sind das?
b) Wie viel Geld enthalten 12 Schälchen?
   Wie viel Prozent von 360 € sind das?
c) Beschreibe, wie man den Geldbetrag für
   verschiedene Prozentsätze bestimmen kann.
d) Bestimme 40 % vom Gesamtbetrag.
e) Bestimme 72 % vom Gesamtbetrag.

2 Gestern war Bürgermeisterwahl in Neustadt.

Bürgermeisterwahl in Neustadt	
Jana Berwig	38 %
Dr. Katrin Wagner	37 %
Florian Segelke	21 %
Peter Petersen	4 %

Wie viele Leute haben Frau Berwig gewählt?

Ich schätze, insgesamt sind ungefähr 8 000 Leute wählen gegangen.

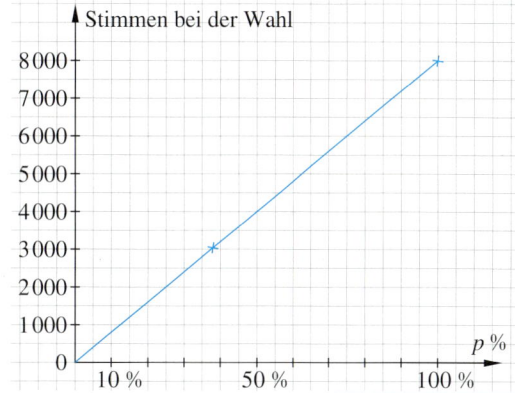

a) Wie löst Claire die Frage mit ihrer Zeichnung?
   Wie kann sie den Wert für „38 % von 8 000" ablesen?
b) Übertrage die Zeichnung in dein Heft. Markiere die Werte aller
   Kandidatinnen und Kandidaten und lies sie ab.
c) Claire hat gehört, dass es nicht 8 000, sondern nur 5 760 Wähler
   waren. Wie viele Wähler hatten in diesem Fall Frau Berwig und
   die anderen?
   Löse durch ein Diagramm.

3 Eine Internetbuchhandlung wirbt für ein Hörbuch.
a) Klärt untereinander die Angaben,
   die für euch unverständlich sind.
b) Helena und Tom wollen überprüfen, ob der Preis wirklich um
   40 % reduziert wurde.
   Erkläre die unterschiedlichen
   Rechenwege.

> **Harry Potter und der Halbblutprinz, Band 6**
> Audio-CD von Joanne K. Rowling und Rufus Beck von
> Dhv der Hörverlag (Audio-CD – 17. Februar 2013)
> Unverb. Preisempfehlung ~~EUR 89,95~~
> Preis: **EUR 53,97**
> Sie sparen: EUR 35,98 (40 %)   [Auf Lager]

Helena berechnet 40 % von 89,95 €:

bekannt: Anteil (p %)	gesucht: Geldbetrag
100 %	89,95 €
1 %	0,899 5 €
40 %	35,98 €

: 100 ⟍   ⟍ : 100
· 40 ⟍   ⟍ · 40

Tom rechnet so:

bekannt: Anteil (p %)	gesucht: Geldbetrag
40 %	35,98 €
1 %	0,899 5 €
100 %	89,95 €

: 40 ⟍   ⟍ : 40
· 100 ⟍   ⟍ · 100

Verstehen

Ich erhalte 10 % Preisvorteil, da ich seit einem halben Jahr Mitglied bin.

Ich bin kein Mitglied, ich muss 100 % des Preises bezahlen.

Ich bin schon 6 Jahre Mitglied, ich erhalte 15 % Ermäßigung.

36,00 €

Wie groß wäre der Preisvorteil für Claudia?

10 % von 36 €:

$$\frac{10}{100} \cdot 36\,€ = 3{,}60\,€.$$

Claudia erhält bei einer Ermäßigung von 10 % einen Preisvorteil von 3,60 €.

SCHON GEWUSST?
Ein Rabatt ist ein Preisnachlass.

> **Merke** Der Wert, der dem Prozentsatz $p\,\%$ entspricht, heißt **Prozentwert**.

Beispiel
Bei Claudias Rabatt ist der Prozentsatz $p\,\% = 10\,\%$. Der dazu passende Prozentwert ist beim Trikot 3,60 €.

Auch den Prozentwert kann man auf drei verschiedene Weisen berechnen:

Tom, der Torwart, fragt: „Wie viel Euro Rabatt würde ich beim Trikot erhalten?"

Ⓐ $15\,\% \cdot 36\,€ = \frac{15}{100} \cdot 36\,€ = 5{,}40\,€$
    Man multipliziert mit dem entsprechenden Bruch.

Ⓑ $15\,\% \cdot 36\,€ = 0{,}15 \cdot 36\,€ = 5{,}40\,€$
    Man multipliziert mit dem entsprechenden Dezimalbruch.

Ⓒ Man nutzt das **Dreisatzschema**:
Kenan fragt: „Wie viel Euro Rabatt würde unser Torwart Tom erhalten, wenn er die Trainingsjacke kauft?"
15 % von 48 €

48,00 €

TIPP
Schreibe weiterhin immer so: links die bekannten Werte und rechts die gesuchten Werte.

bekannt: Anteil ($p\,\%$)	gesucht: Preisanteil
100 %	48 €
1 %	$\frac{48\,€}{100}$
15 %	$\frac{48\,€}{100} \cdot 15 = 7{,}20\,€$

: 100   : 100
· 15   · 15

① 100 % (also der *ganze* Preis), das sind 48 €.

② Man berechnet zuerst den Prozentwert, der 1 % entspricht.

③ Dann berechnet man den gesuchten Prozentwert, der 15 % entspricht.
Der gesuchte Prozentwert ist 7,20 €.

Der Torwart Tom würde beim Kauf der Trainingsjacke 7,20 € Rabatt erhalten.

Üben und anwenden

1 Bestimme den Prozentwert.

a)
1%	5%	51%	77%	99%
von 100 €				

b)
1%	10%	17%	50%	75%
von 200 kg				

2 Bestimme den Prozentwert.
Beschreibe den Unterschied zu Aufgabe 1.

25% von				
16 m	44 m	120 m	500 m	1 000 m

3 Berechne.

a) 5% von 50 € b) 20% von 80 kg
c) 25% von 125 m d) 30% von 4 h
e) 40% von 150 km f) 60% von 70 t

4 Der Sportverein „Kondor" zählt 640 Mitglieder.
20% seiner Mitglieder spielen Fußball,
30% spielen Basketball, 40% sind Leichtathleten und 10% aller Mitglieder sind Schwimmer.
Berechne die Anzahl der Mitglieder in jeder Abteilung.

5 In vielen Lebensmitteln befindet sich ein großer Anteil Wasser. Die Abbildung zeigt die entsprechenden Prozentsätze.

a) Wie viel Wasser befindet sich in 1 kg des jeweiligen Lebensmittels?

Kartoffeln 76%

Kernobst 83%

Roggenbrot 41%

Käse 44%

b) Wie viel Wasser sind in 25 kg Kartoffeln, in 3 kg Kernobst, in 500 g Roggenbrot und in 200 g Käse enthalten?

6 Berechne.
Warum ist es notwendig zu runden?

a) 6% von 803 Fahrrädern
b) 3% von 666 Ausbildungsplätzen
c) 15% von 246 Mathe-Büchern
d) 65% von 4 567 Lehrern

1 Bestimme den Prozentwert.

a)
1%	1,5%	7%	65,5%	100%
von 200 m				

b)
1%	1,5%	5%	31%	99%
von 50 €				

2 Bestimme den Prozentwert.
Beschreibe den Unterschied zu Aufgabe 1.

12,5% von				
8 l	40 l	52 l	88 l	92 l

3 Berechne.

a) 5,5% von 120 € b) 12,5% von 90 h
c) 0,4% von 4 kg d) 35% von 72 t
e) 85% von 48 km f) 0,01% von 12 m

4 Beim Einkauf in einem Elektrogroßhandel sind zusätzlich zum angegebenen Preis 19% Mehrwertsteuer zu zahlen.

a) Berechne die Mehrwertsteuer.
① Staubsauger 140 € ② DVD-Player 59 €
③ Radio 101 € ④ CD-Player 42 €
⑤ Monitor 209 € ⑥ Rasierer 32 €

b) Gib jeweils den Verkaufspreis an.

5 Bei normaler körperlicher Anstrengung soll man täglich höchstens 75 g Fett zu sich nehmen. Hält Kevin diese Empfehlung ein?
Heute hat er gegessen:

15 g Walnüsse	(63% Fett)
120 g Roggenbrot	(1% Fett)
25 g Butter	(80% Fett)
15 g Wurst	(41% Fett)
60 g Ei	(10% Fett)
100 g Rindfleisch	(19% Fett)

6 Bei Vokabeltests verwendet Miss Finn zur Benotung immer die gleiche Tabelle.

a) Wie viele Vokabeln muss man richtig haben für die einzelnen Noten?
① Test mit 20 Vokabeln
② Test mit 18 Vokabeln
③ Test mit 28 Vokabeln

b) Tim meint: „Bei den Tests ② und ③ muss man alle Werte aufrunden."
Hat er recht? Begründe.

richtig (p %)	Note
ab 95%	1
ab 85%	2
ab 75%	3
ab 50%	4
ab 30%	5

Kira:

bekannt: Anteil ($p\,\%$)	gesucht: Betrag
$:100$ ⟮ 100 %	500 € ⟯ $:100$
1 %	5 €
$\cdot 15$ ⟮ 15 %	75 € ⟯ $\cdot 15$

500 € − 75 € = 425 €

Lorenzo:

bekannt: Anteil ($p\,\%$)	gesucht: Betrag
$:100$ ⟮ 100 %	500 € ⟯ $:100$
1 %	5 €
$\cdot 85$ ⟮ 85 %	425 € ⟯ $\cdot 85$

7 Ein Fahrrad kostet im Laden 500 €. Kira und Lorenzo bekommen 15 % Rabatt. Sie berechnen auf unterschiedliche Weise den neuen Preis.

a) Erkläre jeweils, wie sie vorgegangen sind. Wo sind die Unterschiede?

b) Wie würdest du vorgehen? Begründe.

8 Berechne die reduzierten Preise beim Räumungsverkauf.

9 Ein Geschäft wirbt mit „Alles 30 % billiger". Wurde alles richtig reduziert?

a) Herrenanzug von 198,00 € auf 138,60 €

b) T-Shirt: bisher 13 €, jetzt 10 €

c) Freizeitjacke: von 69,00 € auf 48,30 €

d) Turnschuhe: bisher 53,00 €, jetzt 30,00 €

e) Jeans: von 33,90 € auf 22,60 €

8 Wie viel verdienen die Personen?

a) Frau Schubert verdient bisher 3 000 €. Sie erhält eine Lohnerhöhung von 3,8 %.

b) Herr Lahm ist Vater geworden und arbeitet nun in Teilzeit. Vorher hat er 2 750 € verdient, jetzt bekommt er 40 % weniger.

c) Herr Bastürk verdient 3 740 €, davon zahlt er 26 % Lohnsteuer. Wie hoch ist sein Lohn nach Abzug der Lohnsteuer?

d) Frau Ranker hat bisher jeden Monat Mieteinnahmen von 1 767 €. Sie erhöht alle Mieten um 4 %.

9 🙊 Zu Beginn des Jahres 2007 wurde die Mehrwertsteuer von 16 % auf 19 % erhöht. Sind demnach die Preise um 3 % gestiegen? Diskutiert und argumentiert in der Klasse. *Tipp:* Argumentiert anhand von Beispielen.

Windsurfen ist ein beliebter Freizeitsport. Allerdings kommt es häufig zu Stürzen mit Verletzungen.

Prellungen, Zerrungen 49 %
Schürf- und Platzwunden 45 %
sonstige Verletzungen 6 %

10 Fatih zeichnet ein Kreisdiagramm zu den Verletzungen beim Surfen. Zuerst stellt er folgende Rechnung auf.

bekannt: Anteil ($p\,\%$)	gesucht: Winkelgröße
$:100$ ⟮ 100 %	360° ⟯ $:100$
1 %	3,6°
$\cdot 49$ ⟮ 49 %	3,6° · 49 ≈ 176° ⟯ $\cdot 49$

a) Beschreibe Fatihs Vorgehen.

b) Berechne auch die anderen Winkelgrößen und erstelle das Kreisdiagramm.

11 Zeugnisnoten Englisch

11 Zeugnisnoten Englisch

Englischnoten in der Jahrgangsstufe 7 (127 Schülerinnen und Schüler)

Note	sehr gut	gut	befriedigend	ausreichend	mangelh./ungen.
$p\,\%$ (gerundet)	4 %	22 %	40 %	26 %	▪

a) Wie viel % der Noten waren schlechter als ausreichend?

b) Stelle die Ergebnisse in einem Kreisdiagramm dar.

a) Wie viele Jugendliche bekamen im Fach Englisch welche Note? Runde sinnvoll.

b) Stelle die Ergebnisse in einem Kreisdiagramm dar.

Grundwert

Entdecken

1 Übertrage das Viereck in dein Heft und ergänze es, bis 100 % erreicht sind.
Gibt es immer mehrere verschiedene Möglichkeiten?

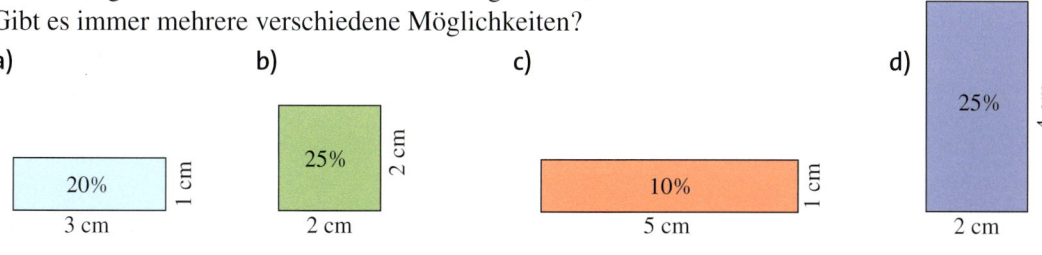

a)

20 %
3 cm — 1 cm

b)

25 %
2 cm — 2 cm

c)

10 %
5 cm — 1 cm

d)

25 %
2 cm — 4 cm

2 Frau Schmidt-Kroos sucht eine günstige Autoversicherung.
Autoversicherungen gewähren den Kunden, die längere Zeit keinen Unfall verschuldet haben,
einen Rabatt. Der Rabatt steigt im Laufe der Jahre.

Wie viel kosten denn eure Versicherungen?

Ich zahle 30 % des Anfangsbeitrages. Das sind 210 €.

Ich habe gerade gewechselt und zahle 100 %. Das sind 875 €.

Ich zahle 240 €. Das sind 40 % des Anfangsbeitrages.

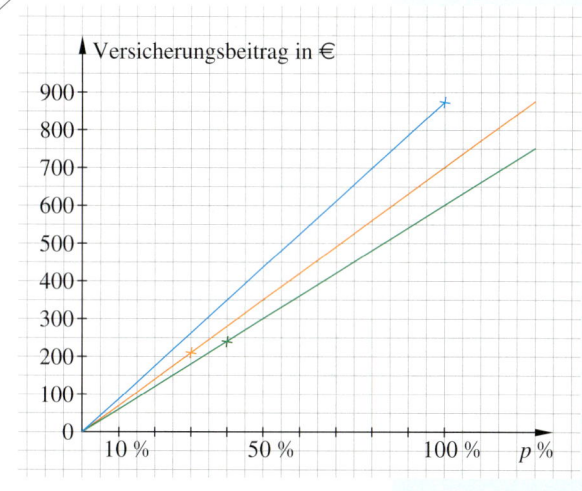

a) Erkläre, wie man die Anfangsbeiträge der Versicherungen
am Diagramm ablesen kann.
Welche Versicherung würdest du empfehlen?

b) Nach drei Schäden stuft die Versicherung Herrn Neuer
von 40 % auf 120 % herauf. Kann man auch seinen erhöh-
ten Beitrag aus dem Diagramm ablesen?

3 Aus dem Neustädter Tageblatt

> **Hausaufgabenzeit**
> Von den befragten Schülerinnen und Schülern gaben 30 an,
> in der Woche mehr als 6 Stunden für die Hausaufgaben zu
> benötigen. Das entspricht einem Prozentsatz von 15 %.

Anteil (p %)	Anzahl der Schüler
100 %	
1 %	
15 %	30

: 100   · 15   : 100   · 15

a) Kann man mit dem rechts gezeigten Dreisatzschema berechnen, wie viele Schülerinnen und
Schüler insgesamt befragt wurden?

b) Sonja will das obige Dreisatzschema verändern: Sie will die Lösung der Aufgabe rechts
unten in der Tabelle ablesen, so wie sie es bei den bisher verwendeten Dreisatzschemata
getan hat. Erstelle ein solches Schema.

c) Überprüfe die in b) gefundene Art des Dreisatzschemas mit einer weiteren Angabe aus der-
selben Umfrage:

> 45 % der Schülerinnen und Schüler benötigen pro Woche 4 bis 6 Stunden für die Hausaufgaben. Diese
> Zeitspanne gaben 90 von den Befragten an.

Verstehen

In der Verkehrssicherheitswoche an der Mahatma-Gandhi-Schule wurden die Fahrräder stichprobenartig überprüft.

Fahrer/-in	Fahrräder mit Mängeln	
	absolut	(in p %)
5.–8. Klasse	16 Fahrräder	(20 %)
9./10. Klasse	7 Fahrräder	(25 %)
Lehrer/-innen	2 Fahrräder	(8 %)

Alessia, Ozan und Nina wollen wissen, wie viele Räder von jeder Gruppe überprüft wurden.

Beispiel
Bei den Fünft- bis Achtklässlern rechnet Alessia im Kopf, Nina nutzt eine Tabelle.

*100 % ist 5 · 20 %.
Also waren **alle** Räder:
5 · 16 Räder = 80 Räder*

bekannt: Anteil (p %)	gesucht: Anzahl Fahrräder
20 %	16
100 %	80

· 5   · 5

Insgesamt wurden 80 Fahrräder der Fünft- bis Achtklässler kontrolliert, von den Neunt- und Zehntklässlern wurden nur 28 Fahrräder kontrolliert.

> **Merke** Der **Grundwert** ist „das Ganze", er entspricht immer 100 %.

Der Grundwert ist hier „80 Fahrräder" bzw. „28 Fahrräder".

Und wie viele Lehrer–Räder wurden überprüft?

8 ist kein Teiler von 100, daher kann der Grundwert nicht so leicht im Kopf berechnet werden. Ozan nutzt das Dreisatzschema.

Dreisatzschema

TIPP
Schreibe wie immer links die bekannten Werte und rechts die gesuchten Werte.

bekannt: Anteil (p %)	gesucht: Anzahl Fahrräder
8 %	2
1 %	$\frac{2}{8}$
100 %	$\frac{2}{8} \cdot 100 = 25$

: 8   : 8

· 100   · 100

① 8 %, das sind 2 Fahrräder.

② Man berechnet zuerst den Prozentwert, der 1 % entspricht.

③ Dann berechnet man den Grundwert, also *alle* Lehrer-Fahrräder (100 % der Lehrer-Fahrräder). Der Grundwert beträgt 25.

Es wurden 25 Fahrräder der Lehrerinnen und Lehrern überprüft.

Üben und anwenden

1 Bestimme den Grundwert.
a) 3% sind 12 €
b) 50% sind 36 kg
c) 40% sind 80 m
d) 65% sind 455 l
e) 80% sind 728 km
f) 5% sind 45 €
g) 20% sind 120 kg
h) 25% sind 2 m

1 Berechne den Grundwert.
a) 44% sind 968 g
b) 32% sind 736 cm
c) 61% sind 1 647 m
d) 89% sind 271 l
e) 57% sind 9,69 km
f) 99% sind 2,97 m
g) 1,5% sind 2,7 kg
h) 2,4% sind 1,2 l

2 An einem Wochenende führte die Polizei eine Verkehrskontrolle durch. Von den kontrollierten Fahrern mussten 5 ihre Führerscheine wegen Alkohol am Steuer abgeben, das waren 4% der kontrollierten Personen.

2 Berufskraftfahrer dürfen nicht länger als 4 Stunden ohne Pause fahren. Ein Fahrtenschreiber kontrolliert die Zeiten. Bei einer Polizeikontrolle hatten 1,2%, das waren 6 Fahrer, die erlaubte Zeit überschritten.

3 Das Wohnzimmer von Familie Reimer hat eine Fläche von 32 m². Das sind 22% der gesamten Wohnfläche.
a) Wie groß ist die gesamte Wohnfläche? Runde sinnvoll.
b) Der Anteil eines Kinderzimmers an der gesamten Wohnfläche beträgt 10%.
c) Die Fläche der Küche wird mit 15% angegeben.

4 An einer Losbude

35% Gewinne

140 Lose sind Gewinne

a) Wie viele Lose gibt es insgesamt?
b) Wie viele Nieten sind vorhanden?

4 Melissas Klasse führt eine Befragung zum Fernsehverhalten und zur Computernutzung in ihrer Klasse durch. 7 Personen (das waren 28% der Befragten) gaben an, dass sie täglich fernsehen. 19 gaben an, dass sie täglich den Computer nutzen.
a) Wie viele Jugendliche sind in der Klasse?
b) Bestimme den Anteil derjenigen, die täglich den Computer nutzen.
c) Addiere die Prozentsätze und erkläre dein Ergebnis.
d) Kann man das Ergebnis in einem Kreisdiagramm darstellen?

5 Die Kalkschale eines Hühnereis wiegt 7,15 g, das sind 11% des Gesamtgewichts. Wie schwer ist das Ei?

5 Zum Jahresende zählt der Sportverein 98 Jugendliche, das sind 35% seiner Mitglieder. Wie viele Mitglieder hat der Verein?

6 Tina fährt seit 3 Stunden Zug. Sie ist froh, dass sie schon 60% ihrer Fahrzeit hinter sich hat. Wie lange muss sie insgesamt fahren?

6 Auf einer Radtour wurde die erste Rast nach 18 km gemacht. Bis dahin waren 60% des Weges zurückgelegt. Wie lang war die Tour?

7 Bestimme den Grundwert.
a) 12% sind 72 €
b) 18% sind 54 kg
c) 24% sind 54 m
d) 36% sind 252 l
e) 72% sind 162 ct
f) 100% sind 3 min

7 Berechne den Grundwert. Runde sinnvoll.
a) 4,5% sind 107 g
b) 10,3% sind 7,6 mm
c) 16,8% sind 409 m
d) 80,5% sind 1 l
e) 0,07% sind 9 m²
f) 99% sind 4,31 mm

Methode: Streifen- und Kreisdiagramme zeichnen

Jan und Marie haben in ihrer Schule eine Umfrage zu den Lieblingsfächern durchgeführt. Insgesamt haben sie 250 Schülerinnen und Schüler befragt. Die Tabelle zeigt die absoluten Häufigkeiten der Antworten.

	Sport	Deutsch	Mathematik	Englisch	Sonstige
absolute Häufigkeit	75	70	60	30	15

Aus den absoluten Häufigkeiten werden die relativen Häufigkeiten der Antworten berechnet.

Rechnung 75 von 250 Befragten wählten Sport als Lieblingsfach. Das sind $\frac{75}{250} = \frac{3}{10} = 30\,\%$.

	Sport	Deutsch	Mathematik	Englisch	Sonstige
relative Häufigkeit	30 %	28 %	24 %	12 %	6 %

Die relativen Häufigkeiten aller Lieblingsfächer lassen sich in einem Streifendiagramm oder einem Kreisdiagramm übersichtlich darstellen.

Beispiel 1 Streifendiagramme zeichnen

HINWEIS
Wenn man eine Streifenlänge von 10 cm (100 mm) wählt, lassen sich die Anteile sehr einfach im Streifendiagramm eintragen.

1. Ganzen Streifen zeichnen: Hier im Beispiel steht der ganze Streifen für 250 Antworten, das entspricht 100 %. Es ist hilfreich, eine Streifenlänge von 10 cm zu wählen.

2. Anteile eintragen: Entsprechend der relativen Häufigkeit einer Antwort wird ein Anteil des ganzen Streifens markiert.

   Rechnung $30\,\% = \frac{3}{10}$ des Streifens müssen als „Sport" markiert werden.

   $30\,\%$ von $10\,\text{cm}$ sind $\frac{3}{10} \cdot 10\,\text{cm} = 3\,\text{cm}$

3. **Legende** ergänzen: In der Legende kann man nachlesen, wofür die einzelnen Farben stehen.

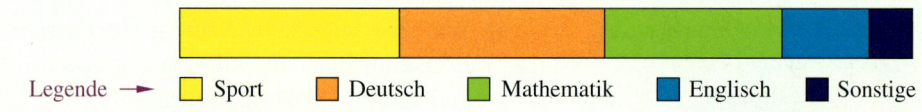

Beispiel 2 Kreisdiagramme zeichnen

HINWEIS
Der Vollwinkel (360°) entspricht 100 %, also entspricht 1 % des Kreises 3,6°. 30 % des Kreises entsprechen 108°: 30 · 3,6 = 108

1. Mittelpunkt markieren und Vollkreis zeichnen: Im Beispiel steht der ganze Kreis für 250 Antworten, das entspricht 100 %.

2. Anteile eintragen: Entsprechend der relativen Häufigkeit einer Antwort wird ein Anteil des Vollkreises markiert.

   Rechnung $30\,\% = \frac{3}{10}$ des Kreises müssen als „Sport" markiert werden.

   $30\,\%$ von $360°$ sind $\frac{3}{10} \cdot 360° = 108°$.

3. Legende ergänzen: In der Legende kann man nachlesen, wofür die einzelnen Farben stehen.

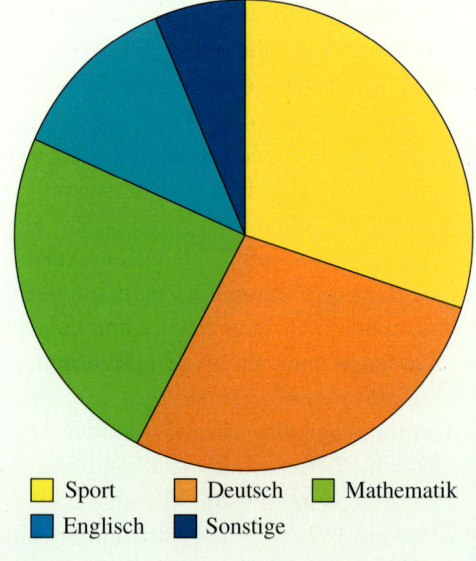

1 Bei der Schulsprecherwahl fielen 65 % der abgegebenen Stimmen auf Joshua und 30 % auf Greta. Die restlichen Stimmen waren ungültig.

a) Zeichne einen Streifen von 10 cm Länge.
b) Gib die Länge für jeden angegebenen Stimmanteil in mm an.
c) Zeichne das Streifendiagramm.

2 Ergebnis einer Klassensprecherwahl:

Jan	Jessica	Olaf	Wanda
9	12	3	6

a) Berechne die relative Häufigkeit der abgegebenen Stimmen für jeden Kandidaten.
b) Stell das Wahlergebnis als Streifendiagramm von insgesamt 10 cm Länge dar.

3 Das Kreisdiagramm zeigt die Verteilung der Mobilfunkkunden auf vier verschiedene Anbieter. In der Tabelle ist bereits die Winkelgröße von einem Kreisteil vorgegeben. Übertrage die Tabelle in dein Heft.

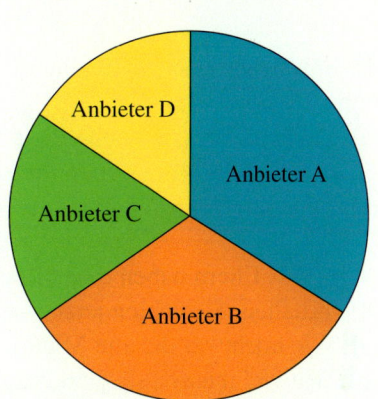

	Anbieter A	Anbieter B	Anbieter C	Anbieter D
Winkelgröße	121°			
Prozentsatz				

a) Miss die Winkelgrößen der übrigen drei Kreisteile.
b) Berechne die Prozentsätze. Runde auf ganze Prozent.

4 In der Tabelle sind die Bestandteile von 100 g Schokolade angegeben. Übertrage die Tabelle in dein Heft.

	Eiweiß	Fett	Kohlenhydrate	Sonstige
Prozentsatz	7 %	30 %	58 %	5 %
Winkelgröße				

a) Berechne die Winkelgrößen für ein Kreisdiagramm. Runde dabei auf ganze Grad.
b) Zeichne das Kreisdiagramm in dein Heft.

5 Bei der Landtagswahl 2012 kam es zu folgendem Ergebnis:

CDU: 30,8 %   SPD: 30,4 %   FDP: 8,2 %   Bündnis 90/Die Grünen: 13,2 %
Piraten: 8,2 %   SSW: 4,6 %   Die Linke: 2,3 %   Sonstige: 2,3 %

a) Stell die Wahlergebnisse als Streifendiagramm dar.
b) Stell die Wahlergebnisse in einem Kreisdiagramm dar.
c) Stell die Wahlergebnisse in einem Säulendiagramm dar.
d) Welches der drei Diagramme ist aussagekräftiger? Begründe.

6 👥 Vor einer Wahl wurden 107 Personen befragt, wen sie wählen würden. Partei A erhielt 35 Stimmen, Partei B erhielt 40 Stimmen. Es gab 32 Enthaltungen.

a) Was wurde bei den Diagrammen jeweils falsch gemacht?

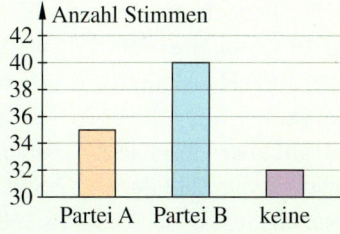
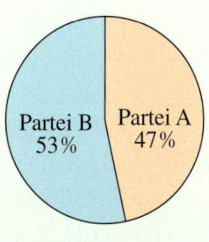

b) Zeichnet die Diagramme jeweils richtig in euer Heft. Vergleicht jeweils die Wirkungen der falschen und richtigen Diagramme.
c) Welche Partei hat wohl die Diagramme erstellt? Begründet.

8 Ergänze den Streifen im Heft zu 100%.

a) 10%

b) 40%

c) 75%

8 Wie groß ist jeweils der Grundwert?

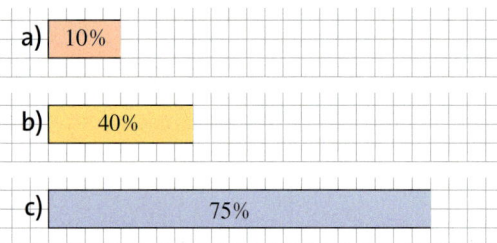

a) 120 Teilnehmer 24%

b) 7 930 km² 65%

c) 18 612 Jugendliche 47%

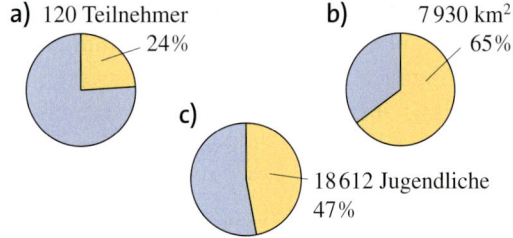

9 Eine Jeans kostet nach einer Preissenkung um 13% noch 43,50 €.
a) Leyla meint: „Der neue Preis für die Jeans entspricht 87% des alten Preises." Erkläre.
b) Berechne den alten Preis.

9 Frau Özdemir verdient nach einer Lohnsteigerung um 5% jetzt 3 827,50 €.
a) Tim meint: „Ihr neues Gehalt entspricht 105% des alten Gehalts." Begründe.
b) Berechne ihr voriges Gehalt.

10 Lillis Eltern haben eine Mieterhöhung um 4% erhalten. Sie zahlen jetzt 34 € mehr.
a) Wie hoch war die alte Miete?
b) Wie viel müssen sie jetzt bezahlen?

10 Herr Bonner zahlt monatlich 360,74 € Lohnsteuer, das sind 17% seines Gehalts.
a) Wie viel verdient Herr Bonner monatlich?
b) Vor zwei Monaten hat er eine Gehaltserhöhung um 8% bekommen. Wie viel hatte er zuvor verdient?

11 An einer Tankstelle erhöhte sich der Preis für Superbenzin um ca. 1,6%.
Das entsprach einer Preiserhöhung von 3 ct pro Liter.
a) Wie teuer war das Benzin vorher?
b) Wie teuer war das Benzin nach der Preiserhöhung?
c) Berechne den Preis für 40 l Benzin.

11 Der durchschnittliche Preis für Diesel ist gegenüber dem Vorjahr um rund 10,7% gestiegen. Dieses Jahr kostet ein Liter im Durchschnitt rund 1,06 €.
Wie teuer war Diesel im vorigen Jahr? Runde sinnvoll.

12 Frau Kämper möchte ein neues Firmenauto kaufen. Sie vergleicht zwei Angebote:

Händler A bietet für das Auto „Merle" einen Preisabschlag um 10% auf 22 000 €.

Händlerin B reduziert den Preis für das Auto „Xavier" um 1 450 €, sie verlangt 92,5% des normalen Preises.

Wie teuer wären die beiden Autos ohne Rabatt?

13 In einem Einkaufszentrum befinden sich Geschäfte unterschiedlicher Branchen.
56% von ihnen (das sind 28 Geschäfte) verkaufen Mode, 8% Schuhe, 14% Haushaltswaren und 22% Elektroartikel.
a) Berechne die Gesamtzahl aller Geschäfte im Einkaufszentrum sowie die Zahl der Geschäfte in jeder Branche.
b) Stelle die Aufteilung der Geschäfte im Einkaufszentrum in einem Kreisdiagramm dar.

13 Seit 1901 werden in Stockholm jedes Jahr die 5 Nobelpreise verliehen. Die Preisgelder werden nur aus den Zinsen finanziert, die das Vermögen der Nobelstiftung abwirft. (Zu den Begriffen der Zinsrechnung vgl. die gegenüberliegende Themenseite.)
Seit 2012 beträgt das Preisgeld je Nobelpreis ca. 846 000 €. Juan überlegt, wie groß das Vermögen der Nobelstiftung ist.
Den Zinssatz, zu dem es angelegt ist, kennt er nicht. Deswegen rechnet er mit verschiedenen Zinssätzen: 1%; 1,5%; 3%; 7,5%.

Thema: **Zinsrechnung**

Leonie hat vor einem Jahr 420 € zum Zinssatz von 2 % auf ihrem Sparkonto angelegt.
Die Zinsen betragen 8,40 €.
Das bedeutet: Nach einem Jahr überweist die Bank ihr die 8,40 € Zinsen auf ihr Konto.

Die Zinsrechnung ist eine Anwendung der Prozentrechnung, bezogen auf den Geldverkehr.
Die bekannten Begriffe bekommen einen neuen Namen.
Bei der Zinsrechnung rechnet man auf die gleiche Weise wie bei der Prozentrechnung.

Beispiel

2 % von   420 €   sind 8,40 €.

Begriffe der Zinsrechnung	Zinssatz p %	Kapital (Guthaben, Kredit)	Zinsen
Begriffe der Prozentrechnung	Prozentsatz p %	Grundwert	Prozentwert

bekannt: Anteil (p %)	gesucht: Betrag
100 %	420 €
1 %	4,20 €
2 %	8,40 €

: 100   · 2   : 100 · 2

1 Leas Sparbuch bietet einen Zinssatz von 1,3 %. Sie hat 230 € Guthaben auf ihrem Sparbuch.
Wie viel Zinsen erhält Lea nach einem Jahr?
Wie viel Euro hat sie dann insgesamt?

2 Tim bekommt für 150 € Guthaben 3,15 € Zinsen.
Berechne den Zinssatz, den Tim von der Bank gewährt bekommt. Wie viel Euro hat er insgesamt?

3 Jonas hat vor einem Jahr das Geld aus seinem Sparschwein zur Bank gebracht, wo es für 1,5 % verzinst wird.
Nach einem Jahr erhält er 2,26 € Zinsen.
Berechne das Kapital, das Jonas vor einem Jahr bei der Bank eingezahlt hat.
Wie viel Euro hat er jetzt?

4 Um Kunden zu werben, locken Banken und Kreditgeber oft mit Anzeigen in der Zeitung.
a) 👥 Schreibt alle Begriffe und Angaben heraus, die ihr nicht versteht.
    Klärt die unbekannten Angaben untereinander.
b) 👥 Vergleicht die Angebote, findet also Gemeinsamkeiten und Unterschiede.
    Worin unterscheiden sich die beiden Angebote ganz grundsätzlich?
c) Herr Schneider überlegt, sich für den Kauf eines großen Fernsehers 890 € zu leihen.
d) Maja überlegt, wie viel Geld sie anlegen müsste, um jedes Jahr 1 000 € Zinsen zu bekommen.

5 👥👥 Diskutiert in der Klasse:
– Warum bekommt man Zinsen?
– Wann und warum muss man Zinsen zahlen?
– Warum sind Zinsen unterschiedlich hoch?
– Wie verdienen Banken ihr Geld?

6 Warum kann man in der Zinsrechnung die gleichen Verfahren anwenden wie in der Prozentrechnung?
Erkläre in eigenen Worten.

Klar so weit?

→ Seite 110

Anteile und Prozente

1 Gib den Anteil der gefärbten Fläche als Bruch und in Prozent an.

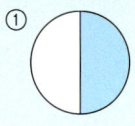

1 Gib den Anteil der gefärbten Fläche als Bruch und in Prozent an.

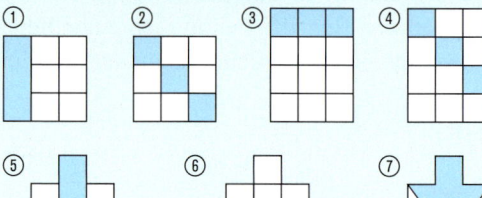

2 Schreibe als Dezimalbruch und dann in Prozentschreibweise.

a) $\frac{7}{10}$, $\frac{7}{25}$, $\frac{4}{80}$, $\frac{1}{8}$, $\frac{5}{25}$

b) $\frac{9}{25}$, $\frac{16}{40}$, $\frac{68}{102}$, $\frac{94}{141}$, $\frac{59}{177}$

2 Schreibe als Dezimalbruch. Runde, wenn nötig, auf die Tausendstelstelle.
Schreibe dann in Prozentschreibweise.

a) $\frac{18}{60}$, $\frac{36}{80}$, $\frac{11}{20}$, $\frac{72}{90}$, $\frac{10}{40}$

b) $\frac{1}{3}$; $\frac{5}{7}$; $\frac{5}{9}$; $\frac{4}{24}$; $\frac{0}{2}$

3 Alina stand bei 20 Elfmetern im Tor, sie hat 3-mal gehalten. Jasmin war bei 25 Elfmetern Torwärterin und hat 4-mal gehalten. Vergleiche die prozentualen Anteile der gehaltenen Elfmeter.

3 In einem Fernsehquiz wurden 50 Fragen gestellt.
Frau Schilling hat 68 % der Fragen richtig beantwortet. Frau Penny hat 33-mal richtig geantwortet. Wer war besser?

→ Seite 114

Prozentsatz

4 Bestimme den Prozentsatz.

a)
2 kg	20 kg	90 kg	100 kg	150 kg
von 500 kg				

b)
10 m von				
20 m	40 m	200 m	500 m	1 km

4 Bestimme den Prozentsatz.

a)
1 l	21 l	51 l	101 l	200 l
von 200 l				

b)
1,50 € von				
15 €	30 €	75 €	150 €	225 €

5 In einer Schule mit insgesamt 460 Schülerinnen und Schülern sind 69 in der 7. Jahrgangsstufe.
Wie viel Prozent sind das?

5 Von 250 in einer Woche vom TÜV geprüften Fahrzeugen erhielten 175 die TÜV-Plakette.
Wie viel Prozent sind das?

6 Gib den Prozentsatz an.
Überprüfe durch einen Überschlag.

a) 13 m von 25 m   b) 18 l von 60 l
c) 176 m von 320 m   d) 144 kg von 900 kg
e) 206 € von 320 €   f) 77 g von 9 kg

6 Überschlage zuerst das Ergebnis.
Berechne den Prozentsatz auf eine Stelle nach dem Komma.

a) 3,50 € von 12 €   b) 23 kg von 52 kg
   250 € von 2 700 €   1,75 kg von 20,4 kg
   724 € von 6 600 €   7,8 t von 12 600 kg

Prozentwert

→ Seite 118

7 Berechne.
a) 2% von 800 € (von 1 200 €; von 640 €)
b) 45% von 60 m (von 1 500 m; von 3,60 m;
          von 9,60 m; von 6 m; von 62 km)
c) 75% von 1 kg (von 400 g; von 60 kg;
          von 6 kg; von 0,6 kg; von 5,6 kg)

7 Korrigiere, falls vorhanden, die Fehler.
a) 70% von 70 m sind 49 m.
b) 90% eines Tages sind 1 296 min.
c) 50% von 1 h sind 50 min.
d) 105% von 140 kg sind 135 kg.
e) 7,5% von 88 l sind 66 l.

8 Surfartikel im Herbst

> Surfbrett 966 € reduziert um 25%
> 4-m²-Segel 404 € reduziert um 15%

a) Wie viel Euro beträgt die Ermäßigung?
b) Berechne die neuen Preise.

8 Ein Sportgeschäft wirbt mit Sonderangeboten.
a) Wie viel Euro beträgt die Ermäßigung?
b) Berechne die neuen Preise.

> *Sonderangebote*
> Ski   ~~291,–~~
>   18% billiger
> Skischuhe   ~~194,–~~
>   15% billiger
> Skianzug   ~~222,–~~
>   25% billiger

9 Frau Seidel verdient monatlich 3 012 €.
Sie erhält eine Gehaltserhöhung von 4%.
Gib die Gehaltserhöhung in Euro an und
berechne das neue Gehalt.

9 Ein Vertreter hat für 15 620 € Waren
verkauft. Als Honorar bekommt er 8% des
Verkaufspreises der verkauften Ware.
Berechne sein Honorar.

10 In Kleinhausen wurde gewählt. Stelle die Ergebnisse
in einem Kreisdiagramm dar.

> GPD: 532 Stimmen   MDP: 412
> Die Milden: 265   Sonstige: 31

Grundwert

→ Seite 122

11 Gesucht ist der Grundwert.
a) 20% sind 8 kg   b) 40% sind 16 h
   5% sind 12 kg   3% sind 15 Liter
   80% sind 24 kg   70% sind 49 m
   2% sind 7 kg   6% sind 24 kg

11 Berechne den Grundwert.
a) 168 cm sind 24%   b) 108 l sind 45%
   390 cm sind 26%   7,8 h sind 65%
   2,88 m sind 96%   45 900 m sind 9%
   7,77 m sind 37%   584,8 l sind 68%

12 Ermittle den alten Preis.
a) Der Laden „Deine Klamotte" wirbt:
   „Alles muss raus! Alles 20% billiger!"
   ① Die Hose ist jetzt 12 € günstiger.
   ② Das Hemd ist jetzt 3 € günstiger.
b) Es gibt 30% Rabatt im Handy-Shop.
   ① Das banana-Handy kostet jetzt 76,30 €.
   ② Das Tinung-Handy kostet jetzt 48,65 €.

12 Ermittle den alten Preis. Runde auf Cent.
a) „Heute alles um 27% reduziert!"
   ① Der Kapuzenpulli kostet jetzt 25,48 €.
   ② Das T-Shirt kostet jetzt 10,88 €.
b) Vor der Fußball-WM hat „Ananas" alle
   Preise um 5,6% erhöht.
   ① Der Ball „Walzer" kostet jetzt 42,13 €.
   ② Die Schuhe „Didi" kosten jetzt 51,59 €.

13 Bei einer Verlosung gibt es 75 Gewinn-
lose, das sind 25% aller Lose.
Wie viele Lose gibt es insgesamt bei der
Verlosung?

13 Die 7 d plant eine Verlosung mit 30
Gewinnen.
15% der Lose sollen Gewinnlose sein.
Wie viele Lose müssen sie insgesamt erstellen?

Vermischte Übungen

NACHGEDACHT
*Wie viel Prozent
sind das?
a) 50 % von 80 %
b) 50 % von 50 %
c) 50 % von 1 %
d) 1 % von 80 %*

1 Wie viel Prozent sind es?
a) 500 t von 2 500 t
b) 450 kg von 1 350 kg
c) 25 l von 250 l
d) 28 m von 112 m

1 Wie viel Prozent sind es?
a) 28 t von 560 t
b) 6 h von 24 h
c) 27 min von 1 h
d) 120 kg von 1,5 t

2 Gib den gefärbten Anteil als Bruch und in Prozent an.

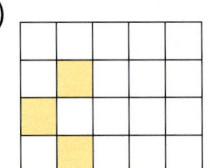
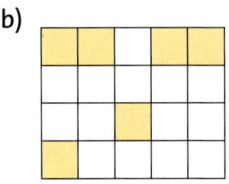

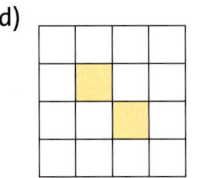

2 Gib den gefärbten Anteil als Bruch und in Prozent an.

3 Berechne den Prozentwert.
a) 24 % von 650 €
b) 45 % von 44 kg
c) 39 % von 663 m^2
d) 18 % von 1 750 €

3 Berechne den Prozentwert.
a) 54 % von 890 l
b) 14 % von 4 740 €
c) 0,71 % von 30 km
d) 5,3 % von 1,4 l

4 Der Preis für eine Jeanshose wird um 20 % auf 28 € reduziert.
a) Wie viel kostete die Jeans vorher?
b) Ordne den Werten die Begriffe „Prozentsatz", „Prozentwert" und „Grundwert" zu.

4 Frau Seiler kauft eine Waschmaschine mit Lackschäden.
Sie erhält 20 % Rabatt und zahlt 572 €.
a) Wie hoch war der Preis vorher?
b) Ordne den Werten die Begriffe „Prozentsatz", „Prozentwert" und „Grundwert" zu.

5 Fülle die Tabelle im Heft aus.

Grundwert	Prozentsatz	Prozentwert
1 100	35 %	
	70 %	154
820		451
3	66 %	

5 Fülle die Tabelle im Heft aus.

Grundwert	Prozentsatz	Prozentwert
12 €	12 %	
	2,4 %	4,8 m
2,5 l		0,1 l
	0,2 %	1,2 ha

67 % Stärke   2 % Salze
12 % Eiweiß   2 % Fasern
15 % Wasser   2 % Fett

6 Weizen
a) Wie viel Gramm dieser Inhaltsstoffe sind in 1,5 kg Weizen enthalten?
b) Wie viel Weizen muss man essen, um 150 g Eiweiß zu sich zu nehmen?
c) Zwei Scheiben Toastbrot liefern ca. 0,8 g Salz. Überschlage den Salzanteil von Toastbrot.

7 Ein Aquarium ist 60 cm lang, 20 cm breit und 30 cm hoch.
Es wurden 27 Liter Wasser eingefüllt. Welcher Prozentsatz des Gesamtvolumens ist das?

8 Berechne den Zinssatz.
Frau Griese nimmt einen Kredit über 25 000 € auf.
Nach einem Jahr muss sie 2 875 € Zinsen zahlen.

9 Marathonlauf
Stelle passende Fragen und beantworte sie.
a) Von 200 Teilnehmern eines Marathonlaufs gaben 28 vor Erreichen des Zieles auf.
b) Von den 200 Teilnehmern erreichten 6 Läufer das Ziel in weniger als 3 Stunden.
c) Mit 2 054 Läuferinnen und Läufern gab es dieses Jahr 3,8 % mehr Teilnehmer als im vorigen Jahr.

10 In der Beethoven-Schule haben die Schüler vier Parteien zusammengestellt, um ein Schülerparlament mit 15 Sitzen zu wählen.

Wahlergebnis für die Parteien
„Schule macht Spaß": 135 Stimmen
„Sonnenblumen": 113 Stimmen
„Mehr Sport": 98 Stimmen
„Ohne-Lehrer-Lernen": 32 Stimmen

a) Wie viel Prozent der Stimmen haben die Parteien gewonnen?
b) Stelle das Ergebnis mit einem Kreisdiagramm dar.
c) Wie sollten deiner Meinung nach die 15 Sitze verteilt werden? Begründe.

7 Ein Würfel hat eine Kantenlänge von 2 cm.
a) Berechne den gesamten Oberflächeninhalt und das Volumen des Würfels.
Gib den Prozentanteil *einer* Seitenfläche am Oberflächeninhalt an.
b) Auf wie viel Prozent ändert sich der Oberflächeninhalt des Würfels, wenn sich die Kantenlänge verdoppelt (verdreifacht, halbiert, um 50 % verlängert)?
c) Auf wie viel Prozent ändert sich *das Volumen* des Würfels, wenn sich die Kantenlänge verdoppelt (verdreifacht, halbiert, um 50 % verlängert)?

8 Nach einem heftigen Sturm muss Familie Berns das Dach reparieren lassen. Sie nehmen einen Kredit über 6 000 € auf und zahlen nach einem Jahr 6 420 € zurück. Zu welchem Zinssatz hatte Familie Berns den Kredit erhalten?

ZU DEN AUF-GABEN 8 UND 8 Die Begriffe der Zinsrechnung werden auf der Themenseite dieses Kapitels behandelt.

9 Stelle passende Fragen und beantworte sie.
a) Bei den Bundesjugendspielen warf Tim den Schlagball 44,1 m weit. Er verbesserte damit die Weite des Vorjahrs um 12,3 %.
b) Lena lief die 60-m-Strecke in 11,2 s. Damit lief sie schneller als 85,6 % der 111 Jugendlichen ihres Jahrgangs.
c) Cemre verbesserte ihre Höhe beim Hochsprung um fast 13 % auf 1,05 m.

10 Auszubildende im Jahr 2010 („Top Five")

männliche Azubis insgesamt	944 001
Kraftfahrzeugmechatroniker	64 318
Industriemechaniker	49 805
Elektroniker	34 949
Anlagemechaniker (Sanitär-, Heizungs-, Klimatechnik)	32 977
Einzelhandelskaufmann	32 681

weibliche Azubis insgesamt	627 456
Einzelhandelskauffrau	42 487
Bürokauffrau	41 638
Medizinische Fachangestellte	40 713
Friseurin	34 253
Industriekauffrau	33 189

a) Berechne jeweils die Prozentsätze, auch für die Berufe außerhalb der „Top Five".
b) Erstelle jeweils ein Kreisdiagramm.

11 Peter und Nina machen während des Urlaubs in der Nähe von Rotterdam im Hafen ein paar Fotos für ihr Referat über Containerschiffe und europäische Häfen.
Sie beobachten, wie das Containerschiff „Xin Shanghai" einfährt und zählen die Container an Deck. 19 Container stehen nebeneinander, 7 übereinander und 18 hintereinander.
Die Tragfähigkeit beträgt 9580 TEU.

a) Wie viele Container befinden sich an Deck des Schiffes?
b) Wie viele Container könnte die „Xin Shanghai" insgesamt befördern?
c) Wie viel Prozent der insgesamt möglichen Container stehen an Deck?

12 Containerschiff-Riesen
Die Containerschiffe in der Tabelle gehören zu den größten auf der Welt. Die „MSC ZOE" hat eine Länge von 395 m. Die Breite beträgt 59 m.

a) Wie viel Prozent mehr Stellplätze hat dieses Schiff als die „Xin Shanghai"?
b) Stelle weitere Fragen zu der Tabelle und beantworte sie.

Schiffsname	TEU
MSC ZOE	19 224
MSC Oscar	19 224
CSCL Globe	19 100
Maersk Mc Kinney	18 000
Marco Polo	16 020

13 Der Hafen von Rotterdam
Im Rotterdamer Hafen wurden im Jahr 2015 etwa 466,4 Mio. Tonnen Güter gelöscht, das heißt ausgeladen. 103,1 Mio. Tonnen davon entfielen auf Erdöl aus Tankschiffen und 126,2 Mio. Tonnen auf Güter aus Containerschiffen.

a) Gib den Anteil der Erdölladungen und Containerladungen an den gesamten Gütern an.
b) Lies den nebenstehenden Zeitungsartikel.
Wie viele Mammuttanker löschten 2014 (2012) ihre Ladung in Rotterdam?
c) Gib die prozentuale Veränderung der Mammuttanker in 2015 im Vergleich zu 2014 an.

> **2015 – neues Rekordjahr für Mammuttanker**
> 2015 war ein neues Rekordjahr für die großen Tanker im Hafen von Rotterdamm. Bei 51 dieser Tanker wurde Heizöl gelöscht und/oder geladen.
> Das sind 22 mehr als im Vorjahr und 12 mehr als im Rekordjahr 2012.

14 Europäische Häfen
Die fünf größten europäischen Häfen von 2013 bis 2015 (in Mio. Tonnen)

			2013	2014	2015
1	Rotterdam	Niederlande	440,5	444,7	466,4
2	Antwerpen	Belgien	190,8	199,0	208,4
3	Hamburg	Deutschland	139,0	145,7	137,8
4	Novorossiysk	Russland	112,9	122,3	128,4
5	Amsterdam	Niederlande	95,8	97,8	96,5

a) Berechne jeweils die prozentuale Veränderung der gelöschten Güter von Jahr zu Jahr.
b) Beschreibe die Grafiken rechts.
Welche Veränderungen wurden hier dargestellt?
Zu welchem Hafen gehört die Grafik?

①

	+4,82 %	
		−0,86 %
100 %	100 %	99,14 %
2013	2014	2015

②

		+5,88 %
	+0,95 %	
100 %	100 %	100 %
2013	2014	2015

Zusammenfassung

Anteile und Prozente

→ Seite 110

Brüche mit dem Nenner 100 kann man in Prozentschreibweise angeben. Das Zeichen % (**Prozent**) bedeutet „von Hundert" (Hundertstel).

Will man **Anteile vergleichen**, so vergleicht man die Brüche oder die entsprechenden Zahlen in Prozentschreibweise.

1 von 100 schreibt man kurz $\frac{1}{100} = 1\%$.

Das Ganze umfasst immer 100%.

Klasse 7 a: 25 Schüler, davon 21 aus Bonn.
Klasse 7 b: 29 Schüler, davon 23 aus Bonn.
In der 7 a ist der *Anteil* der Schüler aus Bonn größer, denn:
$\frac{21}{25} = \frac{84}{100} = 84\%$ und $\frac{23}{29} \approx 79,3\%$; $84\% > 79,3\%$

Prozentsatz

→ Seite 114

Der **Prozentsatz** ($p\%$) gibt den Anteil am Ganzen in Prozentschreibweise an.

Es gibt drei Möglichkeiten, den Prozentsatz zu berechnen, eine davon ist der Dreisatz.

Schreibe beim **Dreisatzschema** immer links die bekannten Werte und rechts die gesuchten Werte.

In den 7. Klassen: 26 Mädchen und 30 Jungen. Anteil der Mädchen: $p\% \approx 46,4\%$

bekannt: Anzahl	gesucht: Anteil ($p\%$)
56	100%
1	$\frac{100\%}{56}$
26	$\frac{100\%}{56} \cdot 26 \approx 46,4\%$

$:56$ ... $:56$
$\cdot 26$ ... $\cdot 26$

Prozentwert

→ Seite 118

Der Wert, der dem Prozentsatz $p\%$ entspricht, heißt **Prozentwert**.

Der Prozentwert ist ein Teil der Gesamtmenge, also ein Teil des Grundwertes.

Auch zur Berechnung des Prozentsatzes gibt es drei Möglichkeiten, eine davon ist der Dreisatz.

Wie viel € beträgt die Ermäßigung? Die Ermäßigung beträgt rund $11,10\,€$.

Jacke 74 €
alles um 15% reduziert

bekannt: Anteil ($p\%$)	gesucht: Preisanteil
100%	$74\,€$
1%	$\frac{74\,€}{100}$
15%	$\frac{74\,€}{100} \cdot 15 \approx 11,10\,€$

$:100$ ... $:100$
$\cdot 15$ ... $\cdot 15$

Grundwert

→ Seite 122

Der **Grundwert** ist „das Ganze", er entspricht immer 100%.

Den Grundwert kann man immer mit dem Dreisatz berechnen.

Fahrradkontrolle: 2 Räder (8%) haben Mängel. Wie viele wurden insgesamt überprüft?

bekannt: Anteil ($p\%$)	gesucht: Anzahl Fahrräder
8%	2
1%	$\frac{2}{8}$
100%	$\frac{2}{8} \cdot 100 = 25$

$:8$ ... $:8$
$\cdot 100$ ... $\cdot 100$

133

Teste dich!

6 Punkte

1 Brüche in verschiedenen Schreibweisen: Ergänze die Tabelle im Heft.

0,25	0,87			0,02	
$\frac{25}{100}$		$\frac{45}{100}$			$\frac{3}{100}$
25%		56%			4,5%

4 Punkte

2 In welcher Klasse ist der Anteil der Jugendlichen, die ein Handy besitzen, am größten? In welcher Klasse ist er am kleinsten?

Klasse	7a	7b	7c
Anzahl der Schüler/-innen	20	25	27
Schüler/-innen mit Handy	12	14	16

6 Punkte

3 Die Diagramme zeigen, wie viele der Schülerinnen und Schüler den Schulbus nutzen.

a) Klasse 7a

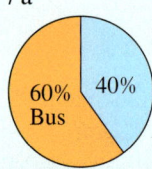

25 Jugendliche gehen in die 7a. Wie viele Jugendliche aus der 7a fahren mit dem Bus? Wie viele fahren nicht mit dem Bus?

b) Klasse 7b

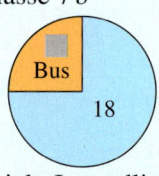

Wie viele Jugendliche gehen insgesamt in die Klasse 7b? Wie viele fahren mit dem Bus?

c) Klasse 7c

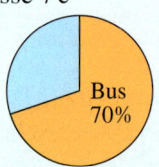

Wie viel % von den 30 Jugendlichen aus der 7c fahren nicht mit dem Bus? Wie viele Jugendliche sind das?

9 Punkte

4 Übertrage die Tabelle ins Heft.
a) Schreibe in die linken Tabellenfelder die passenden Fachbegriffe.
b) Bestimme die fehlenden Werte.

	200 l	30 cm		1 200 h	40 cm		12,5 s
	3%	5%	15%		5,1%	15%	
	6 l		200 kg	450 h		21,6 kg	4,5 s

2 Punkte

5 Daniel meint: „Von meinen 27 Mitschülern kamen heute Morgen 11% zu spät."
a) Ist das überhaupt möglich?
b) Was könnte Daniel gemeint haben? Löse sinnvoll.

2 Punkte

6 Von den 120 Schülerinnen und Schülern der Klassenstufe 7 arbeiten 45 Jugendliche in einer AG mit. Wie hoch ist der Prozentsatz der Jugendlichen, die in *keiner* AG sind?

3 Punkte

7 Sponsorenlauf in der Nelson-Mandela-Schule
Die Schülerinnen und Schüler haben beim Sponsorenlauf zusammen 180 € eingesammelt.
Das sind 12,5% der Spendengelder, die in der Schule insgesamt eingesammelt wurden.
Stelle eine passende Frage und beantworte sie.

5 Punkte

8 Im Supermarkt wird geworben: „Nussnougat-Creme um 20% reduziert! Jetzt nur 1,32 €."
a) Wie viel hat die Nussnougat-Creme zuvor gekostet?
b) Ab kommenden Samstag gilt wieder der alte Preis. Um wie viel Prozent wird am Samstag der Preis angehoben?
c) Warum sind die Prozentsätze bei der Preisreduzierung und der Preisanhebung verschieden?

Zufall und Wahrscheinlichkeit

Bei einer Lottoziehung hängen die gezogenen
Zahlen vom Zufall ab.
Viele Menschen spielen Lotto und erhoffen sich
einen großen Gewinn.
Allerdings ist die Wahrscheinlichkeit, einen
Sechser zu haben, äußerst gering.

Noch fit?

Einstieg

1 Brüche in verschiedener Schreibweise
Wandle in Prozentschreibweise um.

Beispiel $\frac{1}{5} = \frac{2}{10} = \frac{20}{100} = 20\%$

a) $\frac{7}{10}$　　b) $\frac{1}{2}$　　c) $\frac{3}{4}$　　d) $\frac{3}{20}$

2 Brüche am Zahlenstrahl
Zeichne einen Zahlenstrahl (mit 10 cm Abstand zwischen 0 und 1) und markiere die Brüche.

$\frac{1}{2}, \frac{7}{10}, \frac{3}{4}, \frac{2}{5}, \frac{1}{20}, \frac{25}{100}, \frac{15}{50}$

3 Umfrageergebnisse auswerten
Marco hat unter zehn Freunden eine Umfrage über deren Lieblingssportarten durchgeführt.

a) Übertrage die Tabelle in dein Heft und ergänze die fehlenden Werte.

Sportart	Anzahl	absolute Häufigkeit	relative Häufigkeit
Fußball	卌	5	
Basketball	|||		$\frac{3}{10} = 0,3 = 30\%$
Handball	||		

b) Erstelle ein Kreisdiagramm.

4 Relative Häufigkeiten berechnen
In der Mathematikarbeit der Klasse 7 c wurden folgende Noten erteilt.

Note	1	2	3	4	5	6
Anzahl	2	6	8	5	3	1

a) Wie viele Schüler haben mitgeschrieben?
b) Stelle die Ergebnisse in einem geeignetem Diagramm dar.
c) Gib die relative Häufigkeit für jede Note an.

5 Relative Häufigkeiten vergleichen
In einem Wettkampf zweier Schulen hat die Volleyballmannschaft der Schule „Süd" gegen das Team der Schule „Nord" 5 von 7 Spielen gewonnen. Die Fußballmannschaft „Süd" hat 3 von 4 Spielen gegen die „Nord"-Mannschaft gewonnen.
Vergleiche die relativen Häufigkeiten.
In welcher Sportart war die Schule „Süd" erfolgreicher?

Aufstieg

1 Brüche in verschiedener Schreibweise
Schreibe als Dezimalzahl und in Prozent.

a) $\frac{3}{10}$　b) $\frac{9}{25}$　c) $\frac{3}{5}$　d) $\frac{9}{20}$

e) $\frac{7}{25}$　f) $\frac{14}{50}$　g) $\frac{34}{200}$　h) $\frac{15}{500}$

2 Brüche am Zahlenstrahl
Zeichne einen Zahlenstrahl (mit 12 cm Abstand zwischen 0 und 1) und markiere die Brüche.

$\frac{1}{2}, \frac{1}{3}, \frac{5}{6}, \frac{7}{12}, \frac{3}{4}, \frac{5}{8}, \frac{11}{24}$

3 Beobachtungsergebnisse auswerten
Bei einer Verkehrszählung wurden die folgenden Fahrzeuge gezählt. Übertrage die Tabelle.

Fahrzeug	Anzahl	absolute Häufigkeit	relative Häufigkeit
Pkw	卌 卌 卌 卌 卌		
Lkw	||||		
Motorrad	卌 |||		
Fahrrad	卌 卌 |||		

a) Berechne und ergänze die fehlenden Werte.
b) Erstelle ein Kreisdiagramm.

4 Relative Häufigkeiten berechnen
Folgende Noten wurden in der 7 b vergeben:

4; 2; 1; 4; 3; 3; 2; 5; 4; 6; 2; 3; 2; 3; 4; 4; 5; 1; 1; 3; 3; 4; 2; 5; 4; 4

a) Stelle die Ergebnisse in einem geeigneten Diagramm dar.
b) Berechne die relative Häufigkeit je Note.
c) Gib das arithmetische Mittel und den Median der Ergebnisse an.

5 Relative Häufigkeiten vergleichen
Eine Polizeikontrolle vor der Schule „Süd" ergab, dass 18 von 200 kontrollierten Fahrrädern Mängel aufwiesen.
An der Schule „Nord" wiesen 15 Räder Mängel auf, 135 waren mängelfrei.
Mit welchen relativen Häufigkeiten wiesen die Räder an den beiden Schulen jeweils Mängel auf?
Welche Schule schneidet besser ab?

Lösungen ab Seite 204

Zufall und Wahrscheinlichkeit

Entdecken

1 Bei einem Gewinnspiel kann man sich zunächst entscheiden, aus welchem Topf man eine Kugel ziehen will. Dann werden die Augen verbunden.
Hauptgewinn ist die Kugel mit der Zahl „5".
Aus welchem Gefäß würdest du die Kugel ziehen? Begründe deine Wahl.

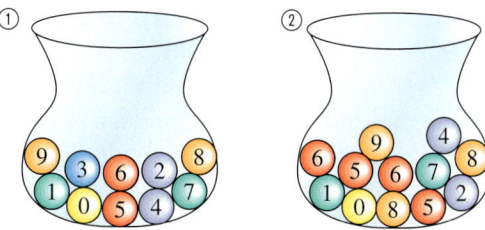

2 Im Wetterbericht wird folgende Vorhersage gemacht:

„Heute ist an der Eder in den Nachmittagsstunden mit heftigem Regen zu rechnen."

Würdest du dort um 11 Uhr vormittags mit Regenkleidung Fahrrad fahren?
Begründe deine Meinung.

3 Stelle dir vor, dass aus den folgenden Würfelnetzen Würfel gebastelt werden.
a) Gib für jeden Würfel alle möglichen Ergebnisse an.
b) Nenne jeweils auch ein Ergebnis, das nicht auftreten kann.
c) Welchen Würfel wählst du aus, um möglichst sicher eine „4" zu würfeln?
d) Welchen Würfel wählst du aus, um möglichst keine „4" zu würfeln?

① 1 / 1 4 4 / 3 / 3
② 4 / 4 1 4 / 4 / 4
③ 2 / 4 4 4 / 2 / 4
④ 2 / 1 3 4 / 5 / 6
⑤ 1 / 1 4 1 / 1 / 1

4 👥 Arbeitet zu zweit.
Würfelt mit einem Legostein.
a) Überlegt euch zuerst, ob die Ergebnisse „Noppen", „Seite" und „Rücken" gleich oft gewürfelt werden können.
b) Überprüft eure Vermutung durch ein geeignetes Experiment.

Die Noppen liegen oben.

Die Seite liegt oben.

Der Rücken liegt oben.

5 👥 Beim Drehen des Glücksrades wurden bisher folgende Zahlen gedreht:
1; 2; 1; 2; 2
Diskutiert in Kleingruppen, wie oft noch gedreht werden muss, um eine „3" als Ergebnis zu erhalten.

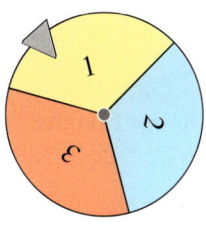

Verstehen

Pinar und Phillip drehen beim Schulfest
das Glücksrad.
Das Glücksrad ist in acht **gleich große**
Felder aufgeteilt und läuft vollkommen gleichmäßig.
Beim Drehen können die **Ergebnisse** 1 bis 8 auftreten.
Alle möglichen Ergebnisse kann man in der **Ergebnismenge _S_**
zusammenfassen: $S = \{1; 2; 3; 4; 5; 6; 7; 8\}$.
Auf welcher Zahl der Zeiger stehenbleibt, hängt vom Zufall ab.
Die Wahrscheinlichkeit dafür kann berechnet werden.

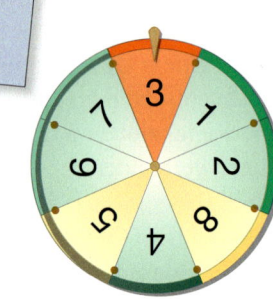

*Hauptgewinn bei 3:
1 Tag hausaufgabenfrei
Kleingewinn bei 5 und 8*

HINWEIS
P steht für das englische Wort für Wahrscheinlichkeit (probability).

Beispiel 1

Nur das rote Feld mit der 3 bringt den Hauptgewinn, d. h. dass ein Feld von acht möglichen
Feldern günstig ist. Die Wahrscheinlichkeit für das Ergebnis „3" beträgt

$$P(3) = \frac{1}{8} = 0{,}125 = 12{,}5\,\%.$$

> **Merke** Zufallsexperimente, bei denen alle **Ergebnisse gleich wahrscheinlich** sind, nennt
> man **Laplace-Experimente**.
> Für die **Wahrscheinlichkeit _P_** für das Eintreten eines Ergebnisses _e_ gilt: $P(e)$
> $= \dfrac{1}{\text{Anzahl der möglichen Ergebnisse}}$

Oft interessiert man sich bei einem Zufallsversuch nicht nur für ein einzelnes Ergebnis, sondern für mehrere Ergebnisse mit einer bestimmten Eigenschaft. Mehrere Ergebnisse können zu einem **Ereignis** zusammengefasst werden.

Beispiel 2

Wenn man am Glücksrad die Zahlen 5 oder 8 dreht, erhält man einen Kleingewinn, d. h. dass
zwei Felder von acht möglichen Feldern günstig sind.
Die Wahrscheinlichkeit für das Ereignis „Kleingewinn" beträgt

$$P(\text{„Kleingewinn"}) = \frac{2}{8} = \frac{1}{4} = 0{,}25 = 25\,\%.$$

> **Merke** Mehrere Ergebnisse eines Zufallsversuchs können zu einem **Ereignis _E_** zusammengefasst werden.
> Für die **Wahrscheinlichkeit _P_** für das Eintreten eines Ereignisses _E_ gilt:
> $P(E) = \dfrac{\text{Anzahl der günstigen Ergebnisse}}{\text{Anzahl der möglichen Ergebnisse}}$

Bei Ereignissen gibt es zwei Spezialfälle:
1. das Ereignis trifft **unmöglich** ein und 2. das Ereignis trifft **sicher** ein.

HINWEIS
Die Wahrscheinlichkeit kann in Prozentschreibweise, als Bruch oder Dezimalbruch ausgegeben werden.

Beispiel 3

Am Glücksrad kann kein Feld mit der Zahl 9 gedreht werden. Das Ereignis 9 ist unmöglich
und die Wahrscheinlichkeit für das Ereignis beträgt 0 (0%).
Für das sichere Ereignis „1; 2; 3; 4; 5; 6; 7; 8" beträgt die Wahrscheinlichkeit 1 (100%).

> **Merke** Die Wahrscheinlichkeit für ein Ereignis nimmt Werte zwischen 0 (0%) bis 1 (100%) an.

Üben und anwenden

1 Kann hier ein Zufallsversuch durchgeführt werden? Begründe deine Antwort.

a)

b)

---

2 Betrachte das Glücksrad.

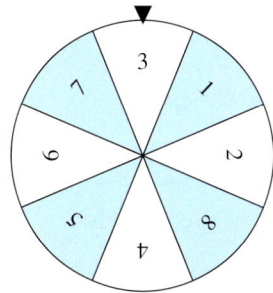

a) Gib alle möglichen Ergebnisse an.
b) Wie groß ist die Wahrscheinlichkeit dafür, dass die „3" gedreht wird?
c) Wie groß ist die Wahrscheinlichkeit für das Drehen eines weißen Feldes?

2 Betrachte das Glücksrad.

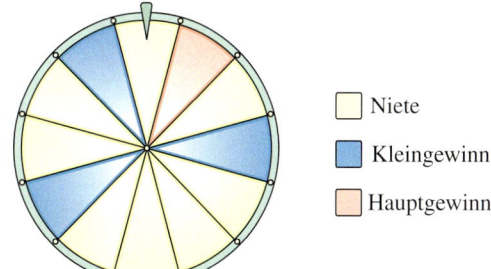

☐ Niete
☐ Kleingewinn
☐ Hauptgewinn

a) Gib alle möglichen Ergebnisse an.
b) Wie groß ist die Wahrscheinlichkeit für das Drehen des Hauptgewinns?
c) Beschreibe ein Ereignis. Gib die Wahrscheinlichkeit für das Ereignis an.

---

3 Entscheide und begründe, ob es sich jeweils um ein Laplace-Experiment handelt.
a) Wurf einer Münze: Kopf oder Zahl
b) Marmeladenbrot fällt vom Tisch auf die Marmeladenseite oder die Unterseite
c) Elfmeterschuss: Tor oder daneben
d) Ankreuzen im Fragebogen: ja oder nein
e) aus drei farbigen Stäbchen (gelb, grün, blau) verdeckt eines ziehen
f) Uli bekommt im Fach Sport die Note „befriedigend".
g) In einer Schule fehlen am Montag 13 Schülerinnen und Schüler.

3 Begründe, warum es sich um Laplace-Experimente handelt. Gib jeweils die Wahrscheinlichkeit an.
a) Aus einem vollständigen Skatspiel mit 32 Karten möchte Angelina den Kreuz-Buben ziehen.
b) Zehn Schüler knobeln aus, wer eine Eintrittskarte für das Kino gewinnt. Fynn zieht das kürzeste Hölzchen.
c) Beim „Mensch ärgere dich nicht" muss Nele eine „2" werfen, um zu gewinnen.
d) Beim Fußball entscheidet der Münzwurf über die Seitenwahl.

---

4 Gib jeweils ein sicheres und ein unmögliches Ereignis an. Begründe.

a)

b)

4 Nenne drei verschiedene Beispiele für ein Laplace-Experiment.
Gib jeweils ein sicheres und ein unmögliches Ereignis an.
Begründe deine Antwort.

139

5 Handelt es sich um Laplace-Experimente? Begründe deine Antworten.

a)

b)

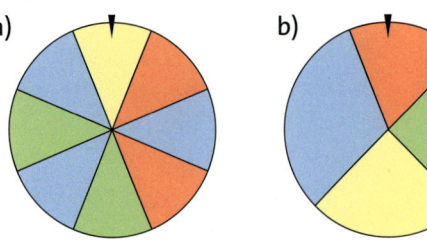

5 Wie groß ist bei jedem Würfel die Wahrscheinlichkeit für eine Drei (Sechs)?

a)

b)

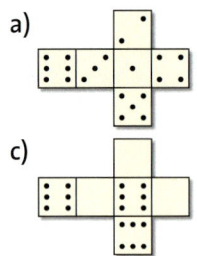

c)

d)

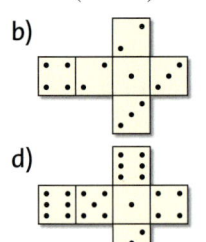

6 👥 In einer Lostrommel befinden sich 30 Lose mit den Losnummern 1 bis 30. Wie groß ist die Wahrscheinlichkeit dafür, dass beim ersten Zug eines Loses Folgendes gilt: Die Losnummer ist …

a) eine Primzahl.
b) eine Quadratzahl.
c) 21.
d) eine gerade Zahl.
e) kleiner als 18.
f) 36.
g) durch 7 teilbar.
h) durch 30 teilbar.
i) größer als null.

7 Zeichne ein Glücksrad mit 16 gleich großen Feldern. Färbe die Felder so, dass folgende Wahrscheinlichkeiten gelten.

 $\frac{1}{8}$  $\frac{1}{4}$ $\frac{3}{16}$ $\frac{7}{16}$

7 Zeichne ein Glücksrad, sodass folgende Wahrscheinlichkeiten gelten:

rot $\frac{1}{4}$, grün $\frac{1}{3}$ und gelb $\frac{1}{6}$.

Färbe die restlichen Felder blau. Gib an, wie groß die Wahrscheinlichkeit für das Ergebnis „blau" ist.

HINWEIS ZU DEN AUFGABEN 8 UND 8
Eine Skizze hilft beim Lösen der Aufgaben.

8 Beim Spiel „Wer wird Millionär?" muss bei einer Frage aus vier Antwortmöglichkeiten die richtige ausgewählt werden. Wie groß ist die Wahrscheinlichkeit, …

a) eine Frage durch Raten richtig zu beantworten?
b) eine Frage durch Raten richtig zu beantworten, wenn zwei Antworten mithilfe des 50 : 50-Jokers sicher ausgeschlossen werden können?

8 In einem Gefäß liegen eine schwarze und fünf weiße Kugeln.

a) Wie groß ist die Wahrscheinlichkeit, dass du beim blinden Hineingreifen die schwarze Kugel ziehst?
b) Aynur hat beim ersten Zug eine weiße Kugel erwischt. Sie legt sie nicht wieder zurück. Berechne nun die Wahrscheinlichkeit, dass sie beim zweiten Versuch die schwarze Kugel zieht.

9 👥 In einer Schale befinden sich drei Kugeln.

a) Wie groß ist die Wahrscheinlichkeit dafür, dass beim ersten Zug das „T" gezogen wird?
b) Angenommen, beim ersten Zug wurde das „T" gezogen und nicht wieder zurückgelegt. Wie groß ist die Wahrscheinlichkeit, dass beim zweiten Zug das „O" gezogen wird?
c) Es werden nacheinander alle drei Kugeln aus der Schale gezogen. Welche Buchstabenreihenfolgen können auftreten? Notiere die Möglichkeiten. Welche ergeben ein richtiges Wort?

Relative Häufigkeit und Wahrscheinlichkeit

Entdecken

1 Ben spielt „Mensch ärgere dich nicht".
Er ist sauer, denn schon seit 5-mal Würfeln
wartet er auf eine „6".
Er glaubt, einen schlechten Würfel erwischt
zu haben.
Was meinst du dazu?

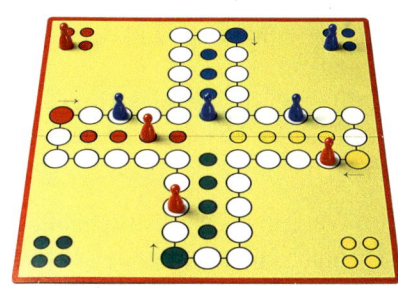

2 👥 Arbeitet zu zweit.
Werft einen Spielwürfel 100-mal. Berechnet
nach 10, 20, 30, …, 100 Würfen jeweils
die relative Häufigkeit des Ergebnisses „Sechs
gewürfelt".
Zeichnet das Koordinatensystem in euer Heft
und tragt die berechneten Werte ein.
Was fällt euch auf?

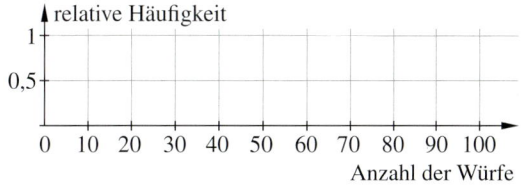

3 Nimm einen Legostein und wirf ihn
mindestens 100-mal.
a) 👥 Notiere in einer Strichliste, wie häufig
die „Noppen" oben liegen bleiben.
Vergleiche deine Ergebnisse mit denen
deiner Mitschüler.
b) 👥👥 Tragt eure Ergebnisse zusammen. Ver-
anschaulicht in einem geeigneten
Diagramm, wie sich mit der Anzahl
der Versuche die relative Häufigkeit verändert.

4 Betrachte die drei Würfel. Sie haben unterschiedlich viele Seitenflächen.
a) Bestimme die Anzahl der Seitenflächen der Würfel.
b) Schätze, wie oft du mit jedem dieser Würfel würfeln
musst, um …
– die oben liegende Zahl zu erhalten.
– eine „Sieben" zu erhalten.
c) Wie viele Sechsen erwartest du jeweils bei 2 400 Würfen?

5 Tom und Mia möchten beim Auslosen etwas schummeln.
Sie überlegen, ob das mit einem Quaderwürfel klappen kann. Zur Sicherheit führen sie ein
Zufallsexperiment mit 1 000 Würfen durch.

Augenzahl	1	2	3	4	5	6
absolute Häufigkeit	192	78	207	214	90	
relative Häufigkeit	19,2 %					

a) Ergänze die Tabelle im Heft. Ordne die Augenzahlen der Häufigkeit nach.
b) Was rätst du den beiden? 👥 Diskutiert darüber zu zweit und präsentiert euer Ergebnis.

Verstehen

ERINNERE DICH
Beim Würfeln sind diese sechs Ergebnisse möglich:

Anna und Jonas spielen „Mensch ärgere dich nicht". Jonas' rote Figuren verfolgen Annas blaue Spielfigur.

Anna hofft, dass sie ihre blaue Figur beim nächsten Wurf ins Haus retten kann. Dazu sind die Würfelergebnisse „3" oder „4" günstig.

Da beim Würfeln alle sechs Ergebnisse gleich wahrscheinlich sind, beträgt die Wahrscheinlichkeit für das Ereignis „ins Haus retten"

$$P = \frac{2}{6} = \frac{1}{3} = 33\frac{1}{3}\%.$$

Anna hat 3-mal hintereinander eine Sechs gewürfelt. Jonas vermutet, dass der Würfel nicht ideal ist.

Wenn man bei einem Zufallsversuch nicht davon ausgehen kann, dass alle Ergebnisse gleich wahrscheinlich sind, dann muss die Wahrscheinlichkeit der einzelnen Ergebnisse durch ein Experiment bestimmt werden.

Beispiel 1

Anna würfelt mit dem Spielwürfel und Jonas notiert nach jeweils 15 Würfen, wie oft das Ergebnis „6" eintraf.

Gesamtzahl der Würfe	15	30	45	60	75	90	105
absolute Häufigkeit der Sechs	5	7	11	13	14	15	16
relative Häufigkeit der Sechs	≈ 33 %	≈ 23 %	≈ 24 %	≈ 22 %	≈ 19 %	≈ 17 %	≈ 15 %

Bei einem idealen Würfel gilt für die Wahrscheinlichkeit, eine „6" zu würfeln:
$$P = \frac{1}{6} = 16\frac{2}{3}\%.$$

Im Diagramm ist gut zu erkennen, dass die relative Häufigkeit der Sechs bei einer kleinen Anzahl von Würfen vom idealen Würfel stark abweicht. Das ändert sich, wenn die relative Häufigkeit bei einer großen Anzahl von Würfen berechnet wird.

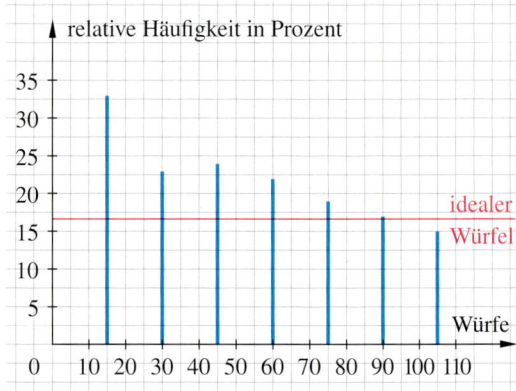

Das Experiment zeigt, dass die Vermutung von Jonas falsch war: Der Würfel ist ideal.

AUFGEPASST
Die Wahrscheinlichkeit sagt nichts über den Einzelfall aus, sondern nur über sehr viele Fälle.

> **Merke** Bei einer großen Anzahl von Würfen ist die **relative Häufigkeit** eines Ereignisses ein **Schätzwert für die Wahrscheinlichkeit** des Ereignisses.

Wenn die Würfelergebnisse stark abweichen, nennt man den Würfel **unfair**.

Beispiel 2

Es wurde 200-mal gewürfelt.

Augenzahl	1	2	3	4	5	6
relative Häufigkeit	6%	18%	16%	15%	12%	33%

Üben und anwenden

1 Eine Schülergruppe hat einen Würfel getestet. Insgesamt wurde 200-mal gewürfelt. Die Ergebnisse sind in der Tabelle eingetragen.

Augenzahl	1	2	3	4	5	6
absolute Häufigkeit	30	42	21	39	46	22

a) Welche Augenzahl wurde am häufigsten gewürfelt?

b) Mit welcher Wahrscheinlichkeit kann man beim nächsten Würfeln erwarten, dass die Augenzahl gerade (ungerade) ist?

c) Hältst du den Würfel für fair? Begründe.

HINWEIS
Den am häufigsten vorkommenden Wert einer Häufigkeitsuntersuchung nennt man in der Mathematik **Modus***.*

2 Eine Schachtel mit 33 Reißzwecken wurde ausgeschüttet. Das Bild kann als Ergebnis eines 33-mal ausgeführten Zufallsversuchs aufgefasst werden.

a) Wie lauten die beiden möglichen Ergebnisse für das Werfen einer Reißzwecke?

b) Gib jeweils einen Schätzwert für beide Wahrscheinlichkeiten an.

c) Handelt es sich um ein Laplace-Experiment? Begründe.

3 Bei einer Verkehrszählung wurde ermittelt, wie viele Personen in einem Pkw sitzen.

Personen im Pkw	1	2	3	4 und mehr
absolute Häufigkeit	936	90	44	130

a) Wie viele Autos wurden beobachtet?

b) Überschlage die Wahrscheinlichkeiten folgender Ereignisse:
– Im Pkw sitzen höchstens zwei Personen.
– Im Pkw sitzen mehr als zwei Personen.

c) Berechne jeweils die Wahrscheinlichkeit für die beiden Ereignisse aus b).

3 Bei einer technischen Sicherheitskontrolle haben Experten eine große Anzahl von Autos auf Mängel untersucht. Alle Ergebnisse der Kontrolle wurden in der Tabelle zusammengefasst.

Alter des Autos in Jahren	Anzahl der Untersuchungen	Anzahl der Autos ohne Mängel
0 bis 3	365 458	264 598
4 bis 5	325 489	214 887
6 bis 7	274 334	138 790
8 bis 9	279 884	117 589
10 bis 11	468 664	139 822

a) Mit welcher Wahrscheinlichkeit hatte ein 6 bis 7 Jahre altes Auto einen Mangel?

b) Mit welcher Wahrscheinlichkeit hatte ein 8 bis 9 Jahre altes Auto *keinen* Mangel?

4 Tabea hat beim Würfeln 7-mal hintereinander eine Sechs gewürfelt.
Würdest du darauf vertrauen, dass der Würfel fair ist? Begründe.

4 Ein gezinkter Würfel ist so verändert, dass er (fast) immer die gewünschte Augenzahl zeigt. Überlege dir, wie man einen gezinkten Würfel herstellen kann.

5 👥 Arbeitet in Gruppen.
Führt ein Experiment zur Buchstabenhäufigkeit in deutschsprachigen Texten durch.
a) Nehmt verschiedene Texte und zählt, wie häufig bestimmte Buchstaben darin vorkommen.
b) Vergleicht eure Ergebnisse untereinander und mit Angaben im Internet.

6 In einer Fabrik werden Monitore hergestellt.
Während der Produktion wird die Qualität von zufällig ausgewählten Geräten überprüft. Von 800 Monitoren waren 16 fehlerhaft.
Wie viele fehlerhafte Artikel sind bei einer Gesamtproduktion von 1 000 (10 000; 1 450) Artikeln zu erwarten?
Nutze die relative Häufigkeit als Schätzwert.

6 Wetterstationen messen, wie viele Stunden an einem Ort die Sonne scheint.

Ort	Sonnenscheindauer in einem Jahr
Göttingen	1 422 Stunden
Arkona (Rügen)	1 806 Stunden
Kempten (Allgäu)	1 721 Stunden

Ohne Bewölkung wären an jedem der drei Orte 4 464 Sonnenstunden möglich gewesen. Gib jeweils die relative Häufigkeit für Sonnenstunden an.

7 Die Tabelle enthält für die angegebenen Jahre die Anzahl an Geburten in Deutschland.

Jahr	Jungen	Mädchen	insgesamt
2012	345 629	327 915	673 544
2013	349 820	332 249	682 069
2014	366 835	348 092	714 927
2015	378 503	359 127	737 630

a) Berechne für jedes Jahr die relativen Häufigkeiten für die Geburt eines Jungen und eines Mädchens.
b) Welche Werte konnte man 2015 für Schleswig-Holstein erwarten? Insgesamt wurden dort 23 550 Kinder geboren.

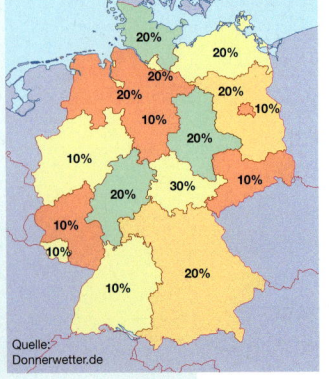
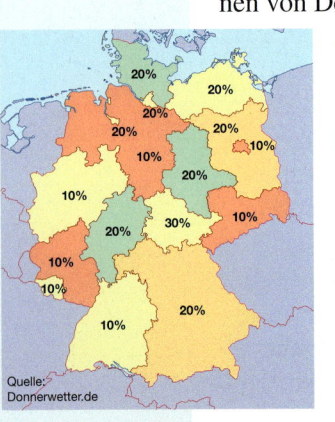

Quelle: Donnerwetter.de

8 Die Grafik zeigt die Wahrscheinlichkeit für weiße Weihnachten in verschiedenen Regionen von Deutschland.
a) Wie wahrscheinlich sind weiße Weihnachten in deinem Wohnort? Lies in der Grafik ab.
b) In welcher Region ist die Wahrscheinlichkeit für weiße Weihnachten am geringsten, in welcher Region am höchsten?
c) Wie lässt sich die Wahrscheinlichkeit für weiße Weihnachten ermitteln? 👥 Diskutiert in Gruppen und beschreibt ein mögliches Verfahren.

8 In Deutschland liegt die Wahrscheinlichkeit dafür, dass ein Mann farbenblind ist, bei 8 %. Bei Frauen ist die Wahrscheinlichkeit für Farbenblindheit nur halb so groß.
2012 lebten in Deutschland 40,2 Mio. Männer und 41,5 Mio. Frauen.
a) Bestimme die Anzahl der farbenblinden Frauen und Männer in Deutschland.
b) Wie lässt sich die Wahrscheinlichkeit für Farbenblindheit ermitteln?

Wahrscheinlichkeiten nutzen

Entdecken

1 🎭 Eine Geschichte beim Arzt

Lest die Geschichte mit verteilten Rollen und diskutiert anschließend über diese besondere Wahrscheinlichkeitsrechnung.

Arzt: Also die Lage ist ernst. Sie sind sehr krank. Statistisch gesehen überleben neun von zehn Patienten die Krankheit nicht.

Patient: (wird kreidebleich) Oh Gott, oh Gott!

Arzt: Sie haben aber Glück. Ich hatte schon neun Patienten mit der gleichen Krankheit und die sind alle schon tot.

2 👥 Seit vielen tausend Jahren wird das Wetter beobachtet. Besonders die Bauern haben daraus Wetterregeln entwickelt. Sie haben die Zusammenhänge genau beobachtet und für ihre Wettervorhersagen genutzt.

So war das Wetter im Mai 2016

Die Durchschnittstemperatur im Mai 2016 lag mit 13,6 Grad in etwa um +1,5 Grad über dem langjährigen Mittelwert von 1961–1990. Der Mai 2016 ist damit zu warm ausgefallen. Trotzdem kam es zu den Eisheiligen zu einem Temperatureinbruch: Die Temperaturen waren in den Nächten und auch tagsüber sehr niedrig, teilweise sogar kühler als zu Weihnachten 2015. Die höchste Temperatur wurde am 22. Mai in Jena gemessen (31,5 Grad), die niedrigste am 5. Mai in Oberstdorf (−4,1 Grad).

SCHON GEWUSST? Pankratius, Servatius und Bonifatius (12.–14. Mai) werden in einigen Gegenden die „Eisheiligen" genannt.

Manche Gärtner sind der Meinung, dass man erst nach den Eisheiligen sicher sein kann, dass kein Frost mehr zu erwarten ist.

Traf diese Wetterregel im Jahr 2016 zu? Glaubt ihr, dass sie in jedem Jahr zutrifft? Wie könntet ihr die Wahrscheinlichkeit für das Eintreten der Eisheiligen-Regel bestimmen?

3 👥 Versuch mit Gummibärchen

Ihr benötigt eine Packung Gummibärchen und einen Schal oder ein Tuch.

Zieht mit verbundenen Augen 25 Gummibärchen aus der Packung heraus.

a) Ergänze die folgende Tabelle in deinem Heft:

Farbe	rot	gelb	grün	weiß	...
Anzahl					
Anteil					

b) In einer 300-g-Tüte befinden sich 125 Gummibärchen.
   Wie viele rote Gummibärchen erwartest du in der Tüte? Vergleicht eure Rechenwege.

c) Der Hersteller gibt an, dass $\frac{1}{3}$ der Gummibärchen rot und $\frac{1}{6}$ der Gummibärchen gelb sind.
   Vergleiche die Angaben mit deinen Ergebnissen.

Verstehen

Familie Schnitzler möchte im kommenden Sommer auf der Nordsee-Insel Föhr Urlaub machen. Da sie viel Zeit am Strand verbringen möchten, hoffen sie auf gutes Wetter. Ihr Nachbar war schon mehrfach auf der Insel und sagt: „Wir hatten im Mai immer schönes Wetter."

Herr Schnitzler meint daraufhin: „Dann haben wir im kommenden August sehr wahrscheinlich auch schönes Wetter."

Frau Schnitzler möchte das Risiko für schlechtes Wetter einschätzen und sucht im Internet nach einem Klimadiagramm von Föhr.

Beispiel 1

Im Mai gab es bisher durchschnittlich acht Sonnenstunden pro Tag, im August dagegen nur sieben.

Im Mai gab es bisher acht Regentage, im August hat es durchschnittlich an elf von 31 Tagen geregnet. Damit liegt die Regenwahrscheinlichkeit im Mai bei ca. 26 %, im August bei ca. 35 %.

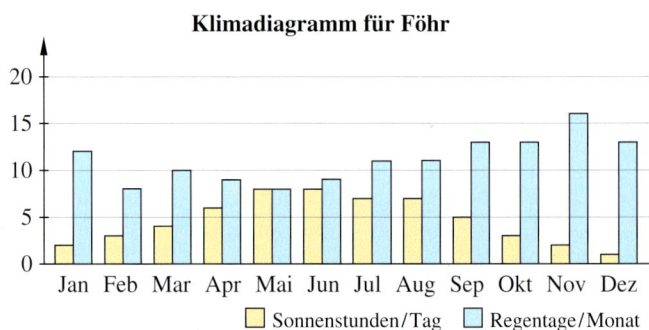

Gutes Urlaubswetter auf Föhr ist im Mai wahrscheinlicher als im August.

> **Merke** Um **Chancen** und **Risiken** beurteilen zu können, bedient man sich häufig der Wahrscheinlichkeitsrechnung.

Wahrscheinlichkeiten werden manchmal auch genutzt, um Vorhersagen (Prognosen) zu treffen. Voraussetzung für eine gute Vorhersage ist eine große Anzahl statistischer Erhebungen. Zum Beispiel zeichnen Wetterdienste seit vielen Jahren Wetterdaten auf.

Beispiel 2

HINWEIS
Die Regenwahrscheinlichkeit von 100 % gibt an, dass es an diesem Tag sicher regnen wird. Sie sagt nichts darüber aus, wann und wie lange es regnen wird.

Die Insel Föhr gehört zu den Nordfriesischen Inseln.

Wetterbericht:
Während sich das Wetter am Dienstag in der Region „Nordfriesische Inseln" noch vielfach heiter zeigt, nimmt die Bewölkung am Mittwoch zu.
Am Mittwoch muss vereinzelt mit Schauern gerechnet werden.

Wetter in der Region Nordfriesische Inseln

	Mi, 05.09.	Do, 06.09.
Tiefst-/Höchst-temperatur	14/17 °C	13/16 °C
Vormittag		
Nachmittag		
Abend/Nacht		
Niederschlags-wahrscheinl.	60 %	40 %

> **Merke** Je größer die untersuchte Stichprobe ist, umso genauer kann die angegebene Wahrscheinlichkeit sein. Für die **Vorhersage von Einzelereignissen** ist eine Wahrscheinlichkeitsberechnung nicht geeignet.

Die Wahrscheinlichkeit für ein Ereignis wird oft in **Prozentschreibweise** angegeben.

Üben und anwenden

1 Fabian behauptet: „Die Wahrscheinlichkeit, einen Freiwurf beim Basketball zu verwandeln, beträgt 50%. Denn entweder trifft ein Basketballspieler oder er trifft eben nicht." Nimm Stellung zu Fabians Aussage.

1 In einem Internetforum schreibt ein Nutzer: „Ein Wissenschaftler hat errechnet, dass es wahrscheinlicher ist, von einem Blitz getroffen zu werden als einen „Sechser" im Lotto zu haben. Dennoch gibt es jedes Jahr mehrere 100 Menschen mit 6 Richtigen, aber kaum jemand wird vom Blitz getroffen. Soviel zur Wahrscheinlichkeitsrechnung."
Was hältst du von der Aussage? Formuliere eine Antwort auf den Eintrag.

2 Paul war ein Krake, der bei der WM 2010 die Ergebnisse der Fußballspiele vorhersagen konnte. Dazu wurden zwei Behälter mit Futter und den Nationalflaggen von zwei Teams in sein Aquarium abgesenkt. Pauls Wahl für das Futter eines Behälters galt als Vorhersage des Siegers.
a) Wen hatte Paul als Sieger getippt?
b) Schreibe deine Meinung zu solchen Vorhersagen auf.

3 Schwarzfahrer

> Die Verkehrsbetriebe in Deutschland verzeichnen jedes Jahr enorme Verluste durch Schwarzfahrer. Der Verkehrsverbund Region Kiel (VRK) schätzt den jährlichen Einnahmeverlust auf über 25 Millionen Euro. Nach Schätzungen des Verbandes Deutscher Verkehrsunternehmen (VDV) belaufen sich die Gesamtverluste auf über 250 Millionen Euro pro Jahr.

Welche Daten müssen die Verkehrsbetriebe sammeln, um die jährlichen Einnahmeverluste schätzen zu können?
Wie würdest du vorgehen, um die Verluste zu schätzen?

3 Ein Verkehrsunternehmen einer Stadt führt Kontrollen durch, ob alle Fahrgäste einen gültigen Fahrausweis haben.
Im letzten Jahr wurden 700 000 Personen kontrolliert. Darunter wurden 8 400 „Schwarzfahrer" ermittelt.
Das Unternehmen geht davon aus, dass in diesem Jahr der Anteil der „Schwarzfahrer" gleich bleibt und insgesamt 40 Mio. Personen befördert werden.
Welche Geldeinbuße könnte das für das Verkehrsunternehmen bedeuten, wenn keine Kontrollen durchgeführt werden würden und der Fahrpreis durchschnittlich 2,30 € beträgt?

4 Eine Tageszeitung hat eine Befragung unter 1 000 Lesern durchgeführt.
5% von ihnen gaben an, die Werbeanzeigen zu lesen.
Die Zeitung hat 160 000 Abonnenten.
Wie viele davon lesen wahrscheinlich die Werbeanzeigen?

4 In einem Gefäß befinden sich insgesamt zehn Kugeln. Bei 100 Versuchen wird 63-mal eine weiße Kugel und 37-mal eine schwarze Kugel gezogen.
Wie viele weiße und wie viele schwarze Kugeln befinden sich wahrscheinlich in dem Gefäß? Begründe.

5 Susanne möchte Schulsprecherin werden. Um ihre Chancen einzuschätzen macht sie in ihrer Klasse eine Testwahl.
Nach diesem Ergebnis hofft Susanne auf insgesamt 420 Stimmen bei der Schulsprecherwahl. Enttäuscht erfährt sie, dass sie nur 156 Stimmen erhalten hat. Nimm Stellung zu ihrem Vorgehen.

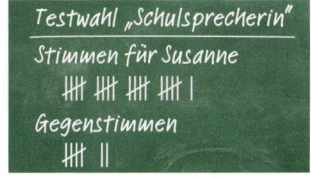

Testwahl „Schulsprecherin"
Stimmen für Susanne
~~||||~~ ~~||||~~ ~~||||~~ ~~||||~~ |
Gegenstimmen
~~||||~~ ||

BEISPIEL ZU 6
Bei einer relativen Häufigkeit von 6 % für einen Fehler berechnet man so die erwartete Fehlerzahl bei einer Produktion von 10 000 Stück:
0,06 · 10 000 = 600

6 In einer Textilfirma wird die Qualität der Textilien ständig kontrolliert. Dazu werden nach der Herstellung von T-Shirts Stichproben genommen.
Bei der letzten Kontrolle wurden 700 T-Shirts überprüft, 21 davon waren fehlerhaft.
a) Berechne die relative Häufigkeit für fehlerhafte T-Shirts in dieser Stichprobe.
b) Wie viele fehlerhafte T-Shirts könnten in der Gesamtproduktion von 8 000 (5 500; 13 500) T-Shirts wahrscheinlich enthalten sein? Nutze die relative Häufigkeit aus a).

7 Ein Kurort wirbt in einem neuen Prospekt mit seiner langen Sonnenscheindauer.

Ferien in
Bad Sommerfeld

Für Sie scheint bei uns immer die Sonne.
Im August erwarten Sie mehr als sieben Stunden Sonnenschein pro Tag.

Sonnenscheindauer der letzten Jahre, größtmögliche Sonnenscheindauer im August: 251 h

2012	2011	2010	2009	2008	2007
183 h	251 h	215 h	187 h	206 h	240 h

a) Stimmt die Aussage im Prospekt?
b) Schätze die Wahrscheinlichkeit, mit der im August die Sonne in Bad Sommerfeld scheint.

6 Eine Firma stellt Akkus für Handys her. Bei den letzten Kontrollen gab es folgende Anzahlen fehlerhafter Akkus je Stichprobe:
 – 17 von 850
 – 25 von 714
 – 37 von 1 947
a) Haben sich die Produktionsergebnisse verbessert oder verschlechtert?
b) Berechne die wahrscheinliche Anzahl fehlerhafter Akkus für eine Prokuktion von 15 000 Stück bei den besten (schlechtesten) Produktionsbedingungen.

7 Herr Lab möchte im Sommer segeln gehen.

Soll er an die italienische Mittelmeerküste mit einer Regenwahrscheinlichkeit von 7 % fahren? Oder ist die türkische Westküste besser geeignet, wo es laut Prospekt im Sommer (Juli bis September) durchschnittlich drei Regentage gibt?
Der Wind ist an der türkischen Westküste mit durchschnittlich $2\frac{m}{s}$ stärker als an der Mittelmeerküste mit $1{,}5\frac{m}{s}$.

8 Für ein Schulfest hat sich die Klasse 7 c ein Glücksrad mit besonderen Regeln ausgedacht.
a) Lässt sich mit diesem Glücksrad ein Gewinn für die Klassenkasse erzielen, wenn alle Ergebnisse gleich wahrscheinlich sind?
b) Mario hat festgestellt, dass das Glücksrad unregelmäßig läuft und deshalb keine gleich wahrscheinlichen Ergebnisse erzeugt.

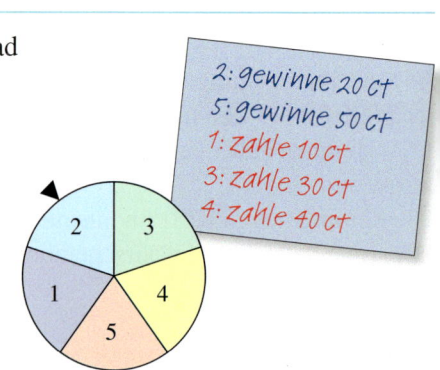

2: gewinne 20 ct
5: gewinne 50 ct
1: zahle 10 ct
3: zahle 30 ct
4: zahle 40 ct

Ergebnis	1	2	3	4	5
Anzahl	40	50	60	20	10

Wie lautet der Modus (s. S. 143) für die Anzahl der einzelnen Ergebnisse? Lässt sich mit diesem Glücksrad ein Gewinn erzielen, wenn es beim Schulfest insgesamt 2 000-mal gedreht wird? 👥 Diskutiert darüber in kleinen Gruppen und präsentiert euer Ergebnis in der Klasse.

Thema: Histogramme

Mula hat ihre Klasse im Hinblick auf das Körpergewicht ihrer Mitschülerinnen und Mitschüler untersucht. Die Ergebnisse hält sie zunächst in einer **Urliste** fest:
42, 50, 43, 52, 38, 40, 43, 40, 58, 61, 58, 37, 41, 49, 52, 43, 38, 58, 62, 65, 64, 55, 59, 48.

Um diese Werte übersichtlich graphisch darzustellen, fasst sie die gefundenen Werte in Klassen (Gewichtsklassen) zusammen.

Gewicht	Anzahl der Schüler	Klassenbreite	$\frac{\text{Anzahl der Schüler}}{\text{Klassenbreite}}$ = Klassendichte
30 – 40 kg	5	10	$\frac{5}{10} = \frac{1}{2}$
40 – 50 kg	8	10	$\frac{8}{10} = \frac{4}{5}$
50 – 60 kg	7	10	$\frac{7}{10}$
60 – 70 kg	4	10	$\frac{4}{10} = \frac{2}{5}$

Die **Klassenbreite** beschreibt die Größe der Klasse.
Beispiel je 10 kg, z. B. von 30–40 kg.

Diese klassifizierten Werte können in einem **Histogramm** dargestellt werden.

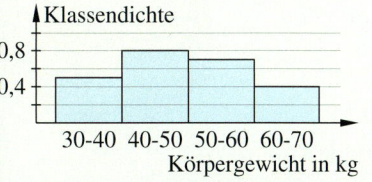

Für das Intervall 0 bis 30 kg wird angenommen, dass es keine Kinder mit diesem Gewicht in der Klasse gibt. Ebenso wird es kein Kind geben, das schwerer als 70 kg ist.
Daher werden nur die Gewichtsklassen 30 bis 70 kg aufgeführt.

Im Histogramm lässt sich die **Häufigkeitsverteilung**, d. h. wie oft eine Klasse vorkommt, ablesen. Die Fläche eines jeden Rechtecks gibt die absolute Häufigkeit dieser **Merkmals-ausprägung**, d. h. in welcher Intensität das Merkmal vorkommt, an.

1 👥 Untersucht eure Klasse im Hinblick auf die Größe.
Fasst verschiedene Größen in Klassen zusammen und erstellt ein Histogramm.

2 👥 Untersucht die Diagramme.

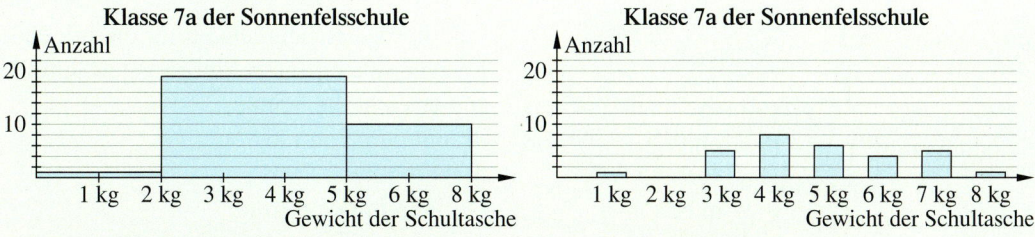

a) Wie heißen die Diagramme? Begründet.
b) Welche Gemeinsamkeiten und Unterschiede haben die Diagramme?

3 Untersuchungen durchführen
a) Überlege dir verschiedene Merkmale, die man in deiner Klasse untersuchen kann.
b) Entscheide, in welcher Form du die Ergebnisse deiner Untersuchung darstellen würdest.
c) Bei welchen Untersuchungen der Merkmale bietet sich das Histogramm zur Darstellung der Ergebnisse an?
d) Führe die Untersuchungen durch und erstelle die dazugehörigen Histogramme.

Klar so weit?

→ Seite 138

Zufall und Wahrscheinlichkeit

1 Hängen diese Vorgänge vom Zufall ab?
a) Ziehung der Lotto-Zahlen
b) Geschlecht eines Kindes
c) Beginn der Sommerferien
d) Ziehen einer Karte bei einem Quartett

1 Handelt es sich um Zufallsversuche?
Falls ja, gib mögliche Ergebnisse an.
a) Ziehung der ersten Kugel bei „6 aus 49"
b) Ziehen eines Loses
c) Ermitteln eines Gewichtes einer Kugel

2 In einer Schale liegen 10 bunte Kugeln. Sie unterscheiden sich nur in ihrer Farbe.
a) Welche Ergebnisse sind beim Ziehen einer Kugel aus der Schale möglich?
b) Handelt es sich bei dem Zufallsversuch um ein Laplace-Experiment? Begründe.

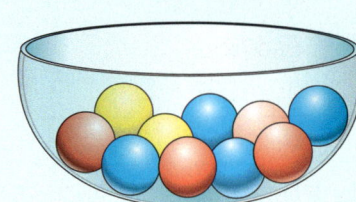

3 Ohne hinzusehen wird eine Kugel gezogen.

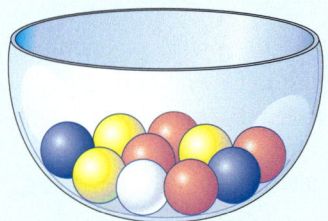

Berechne die Wahrscheinlichkeit, zufällig …
a) eine gelbe Kugel zu ziehen.
b) eine rote oder blaue Kugel zu ziehen.
c) keine rote und keine blaue Kugel zu ziehen.

3 Die Flächen des Spielwürfels sind mit den Zahlen 1 bis 12 beschriftet.
Berechne die Wahrscheinlichkeit für folgende Ereignisse.
a) $P(3)$
b) eine 7
c) $P(\text{„Primzahl"})$
d) eine Zahl kleiner 9
e) $P(\text{„Zahl kleiner neun"})$
f) eine durch 4 teilbare Zahl
g) ein Vielfaches von 2

4 Vergleiche die drei Zufallsversuche.
Gibt es Unterschiede bei den Wahrscheinlichkeiten? Begründe.

② Ziehen einer Karte aus den sechs gemischten Karten Ass, König, Bube, Sieben, Zehn und Neun

① Werfen eines Würfels

③ Ziehen einer Kugel aus einer Lostrommel, in der sich sechs verschiedenfarbige Kugeln befinden

4 Wie kommt die Klasse 7b zur Schule?

Bus	Fahrrad	Auto	zu Fuß
10	9	5	6

Gib die Wahrscheinlichkeit für die folgenden Ereignisse an: Eine zufällig ausgewählte Person erreicht die Schule…
a) mit dem Fahrrad,
b) zu Fuß,
c) nicht mit dem Auto,
d) mit dem Fahrrad oder zu Fuß.

→ Seite 142

Relative Häufigkeit und Wahrscheinlichkeit

5 Bei einem Fußballfest schießen die Teilnehmer dreimal auf eine Torwand. Dabei wird zu 35 % einmal getroffen, zu 15 % zweimal, zu 8 % dreimal und zu 42 % keinmal.
Wie groß ist die Wahrscheinlichkeit, dass ein zufällig ausgewählter Spieler die Torwand …
a) mindestens einmal trifft?   b) mindestens zweimal trifft?   c) höchstens zweimal trifft?

6 Ergebnisse am Glücksrad

a) Welches Glücksrad lieferte vermutlich die Zahlenreihen? Begründe.

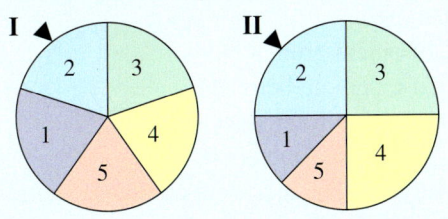

① 5; 3; 2; 2; 4;
   2; 3; 2; 3; 1;
   3; 3; 5; 4; 3;
   1; 4; 2; 2; 4;
   3; 4; 2; 1; 4

② 4; 4; 1; 5; 2;
   2; 1; 1; 2; 4;
   3; 3; 3; 5; 1;
   2; 2; 5; 5; 2;
   3; 2; 1; 5; 3

b) Stelle selbst zwei Zahlenreihen auf, die zu je einem der Glücksräder passen.

7 Die Firma BLITZ produziert Glühbirnen. Die Wahrscheinlichkeit, dass eine Glühbirne kaputt ist, beträgt 2 %.
Das bedeutet, dass erfahrungsgemäß 2 von 100 Glühbirnen kaputt sind.
Wie viele kaputte Glühbirnen gibt es ungefähr bei einer Lieferung von 5 000 Glühbirnen?

6 Ein Glücksrad wird mehrfach gedreht:

weiß, rot, rot, weiß, weiß, blau, blau, gelb, rot, weiß, blau, blau, weiß, blau, weiß, blau, blau, weiß, blau, blau, weiß, blau, rot, gelb, gelb, weiß, gelb, rot, blau, weiß, blau, weiß, weiß, gelb, weiß, gelb, rot, weiß, weiß, blau, gelb, weiß, rot, weiß, blau, gelb, blau, blau, weiß, rot.

a) Liegt ein Laplace-Experiment vor? Begründe deine Ansicht.

b) Schätze zuerst und bestimme dann mithilfe der relativen Häufigkeiten die Wahrscheinlichkeit, dass das Glücksrad auf einem roten (weißen, blauen, gelben) Feld stoppt.

c) Zeichne ein Glücksrad, das zu dem Zufallsversuch oben passt.

7 In einer Schale liegen insgesamt 50 Kugeln, die gelb, rot und grün sind.
800-mal wurde je eine Kugel gezogen und zurückgelegt. 320-mal wurde eine gelbe Kugel gezogen und 384-mal eine rote.
Wie viele gelbe, rote und grüne Kugeln sind vermutlich in der Schale?

Wahrscheinlichkeiten nutzen

→ Seite 146

8 An einer Kreuzung gibt es drei verschiedene Fahrspuren. Um den Verkehrsstrom festzustellen, hat man während der Hauptverkehrszeit eine Stunde lang gezählt.

Richtung	L	M	R
Anzahl	105	125	60

Gib die Wahrscheinlichkeit in Prozent an, mit der ein ankommendes Fahrzeug jeweils eine der drei Richtungen wählt.

8 Vor einem Konzert von „Justin Bieber" wurden 50 Personen von Redakteuren einer Schülerzeitung nach ihrem Lieblings-Music-Act befragt.
In der folgenden Ausgabe der Schülerzeitung findet sich folgende Überschrift:
„Justin Bieber" beliebtester Music-Act Deutschlands – 9 von 10 Befragten nennen „Jutin Bieber" als ihren Lieblings-Music-Act.
Hältst du die Überschrift für gerechtfertigt? Begründe deine Meinung.

9 Einige Schülerinnen und Schüler der 7 d haben am Kiosk eingekauft.

a) Wie viel Euro haben sie insgesamt ausgegeben?

b) Der Kioskbesitzer möchte aus diesen Verkaufszahlen seinen Einkauf für die nächste Woche berechnen.
Nimm Stellung zu seinem Vorgehen.

	Brötchen	Pizza	Riegel	Brezel
Anzahl	3	8	3	6
Preis (€)	1,10	1,00	0,80	0,80

Vermischte Übungen

1 Die einzelnen Felder des Glücksrads sind gleich groß. Wie groß ist jeweils die Wahrscheinlichkeit, beim ersten Drehen ...

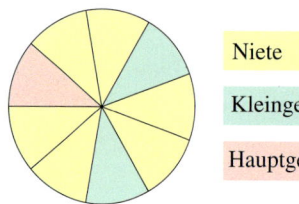

| Niete |
| Kleingewinn |
| Hauptgewinn |

a) einen Hauptgewinn,
b) einen Gewinn,
c) eine Niete zu erzielen?

2 Es wird ein Würfel geworfen. Wie groß ist die Wahrscheinlichkeit dafür, dass folgende Ereignisse eintreten? Die Augenzahl ist ...
a) gerade.
b) kleiner als zwei.
c) kleiner als sieben.
d) größer als eins.
e) sieben.

3 Wie groß ist die Wahrscheinlichkeit, dass die grüne Spielfigur beim nächsten Zug ins Haus gerettet wird?
Begründe.

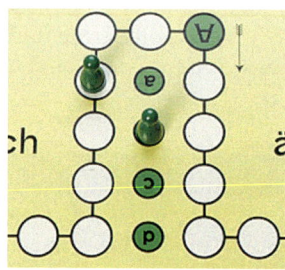

4 Ein Torwart führt eine Statistik darüber, ob er einen Elfmeter gehalten hat oder nicht.

Dabei steht „T" für Tor und „G" für gehalten:

TTGTT TGGTT GTTTT
TTTTG TTTTT

Überprüfe die Aussagen.
a) Die Wahrscheinlichkeit dafür, dass ein Elfmeter gehalten wird, liegt bei 5 %.
b) Der Torwart wird den nächsten Elfmeter wahrscheinlich nicht halten.
c) Von den nächsten fünf Elfmetern wird der Torwart einen halten.
d) Möglich ist, dass der Torwart von den folgenden zehn Elfmetern keinen halten wird.

HINWEIS ZU 4
Ein Skatspiel hat die Karten 7, 8, 9, 10, Bube, Dame, König und Ass jeweils in den Farben Kreuz, Pik, Herz und Karo.

1 Bestimme die Wahrscheinlichkeit dafür, dass der Kreisel wie folgt stehenbleibt.
a) auf einem grünen Feld
b) auf einem gelben Feld
c) auf einem roten oder auf einem blauen Feld
d) auf einem grünen Feld oder auf einem blauen Feld
e) weder auf einem grünen Feld noch auf einem blauen Feld

2 In einer Lostrommel liegen 25 Kugeln, die mit den Zahlen 1 bis 25 beschriftet sind. Eine Kugel wird gezogen und danach wieder in die Trommel zurückgelegt.
Bestimme die Wahrscheinlichkeit für das Ziehen einer ...
a) ungeraden Zahl,
b) Primzahl,
c) Quadratzahl,
d) durch drei teilbaren Zahl,
e) geraden und durch drei teilbaren Zahl.

3 Zeichne je ein Glücksrad, so dass folgende Wahrscheinlichkeiten gelten.
a) $P(\text{rot}) = \frac{1}{4}$
b) $P(\text{grün}) = \frac{1}{3}$
c) $P(\text{blau}) = 0$
d) $P(\text{gelb}) = \frac{1}{5}$
e) $P(\text{schwarz}) = 30\%$; $P(\text{weiß}) = 60\%$ und $P(\text{grau}) = 10\%$

4 Aus 32 Skatkarten wird eine Karte gezogen. Berechne die Wahrscheinlichkeit für das Ziehen der folgende Ereignisse.
a) mindestens eine rote Karte
b) höchstens zwei Buben
c) Karo-Sieben
d) ein Ass
e) Herz-Ass
f) eine Herz-Karte
g) eine Herz-Karte oder Karo-Karte
h) Kreuz-Ass oder Pik-Ass

5 Eine Streichholzschachtel wurde wie ein Würfel geworfen.

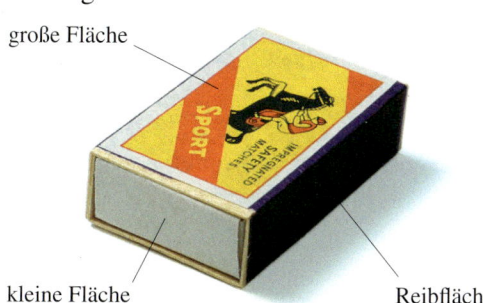

große Fläche

kleine Fläche   Reibfläche

Die Tabelle zeigt, wie oft die Schachtel auf der großen Fläche, auf der kleinen Fläche und auf der Reibefläche gelandet ist.

Ergebnis	große Fläche	kleine Fläche	Reib-fläche
Anzahl	124	28	48

a) Gib die relativen Häufigkeiten der einzelnen Ergebnisse an.
b) Ist die relative Häufigkeit ein Schätzwert für die Wahrscheinlichkeit der einzelnen Ergebnisse? Begründe.

6 In einem Gefäß liegen eine weiße und drei schwarze Kugeln. Es wird ohne hinzusehen eine Kugel gezogen.
a) Wie groß ist die Wahrscheinlichkeit, dass die gezogene Kugel …
– weiß,
– schwarz ist?
b) Die erste Kugel war schwarz. Sie wird *nicht* wieder ins Gefäß zurückgelegt. Bestimme die Wahrscheinlichkeit, beim zweiten Ziehen eine …
– weiße,
– schwarze Kugel zu ziehen.

5 Ein Kreisel hat drei gleich große Felder. Bei einem Zufallsversuch wurde er 120-mal gedreht.

Die Urliste zeigt die Ergebnisse:

1; 1; 3; 3; 2; 1; 3; 1; 1; 1; 2; 1;
2; 2; 1; 1; 3; 3; 3; 1; 2; 1; 3; 2;
1; 1; 1; 2; 3; 3; 3; 3; 3; 3; 2; 2;
1; 1; 1; 2; 2; 2; 2; 3; 2; 1; 2; 1;
3; 3; 1; 2; 2; 2; 1; 1; 1; 1; 3; 3;
1; 2; 1; 2; 1; 2; 3; 1; 1; 1; 1; 2;
1; 3; 2; 1; 3; 2; 1; 3; 2; 1; 3; 3;
3; 1; 1; 3; 1; 2; 3; 1; 2; 1; 1; 1;
2; 2; 1; 1; 1; 3; 1; 1; 1; 1; 2; 1;
1; 1; 1; 2; 1; 2; 1; 2; 1; 2; 1; 1

a) Fertige eine Strichliste an.
b) Gib die absoluten Häufigkeiten der einzelnen Ergebnisse an.
c) Gib Schätzwerte für die Wahrscheinlichkeiten der einzelnen Ergebnisse an.

6 In einer Lostrommel befinden sich insgesamt 112 Nieten, 69 Kleingewinne und 19 Hauptgewinne.
a) Wie groß ist die Wahrscheinlichkeit, beim ersten Ziehen …
– einen Kleingewinn,
– eine Niete oder einen Kleingewinn,
– einen Hauptgewinn zu ziehen?
b) Es wurden bereits 50 Lose verkauft und es wurde 3-mal ein Hauptgewinn gezogen. Hat sich die Wahrscheinlichkeit, einen Hauptgewinn zu ziehen, verbessert oder verschlechtert? Begründe.

7 Von zwei Batterieherstellern wurden zehn Batterien auf ihre Haltbarkeit getestet. Die Tabelle zeigt die Haltbarkeit in Stunden.

Galvani	15,5	14	14	24	19	16,5	15	11,4	16	15
Volta	18	14	16	9	12	16	20	16	13	15

a) Beide Hersteller werben mit einer Haltbarkeit von mindestens 15 Stunden. Mit welcher Wahrscheinlichkeit halten die beiden Firmen ihr Versprechen?
b) Berechne die durchschnittliche Haltbarkeit je Hersteller.
c) Welche Batterien würdest du kaufen? Begründe.

Rund ums Blutspenden

Täglich spenden Freiwillige einen kleinen Teil ihres Blutvolumens. Damit helfen sie, das Leben anderer zu retten.

Nach der Spende wird das Blut untersucht und aufbereitet, bevor es z. B. bei einer Operation eingesetzt wird.

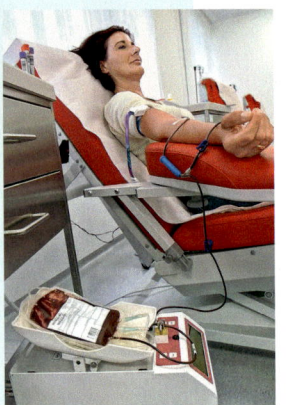

8 Jeder Mensch kann nach einem Unfall oder bei einer schweren Krankheit in die Situation kommen, Blut von einem anderen Menschen zu benötigen.

Es wird geschätzt, dass 80% aller Deutschen mindestens einmal im Leben Blut oder Blutplasma von einem anderen Menschen brauchen. Im Jahr 2015 lebten in Deutschland insgesamt 81 248 691 Menschen.

a) Wie viele Menschen in Deutschland benötigen mindestes einmal in ihrem Leben eine Blutspende?

b) Bundesweit werden jährlich etwa 5 475 000 Blutspenden benötigt. Bei einer Spende werden 450 cm³ Blut abgenommen.
Wie viel Liter Blut werden jährlich benötigt?

c) Vergleiche dein Ergebnis aus Aufgabenteil b) mit dem Volumen eines Schwimmbads, das 50 m lang, 25 m breit und 2 m tief ist.

9 Blut ist nicht gleich Blut. Ein Merkmal der Unterscheidung sind die sogenannten Blutgruppen A, 0, B und AB.

a) Welche Blutgruppe ist in Deutschland am meisten (wenigsten) vertreten?

b) In einem Fußballstadion sind 27 500 Zuschauer. Gib an, wie viele von ihnen wahrscheinlich zu den einzelnen Blutgruppen gehören.

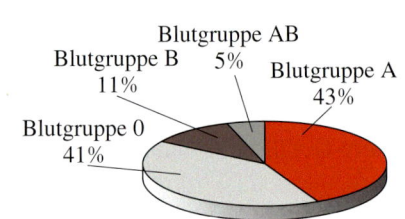

10 Die Häufigkeit der Blutgruppen ist regional verschieden.

Land \ Gruppe	A	0	B	AB	Gesamtbevölkerung
Deutschland	43%	41%	11%	5%	81 248 691
Schweiz	47%	41%	8%	4%	8 325 200
Türkei	42,5%	33,7%	15,8%	8,0%	80 694 485

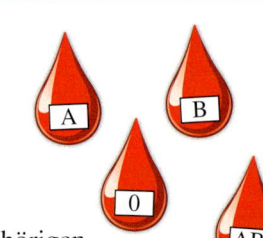

a) Berechne für jedes Land die absoluten Zahlen der Blutgruppenzugehörigen.

b) Stelle sie in einem geeigneten Balkendiagramm dar.

11 Zum Uniklinikum Schleswig-Holstein kommen 9 500 Dauerspender.

a) Bei wie vielen von ihnen ist nach der Statistik für Deutschland in Aufgabe 10 die Blutgruppe AB zu erwarten?

b) Die Tabelle zeigt, zu welcher Blutgruppe die Spender an einem Dienstag gehörten.
Bei welcher Blutgruppe kommt das Tagesergebnis der statistischen Verteilung für Deutschland aus Aufgabe 10 am nächsten?

Blutgruppe	A	0	B	AB
Anzahl	48	41	16	3

c) An einem Vormittag wurde das Alter aller Spender notiert.
Gib den Modus für das Alter an.
Berechne das durchschnittliche Alter der Spender.

Alter	19	21	22	28	32	39	40	49	52	60
Anzahl	4	2	6	12	4	2	8	1	1	2

Zusammenfassung

Zufall und Wahrscheinlichkeit

→ Seite 138

Zufallsexperimente, bei denen alle **Ergebnisse gleich wahrscheinlich** sind, nennt man **Laplace-Experimente**.

Für die **Wahrscheinlichkeit P** für das Eintreten eines Ergebnisses e gilt:

$$P(e) = \frac{1}{\text{Anzahl der möglichen Ergebnisse}}$$

Das Würfeln eines Würfels ist ein Zufallsexperiment.

Es können die **Ergebnisse** 1 bis 6 auftreten. Alle möglichen Ergebnisse kann man in der **Ergebnismenge S** zusammenfassen:
$S = \{1, 2, 3, 4, 5, 6\}$.
Alle Ergebnisse sind gleich wahrscheinlich.

Die Wahrscheinlichkeit, eine Drei zu werfen, beträgt $P(3) = \frac{1}{6} \approx 0{,}167 \approx 16{,}7\,\%$.

Mehrere Ergebnisse eines Zufallsversuchs können zu einem **Ereignis E** zusammengefasst werden.
Für die **Wahrscheinlichkeit P** für das Eintreten eines Ereignisses E gilt:

$$P(E) = \frac{\text{Anzahl der günstigen Ergebnisse}}{\text{Anzahl der möglichen Ergebnisse}}$$

Die Ergebnisse 2, 4 und 6 können zum Ereignis „Es wird eine gerade Zahl geworfen" zusammengefasst werden.

Die Wahrscheinlichkeit, eine gerade Zahl zu werfen, beträgt
$P(\text{„gerade Zahl"}) = \frac{3}{6} = 0{,}5 = 50\,\%$.

Die Wahrscheinlichkeit für ein Ereignis nimmt Werte von 0 (0 %) bis 1 (100 %) an.

Das Werfen einer 7 ist ein **unmögliches Ereignis**, $P(7) = 0 = 0\,\%$.

Das Werfen einer der Zahlen 1 bis 6 ist ein **sicheres Ereignis**, die Wahrscheinlichkeit dafür beträgt 1 = 100 %.

Relative Häufigkeit und Wahrscheinlichkeit

→ Seite 142

Bei einer großen Anzahl von Würfen ist die **relative Häufigkeit** für ein Ereignis ein **Schätzwert für die Wahrscheinlichkeit** des Ereignisses.

Gesamtzahl der Würfe	15	105
absolute Häufigkeit der Sechs	5	16
relative Häufigkeit der Sechs	≈ 33 %	≈ 15 %

Wahrscheinlichkeiten nutzen

→ Seite 146

Um **Chancen und Risiken** beurteilen zu können, bedient man sich häufig der Wahrscheinlichkeitsrechnung.
Für die **Vorhersage von Einzelereignissen** ist eine Wahrscheinlichkeitsberechnung nicht geeignet.

Beträgt die Regenwahrscheinlichkeit für eine Region 80 %, dann ist es wahrscheinlich, dass es in einem Teil der Region regnen wird. Eventuell regnet es aber auch gar nicht.

Teste dich!

4 Punkte

1 Handelt es sich um Zufallsversuche? Falls ja, gib je zwei mögliche Ergebnisse an.
a) Werfen einer Münze
b) Ziehen einer Kugel ohne Hinsehen aus einer Schale mit mehreren Kugeln
c) Ermitteln des Volumens eines Quaders mit $a = 2\,cm$, $b = 3\,cm$ und $c = 4\,cm$
d) Note deiner nächsten Klassenarbeit

4 Punkte

2 Bestimme die Wahrscheinlichkeit dafür, dass das Glücksrad …
a) auf dem grünen Feld stehen bleibt.
b) auf einem gelben Feld stehen bleibt.
c) auf einem roten oder auf einem blauen Feld stehen bleibt.
d) weder auf dem grünen noch auf einem blauen Feld stehen bleibt.

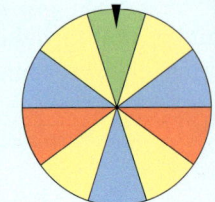

2 Punkte

3 Es gibt Spielwürfel mit 6, 8 oder 12 Flächen. Mit jedem von ihnen wird einmal geworfen.
a) Begründe, ob ein Laplace-Experiment vorliegt oder nicht.
b) Ergänze im Heft die Tabelle mit den Wahrscheinlichkeiten der angegebenen Ereignisse.

Würfel mit ...	6 Flächen	8 Flächen	12 Flächen
Wahrscheinlichkeit eine „1" zu werfen	$\frac{1}{6}$		
Wahrscheinlichkeit eine „gerade Zahl" zu werfen			
Wahrscheinlichkeit eine „1" oder eine „2" zu werfen			

5 Punkte

4 In einer Lostrommel liegen 25 Kugeln, die mit den Zahlen 1 bis 25 beschriftet sind. Eine Kugel wird gezogen und danach wieder in die Trommel zurückgelegt. Bestimme die Wahrscheinlichkeit für folgende Ereignisse: Es wird eine …
a) ungerade Zahl gezogen.
b) Primzahl gezogen.
c) Quadratzahl gezogen.
d) durch drei teilbare Zahl gezogen.
e) gerade und durch drei teilbare Zahl gezogen.

3 Punkte

5 Bei einer Tombola sollen $4\,500\,€$ durch den Verkauf der Lose zu je $1{,}50\,€$ erzielt werden. Nachdem die Kosten für die Gewinne abgezogen wurden, soll der Rest einer Kinderkrippe gestiftet werden.
a) Wie viele Lose müssen verkauft werden?
b) Wie groß ist die Wahrscheinlichkeit, den Hauptpreis zu gewinnen?
c) Mit welcher Wahrscheinlichkeit ist überhaupt ein Gewinn zu erwarten?

> Kosten für die Gewinne:
> 1 Fahrrad   760 €
> 5 Skateboards   je 98 €
> 12 Basecaps   je 32 €
> 15 Gelenkschoner   je 25 €

2 Punkt

6 Im Jahr 2014 lebten in Deutschland 81 200 000 Menschen. Die Stadt Lübeck hatte zu diesem Zeitpunkt 214 420 Einwohner.
a) In Deutschland gab es in diesem Jahr 10 941 201 Kinder und Jugendliche unter 15 Jahren. Überlege, wie viele Kinder und Jugendliche zu diesem Zeitpunkt in Lübeck lebten.
b) In Deutschland waren zu diesem Zeitpunkt 20,6 % der Menschen über 65 Jahre alt. Überlege entsprechend die Anzahl der Menschen über 65 Jahre in Lübeck.

Hallo Tobi,

hier ist ein kleines Rätsel für dich:

1) Mein Bruder rechts auf dem Foto ist 5 Jahre jünger als ich.
2) Mein kleiner Cousin ist 2 Jahre alt. Er und meine Schwester zusammen sind so alt wie mein Bruder.
3) Mein Vater ist dreimal so alt wie ich.
4) Wenn ich das halbe Alter meines Bruders vom Alter meines Vaters subtrahiere, dann erhalte ich das Alter meiner Mutter.
5) Meine Oma ist so alt wie mein Vater und meine Mutter zusammen.
6) Der Altersunterschied zwischen meinen Großeltern ist derselbe wie der zwischen meinen Eltern.

Viel Spaß beim überlegen,
deine Clara

PS: Du weißt nicht mehr, wie alt ich bin??
Ein Tipp: Ich gehe in die 7. Klasse und mein Alter gehört zu den Primzahlen!

Noch fit?

Einstieg

1 Zahlenfolgen
Ergänze um drei weitere Zahlen.
Formuliere jeweils eine Regel.
a) 17; 34; 51; 68; …
b) 1; 3; 5; 7; …
c) 200; 195; 190; …
d) 4; 9; 14; 19; …

2 Einfache Gleichungen
Setze jeweils eine geeignete Zahl ein.
a) $15 \cdot \blacksquare = 105$
b) $14 + 2 \cdot \blacksquare = 24$
c) $121 = \blacksquare \cdot \blacksquare$
d) $121 - \blacksquare = 89$
e) $5 \cdot \blacksquare - 12 = 13$

3 Addieren und Subtrahieren
Schreibe eine Aufgabe und löse sie.
a) Addiere die Zahlen 54 und 226.
b) Bilde die Differenz aus 37 und 17.
c) Der erste Summand ist 527, der Wert der Summe ist 617. Gesucht ist der zweite Summand.
d) Der Wert der Differenz ist 36, der Minuend ist 47. Wie lautet der Subtrahend?

Aufstieg

1 Zahlenfolgen
Ergänze um drei weitere Zahlen.
Formuliere jeweils eine Regel.
a) 1; 4; 9; 16; 25; …
b) 1; 3; 6; 10; 15; …
c) $\frac{1}{2}$; $\frac{1}{4}$; $\frac{1}{8}$; $\frac{1}{16}$; …
d) $\frac{1}{4}$; $\frac{1}{2}$; 1; 2; …

2 Einfache Gleichungen
Setze jeweils eine geeignete Zahl ein.
a) $125 = 75 + 10 \cdot \blacksquare$
b) $63 : \blacksquare = 7$
c) $47 - 3 \cdot \blacksquare = 41$
d) $\blacksquare \cdot 8 = 56$
e) $12 + \blacksquare : 6 = 21$

3 Addieren und Subtrahieren
Schreibe eine Aufgabe und löse sie.
a) Der erste Summand ist 158, der zweite Summand ist um 50 größer als der erste Summand. Berechne die Summe.
b) Der Wert der Differenz ist 148, der Subtrahend ist 60. Berechne den Minuenden.
c) Der Wert der Summe beträgt 1 328. Beide Summanden sind gleich groß.

4 Rechenregeln
Ergänze die Regeln zum Rechnen mit Brüchen im Heft.
a) Brüche werden addiert oder subtrahiert, indem man …
b) Zwei Brüche werden multipliziert, indem man …
c) Man dividiert eine Zahl durch einen Bruch, indem man …

5 Rechnen mit Brüchen
a) $\frac{2}{3} + \frac{4}{5}$ b) $3 - \frac{2}{7}$ c) $-\frac{3}{5} - \frac{5}{6}$
d) $\frac{5}{6} \cdot \frac{18}{25}$ e) $\frac{3}{4} \cdot \left(-\frac{5}{6}\right)$ f) $\frac{12}{7} : \frac{36}{77}$

5 Rechnen mit Brüchen
a) $\frac{8}{5} : \frac{12}{15}$ b) $\frac{2}{3} + \frac{4}{7} \cdot \frac{14}{8}$ c) $\frac{9}{8} - \frac{3}{4} : \frac{1}{2}$
d) $\frac{1}{3} : \frac{1}{4} \cdot \frac{4}{6}$ e) $\frac{4}{3} - \frac{2}{3} \cdot \frac{7}{4}$ f) $\frac{7}{5} : \frac{2}{3} \cdot \frac{1}{4}$

6 Berechnungen am Rechteck
Übertrage die Tabelle in dein Heft und ergänze sie.

Länge a	Breite b	Umfang des Rechtecks	Flächeninhalt des Rechtecks
4 cm	3,5 cm		
7,5 dm	1,5 dm		
7 cm		22 cm	
	6 cm		102 cm²

Lösungen ab Seite 204

Variablen und Terme

1 👥 Im Buchstabendschungel

Ihr braucht: den Spielplan, einen Würfel und je Mitspieler einen Spielstein.
– Jeder Mitspieler stellt seinen Spielstein auf das Startfeld.
– Wer an der Reihe ist, würfelt. Beachte den Rechenausdruck, auf dem du stehst. Setze die gewürfelte Augenzahl anstelle des Buchstabens ein und berechne.
– Ist das Ergebnis positiv, ziehe die entsprechende Anzahl der Felder vor. Bei einem negativen Ergebnis gehe entsprechend zurück. Bei 0 bleibst du stehen.
– Kommst du auf ein hellgrünes Feld mit Liane, kletterst du hoch; kommst du auf ein oranges Lianenfeld, rutschst du herunter.

2 Fotobestellung

Anna war in den Ferien auf Madagaskar und hat viele Fotos geschossen.
Nun möchte sie bei einem Online-Fotoversand Abzüge für 40 Fotos bestellen.

a) Wie viel muss sie bezahlen, wenn alle Fotos im Format 9×13 gedruckt werden?

b) Wie viel muss sie bezahlen, wenn alle Fotos im Format 10×15 gedruckt werden?

Format	Preis	Postversand: 2,85 € für Verpackung & Versand
9×13	0,10 €	Lieferzeit: Je nach Bestellung
10×15	0,13 €	2–5 Arbeitstage

c) Anna möchte möglichst viele große Fotos, will aber nicht mehr als 7,50 € ausgeben.
Tipp: Sie sucht die optimale Lösung mithilfe einer Tabelle:

	Anzahl 9×13	Anzahl 10×15	Preis für 9×13	Preis für 10×15	Gesamtpreis (incl. Versand)
①	35	5			
②	20	20			
③					

d) Welche der folgenden Gleichungen eignet sich zur Berechnung des Gesamtpreises?
Wofür stehen die Zeichen ▲ und ●? Begründe.
① Gesamtpreis = (▲ + ●) · (0,10 € + 0,13 €) + 2,85 €
② Gesamtpreis = ▲ · 0,10 € + ● · 0,13 € + 2,85 €
③ Gesamtpreis = ▲ · 0,10 € + ● · 0,13 € + 40 · 2,85 €

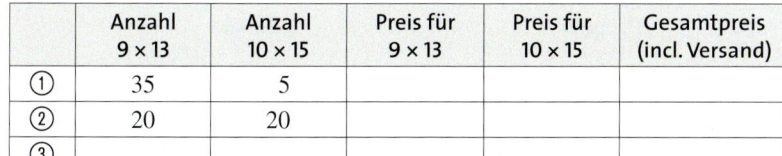
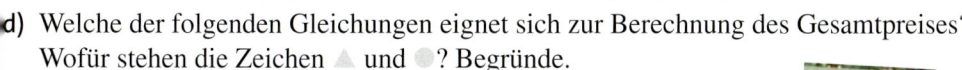

Verstehen

Nico darf sich zum Geburtstag ein Smartphone aussuchen.
Die laufenden Kosten muss er aber selbst tragen.
Seine Schwester hilft ihm, zwei Angebote zu vergleichen.

PREPAID	
pro SMS	0,19 €
Telefonieren (pro Minute):	0,15 €

BASIS	
monatliche Grundgebühr	8 €
SMS Flatrate	5 €
Telefonieren (pro Minute):	0,07 €

Wie viele SMS schreibst du denn jeden Monat? Und wie viele Minuten telefonierst du?

Hm, das weiß ich doch nicht so genau.

Nicos Schwester hat eine Idee und schreibt auf ein Blatt:

„Prepaid"		„Basis"	
		monatl. Grundgebühr:	8 €
SMS:	0,19 € · ◆	Flatrate SMS (monatl.):	5 €
Telefonminuten:	0,15 € · ●	Telefonminuten:	0,07 € · ●
insgesamt:		insgesamt:	
	$0{,}19 \cdot ◆ + 0{,}15 \cdot ●$		$13 + 0{,}07 \cdot ●$

Super!
Jetzt kann ich statt ◆ und ● verschiedene Zahlen einsetzen und berechnen, wie viel ich dann zahlen müsste.

Ein Platzhalter, für den man verschiedene Zahlen oder Größen einsetzen kann, heißt **Variable**.
Statt Zeichen wie ■, ▲, ◆ oder ● verwendet man für Variablen meist kleine Buchstaben, z. B. a, b, c oder auch x, y, z.

BEACHTE
„13 –" oder „x +"
sind **keine** Terme.

Beispiel 1

12; m; $12 + 3$; $27 : 9$; y^2; $2 - (r + s)$
$13 + 0{,}07 \cdot y$ (der Tarif „Basis")

Merke Eine sinnvolle Verbindung von Variablen, Zahlen und Rechenzeichen heißt **Term** (Rechenausdruck).

... pro Monat 30 SMS und 60 Minuten, also:
$x = 30$ *und* $y = 60$

„Prepaid"	„Basis"
$0{,}19 \cdot x + 0{,}15 \cdot y$	$13 + 0{,}07 \cdot y$
$0{,}19 \cdot 30 + 0{,}15 \cdot 60 =$	$13 + 0{,}07 \cdot 60 =$
$= 5{,}7 + 9 = 14{,}7$	$= 13 + 4{,}2 = 17{,}2$

Nico müsste für „Prepaid" 14,70 € und für „Basis" 17,20 € bezahlen.

... vielleicht 45 SMS und 100 Minuten, also:
$x = 45$ *und* $y = 100$

„Prepaid"	„Basis"
$0{,}19 \cdot x + 0{,}15 \cdot y$	$13 + 0{,}07 \cdot y$
$0{,}19 \cdot 45 + 0{,}15 \cdot 100 =$	$13 + 0{,}07 \cdot 100 =$
$= 8{,}55 + 15 = 23{,}55$	$= 13 + 7 = 20$

In diesem Fall müsste er für „Prepaid" 23,55 € und für „Basis" 20 € bezahlen.

Beispiel 2

$2 \cdot y - 6$
mit $y = \frac{1}{2}$ $2 \cdot \frac{1}{2} - 6 = 1 - 6 = -5$

Merke Wenn man für die Variablen Zahlen einsetzt, kann man den **Wert des Terms** bestimmen.

Üben und anwenden

1 Terme bilden
a) Bilde aus diesen Zahlen und Variablen mehrere Additionsterme.
b) Bilde aus den Zahlen und Variablen Subtraktionsterme.
c) 👥 Überlegt zu zweit: Habt ihr zusammen alle Terme gefunden? Begründet.

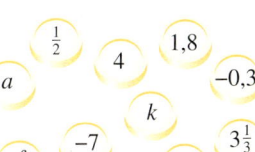

2 Berechne den Wert des Terms $4 \cdot x$ für:
a) $x = 5$ b) $x = 25$ c) $x = 0{,}7$
d) $x = -3{,}5$ e) $x = 2{,}7$ f) $x = -1\frac{1}{2}$

3 Übertrage die Tabelle in dein Heft und berechne die Werte der Terme.

x	0	1	2	−3	0,4	$-\frac{1}{5}$
$x + 10$						
$8 \cdot x$						
$x - 5$						
$12 : x$						

4 Übertrage das Kreuzzahlrätsel ins Heft und löse es.

	①	②		③	④	
⑤				⑥		⑦
⑧			⑨			
⑩				⑪		
⑫			⑬	⑭		
		⑮				
	⑯					

waagerecht:
① $4 \cdot a - 1972$; $a = 4\,000$
⑤ $-15 \cdot a$; $a = -15$
⑥ $15 \cdot a + 38$; $a = 5$
⑧ $124 \cdot a$; $a = 160$
⑩ $18 \cdot (b - 37)$; $b = 300$
⑪ $\frac{1}{2} \cdot b + 5$; $b = 22$
⑫ $-14 \cdot b$; $b = -2{,}5$
⑬ $15 \cdot b + 100$; $b = 180$
⑮ $34 \cdot c + 1$; $c = 900$
⑯ $161 \cdot c + 100$; $c = 71$

senkrecht:
① $173 \cdot x$; $x = 75$
② $7 \cdot x + 5$; $x = 654$
③ $-3{,}5 \cdot x$; $x = -60$
④ $9 \cdot (y + 4)$; $y = 5$
⑤ $1429 \cdot y$; $y = 15$
⑦ $47 \cdot y + 1$; $y = 800$
⑨ $421 \cdot y$; $y = 105$
⑪ $125 \cdot z + 1$; $z = 8$
⑭ $-30 \cdot z - 37$; $z = -30$
⑮ $15 \cdot z - 11$; $z = 2{,}8$

1 Terme bilden
a) Bilde aus diesen Zahlen und Variablen mindestens zehn Terme. Nutze dabei alle Rechenzeichen und auch Klammern.
b) 👥 Überlegt zu zweit: Habt ihr zusammen alle Terme gefunden? Begründet.

2 Berechne den Wert des Terms $2 \cdot a + 4$ für:
a) $a = 13$ b) $a = 24$ c) $a = 0$
d) $a = -0{,}4$ e) $a = -1\frac{3}{4}$ f) $a = -0{,}245$

3 Übertrage in dein Heft und berechne.

a)

x	4	6		9		48
$x + 28$			35		42	

b)

x	25		32		100	
$x - 16$		14		34		100

c)

x		5		11		17
$5 \cdot x$	15		35		65	

d)

x		3	4			12
$144 : x$	−72			24	18	

4 Der Term-Flipper zeigt zu Beginn $x = 0$ an. Berechne den Termwert nach dem ersten Anstoß. Nun wird für x dieser erste Termwert angezeigt. So geht es weiter. Welchen Wert zeigt das Gerät am Ende an?

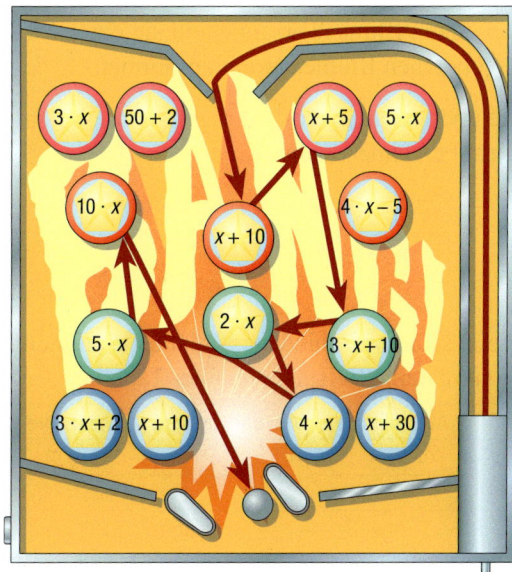

ZU AUFGABE 4
Ziel ist, am Ende des Flipperspiels möglichst nah an 50 000 zu kommen. Der Weg der Flipperkugel bleibt gleich. Probiere mit verschiedenen Startwerten für x.

5 Übertrage die Tabellen ins Heft.
Setze für die Variablen den gegebenen Wert ein und überprüfe wie im Beispiel, ob die Aussage wahr (w) oder falsch (f) ist.

a)

x	$x+2=4$	$x+2<4$	$x+2>4$
0	$2=4$ f		
1			
2			
3			

b)

x	$x-8=2$	$x-8<2$	$x-8>2$
8			
9			
10			
11			

5 Übertrage die Tabellen ins Heft.
Setze für die Variablen den gegebenen Wert ein und überprüfe wie im Beispiel, ob die Aussage wahr (w) oder falsch (f) ist.

a)

x	$2 \cdot x+6=9$	$2 \cdot x+6<9$	$2 \cdot x+6>9$
0	$6=9$ f		
1			
2			
3			

b)

x	$5 \cdot x-8=12$	$5 \cdot x-8<12$	$5 \cdot x-8>12$
3			
4			
5			
6			

6 Die neue Mathematiklehrerin stellt sich vor.

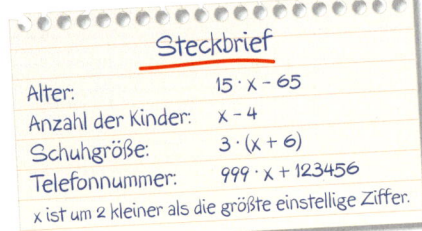

Steckbrief

Alter: $15 \cdot x - 65$
Anzahl der Kinder: $x - 4$
Schuhgröße: $3 \cdot (x + 6)$
Telefonnummer: $999 \cdot x + 123456$
x ist um 2 kleiner als die größte einstellige Ziffer.

👥 Schreibe einen Steckbrief über dich und gebe ihn einer Partnerin oder einem Partner zum Lösen.

6 Ersetze die Variablen so durch Zahlen, dass in jeder Zeile das Ergebnis die außen stehende Zahl ist und dass in jeder Spalte das Ergebnis die unten stehende Zahl ist.
Gleiche Variablen bedeuten gleiche Zahlen.

a) 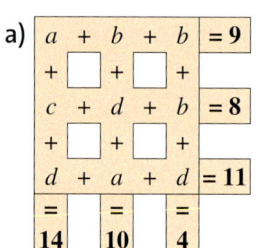 b)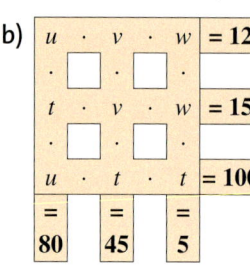

7 Anna möchte ihrer Großmutter zum Geburtstag einen schönen Blumenstrauß schenken. Bei einem Blumenversand stellt sie einen Strauß aus den angebotenen Blumensorten zusammen.

Sie überlegt sich, dass sie den Gesamtpreis mit folgendem Term berechnen kann:

Rosen:	Stück 1,50 €
Gerbera:	Stück 0,85 €
Nelken:	Stück 0,65 €
Anemonen:	Stück 1,35 €
Glückwunschkarte:	2,50 €

$$1,50 \cdot r + 0,85 \cdot g + 0,65 \cdot n + 1,35 \cdot a + 2,50 \cdot k$$

r = Anzahl Rosen; g = Anzahl Gerbera; n = Anzahl Nelken;
a = Anzahl Anemonen; k = Anzahl Glückwunschkarten

Stelle sechs verschiedene Sträuße zusammen und berechne jeweils den Gesamtpreis.
Notiere deine Beispiele in einer Tabelle:

	Anzahl Rosen	Anzahl Gerbera	Anzahl Nelken	Anzahl Anemonen	Karte ja/nein	Gesamtpreis
①	5	5	5	5	ja	
②						
③						

Terme vereinfachen

Entdecken

1 Die Firma Hell beginnt bereits im Mai mit der Herstellung von Weihnachtsbeleuchtungen. Das Modell Weihnachtsbaum ist aus einem Leuchtschlauch hergestellt und wird in verschiedenen Größen angeboten.

a) Beschreibe mit eigenen Worten, in welchem Größenverhältnis die anderen Längen zur „Dicke des Stamms" x stehen.

b) Gib die Gesamtlänge des Leuchtschlauches mithilfe der Variablen x an.

c) Rechne mit deinem Term aus, wie lang der Leuchtschlauch insgesamt sein muss, wenn der „Stamm" eine Dicke von $x = 10\,\text{cm}$ haben soll.

d) Wie dick muss der Baum sein, wenn man den Baum aus genau 4,55 m Leuchtschlauch herstellen möchte?

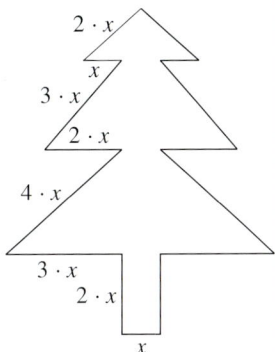

2 Betrachte die folgenden Figuren.

   ① 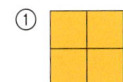 ②   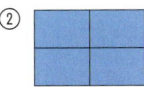 ③ 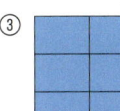 ④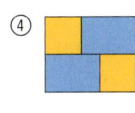

a) Gib jeweils einen möglichst einfachen Term für den Umfang der abgebildeten Figuren an.

b) Die folgenden Terme geben die Flächeninhalte der Figuren an.
Ordne jeder Figur mindestens einen Term zu. Welche Terme bleiben übrig?

TIPP
Schreibe in
Aufgabe 2a)
wie folgt:
① $u = ...$

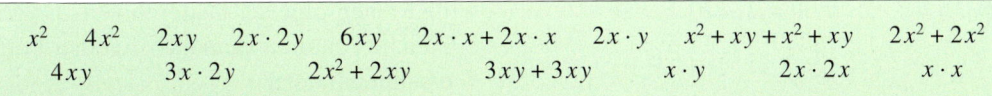

x^2 $4x^2$ $2xy$ $2x \cdot 2y$ $6xy$ $2x \cdot x + 2x \cdot x$ $2x \cdot y$ $x^2 + xy + x^2 + xy$ $2x^2 + 2x^2$

$4xy$ $3x \cdot 2y$ $2x^2 + 2xy$ $3xy + 3xy$ $x \cdot y$ $2x \cdot 2x$ $x \cdot x$

c) 👥 Arbeitet in Kleingruppen: Vergleicht eure Zuordnungen. Für einige Figuren gibt es mehrere Terme, die aber gleichwertig sind.
Formuliert Rechenregeln, wie man Terme vereinfachen kann. Notiert die Regeln auf einer Folie oder einem Plakat und präsentiert sie.

3 Berechne die Aufgaben und vergleiche die Ergebnisse.

① $3 + (17 + 12)$
$3 + 17 + 12$
$3 + 17 - 12$

② $25 + (18 - 7)$
$25 + 18 - 7$
$25 + 18 + 7$

③ $100 - (27 + 43)$
$100 - 27 + 43$
$100 - 27 - 43$

④ $80 - (-15 + 25)$
$80 - 15 - 25$
$80 + 15 + 25$

a) Wann kann man eine Klammer weglassen, ohne dass sich das Ergebnis ändert?

b) Erkläre, wie man vorgehen muss, wenn vor der Klammer ein Minuszeichen steht.

c) Finde zu der Aufgabe $8 - (4 + 1)$ eine Aufgabe mit den Zahlen 8; 4; 1 und den Rechenzeichen + und −, die das gleiche Ergebnis, aber keine Klammern hat.

Verstehen

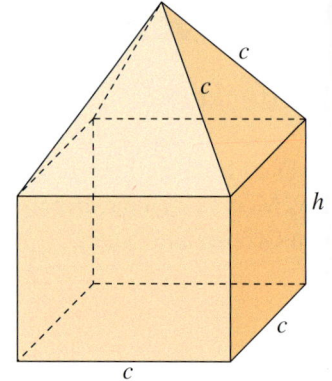

Akin und Rabia wollen für die Welpen ihres Hundes im Garten einen Unterschlupf mit Auslauf bauen. Zur genaueren Planung bauen sie zunächst ein großes Modell aus Draht.

Zuerst berechnet Akin, wie viel Draht sie für die Hütte (ohne den Auslauf) benötigen:

$$\underbrace{c+c+c+c}_{\text{Boden}} + \underbrace{h+h+h+h}_{\text{Seiten}} + \underbrace{c+c+c+c}_{\text{Dachboden}} + \underbrace{c+c+c+c}_{\text{Dachschrägen}}$$

HINWEIS
Man kann so schreiben:
$$2 \cdot a = 2a$$
$$a \cdot b = ab$$

Akin schreibt kürzer:
$$4c \quad + \quad 4h \quad + \quad 4c \quad + \quad 4c \quad = \quad 12c + 4h$$

Er setzt für die Seite $c = 50\,\text{cm}$ ein und für die Höhe $h = 40\,\text{cm}$:
$$12 \cdot 50 + 4 \cdot 40 = 600 + 160 = 760$$
Sie benötigen 7,60 m Draht.

TIPP
Sortiere zuerst die Variablen. Das Rechenzeichen vor einer Variable musst du beim Sortieren mitnehmen.

Beispiel 1
$$3a + 2b + 5a - 6b + 2a$$
$$= \underline{3a + 5a + 2a} + \underline{2b - 6b} = 10a - 4b$$

$$\underline{x + y - x - 2y} = x - x + y - 2y$$
$$= 0x - 1y = -y$$

Merke Beim Addieren und Subtrahieren kann man gleiche Variablen zusammenfassen.
Achtung: Unterschiedliche Variablen dürfen nicht addiert bzw. subtrahiert werden.

Rabia plant den Auslauf: „Der Auslauf soll 3-mal so lang und 4-mal so breit werden wie die Grundseite der Hütte. Wie groß wäre dann der Flächeninhalt des Auslaufs?"
$$3c \cdot 4c$$
Rabia sortiert und schreibt kürzer:
$$3 \cdot 4 \cdot c \cdot c = 12c^2$$

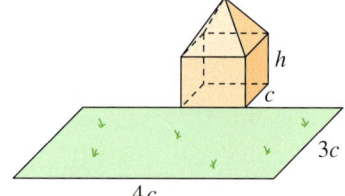

Beispiel 2
$$3a \cdot 7b = 3 \cdot 7 \cdot a \cdot b = 21ab$$

$$x \cdot 3x \cdot y \cdot 2 = 2 \cdot 3 \cdot x \cdot x \cdot y = 6x^2 y$$

Merke Beim Multiplizieren kann man die Reihenfolge der Faktoren vertauschen. Gleiche Faktoren kann man zu einer Potenz zusammenfassen.

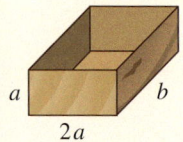

Akin möchte den alten Wassertrog von außen mit wasserfester Folie bekleben. Er hat noch ein Stück Folie und prüft, ob ihre Größe ausreicht. Dafür berechnet er die einzelnen Außenflächen des Trogs:

$$2a \cdot a + a \cdot b + 2a \cdot a + a \cdot b + 2a \cdot b = \underline{2a^2} + ab + \underline{2a^2} + ab + 2ab$$
$$= \underline{2a^2 + 2a^2} + \underline{ab + ab + 2ab} = 4a^2 + 4ab$$

BEACHTE
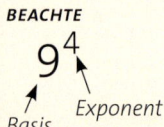
9^4
Basis — Exponent

Beispiel 3
$$x^3 + 5x^3 = 6x^3$$

$$\underline{a^2 + ab + a^3 + ab + a^2 + 2ab}$$
$$= a^3 + 2a^2 + 4ab$$

Merke Beim Addieren und Subtrahieren kann man gleiche Potenzen zusammenfassen. Die höchste Potenz schreibt man nach vorne.
Achtung: Potenzen mit verschiedenen Exponenten dürfen nicht zusammengefasst werden.

Akin und Rabia haben 100 € für den Welpenstall zur Verfügung.
Auf dem Zettel haben sie ihre Ausgaben notiert. Wie viel Geld behalten
sie übrig?
Akin stellt folgende Rechnung auf:

$100 - (32,45 + 40,21 + 19,99) = 100 - 92,65 = 7,35$

Rabia möchte lieber ohne Klammern rechnen. Sie rechnet:

$100 - 32,45 - 40,21 - 19,99 = 7,35$

Sie behalten 7,35 € übrig.

Holz 32,45 Euro
Draht 40,21 Euro
Farbe 19,99 Euro

Merke Bei Klammern in Summen und
Differenzen gibt es zwei Fälle:
Eine Klammer, vor der ein Pluszeichen
steht, kann man weglassen.
Die Vorzeichen und Rechenzeichen im
Term ändern sich nicht.

Beispiel 4
$8 + (4 + 3) = 8 + 4 + 3$
$a + (b - c) = a + b - c$
$a + (-b + c - d) = a - b + c - d$

Beispiel 5
$8 - (4 + 3) = 8 - 4 - 3$
$8 - (4 - 3) = 8 - 4 + 3$
$a - (b - c) = a - b + c$
$a - (-b + c - d) = a + b - c + d$

Eine Klammer, vor der ein Minuszeichen
steht, kann man auflösen.
Die Glieder in der Klammer bekommen das
entgegengesetzte Vorzeichen:

aus + wird −;   aus − wird +.

Üben und anwenden

1 Fasse zusammen.
a) $m + m + m + m + m + m + m$
b) $s + s + s + s + s + s + s + s + s + s$
c) $-a + a + a + a - a + a - a$
d) $a + b + b + a + a + b + b + a$

1 Ordne die Variablen und fasse zusammen.
a) $x + y + y + x + y + y + x + x$
b) $m + k + k + m - k - m + k$
c) $r + s + t + r + s + t + r - s - s$
d) $a + a + b + c - a - b - c - b + a$

2 Vereinfache die Terme, falls möglich.
a) $3x + 4y + 2x + 19y + 13x$
b) $4x + 17x + 5 + 18x + 9$
c) $25m - 45n - 19m - 55n + 7$
d) $44z - 33a - 44z + 33a$

2 Vereinfache die Terme, falls möglich.
a) $7a + 12b + 10a + 13b - 4b$
b) $17a + 19b + 26c + 4$
c) $0,5a + 1,3b + 2,8a$
d) $a + a + 2 \cdot 3b$

3 Vereinfache die Produkte.
a) $b \cdot b$ b) $z \cdot z \cdot z \cdot z$
c) $4a \cdot 5a$ d) $12x \cdot 3y$
e) $0,5a \cdot 8b$ f) $25f \cdot 5g$
g) $4a \cdot 2a$ h) $13x \cdot 7x$
i) $2x \cdot 3x \cdot 4x$ j) $14y \cdot 2y \cdot y$

3 Vereinfache die Produkte.
a) $r \cdot r \cdot r \cdot r \cdot r$ b) $b \cdot a \cdot b$
c) $y \cdot x \cdot y \cdot x \cdot x$ d) $z \cdot z \cdot v \cdot z \cdot z$
e) $3a \cdot 17b \cdot 5a$ f) $12x \cdot 3y \cdot 5y$
g) $0,1m \cdot 3x^2 \cdot 6m$ h) $4y^2 \cdot 3x^2 \cdot 2a$
i) $20a \cdot 3b^2 \cdot 5a$ j) $a \cdot 7b \cdot 2a \cdot 25b$

4 Ordne zuerst und fasse dann zusammen.
a) $4t^2 + 6s^3 + 2s^3 + 5t^2$
c) $14x^3 - 6x^3 + 14x^2 - 6x^2 + 2x^3$
e) $3x^3 + 4y - 7x + 5x^3 + 6y + x$

b) $2u^2 + 3w^3 + 2u^2 + w^3$
d) $2x + 2x^2 + 3x^3 + 2x^3 + 3x^2 + 3x + x$
f) $6x^2 + 9x + 7x^3 + 16x - 4x^3 - x^2$

5 Schreibe die Terme ohne Klammern.
a) $5 - (a + b)$ b) $6 - (x + a)$
c) $x + (14 - y)$ d) $8 - (r - s)$
e) $y + (z + 5)$ f) $y + (-x + 7)$
g) $y + (-8 - x)$ h) $y - (-m - z)$
i) $a + (b + d)$ j) $a - (b + d)$

5 Fasse die Terme zusammen.
a) $5 - (b + 7 + b)$ b) $x + (x + 9 + 10)$
c) $y - (y + 9 - y)$ d) $a + (a - 2 + 9)$
e) $a + (a - b + c)$ f) $3x + (2 - x)$
g) $c - (6d + 3c - 8c + 13) + 20$
h) $18ab - (17a - 4ab + 6b + 25)$

6 Setze Klammern so, dass die Aussage wahr wird.
a) $12 - 4 - 9 = 17$ b) $8 - 3 + 5 = 0$
c) $17 - 4 - 5 + 3 = 5$ d) $24 - 7 - 3 - 4 = 24$

6 Wie muss ein Klammernpaar gesetzt werden, damit der Term $3 - 5 - 4 + 8$ einen möglichst großen (einen möglichst kleinen) Wert erhält?

7 Jo und Carina haben noch Probleme beim Vereinfachen der Terme. Erkläre ihnen, welche Fehler sie gemacht haben.

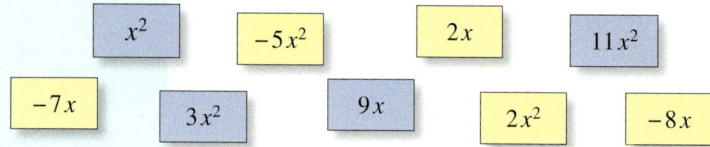

7 Jo und Carina haben noch Probleme beim Vereinfachen der Terme. Erkläre ihnen, welche Fehler sie gemacht haben.

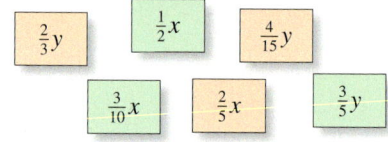

8 Welche dieser Terme musst du addieren, um den Term $7x^2 - 13x$ zu erhalten? Schreibe die Addition auf.

x^2 $-5x^2$ $2x$ $11x^2$

$-7x$ $3x^2$ $9x$ $2x^2$ $-8x$

8 Welche dieser Terme musst du addieren, um den Term $\frac{9}{10}x + \frac{14}{15}y$ zu erhalten? Schreibe die Addition auf.

$\frac{2}{3}y$ $\frac{1}{2}x$ $\frac{4}{15}y$

$\frac{3}{10}x$ $\frac{2}{5}x$ $\frac{3}{5}y$

ZU AUFGABE 9
*Beispiel für ein magisches Quadrat: In **jeder** Zeile, Spalte und Diagonale ist die Summe 12.*

1	6	5
8	4	0
3	2	7

9 Termmauern
a) Ergänze die Termmauern, indem du jeweils die zwei benachbarten Terme addierst.

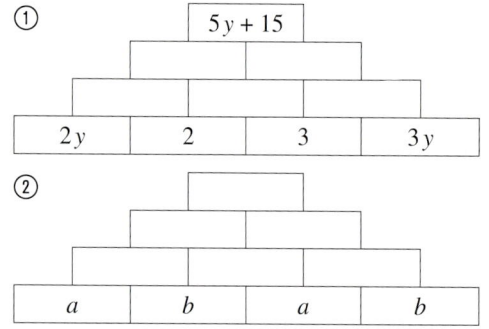

① $5y + 15$

$2y$ 2 3 $3y$

②

a b a b

b) Vertausche jeweils die beiden mittleren Steine in der untersten Zeile: Welcher Term ergibt sich an der Spitze der Mauern?
c) Probiere auch, andere Steine der untersten Zeile zu tauschen: Was passiert mit dem Term an der Spitze?

9 Bei magischen Quadraten ist die Summe in den Zeilen, Spalten und Diagonalen gleich.
a) Prüfe: Sind es magische Quadrate?

①

$a + b$	$a - b - c$	$a + c$
$a - b + c$	a	$a + b - c$
$a - c$	$a + b + c$	$a - b$

②

$c + a$	$c - 2 \cdot a$	$c + b + a$
$c + b$	c	$c - b$
$c - b - a$	$c + 2 \cdot b$	$c - a$

b) Denke dir Zahlen für a, b und c aus und setze sie in eines der magischen Quadrate ein. Lass deine Klassenkameraden raten, welche Zahlen du eingesetzt hast.

Terme aufstellen

Entdecken

1 👥 Stellt zu jedem der Körper einen Term auf, mit dem man sein Volumen bestimmen kann.

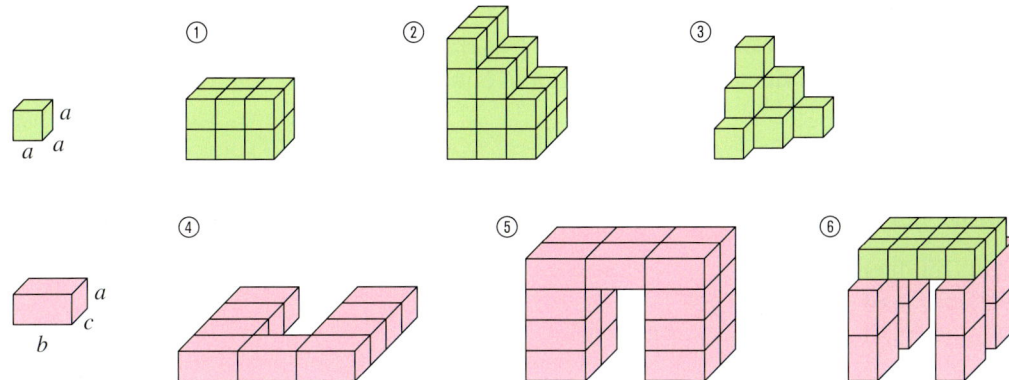

2 In einem dreistöckigen Haus wohnen im 1. Stockwerk doppelt so viele Leute wie im Erdgeschoss. Im 2. Stockwerk wohnen doppelt so viele Leute wie im 1. Stock.
a) Wie viele Leute würden in dem Haus wohnen, wenn im Erdgeschoss 6 Personen wohnen?
b) Kann es sein, dass 21 Leute in dem Haus wohnen?
c) Gib weitere Gesamtzahlen der Hausbewohner an, die zu der oben genannten Regel passen würden.
d) Gib einen Term für die Gesamtzahl der Bewohner des Hauses an.
e) Erfinde eine ähnliche Geschichte für die folgenden Terme:
① $2x + 4x + 5$ ② $0{,}5x + x + 5x$

3 Streichholzketten
a) Lege die Streichholzmuster ① und ② nach.
b) Bestimme die Anzahl der Streichhölzer, die man jeweils für die 1., 2., 3., 4. und 5. Stufe beider Ketten benötigt.
c) Kannst du eine Gesetzmäßigkeit erkennen, wie die Anzahl der benötigten Hölzer von Stufe zu Stufe steigt?
d) Bestimme jeweils die Anzahl der Hölzer für die 10. und 20. Stufe der Kette.
e) In einem Knobelbuch wird die Kette ③ behandelt. Man soll einen Term finden, mit dem man berechnen kann, wie viele Hölzchen für die x-te Stufe benötigt werden.
Als Lösung wird der Term
    $3x + 1$
angegeben. Das bedeutet, dass man z. B. für die **2.** Stufe
    $3 \cdot$ **2** $+ 1 = 7$ Hölzchen braucht.
Überprüfe, ob man mit dem Term die Hölzchen der 4. und 5. Stufe richtig berechnen kann.
Wie viele Hölzchen enthält die 10. Stufe der Kette?
Erkläre mithilfe der Zeichnung, warum die Zahlen 3 und 1 im Term $3x + 1$ vorkommen.
f) Bestimme für die Streichholzketten ① und ② ebenfalls einen Term, wobei x die Anzahl der Stufen angeben soll.
Prüfe, ob dein Term für alle Stufen der Streichholzkette die richtige Lösung angibt.

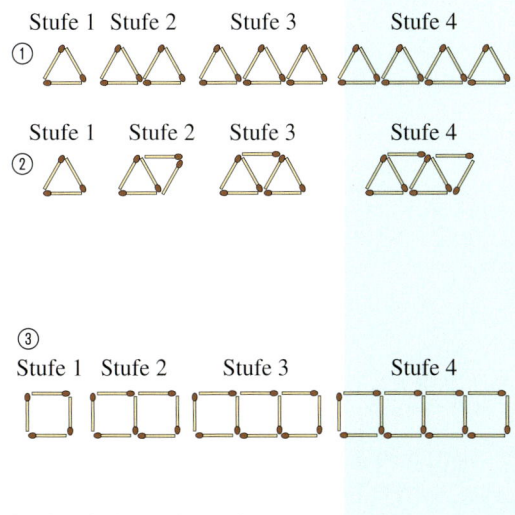

Verstehen

Kinder (bis einschl. 16 Jahren)	3,90 €
Ermäßigte (Schüler, Studenten)	5,40 €
Erwachsene	6,50 €

Die Geschwister Adriana und Jakob planen für ihre Familie einen Schwimmbadausflug. Im Internet finden sie die Preise des Spaßbads. Adriana überlegt: „Wer kommt wohl alles mit? Und wie teuer wird's dann?"

Jakob hat eine Idee: „Wir können erst einmal einen ganz allgemeinen Term aufstellen!" In drei Schritten gelangt Jakob zum Term.

① Anzahl der Kinder: x
  Anzahl der Ermäßigten: y
  Anzahl der Erwachsenen: z

② Preis für die Kinder (in €): $3,90 \cdot x$
  Preis für die Ermäßigten (in €): $5,40 \cdot y$
  Preis für die Erwachsenen (in €): $6,50 \cdot z$

③ Gesamtpreis für den Eintritt (in €):
  $3,90 \cdot x + 5,40 \cdot y + 6,50 \cdot z$

Merke So gehst du vor:

① Variablen festlegen

② Terme bilden

③ Terme zusammenfügen

Endlich haben sich alle entschieden: Außer Adriana und Jakob (14 und 11 Jahre) kommen der große Bruder Johannes mit vier Freunden (alles 17-jährige Schüler) und der Vater mit. Nun können sie ausrechnen, wie viel der Schwimmbadbesuch kostet.

  $x = 2;\ y = 5;\ z = 1$
  $3,90 \cdot \mathbf{2} + 5,40 \cdot \mathbf{5} + 6,50 \cdot \mathbf{1} = 41,30$ Der Schwimmbadbesuch kostet 41,30 €.

Beispiel 1

Subtrahiere vom Dreifachen einer Zahl das Zweifache einer anderen Zahl.

① „eine Zahl" x
  „eine andere Zahl" y

② „Dreifaches der einen Zahl" $3 \cdot x$
  „Zweifaches der anderen Zahl" $2 \cdot y$

③ Gesamtterm: $3 \cdot x - 2 \cdot y$

Beispiel 2

Gib einen Term für den Umfang eines Rechtecks an, bei dem die Breite ein Drittel der Länge beträgt.

① „Länge" a

② „Breite beträgt ein Drittel der Länge" $\frac{1}{3}a$

③ Gesamtterm: $u = 2 \cdot a + 2 \cdot \frac{1}{3}a$

a

Üben und anwenden

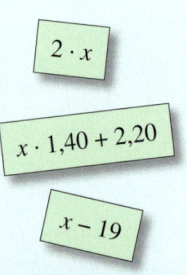

$2 \cdot x$

$x \cdot 1,40 + 2,20$

$x - 19$

ZU AUFGABE 1
Finde Aussagen zu den übrigen Termen.

1 Welcher Term beschreibt die Aussage? Wofür steht in dem Term die Variable?

 $x + 2$ $1,40 + x \cdot 2,20$ $19 \cdot x$

a) Paul ist 19 Jahre jünger als Max.
b) Die Katze ist 2 Jahre älter als mein Hund.
c) Die Grundgebühr für eine Taxifahrt beträgt 2,20 €. Man zahlt 1,40 € pro Kilometer.
d) Jede Rose kostet 2,20 €, der Versand kostet 1,40 €.

1 Finde jeweils einen passenden Term mit einer oder mit zwei Variablen. Wofür stehen dabei die Variablen?

a) Der Eintritt ins Schwimmbad kostet für Kinder 1,40 €, für Erwachsene 2,20 €.
b) Das Kantenmodell eines Würfels lässt sich aus 12 gleich langen Drahtstücken bauen.
c) Jedes Foto im Format 13 cm × 18 cm kostet 0,39 €. Der Versand kostet 2,20 €.
d)

| kleine Pizza 3,50 €   große Pizza 7 € |
| Lieferung (in der Stadt)   2,50 € |

2 Paul bastelt Figuren aus Hölzchen, wie du sie in der Randspalte siehst.
Er hat Hölzchen in drei unterschiedlichen Längen.
a) Gib jeweils einen Term für die Gesamtlänge der verwendeten Hölzchen an.
b) Zeichne selbst Figuren zu den folgenden Termen:
   ⑦ $4 \cdot l + 4 \cdot k$ ⑧ $6 \cdot k + 2 \cdot m + 2 \cdot l$
   ⑨ $4 \cdot m + 2 \cdot k$ ⑩ $2 \cdot l + 4 \cdot k + 2 \cdot m$

---

3 Frau Greta spricht über ihre Familie in Rätseln. Übersetze ihre Aussagen in Terme.
a) Benutze für das Alter von Frau Greta die Variable x.
   ① Mein Mann ist 2 Jahre älter als ich.
   ② Mein Vater ist doppelt so alt wie ich.
   ③ Meine Tochter ist halb so alt wie ich.
   ④ Mein Sohn ist 26 Jahre jünger als ich.
   ⑤ Ich bin 10-mal so alt wie meine Katze.
   ⑥ Wenn ich mein Alter verdopple und 5 addiere, so erhalte ich das Alter meiner Mutter.
b) Frau Greta ist 28 Jahre oder 40 Jahre alt. Berechne für beide Fälle das dazu passende Alter ihrer Familienangehörigen. Welches Alter passt besser zu Frau Greta?

3 Rechenausdrücke gesucht
Ben: „Ich denke mir eine Zahl x aus. Dann addiere ich zu dieser Zahl das Dreifache der Zahl und ziehe dann 15 ab."
Lea: „Ich subtrahiere vom Vierfachen meiner Zahl 15 und addiere dann die Zahl."
Marie: „Ich addiere zum Zehnfachen meiner Zahl z das Sechsfache der Zahl. Anschließend subtrahiere ich 7."
Samira: „Zum Doppelten meiner Zahl addiere ich 27."
a) Übersetze jedes Zahlenrätsel in einen Term.
b) Welche Ergebnisse erhalten die vier, wenn sie für ihre gedachte Zahl 6 einsetzen?
c) Welche Zahlen haben sie sich jeweils gedacht, wenn jeder als Ergebnis 25 erhält?

---

4 Der Eintritt in einem Freizeitpark kostet 5 €. Für jede Karussellfahrt zahlt man zusätzlich 1,20 €.
a) Gib einen Term an, mit dem man die Gesamtkosten für x Karussellfahrten berechnen kann.
b) Berechne mit dem Term aus a), was die Kinder insgesamt ausgegeben haben.
   Aileen: 6 Fahrten;   Moritz: 12 Fahrten;
   Nicole: 8 Fahrten;   Sabine: 10 Fahrten

4 Ein Baum ist 2,20 m hoch. Er wächst jedes Jahr um weitere 5 cm.
a) Gib einen Term an, mit dem man die Höhe des Baums nach n Jahren berechnet.
b) Berechne mit dem Term, wie hoch der Baum nach 3; 7; 12 und 15 Jahren ist.
c) Nach wie vielen Jahren ist der Baum 3,50 m hoch?

---

5 Die Kanten eines Tisches sollen mit einer Schmuckleiste beklebt werden.
a) Stelle einen Term für die Gesamtlänge auf.
b) Berechne für $x = 0,65$ m und $y = 1,25$ m.

5 Stelle einen Term auf, um die Länge des Geschenkbandes zu bestimmen.
Für die Schleife rechnet man 40 cm Band hinzu.
Setze einen sinnvollen Wert für b ein und berechne.

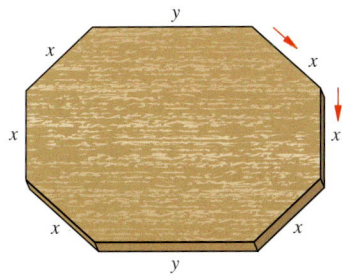

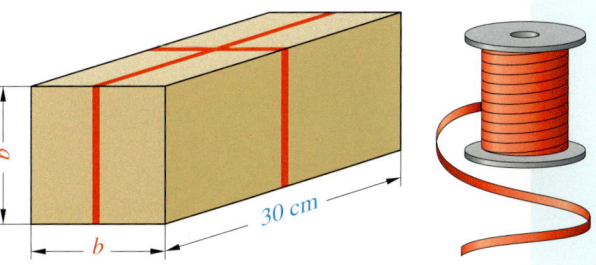

6 Schreibe den zugehörigen Term auf.
a) Subtrahiere von einer Zahl x die Zahl 6.
b) Dividiere eine Zahl durch 2.
c) Addiere zu 20 eine Zahl a.
d) Multipliziere eine Zahl mit 10.
e) Bilde das Produkt von zwei Zahlen und addiere zum Ergebnis 7.

7 Wähle den passenden Term und begründe deine Wahl.
a) Mila hat von ihrem Taschengeld x Euro gespart. Sie kauft sich eine Musik-CD ihrer Lieblingsgruppe für y Euro. Wie viel Euro bleiben übrig?
① $x + y$ ② $y - x$ ③ $x - y$ ④ $x \cdot y$
b) In einem Zoo sind x Löwen und doppelt so viele Bären. Wie viele Löwen und Bären sind es insgesamt?
① $x - y$ ② $x + y$ ③ $x + 2 \cdot x$ ④ $x \cdot y$
c) Eine Wasserrechnung setzt sich zusammen aus 15,40 € Grundpreis und dem Wasserverbrauch mit 2,40 € pro m³.
① $15{,}40 + 2{,}40 + x$ ② $15{,}40 + 2{,}40 \cdot x$
③ $15{,}40 \cdot x + 2{,}40$ ④ $15{,}40 - 2{,}40 \cdot x$

8 Erfinde zu jedem Term eine Sachaufgabe.
a) $z + 2$ b) $m - 8$ c) $2 \cdot x - 4$

9 Die Terme geben jeweils den Umfang einer der Flächen an.

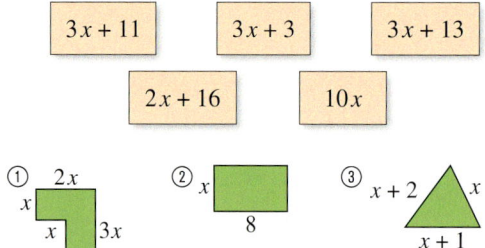

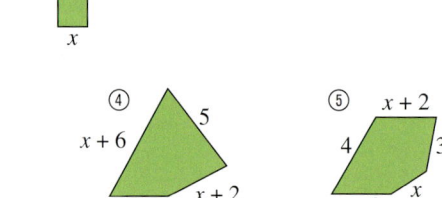

a) Welcher Term gehört zu welcher Fläche?
b) Gib jeweils den Umfang der Flächen an, wenn $x = 5$ cm ist.

6 Schreibe einen Term zu dem Text.
a) Vom Achtfachen einer Zahl wird das Dreifache einer anderen Zahl subtrahiert.
b) Der Quotient zweier Zahlen wird um 5 vermindert.
c) Addiere zu einer Zahl das Doppelte dieser Zahl und addiere zu dieser Summe 20.

7 In einem kleinen Zirkus hat die erste Reihe 10 Plätze, die zweite Reihe hat 12 Plätze, die dritte Reihe hat 14 Plätze usw.
a) Wie viele Sitzplätze befinden sich in Reihe 7?
b) Jana und ihre 27 Klassenkameraden passen genau in eine Sitzreihe. Welche Reihe ist das?
c) Die Anzahl der Plätze in der Reihe x kann man mit einem Term bestimmen. Welcher der Terme ist richtig?
① $10x + 2$ ② $2x + 10$
③ $2x + 8$ ④ $10x + 8$
d) Gibt es eine Reihe mit 35 Plätzen? Begründe.

8 Erfinde zu jedem Term eine Sachaufgabe.
a) $3 \cdot y - 5$ b) $x \cdot y + 10$ c) $r : 4 - 3$

9 Flächeninhalte berechnen
a) Welcher Term beschreibt den Flächeninhalt welcher Fläche?
① a^2 ② $2 \cdot a \cdot b$ ③ $a^2 + b^2$
④ $a \cdot b$ ⑤ $a \cdot b + a^2$ ⑥ $2a^2 + a \cdot c$

Ⓐ    Ⓑ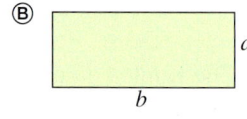

Ⓒ 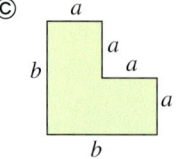   Ⓓ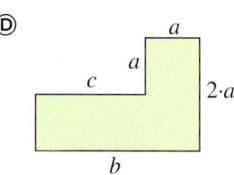

b) Berechne den Flächeninhalt der Fläche Ⓒ mit $a = 12$ mm und $b = 24$ mm.
c) Berechne den Flächeninhalt der Fläche Ⓓ mit $a = 12$ mm und $b = 3\,a$.

10 Gib passende Terme an und vereinfache sie.

① ②

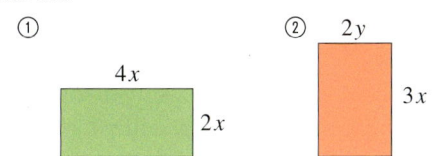

a) Gib zu den beiden Flächen jeweils einen Term zur Umfangsberechnung an.
b) Gib zu den beiden Flächen je einen Term zur Berechnung des Flächeninhaltes an.

11 Zeichne ein Netz eines Quaders (s. Randspalte). Beschrifte unterschiedlich lange Kanten des Quaders mit a, b, c und gib einen Term für seine Oberfläche an.

12 Wie ändert sich der Flächeninhalt eines Rechtecks, wenn man seine Seitenlängen a und b ändert?
Ergänze die Tabelle im Heft.
Formuliere dann eine allgemeine Aussage.

10 Gib jeweils für beide Quader einen passenden Term an und vereinfache ihn.

① ②

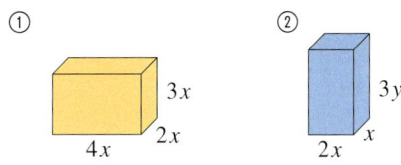

a) Berechnung des Volumens
b) Berechnung der Kantenlänge
c) Berechnung der Oberfläche

11 Betrachte das grüne Rechteck in der Aufgabe 10. Es soll Grundfläche eines Quaders werden.
Zeichne ein mögliches Netz und berechne Volumen und Oberfläche.

HINWEIS
Netz eines Quaders:

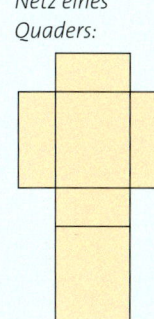

	b wird verdoppelt	b wird verdreifacht	b wird vervierfacht
a wird verdoppelt	$2a \cdot 2b = 4ab$		
a wird verdreifacht			
a wird vervierfacht			
a wird halbiert		$\frac{1}{2}a \cdot 3b = 1\frac{1}{2}ab$	

13 Beim Paketdienst: Paket A wiegt a kg, Paket B wiegt b kg usw.
a) Was bedeuten die folgenden Aussagen? Formuliere jeweils einen Satz.
① $b + 2\,\text{kg} = a$ ② $c + d = 15\,\text{kg}$
③ $e = 2 \cdot f$ ④ $2 \cdot g - 2\,\text{kg} = h$
b) Für die Pakete X und Y gilt:
① $x + 5\,\text{kg} = y$ *und* ② $x + y = 17\,\text{kg}$
Finde heraus, wie schwer die Pakete jeweils sind. Erläutere deine Vorgehensweise.

13 Was bedeuten die folgenden Aussagen, wenn das Taschengeld der drei Geschwister mit x (Sandy), y (Tim) und z (Lea) bezeichnet wird?
① $2x = y$ ② $x + y + z = 12$
③ $x + y = z$ ④ $y + 2 = z$
⑤ $z - 4 = x$ ⑥ $x = y - 2$
Finde heraus, wie viel Taschengeld die drei Geschwister jeweils erhalten.
Erläutere deine Vorgehensweise.

14 Betrachte die Musterfolge.

1. Stufe: 2. Stufe: 3. Stufe:

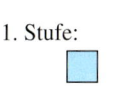 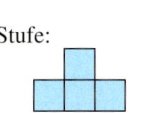 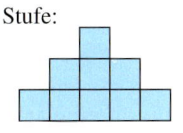

a) Zeichne die nächsten drei Figuren der Musterfolge in dein Heft.
b) Gib einen Term an, mit dem man die Anzahl der Quadrate in jeder Stufe berechnen kann.
c) Berechne die Anzahl der Quadrate in der 10. und in der 100. Stufe.

14 Die Figur wird in jeder Stufe größer.
a) Wie viele Quadrate enthält die 1. (die 2.; die 3.) Stufe der Figur?
Wie viele werden es in der 4. Stufe sein?
b) Finde einen Term, mit dem man berechnen kann, wie viele Quadrate man in den nächsten beiden Stufen benötigt.
c) Berechne mit deinem Term die Anzahl der Quadrate, die man in der 8. und in der 12. Stufe benötigt.

Stufe 1 Stufe 2 Stufe 3

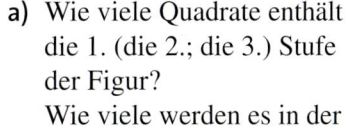

Methode: Tabellenkalkulation – Terme berechnen

HINWEIS
Hier wird das Vorgehen mit „Microsoft Excel" beschrieben. Es gibt auch andere, z.T. kostenlose Tabellenkalkulationsprogramme.

Janina soll für das Grillfest ihres Vereins den Einkauf erledigen. Jedes Vereinsmitglied bestellt für sich und seine Familie Getränke in 0,5-l-Flaschen und Bratwurst oder Fleisch.

Janina trägt die Bestellungen in ein **Tabellenblatt** eines Tabellenkalkulationsprogramms ein. Dieses Blatt ist wie eine Tabelle aufgebaut. Die Spalten werden mit Großbuchstaben und die Zeilen mit Zahlen bezeichnet. Jedes einzelne Feld der Tabelle, man sagt auch **Zelle**, kann durch den Spaltennamen und die Zeilennummer genau angegeben werden.

Menüleiste

Menüband

Eingabezeile: Eingabe oder Bearbeitung von Inhalten der aktiven Zelle

Spaltenbezeichnung

	A	B	C	D	E	
1		Bratwurst	Steak	Cola	Limo	Wasser
2	Carina	3	3	2	1	1
3	Natalie	2	2	1	1	0
4	Linda	5	1	4	2	0
5	Sara	0	4	0	3	1
6	Janina	2	3	1	1	4
7	Alessia	3	3	0	2	4
8	Christina	4	1	3	2	0
9	Jana	0	3	1	0	2
10	**Summe**					
11						

Zeilenbezeichnung

Aktive Zelle mit der Adresse **D9**

1 Anlegen einer Tabelle

a) Lege in einem Tabellenkalkulationsprogramm eine neue Datei an und speichere sie unter dem Namen „Grillfest".

b) Übertrage die Bestellungen genau in die entsprechenden Felder. Dazu musst du die entsprechende Zelle mit der linken Maustaste anklicken. Dann kannst du in der Eingabezeile das Wort oder die Zahl eingeben.

2 Rechnen in der Tabelle

Janina möchte nun ausrechnen, wie viele Getränke und Fleisch insgesamt eingekauft werden müssen. Dazu klickt sie die Zelle B10 an und gibt in der Eingabezeile die Formel „=B2+B3+B4+B5+B6+B7+B8+B9" ein.

HINWEIS
Noch schneller lässt sich die Summe wie folgt bestimmen: Klicke die Zelle B10 an und klicke dann auf das Summenzeichen Σ im Menüband.

a) Gib die Formel in das Feld B10 ein. Sobald du die Eingabe-Taste ⏎ gedrückt hast, berechnet das Programm die Summe der bestellten Bratwürste.

b) Um die Summe der anderen Spalten zu berechnen, kannst du genauso vorgehen (du musst aber beachten, dass die Zellen anders heißen).
Es geht aber auch einfacher:
Klicke auf das Feld B10. Es zeigt einen Rahmen mit einer „Ecke" unten rechts: [____19]
Wenn man diese „Ecke" mit der linken Maustaste anfasst und nach rechts in die Felder C10 bis F10 zieht, werden diese Felder automatisch mit der zugehörigen Formel ausgefüllt.
Überprüfe, ob du alles richtig gemacht hast, indem du selbst die Spaltensumme einer Spalte berechnest.

c) Christina möchte ihre Bestellung ändern, weil ihr Bruder krank ist. Sie bestellt nun nur 2 Bratwürste, 1 Steak, 1 Cola und 2 Limos.
Ändere ihre Bestellung in der Tabelle. Was passiert in Zeile 10?

3 Erstellen einer Abrechnung

Janina möchte für jeden eine eigene Kostenabrechnung erstellen. Dazu legt sie ein neues Tabellenblatt an, in das sie die Bestellungen und die Preise eingibt.

HINWEIS
Ein neues Tabellenblatt auswählen:
Klicke am unteren Rand des Fensters auf „Tabelle2":

	A	B	C	D	E
1	**Abrechnung für**	**Carina**			
2					
3	Fleisch u. a.	Anzahl	Stückpreis in €	Preis in €	
4	Bratwurst	3	0,8	=B4*C4	
5	Steak	3	1,65		
6	Cola	2	0,75		
7	Limo	1	0,7		
8	Wasser	1	0,35		
9					
10			Gesamtkosten:		

a) Lege das Tabellenblatt an und fülle es wie oben aus.

b) Gib in das Feld D5 eine Formel ein, mit der man den Preis für die 3 Steaks berechnen kann.

c) Ergänze auch die Formeln für die Felder D6, D7 und D8.

d) Mit welcher Formel lassen sich die Gesamtkosten in Zelle D10 berechnen?

e) Speichere die Datei unter dem Namen „Carina".

f) Erstelle nun eine Abrechnung für Claus (7 Bratwürste, 2 Steaks, 4 Cola), indem du Veränderungen in Spalte B vornimmst. Speichere die Datei unter dem Namen „Claus".

BEACHTE
Formeln müssen in der Eingabezeile mit einem „=" beginnen.

4 Formatieren der Abrechnung

Wenn man die Abrechnung schöner gestalten möchte, kann man die einzelnen Zellen formatieren. Dazu markiert man eine oder mehrere Zellen. Dann wählt man in der Menüleiste den Reiter „Start". Im Menüband kann man nun den Zellen eine bestimmte Schriftart, Schriftfarbe, eine Füllfarbe oder einen Rahmen zuweisen.

a) Verschönere die Abrechnung, indem du die Überschrift und einzelne Zellen farbig hinterlegst und die Schrift und die Schriftgröße änderst.

b) Markiere mit der linken Maustaste alle Zellen, die auf der Rechnung zu sehen sein sollen, und lege den Druckbereich fest (siehe Randspalte). Unter dem Menüpunkt „Datei" → „Drucken" kann man die fertige Abrechnung vor dem Druck ansehen.

ZU AUFGABE 4b
Menü:
Seitenlayout
→ Druckbereich
→ Druckbereich festlegen

5 Veränderungen der Abrechnung

Betrachte noch einmal das Tabellenblatt ganz oben auf dieser Seite.

a) Jeder soll zusätzlich 2,50 € bezahlen für Brot, Grillsaucen, Salate usw. Wie muss die Formel in Zelle D10 verändert werden?

b) Was wird berechnet, wenn man die Formel „=B6*C6+B7*C7+B8*C8" eingibt?

6 Eva hat die folgende Tabelle erstellt. Erläutere sie.

	A	B	C	D	E	F	G	H	I	J	K
1	**Fleisch**	**Stückpreis**	**Carina**	**Natalie**	**Linda**	**Sara**	**Janina**	**Alessia**	**Christina**	**Jana**	**Anzahl gesamt**
2	Bratwurst	0,80 €	3	2	5	0	2	3	4	0	19
3	Steak	1,65 €	3	2	1	4	3	3	1	3	20
4	Cola	0,75 €	2	1	4	0	1	0	3	1	12
5	Limo	0,70 €	1	1	2	3	1	2	2	0	12
6	Wasser	0,35 €	1	1	0	1	4	4	0	2	13
7		Preis gesamt:	9,90 €	6,70 €	10,05 €	9,05 €	9,40 €	10,15 €	8,50 €	6,40 €	70,15 €

Klar so weit?

→ Seite 160

Variablen und Terme

1 Bestimme den Wert der Terme.
a) $a + 2,5$ für $a = 0,2$
b) $1,3\,m$ für $m = 7$
c) $3x + 4y$ für $x = 4$ und $y = -2$
d) $120 - 3z + 4w$ für $z = 6$ und $w = 23$
e) $15a - 12 + 13b - 25$ für $a = 5$ und $b = -4$

1 Berechne den Wert der Terme.
a) $3x + 7y - 5$ $x = 4$ $y = 5$
b) $4a - 3b - 2$ $a = 0,5$ $b = -2$
c) $10 - 6m + 3p$ $m = 2,5$ $p = -3$
d) $a \cdot b - 3a$ $a = -3$ $b = -2$
e) $x : y - y + 2x$ $x = 24$ $y = -3$

→ Seite 164

Terme vereinfachen

2 Ergänze die Termmauern, indem du jeweils die zwei benachbarten Terme addierst.

a)
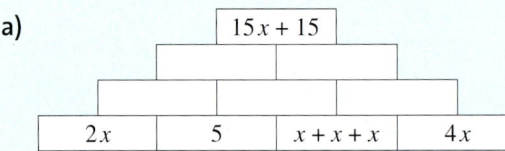

2 Ergänze die Termmauern, indem du jeweils die zwei benachbarten Terme addierst.

a)
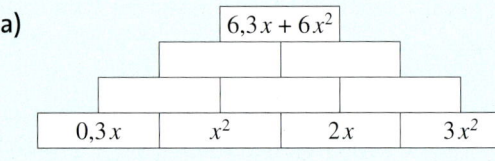

b)
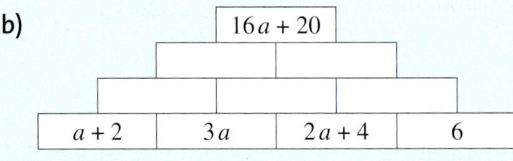

b)
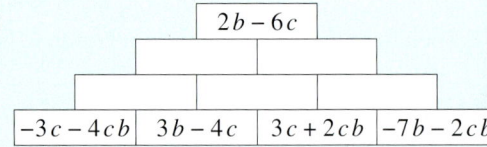

3 Vereinfache die Terme.
a) $2x \cdot x$
b) $3a \cdot 7a$
c) $3x \cdot 6y \cdot x$
d) $-3a \cdot 7b \cdot 8a$

3 Vereinfache die Terme.
a) $5c \cdot 6d \cdot 11c$
b) $2y \cdot 2,1x \cdot y \cdot 0,4x$
c) $4a \cdot 0,4a \cdot 4b \cdot a$
d) $s \cdot t \cdot 8s \cdot 2t \cdot 6s$

4 Löse die Klammern auf und fasse die Terme zusammen, wenn es möglich ist.
a) $3x + (2 - y)$
b) $12x - (a + 3x)$
c) $x - 3 - (2y + 3z)$
d) $(3 + x) - (8y - 5z)$

4 Löse die Klammern auf und fasse die Terme zusammen, wenn es möglich ist.
a) $2x + (5y - 4x + 3y)$
b) $(3x - 4a) - (12a + 17x)$
c) $29r - (16s - 5r) + 17r + (12s - 45r)$
d) $3a^2 - (5a - 6a^2) + (13a - a^2)$

5 Übertrage die Tabelle ins Heft.

Ausgangsterm	$a - 6a$	$2a + 3b - 7a$	$3a \cdot 4b$	$2a2 - (5a - 3b)$	$7a \cdot 5a \cdot a2$
vereinfachter Term	$-5a$				
$a = 2$; $b = -7$	$-5 \cdot 2 = -10$				
$a = -3$; $b = 9$					
$a = -1$; $b = -10$					

a) Vereinfache die Terme.
b) Berechne jeweils den Wert des Terms.

Terme aufstellen

→ Seite 168

6 Gib für die Berechnung des Umfangs jeweils einen Term an. Berechne.

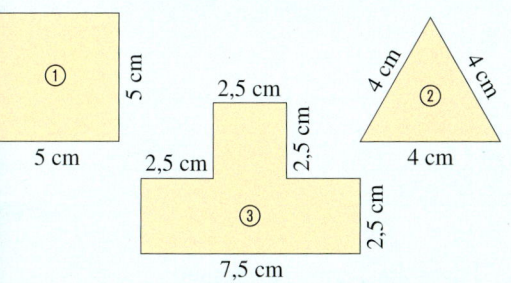

7 Stelle den entsprechenden Term auf und schreibe einen Antwortsatz.

a) Die Klasse 7c wird von x Jungen und y Mädchen besucht.
   Wie viele Kinder sind in dieser Klasse?

b) Milos besitzt x DVDs, Anna nur die Hälfte davon. Wie viele DVDs hat Anna?

c) Jessica wiegt y Kilogramm. Lea wiegt 4,5 Kilogramm weniger. Wie schwer ist Lea?

d) Ehepaar Witt geht mit drei Kindern in ein Konzert. Der Eintritt kostet für Erwachsene x Euro und für Kinder y Euro. Wie viel bezahlen sie?

8 Schreibe einen entsprechenden Term auf.

a) Bilde die Hälfte einer Zahl.

b) Berechne das Fünffache einer Zahl.

c) Vom Dreifachen einer Zahl wird ihr Doppeltes subtrahiert.

d) Vermindere das Sechsfache einer Zahl um ihre Hälfte.

9 Eine Kette soll aus 16 dieser Elemente zusammengefügt werden.
Wie viel Draht wird insgesamt benötigt?

a) Stelle einen Term auf.

b) Berechne für $a = 9\,mm$; $b = 5\,mm$; $c = 6\,mm$.

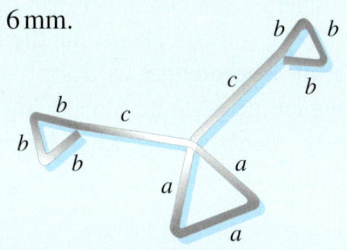

6 Gib einen Term an, mit dem die Gesamtlänge der Strecke berechnet werden kann.

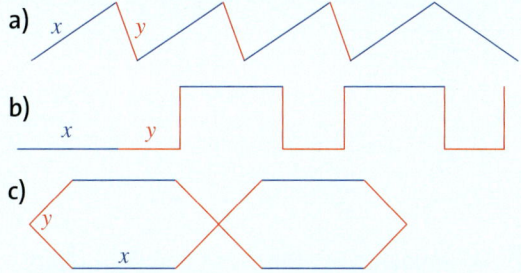

7 Stelle zuerst eine passende Frage, dann stelle den entsprechenden Term auf.

a) Bei der Rückgabe eines leeren Getränkekastens mit 20 Flaschen bekommt man x Euro Pfand für den Kasten und jeweils y Euro Pfand pro Flasche.

b) Frau Klaasen geht mit ihren drei Kindern ins Spaßbad. Der Eintritt kostet für Erwachsene x Euro, für Kinder y Euro. Heute gibt es eine Sonderaktion: Erwachsene zahlen nur drei Viertel ihres Eintrittspreises, wenn sie mit mindestens zwei Kindern kommen.

c) Timo zahlt für sein Handy eine monatliche Grundgebühr von 5 €. Jede SMS kostet 19 ct und jede Minute Telefonieren 6 ct.

8 Stelle einen entsprechenden Term auf.

a) Addiere zum Fünffachen des Produkts aus a und b das Zweifache dieses Produkts.

b) Addiere zur Hälfte einer Zahl das Dreifache einer anderen Zahl.

c) Subtrahiere vom Sechsfachen einer Zahl das Vierfache dieser Zahl und die Hälfte einer anderen Zahl.

9 Diese Kette wird aus diesen zwei Grundelementen zusammengesetzt, von jedem Grundelement werden 13 Stück verwendet.

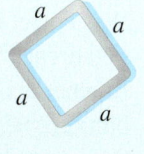
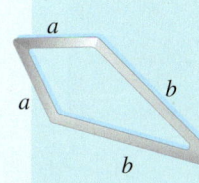

a) Stelle einen passenden Term auf.

b) Berechne für $a = 1,2\,cm$; $b = 2,3\,cm$.

Lösungen ab Seite 204   **175**

Vermischte Übungen

1 Übertrage die Tabelle in dein Heft und berechne den Wert der Terme.

x	4	8	10	12
$x + 9$	13			
$5x$				
$3x - 9$				
$2x - 1$				
$70 - 3x$				
$99 + x$				

1 Übertrage die Tabelle in dein Heft und berechne den Wert der Terme.

x	2	6	10	12
$11x + 11$				
$10 : x + \frac{1}{2}$				
$x^2 - x$				
$3 \cdot (x + 2)$				
$(x + 2) \cdot (x - 2)$				
$x \cdot (x^2 + 5x)$				

2 Vereinfache den Term und berechne dann seinen Wert für $x = 2$ (für $x = 5$; für $x = 8$).
a) $23x + 17x + 37x$
b) $75x - 33 - 12x$
c) $-3x + 5x + 12x - 36$
d) $3x - 5 + 12 - 2x - 21$
e) $8x + 9x - 5x - 13x$
f) $18 - 9 \cdot 3 + 4x + 10 - x$

2 Fasse die Terme zusammen.
Setze zuerst $a = 3$; $b = 5$ und berechne.
Berechne dann für $a = 2$; $b = -5$.
a) $4a + 7b + 8b + 3a + 4b + 6a$
b) $9a - 1,1b + 13b + 5a - 1,1b + 23a$
c) $751a + 643b + 12 + 456a + 864 + 114b$
d) $367a + 872b + 421a + 467b + 578 + a$
e) $100,3a + 98,1b + 75,3a + 178,2b + 32,1$

3 👥 Arbeitet zu zweit. Jeder denkt sich fünf Aufgaben zum Zusammenfassen von Termen aus. Tauscht sie und löst die Aufgaben. Korrigiert euch gegenseitig.

NACHGEDACHT
Ist es bei einigen der Flächen aus Aufgabe 4 möglich, verschiedene Terme anzugeben? Welche Vereinbarungen müsste man treffen, damit es für jede Fläche nur einen „erlaubten" Term zum Flächeninhalt gibt?

4 Skizziere die Flächen in deinem Heft.
Gib einen Term an, mit dem man den Umfang der Figuren berechnen kann.

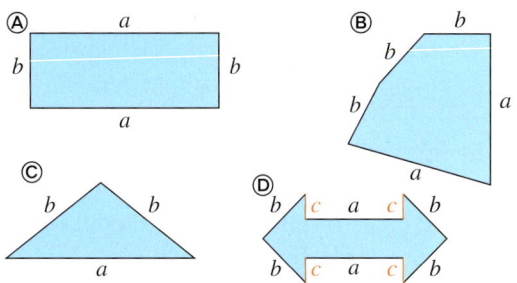

4 Skizziere die Flächen in deinem Heft.
Bezeichne gleich lange Seiten mit der gleichen Variable und gib einen Term an, mit dem man den Umfang der Figuren berechnen kann.

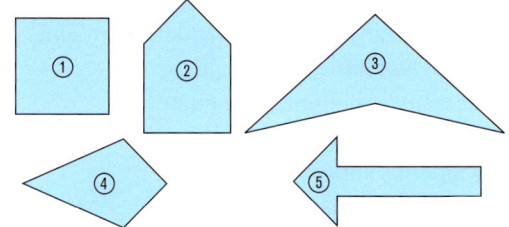

5 Eine Taxifahrt kostet 1,60 € pro Kilometer. Die Grundgebühr beträgt 2,50 €.
a) Gib einen passenden Term für den Gesamtpreis an.
b) Was kostet die Fahrt bei 4 km (7 km; 9 km) gefahrener Strecke?
c) In einer anderen Stadt kostet die Grundgebühr 3,20 € und die Fahrt 1,40 € pro km. Stelle einen passenden Term auf und berechne die Kosten für die in b) angegebenen Strecken. Vergleiche die Tarife.

5 Kevin ist ein begeisterter Triathlet.
Beim Triathlon der Junioren ist die Schwimmstrecke 4,25 km kürzer als die Laufstrecke. Die Radfahrstrecke ist viermal so lang wie die Laufstrecke.
a) Mit welchem Term berechnet man die Länge der Gesamtstrecke, wenn die Laufstrecke mit x bezeichnet wird?
b) Wie lang ist die gesamte Strecke, die zurückgelegt werden muss, wenn Kevin 5 km laufen muss?

6 Auf dem Bauernhof: x gibt die Anzahl der Hühner an, y die Anzahl der Kühe.

a) Welcher Term gibt an, wie viele Beine die Hühner und Kühe insgesamt haben?
  ① $x + y$ ② $2x + 4y$
  ③ $4x + y$ ④ $4x + 2y$
b) Gib an, was man mit Term ① berechnet.
c) Auf dem Hof befinden sich 20 Beine. Wie viele Hühner und Kühe leben dort? Finde alle Möglichkeiten.
d) Auf einem anderen Hof befinden sich 30 Beine und insgesamt 12 Tiere. Wie viele Kühe und Hühner leben auf dem Hof? Erläutere deine Vorgehensweise.

7 Der Termwettlauf

a) Schaue dir zunächst die unten gegebenen Terme an. Welcher Term wird wohl schneller wachsen? Begründe.
b) Berechne nun die Werte der Terme im Heft bis zur Zeile $x = 6$.
c) Wann holt der Term 2 den Term 1 ein?
d) Finde einen 3. Term, der von Anfang an den höchsten Wert hat.
e) Finde einen 4. Term, der anfangs einen niedrigeren Wert hat als die beiden Terme und anschließend beide Terme überholt.

x	1. Term $2x + 4$	2. Term $3x - 1$	3. Term	4. Term
1				

8 Timo benutzt eine Tabellenkalkulation, um Aufgaben zur Volumen- und Oberflächenberechnung des Quaders zu erledigen.

a) Welchen Term muss er in die Zelle **D2** eingeben?
b) Welchen Term schreibt er in Zelle **E2**?
c) Wie kann er vorgehen, um die anderen Zellen zu füllen?
d) Timo gibt folgende Formel ein:
  =4*A2+4*B2+4*C2
  Was berechnet er damit?

	A	B	C	D	E	F
1	a	b	c	Volumen	Oberfläche	
2	4	6	7			
3	2	3	4			
4	12	15	7			

6 Zwischenstand beim Kegeln:
In der Mädchen-Mannschaft haben Sabine, Kaja und Celina zusammen 24 Kegel geworfen. Sabine warf einen Kegel mehr und Kaja einen Kegel weniger als Celina.
In der Jungen-Mannschaft haben Jannik, Noah und Niklas zusammen 14 Kegel geworfen. Noah warf doppelt so viele Kegel, Niklas halb so viele Kegel wie Jannik.
Wie viele Kegel wurden jeweils geworfen und wer hatte das beste Einzelergebnis?

7 Das Term-Mobile ist im Gleichgewicht, wenn an den beiden Enden jedes Balkens insgesamt wertgleiche Terme hängen.

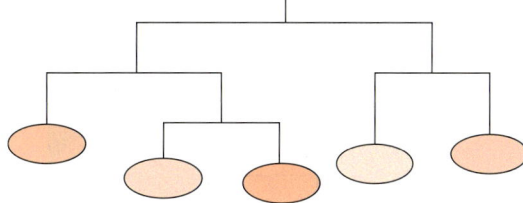

a) Bringe das Mobile mit den vorhandenen Termen ins Gleichgewicht.
  $5x + 8 - x$ $4x + 16 + 10x - 6x$
       $10x + 20 - 2x - 4$
  $5x + 16 + 3x$ $2x + x + 8 + x$
b) Denkt euch selbst Terme aus, die das Mobile im Gleichgewicht halten.

8 Die Klasse 7c erhält für ihre Klassenfete eine Rechnung vom Getränkehändler.

a) Welche Formel steht in Zelle **D4**?
b) Welcher Zahlenwert steht in Zelle **D4**?
c) Gib eine Formel zur Berechnung der Mehrwertsteuer in **D9** an und berechne damit den Betrag in €.
d) Gib eine Formel zur Ermittlung des Gesamtpreises in Zelle **D10** an. Nike hat zwei verschiedene Formeln für diese Zelle gefunden. Welche?

	A	B	C	D
	Artikel	**Einzelpreis in €**	**Anzahl/Menge**	**Gesamtpreis in €**
1				
2	Kiste Cola (12 Fl)	8,50	3	25,50
3	Fl. Apfelschorle	0,65	7	4,55
4	Kiste Wasser	2,98	4	
5	Fl. Limonade	0,55	9	4,95
6	Leihgebühr pro Tisch	1,50	5	7,50
7	Leihgebühr pro Bank	0,75	10	7,50
8			Summe:	61,92
9			+ 19 % MWST	
10			Gesamtpreis:	

Ein Besuch im Spaßbad

	Erwachsene	Kinder (bis 16 Jahren)
Einzelkarte	5,50 €	4,40 €
Gruppenkarte (10 Personen)	49,00 €	37,00 €
Jahreskarte	295,00 €	240,00 €

9 Eintrittspreise

Die Klasse 7 c besucht mit 26 Schülerinnen und Schülern und 2 Lehrern ein großes Spaßbad.

a) Berechne den günstigsten Eintrittspreis für die ganze Klasse.

b) Wie kann der Gesamtpreis aufgeteilt werden? Wie viel muss dann jeder bezahlen? Vergleiche mit den Einzelpreisen.

c) Wie häufig müsste das Spaßbad besucht werden, damit sich eine Jahreskarte für einen Erwachsenen (für ein Kind) lohnt?

10 Wettschwimmen

a) Eva benötigt x Sekunden, um eine 25-m-Bahn zu schwimmen. Max braucht 3 Sekunden länger, Sarah ist 1,4 Sekunden schneller.
Stelle Terme (ohne Maßeinheit) für Max' und Sarahs Zeit auf.

b) Jan und Sam schwimmen z Bahnen. Jan braucht für jede 25-m-Bahn 27 Sekunden, Sam 2,4 Sekunden länger.
Wie viele Sekunden Vorsprung hat Jan nach z Bahnen?
Wie lange brauchen sie für 1 000 m?
Bei der wievielten Bahn wird Sam von Jan überholt?

c) Wie schnell schwimmst (oder läufst; hüpfst; …) du?
Stelle einen Term auf, der deine 50-m-Zeit mit der eines Partners vergleicht.

11 Renovierung

👥 Arbeitet zu zweit. Das Sportbecken im Außenbereich wird von innen neu gestrichen.

a) Die Farbe für 10 m² kostet 14 €.

b) Nach Abschluss der Renovierung füllen die Pumpen pro Minute 400 l Wasser in das Becken.

TIPP ZU 11 C
Beachte die in Aufgabe 12 angegebenen Besucherzahlen.

c) Während der zweiwöchigen Renovierung kommen ca. 40 % weniger Besucher als sonst.

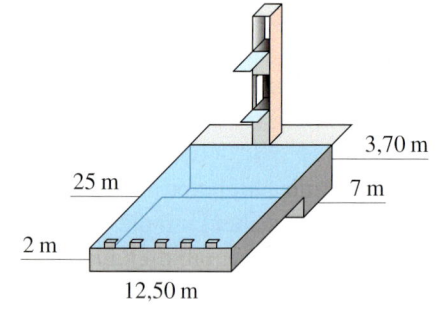

3,70 m
25 m
7 m
2 m
12,50 m

12 Besucherzahlen

👥 Arbeitet zu zweit. Präsentiert eure Ergebnisse mit Plakaten.

	2009	2010	2011	2012
Kinder	166 000	166 800	178 000	214 000
Erwachsene	83 000	111 200	89 000	107 000

a) Welche Informationen könnt ihr aus der Tabelle ablesen?

b) Stellt die Veränderung der Besucherzahlen in einem geeigneten Diagramm dar.

c) Schätzt die Gesamteinnahmen pro Jahr.

Zusammenfassung

Variablen und Terme

→ Seite 160

Variablen sind Platzhalter, in die man Zahlen oder Größen einsetzen kann.

$a;$ $\qquad$ $x;$ $\qquad$ $\blacklozenge;$ $\qquad$ $\blacktriangle$

Eine sinnvolle Verbindung von Variablen, Zahlen und Rechenzeichen heißt **Term** (Rechenausdruck).

$12;$ $\qquad$ $m;$ $\qquad$ $12 + 3;$ $\qquad$ $27 : 9;$
$y^2;$ $\qquad$ $2 - (r + s);$ $\qquad$ $13 + 0{,}07 \cdot y$

Wenn man für die Variablen Zahlen einsetzt, kann man den **Wert des Terms** bestimmen.

Der Wert des Terms $2 \cdot y - 6 + z$

für $y = \frac{1}{2}$ und $z = 9$ ist:

$2 \cdot \frac{1}{2} - 6 + \mathbf{9} = 1 - 6 + 9 = 4$

Terme vereinfachen

→ Seite 164

Beim **Addieren und Subtrahieren** kann man zusammenfassen:
– gleiche Variablen
– gleiche Potenzen

$x + 4y - x - 6y =$
$= x - x + 4y - 6y = 0x - 2y = -2y$

$a^2 + ab + a^3 + ab + a^2 + 2ab =$
$= a^3 + 2a^2 + 4ab$

Achtung: Nicht zusammenfassen darf man:
– *unterschiedliche* Variablen
– Potenzen mit *verschiedenen* Exponenten

Beim **Multiplizieren** kann man die Reihenfolge der Faktoren beliebig vertauschen. Gleiche Faktoren kann man zusammenfassen.

$3a \cdot 7b = 3 \cdot 7 \cdot a \cdot b = 21ab$

$x \cdot 3x \cdot y \cdot 2 = 2 \cdot 3 \cdot x \cdot x \cdot y = 6x^2 y$

Klammern in Summen und Differenzen:
Eine Klammer, vor der ein Pluszeichen steht, kann man weglassen.

$a + (-b + c - d) = a - b + c - d$
$-5 + (3 - 7) = -5 + 3 - 7$

Eine Klammer, vor der ein Minuszeichen steht, kann man auflösen. Die Glieder in der Klammer bekommen das entgegengesetzte Vorzeichen: *aus + wird –* und *aus – wird +*.

$a - (-b + c - d) = a + b - c + d$

$23 - x - (12 - 2x - 17) =$
$= 23 - x - 12 + 2x + 17$

Terme aufstellen

→ Seite 168

So stellst du einen Term auf:

Subtrahiere vom Dreifachen einer Zahl das Zweifache einer anderen Zahl.

① Variable festlegen

① „eine Zahl" $\qquad\qquad$ x
$\quad$ „eine andere Zahl" $\qquad$ y

② Terme bilden

② „Dreifaches der einen Zahl" $\quad 3 \cdot x$
$\quad$ „Zweifaches der anderen Zahl" $\quad 2 \cdot y$

③ Terme zusammenfügen

③ Gesamtterm: $\qquad\qquad 3 \cdot x - 2 \cdot y$

Teste dich!

4 Punkte

1 Berechne den Wert des Terms für $x = 5$ und $y = 3$.
a) $x + 3x$ b) $0,5x + 2y$ c) $7y - 5x$ d) $0,75y + 3,5$

3 Punkte

2 Betrachte den Term $x^2 - 4x + x - 0,5x + 2$.
a) Vereinfache den Term.
b) Berechne den Wert des Terms für $x = 4$.
c) Berechne den Wert des Terms für $x = -1,8$.

3 Punkte

3 Schreibe als Term und berechne den Wert des Terms.
a) Gesucht ist die Summe der Zahlen 78 und 56.
b) Gesucht ist das Doppelte von 5 vermehrt um 8.
c) Gesucht ist das Dreifache der Summe aus 78 und 79.

3 Punkte

4 Stelle jeweils einen entsprechenden Term auf.
a) Clara benötigt für 100 m Strecke x Sekunden, Sophie 1,25 Sekunden mehr.
b) Hanna ist x Jahre alt, ihre Oma ist 5,5-mal so alt.
c) Josefine zahlt für ihr Handy monatlich 5 € Grundgebühr, für jede SMS 9 ct und für Telefongespräche pro Minute 22 ct.

4 Punkte

5 Fasse zusammen.
a) $4m - 0,3n + 2,7m - 4n + 3m - n$
b) $2x + 3x^2 - 2x^3 + 4x^2 - 4x + 5x^3$
c) $7a^2 - 3b^2 + 0,2a^2 - 0,75b^2$
d) $24m^2 - 15n^2 + 5m^2n - 6n + 16m^2 - 7mn^2$

4 Punkte

6 Löse die Klammern auf und fasse die Terme zusammen, wenn es möglich ist.
a) $3x + (2 - y)$ b) $12x - (a + 3x)$
c) $x - 3 - (2y + 3z)$ d) $12,5x - (15y - 13,7x - 15,9y)$

4 Punkte

7 Umfang und Flächeninhalt
a) Notiere je einen Term mit Variablen zur Berechnung …
   ① … des Umfangs.   ② … des Flächeninhalts.
b) Setze in den Termen die passenden Werte für die Variablen ein, beachte die Maßangabe in der Zeichnung. Berechne Umfang und Flächeninhalt.

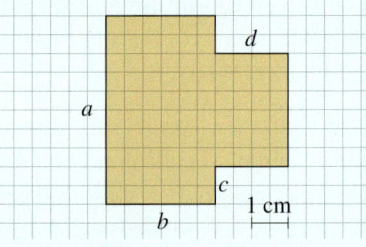

6 Punkte

8 Die Pakete sollen mit Paketschnur verschnürt werden.

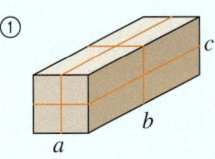

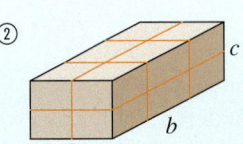

a) Gib für jedes Paket einen Term an, mit dem man die Länge der Paketschnur (ohne Knoten) berechnen kann. Vereinfache die Terme.
b) Für Schlaufen und Knoten benötigt man zusätzlich 30 cm Schnur. Verändere deine Terme aus a) so, dass dies berücksichtigt wird.
c) Berechne jeweils die Länge der Schnur mit Schlaufen und Knoten, wenn $a = 20$ cm, $b = 40$ cm und $c = 15$ cm ist.

     Gold: 29–31 Punkte, Silber: 24–28 Punkte, Bronze: 19–23 Punkte   Lösungen ab Seite 204

Vielecke

Das Gemälde „Behauptend" von Wassily Kandinsky entstand im Jahr 1926. Wie in vielen seiner Gemälde verwendet der Künstler Kandinsky auch hier überwiegend geometrische Figuren.

Noch fit?

Einstieg

Aufstieg

1 Drehsymmetrie
Ergänze im Heft zu einer drehsymmetrischen Figur mit dem Drehpunkt *D* und dem Symmetriewinkel 180°.
Ist die entstandene Figur auch achsen- oder punktsymmetrisch?

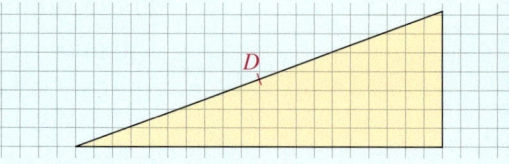

2 Achsensymmetrie
Übertrage die Zeichnung ins Heft und spiegle an der Spiegelachse *g*.

2 Achsensymmetrie
Übertrage die Zeichnung ins Heft und spiegle an der Spiegelachse *g*.

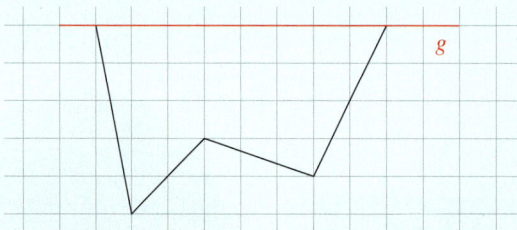

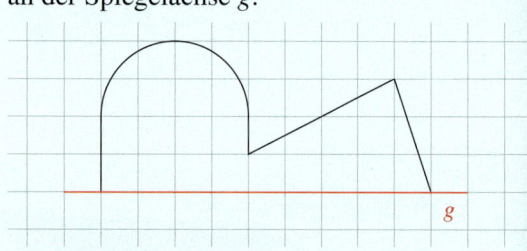

3 Vierecke zeichnen
Übertrage die Vierecke in dein Heft und zeichne jeweils die Diagonalen ein. Benenne nach Seiten und nach Winkeln. Welche Dreiecksarten entstehen?

3 Behauptungen prüfen
Welche Behauptungen sind richtig, welche sind falsch? Überprüfe zeichnerisch.
a) Ein rechtwinkliges Dreieck kann auch zwei rechte Winkel haben.
b) Ein Dreieck mit drei gleich langen Seiten hat auch drei gleich große Winkel.
c) In einem gleichseitigen Dreieck gibt es vier Spiegelachsen.
d) Bei einem unregelmäßigen Dreieck können zwei Seiten gleich lang sein.
e) Gleichseitige Dreiecke besitzen alle denselben Flächeninhalt.

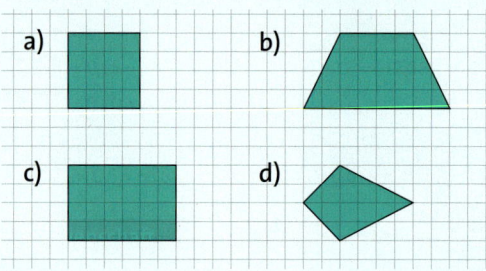

4 Dreiecke konstruieren
Konstruiere das Dreieck *ABC*.
a) $b = 5\,\text{cm}$; $c = 8\,\text{cm}$; $\alpha = 100°$
b) $a = 6\,\text{cm}$; $b = 9\,\text{cm}$; $\gamma = 40°$
c) $a = 2\,\text{cm}$; $c = 6\,\text{cm}$; $\beta = 80°$

4 Dreiecke konstruieren
Konstruiere das Dreieck *ABC*.
a) $a = 2{,}6\,\text{cm}$; $c = 3{,}9\,\text{cm}$; $\beta = 43°$
b) $a = b = 4\,\text{cm}$; $\gamma = 60°$
c) $b = c = 5{,}5\,\text{cm}$; $\beta = 75°$

5 Kurz und knapp
a) In einem Rechteck sind alle Winkel …
b) Zwei Geraden sind parallel zueinander, wenn …
c) Zwei Geraden sind senkrecht zueinander, wenn …
d) Die Verbindung gegenüberliegender Eckpunkte im Rechteck nennt man …
e) Erkläre die Begriffe Symmetriepunkt, Originalpunkt und Bildpunkt anhand einer Zeichnung.
f) Erläutere den Unterschied zwischen Achsen-, Punktspiegelung und Drehung einer Figur.

Lösungen ab Seite 204

Vielecke

Das Gemälde „Behauptend" von Wassily Kandinsky
entstand im Jahr 1926. Wie in vielen seiner Gemälde
verwendet der Künstler Kandinsky auch hier
überwiegend geometrische Figuren.

Noch fit?

Einstieg

Aufstieg

1 Drehsymmetrie

Ergänze im Heft zu einer drehsymmetrischen Figur mit dem Drehpunkt D und dem Symmetriewinkel 180°.
Ist die entstandene Figur auch achsen- oder punktsymmetrisch?

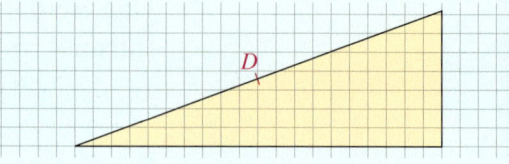

2 Achsensymmetrie

Übertrage die Zeichnung ins Heft und spiegle an der Spiegelachse g.

2 Achsensymmetrie

Übertrage die Zeichnung ins Heft und spiegle an der Spiegelachse g.

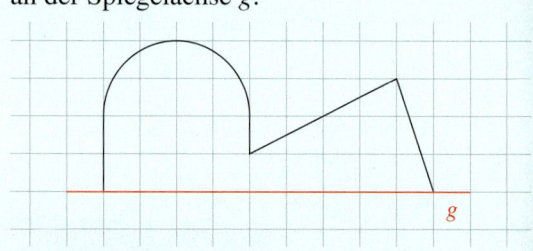

3 Vierecke zeichnen

Übertrage die Vierecke in dein Heft und zeichne jeweils die Diagonalen ein.
Benenne nach Seiten und nach Winkeln. Welche Dreiecksarten entstehen?

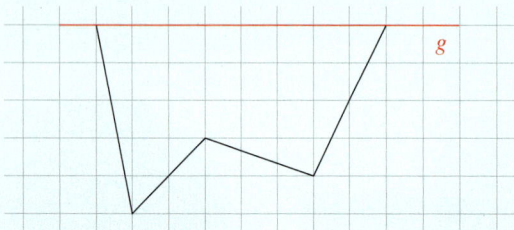

3 Behauptungen prüfen

Welche Behauptungen sind richtig, welche sind falsch? Überprüfe zeichnerisch.

a) Ein rechtwinkliges Dreieck kann auch zwei rechte Winkel haben.

b) Ein Dreieck mit drei gleich langen Seiten hat auch drei gleich große Winkel.

c) In einem gleichseitigen Dreieck gibt es vier Spiegelachsen.

d) Bei einem unregelmäßigen Dreieck können zwei Seiten gleich lang sein.

e) Gleichseitige Dreiecke besitzen alle denselben Flächeninhalt.

4 Dreiecke konstruieren

Konstruiere das Dreieck ABC.

a) $b = 5\,\text{cm}$; $c = 8\,\text{cm}$; $\alpha = 100°$
b) $a = 6\,\text{cm}$; $b = 9\,\text{cm}$; $\gamma = 40°$
c) $a = 2\,\text{cm}$; $c = 6\,\text{cm}$; $\beta = 80°$

4 Dreiecke konstruieren

Konstruiere das Dreieck ABC.

a) $a = 2,6\,\text{cm}$; $c = 3,9\,\text{cm}$; $\beta = 43°$
b) $a = b = 4\,\text{cm}$; $\gamma = 60°$
c) $b = c = 5,5\,\text{cm}$; $\beta = 75°$

5 Kurz und knapp

a) In einem Rechteck sind alle Winkel …

b) Zwei Geraden sind parallel zueinander, wenn …

c) Zwei Geraden sind senkrecht zueinander, wenn …

d) Die Verbindung gegenüberliegender Eckpunkte im Rechteck nennt man …

e) Erkläre die Begriffe Symmetriepunkt, Originalpunkt und Bildpunkt anhand einer Zeichnung.

f) Erläutere den Unterschied zwischen Achsen-, Punktspiegelung und Drehung einer Figur.

Lösungen ab Seite 204

Drachenviereck und Raute

Entdecken

1 Vierecke nach ihren Eigenschaften ordnen

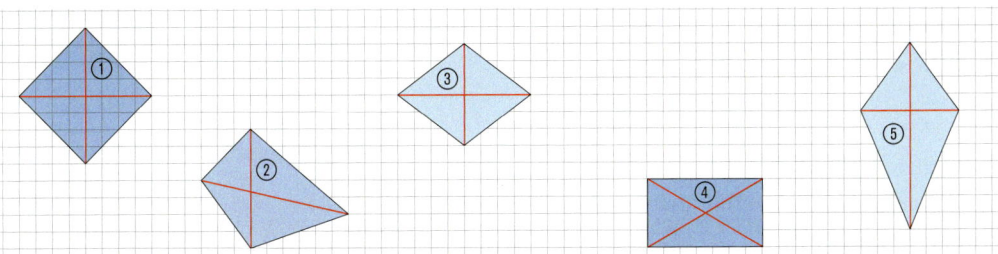

a) Zeichne die obigen Vierecke auf ein Blatt Karopapier und schneide sie aus.
b) Übertrage die folgende Tabelle im Querformat in dein Heft.
   Sortiere die ausgeschnittenen Vierecke in die Tabelle und klebe sie ein.
   Wenn ein Viereck in mehrere Spalten passt, dann fertige mehrere Vierecke dieser Art an.

benachbarte Seiten stehen senkrecht aufeinander	gegenüberliegende Seiten sind parallel zueinander	gegenüber-liegende Seiten sind gleich lang	alle Seiten sind gleich lang	die Diagonalen stehen senkrecht aufeinander

c) Welches Viereck kann der Tabelle nicht zugeordnet werden? Begründe.
d) Ergänze die Namen der Vierecke in der Tabelle.
e) Finde Beispiele für die einzelnen Vierecke in der Umwelt.

2 Das abgebildete Fliesenornament hat die Form einer Windrose.
a) Aus wie vielen unterschiedlichen Fliesen besteht das Ornament?
b) Welche der Vierecke aus dem Ornament haben besondere Eigenschaften?
   Beschreibe die Eigenschaften.
c) Zeichne das markierte Viereck in dein Heft.
   Entnimm die Maße der Zeichnung.
   Beschreibe, wie du dabei vorgeangen bist.

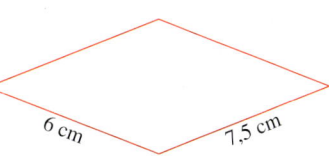

6 cm   7,5 cm

3 Scherenschnitte
a) Falte jeweils mehrfach ein Stück Papier (DIN-A5) und führe nur *einen* geraden Schnitt aus.
   Nach dem Auseinanderfalten sollen die untenstehenden Figuren entstehen.
   Probiere es aus.

b) 👥 Erfinde weitere Aufgaben dieser Art und tausche sie mit deinem Nachbarn oder deiner
   Nachbarin.

Verstehen

Marie hat aus je einem gefalteten Blatt Papier eine Figur herausgeschnitten, um die verschiedenen Vierecksarten zu erhalten.

Welche Gemeinsamkeiten und Unterschiede haben die entstandenen Vierecke?

Beispiel 1

Einen Flugdrachen kann man aus zwei Leisten, die senkrecht aufeinander befestigt werden, selbst bauen.
Ein solches Viereck nennt man Drachenviereck.

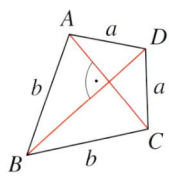

> **Merke** Ein **Drachenviereck** hat folgende Eigenschaften:
> – je zwei Seiten sind gleich lang
> – die beiden Diagonalen stehen senkrecht aufeinander
> – eine Diagonale ist die Symmetrieachse

Ein besonderes Drachenviereck ist die Raute.

Beispiel 2

Diese Skatkarte ist das „Karo-Ass".
Das Viereck nennt man Raute.

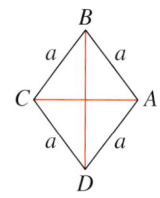

> **Merke** Eine **Raute** hat folgende Eigenschaften:
> – alle Seiten sind gleich lang
> – gegenüberliegende Seiten sind parallel
> – die beiden Diagonalen stehen senkrecht aufeinander
> – die Diagonalen halbieren sich in ihrem Schnittpunkt, dem Symmetriezentrum

PLANSKIZZE

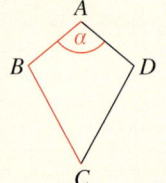

HINWEIS
Bei der Raute genügen dementsprechend zwei Angaben: eine Seitenlänge und eine Winkelangabe.

Beispiel 3

Konstruiere ein Drachenviereck mit: $\overline{AB}$ = 5 cm, $\overline{BC}$ = 6 cm, α = 60°.

① 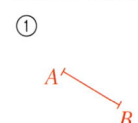 ② 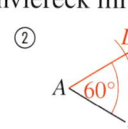 ③ 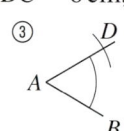 ④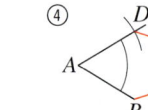

Zeichne die Strecke $\overline{AB}$ = 5 cm.

Zeichne an $\overline{AB}$ in A den Winkel α = 60°. Markiere 5 cm von A entfernt D.

Zeichne um B und D je einen Kreis mit r = 6 cm. In ihrem Schnittpunkt C.

Verbinde die Punkte BCD zu einem Drachenviereck.

Für die Konstruktion eines Drachenvierecks benötigt man drei Angaben, da je zwei benachbarte Seiten gleich lang und ein Paar gegenüberliegender Winkel gleich groß sind.

> **Merke** Sind von einem **Drachenviereck** zwei Seitenlängen und eine Winkelgröße bekannt, so kann es **eindeutig konstruiert** werden.

Üben und anwenden

1 Suche in deiner Umgebung nach Vierecken:
Wo findest du Quadrate, Rechtecke, Rauten oder Drachenvierecke?
Macht Fotos oder sammelt Fotos aus Zeitschriften und stellt sie aus.

2 Übertrage den Drachen in dein Heft. Zeichne die Symmetrieachse ein. Benenne gleich große Winkel mit gleichen griechischen Buchstaben.
Welche Seiten sind gleich lang?

2 Übertrage die Figuren ins Heft.
Handelt es sich bei den Vierecken um Drachenvierecke?
Begründe deine Entscheidung.

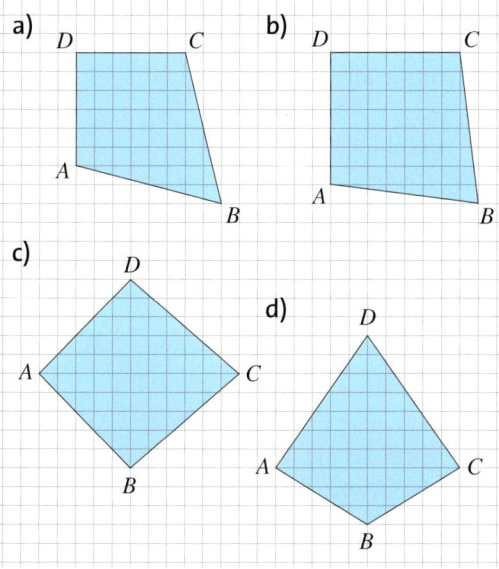

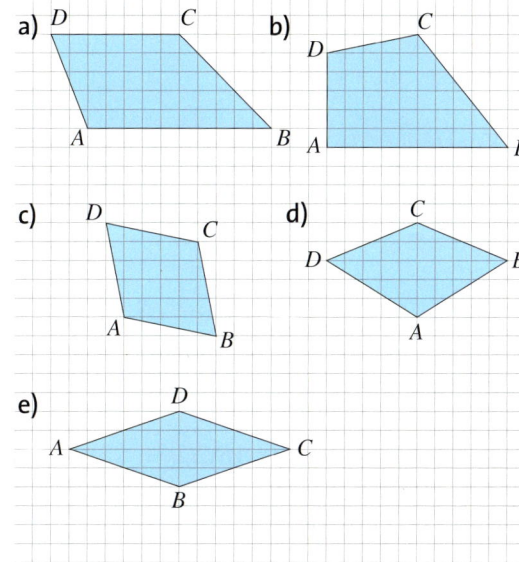

3 Handelt es sich bei den abgebildeten Figuren um Rauten?
Begründe deine Entscheidung.

3 Überprüfe, ob es sich bei den Vierecken um Rauten handelt.
Beschreibe, wie du vorgegangen bist.

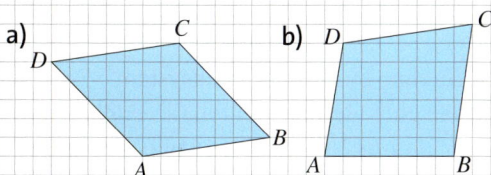

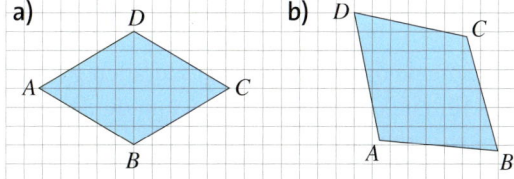

4 Ergänze im Heft zu einer Raute. Die blaue Seite ist die Diagonale der Raute.

4 Übertrage die Dreiecke in dein Heft und ergänze sie zu einer Raute.
Gibt es mehrere Möglichkeiten.

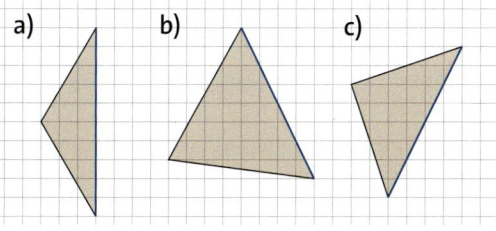

ZUM WEITERARBEITEN
Ist das ein Drachenviereck? Begründe.

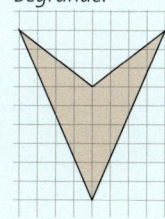

185

5 Beschreibe, woran du dieses Viereck sicher erkennst.
a) Quadrat
b) Rechteck
c) Raute
d) Drachenviereck

5 Zeichne zu jeder Vierecksart zwei Beispiele ins Heft. Beschreibe, wodurch sich die beiden Beispiele unterscheiden.
a) Quadrat
b) Raute
c) Drachenviereck

HINWEIS ZU 6
Du findest ein Beispiel für eine Konstruktionsbeschreibung auf Seite 188 Beispiel 3.

6 Konstruiere jeweils eine Raute mit den folgenden Maßen:
a) $a = 4$ cm, $\alpha = 60°$
b) $d = 5$ cm, $\alpha = 130°$
c) $c = 9$ cm, $\gamma = 90°$
d) $b = 3,9$ cm, $\gamma = 112°$

6 Denke dir eine Seitenlänge und eine Winkelgröße aus. Kostruiere eine Raute mit diesen beiden Angaben.
Fertige eine Kostruktionsbeschreibung an. Beschreibe auch, welche Eigenschaften der Raute du verwendest.

7 Konstruiere das Drachenviereck. Beschreibe deine Vorgehensweise.

a)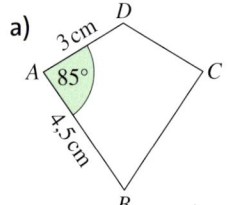

b)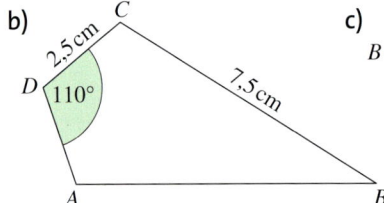

c)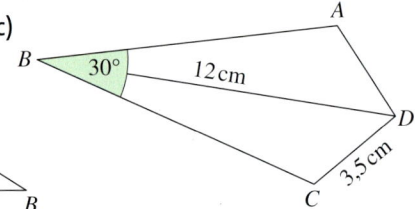

8 Konstruiere die Raute *ABCD*.
a) $\overline{AB} = 5$ cm; $\alpha = 60°$
b) $\overline{AD} = 6,1$ cm; $\gamma = 66°$
c) $\overline{BC} = 4,7$ cm; $\delta = 120°$

8 Konstruiere die Raute *ABCD*.
a) $\overline{BC} = 3,9$ cm; $\gamma = 135°$
b) $\overline{AB} = 5,8$ cm; $\alpha = 82°$
c) $\overline{CD} = 5,3$ cm; $\alpha = 107°$

9 Konstruiere den Drachen *ABCD* mit $\overline{BD}$ als Symmetrieachse.
a) $\overline{AB} = 5,3$ cm; $\overline{AD} = 3,4$ cm; $\beta = 53°$
b) $\overline{BC} = 5,4$ cm; $\overline{CD} = 3,9$ cm; $\beta = 77°$

9 Konstruiere den Drachen *ABCD* mit $\overline{BD}$ als Symmetrieachse.
a) $\overline{AB} = 3,5$ cm; $\overline{AD} = 4,2$ cm; $\beta = 89°$
b) $\overline{BC} = 4,5$ cm; $\overline{CD} = 2,7$ cm; $\beta = 38°$

10 Spiegle die Punkte an der Geraden *g*. Was für ein Viereck entsteht, wenn du die Punkte verbindest?

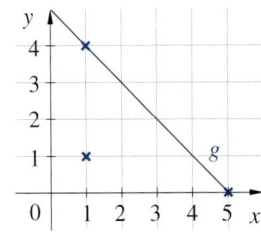

10 Zeichne ein Koordinatensystem. Zeichne eine Gerade *g* durch die Punkte $A(0|7)$ und $B(7|0)$. Wähle zwei beliebige Punkte auf der Geraden *g*. Wähle einen dritten Punkt außerhalb der Geraden so, dass sich beim Spiegeln an der Geraden *g* und nach Verbinden aller vier Punkte ein Drachenviereck oder eine Raute ergibt. Kannst du in dieser Weise alle Vierecksarten erzeugen?

11 Trage die Punkte $A(1|6)$, $B(3|2)$ und $D(3|8)$ in ein Koordinatensystem ein. Zeichne eine Gerade *g* parallel zur *y*-Achse, die durch den Punkt $P(3|0)$ verläuft. Spiegle jetzt die Punkte an der Geraden *g* und verbinde die vier Punkte zu einem Viereck.
Was für ein Viereck entsteht? Begründe, warum dieses Viereck entstanden ist?

Parallelogramm und Trapez

Entdecken

1 👥 Arbeitet zu zweit.

Partner 1: Zeichne zwei gleiche *gleich-schenklige* Dreiecke auf Karton und schneide sie sorgfältig aus.

Partner 2: Zeichne zwei gleiche *recht-winklige* Dreiecke auf Karton und schneide sie sorgfältig aus.

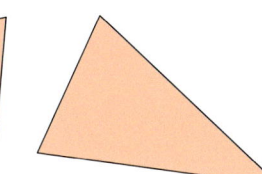
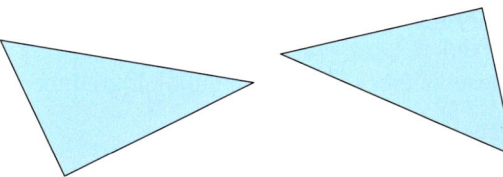

a) Bilde aus deinen zwei Dreiecken so viele unterschiedliche Vierecke wie möglich. Die Seiten müssen aneinander passen. Zeichne die Vierecke in dein Heft.

b) Vergleicht eure verschiedenen Vierecke. Beschreibt, welche eurer Vierecke gemeinsame Eigenschaften haben.

2 Aus zwei sich kreuzenden Spaghetti entsteht ein Viereck, wenn man die Endpunkte miteinander verbindet. Zeichne auf diese Weise Vierecke mit einer Spaghettinudel, die du in zwei Teile zerbrichst. Untersuche, wie sich das Viereck verändert, …

a) wenn du den Winkel veränderst, in dem sich die Spaghetti kreuzen.

b) wenn du die Lage einer Spaghetti veränderst.

c) wenn du die Länge einer Spaghetti veränderst.

d) Probiere Sonderfälle aus (beide Spaghetti sind gleich lang oder halbieren sich).

3 Ein Geobrett mit neun Punkten kannst du leicht herstellen. Du benötigst ein Holzbrett und 9 Reißzwecken. Beschrifte die Punkte mit Buchstaben. Mit einem Gummiring stellst du auf dem Brett Figuren dar.

a) Finde so viele verschiedene Vierecke wie möglich.

b) Fertige eine Tabelle an. Beschreibe darin besondere Eigenschaften deiner Vierecke.

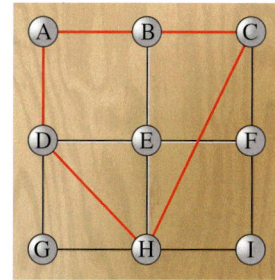

Viereck	Besondere Eigenschaften
ACHD	Rechter Winkel bei *A*
…	…

4 Konstruiere das Viereck nach der Konstruktionsbeschreibung. Was für ein Viereck ist entstanden?

① Zeichne $\overline{BC} = c = 4\,\text{cm}$.

② Zeichne an $\overline{BC}$ in *B* den Winkel $\beta = 105°$.

③ Markiere auf dem freien Schenkel von β den Punkt *A*, 3 cm von *B* entfernt.

④ Zeichne durch *A* eine Parallele zu $\overline{BC}$.

⑤ Zeichne durch *C* eine Parallele zu $\overline{AB}$.

⑥ Der neue Schnittpunkt ist *D*.

⑦ Verbinde *A*, *B*, *C* und *D* zu einem Viereck.

PLANSKIZZE

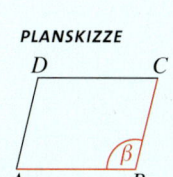

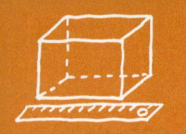

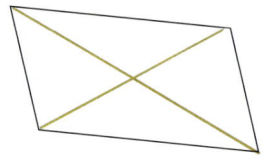

Verstehen

Jana und Chris haben mit Spaghettinudeln verschiedene Vierecke gelegt. Manche dieser Vierecke haben besondere Eigenschaften.

Beispiel 1

Das Fenster hat sich verformt. Die Winkel im ursprünglich rechteckigen Fenster haben sich verändert.
Dieses Viereck nennt man Parallelogramm.

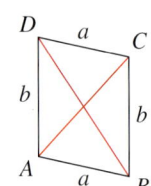

Merke Ein **Parallelogramm** hat folgende Eigenschaften:
– gegenüberliegende Seiten sind gleich lang
– gegenüberliegende Seiten sind parallel
– die Diagonalen halbieren sich in ihrem Schnittpunkt, dem Symmetriezentrum

Beispiel 2

Ein Staudamm hat in seinem Querschnitt eine besondere Form.
Ein solches Viereck nennt man Trapez.

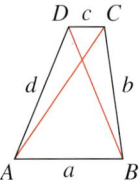

Merke Ein **Trapez** hat ein Paar gegenüberliegender Seiten, die parallel zueinander sind.

Beispiel 3

PLANSKIZZE

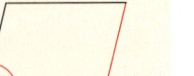

Konstruiere ein Parallelogramm mit $\overline{AB}$ = 6 cm, $\overline{BC}$ = 3,9 cm und α = 60°.

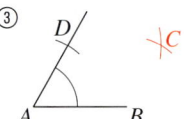
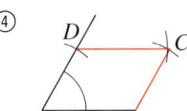

① Zeichne die Strecke $\overline{AB}$ = 6 cm.

② Zeichne an $\overline{AB}$ in A den Winkel α = 60°. Markiere auf dem freien Schenkel, 3,9 cm von A entfernt, den Punkt D.

③ Zeichne um D einen Kreis mit dem Radius r = 6 cm. Zeichne um B einen Kreis mit dem Radius r = 3,9 cm. Im Schnittpunkt der beiden Kreise liegt C.

④ Verbinde die Punkte BCD zu einem Parallelogramm.

Zur Konstruktion eines Parallelogramms genügen drei Angaben, da gegenüberliegende Seiten gleich lang sowie parallel zueinander sind und gegenüberliegende Winkel gleich groß sind.

Merke Sind von einem **Parallelogramm** zwei Seitenlängen und eine Winkelgröße bekannt, so kann es **eindeutig konstruiert** werden.

Üben und anwenden

1 Welche Vierecksarten kannst du in dem Haus erkennen?

1 Wo kannst du in dem Zaun ein Parallelogramm und ein Trapez erkennen?

2 Welche Vierecke könnten sich hier versteckt haben?

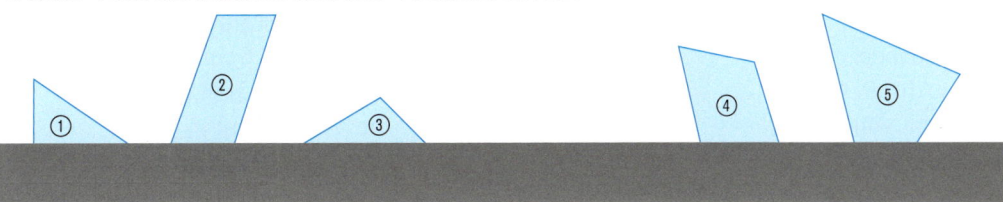

3 Beschreibe, was du unter folgenden Viereckarten verstehst.
Zeichne jeweils ein Beispiel.
a) Parallelogramm
b) Trapez

3 Zeichne zu jeder Viereckart zwei Beispiele ins Heft. Beschreibe, wodurch sich die beiden Beispiele unterscheiden.
a) Parallelogramm
b) Trapez

4 Konstruiere das Parallelogramm $ABCD$ nach folgenden Angaben.

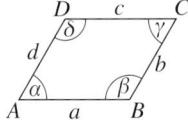

a) $a = 3\,\text{cm}$; $b = 4\,\text{cm}$; $\alpha = 82°$
b) $b = 3\,\text{cm}$; $c = 2\,\text{cm}$; $\beta = 121°$
c) $a = 2,5\,\text{cm}$; $b = 3\,\text{cm}$; $\beta = 55°$
d) $c = 4,8\,\text{cm}$; $d = 6\,\text{cm}$; $\gamma = 37°$

4 Konstruiere das Parallelogramm $ABCD$ nach folgenden Angaben.
Wie viele Parallelogramme entstehen jeweils? Begründe.
a) $a = 4\,\text{cm}$; $b = 2,5\,\text{cm}$; $\beta = 127°$
b) $b = 5,5\,\text{cm}$; $c = 3,5\,\text{cm}$; $\gamma = 147°$
c) $c = 3,7\,\text{cm}$; $d = 7,8\,\text{cm}$; $\beta = 24°$
d) $a = 5,5\,\text{cm}$; $b = 5\,\text{cm}$; $\overline{BD} = 3,2\,\text{cm}$

5 Für die Konstruktion eines Trapezes benötigt man vier Angaben. Weil zwei Seiten des Trapezes parallel sind, kann man das Trapez damit eindeutig zeichnen. Du kannst zum Beispiel folgendermaßen vorgehen:
Von einem Trapez sind gegeben:
$\overline{AB} = 2,8\,\text{cm}$, $\overline{BC} = 1,5\,\text{cm}$, $\alpha = 70°$, $\beta = 55°$, $\overline{AB} \parallel \overline{CD}$.

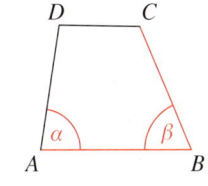

①  ② 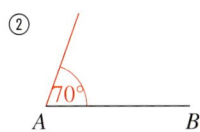 ③ 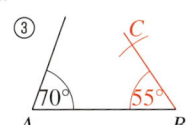 ④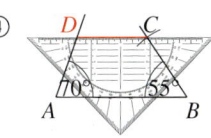

Ergänze zu den dargestellten Konstruktionsschritten ① bis ④ eine Konstruktionsbeschreibung in deinem Heft und zeichne das Trapez.

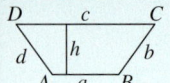

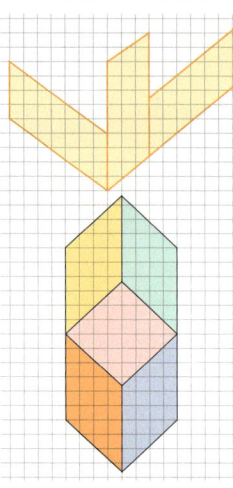

D c C
d h b
A a B

6 Konstruiere das Trapez *ABCD*.

a) $a = 6$ cm; $b = 5,5$ cm; $d = 6,5$ cm; $\alpha = 125°$

b) $c = 10$ cm; $d = 5$ cm; $\gamma = 35°$; $\delta = 40°$

6 Konstruiere das Trapez *ABCD*.

a) $a = b = d = 6$ cm; $\alpha = 135°$

b) $a = 5,5$ cm; $h = 4,5$ cm; $b = 5$ cm; $d = 6$ cm

7 Zeichne die folgenden Muster ins Heft.

a) Der stumpfe Winkel soll 125° betragen. Die Seiten sind 4 cm und 2 cm lang.

b) Die Seiten der Parallelogramme sind 3 cm und 2,7 cm lang. Die längeren Seiten haben einen Abstand von 2 cm voneinander.

7 Zeichne Parallelogramme mit den gegebenen Maßen.

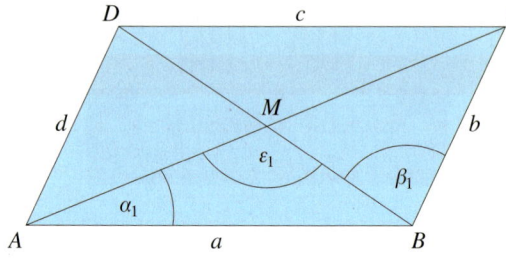

a) $c = 6,5$ cm; $\overline{BD} = 5,6$ cm; $\varepsilon_1 = 140°$

b) $d = 4$ cm; $\overline{AC} = 6,6$ cm; $\varepsilon_1 = 105°$

c) $a = 5,4$ cm; $\overline{BD} = 3$ cm; $\beta_1 = 63°$

d) $a = 5$ cm; $\overline{AC} = 4$ cm; $\alpha_1 = 30°$

e) $a = 7$ cm; $\varepsilon_1 = 105°$; $\alpha_1 = 30°$

8 👥 Das „Haus der Vierecke"

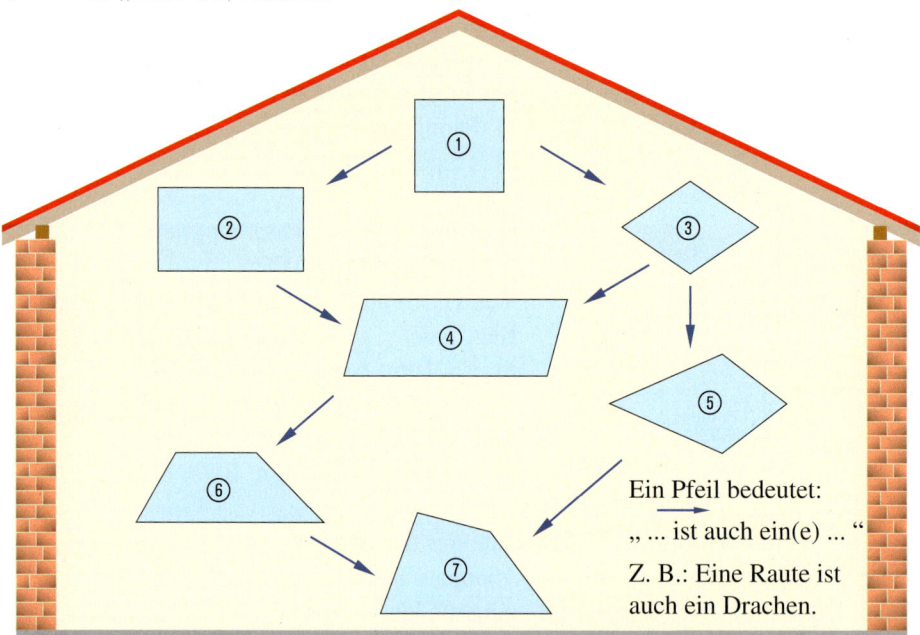

Ein Pfeil bedeutet:
⟶ „ ... ist auch ein(e) ... "
Z. B.: Eine Raute ist auch ein Drachen.

a) Übertragt ins Heft. Zeichnet die Symmetrieachsen ein und benennt die Vierecke.

b) Welche Eigenschaften werden vom einen Viereck zum anderen „vererbt"?
   Beispiel Das Rechteck erbt zwei Symmetrieachsen vom Quadrat.

c) Wie kann man aus einem der Vierecke ein anderes erzeugen?
   Beispiel Wenn man ein Quadrat an einer Seite auseinanderzieht, entsteht ein Rechteck.

d) Erstellt Quizfragen zu euren Lösungen aus 7b) oder 7c) und befragt euch gegenseitig. Wer kennt die meisten richtigen Antworten?
   Beispiel Welches Viereck erbt vier rechte Winkel vom Quadrat?

Kongruenzabbildungen

Entdecken

1 In den Koordinatensystemen sind je zwei Figuren dargestellt.
Die blaue Figur ist die Originalfigur, die gelbe die Bildfigur.

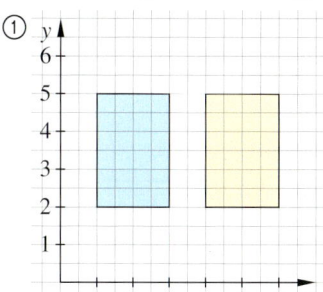
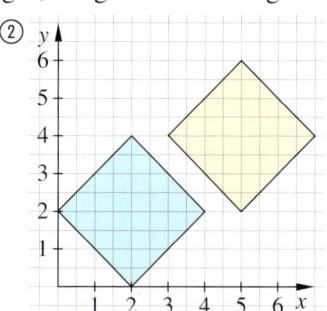
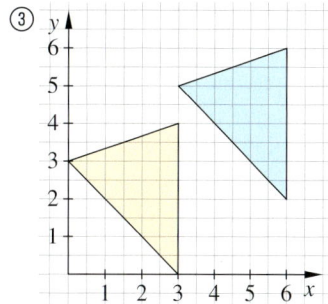

a) Übertrage das Koordinatensystem mit den Figuren in dein Heft.
b) Vergleiche jeweils die Originalfigur mit der Bildfigur. Vergleiche dabei die Lage und die
Länge der Seiten sowie die Größe der Winkel der beiden Figuren.
c) Beschreibe, wie du aus der blauen Figur die gelbe erhältst.

2 Der niederländische Künstler M. C. Escher
hat sich intensiv mit Parkettierungen be-
schäftigt, also mit dem lückenlosen Auslegen
einer Fläche.
Das nebenstehende Bild ist dabei zum Beispiel
entstanden.

a) Beschreibe, wie das Bild aufgebaut ist.
b) Suche dir bei einem der Tiere einen festen
Punkt, z. B. die Schwanzspitze, und miss
jeweils den Abstand dieses Punktes von
einem zum anderen Tier.
Fällt dir etwas auf?
c) Erfinde selbst Figuren, die man wie in diesem Bild so aneinanderlegen kann, dass sie eine
komplett bedeckte Fläche ergeben, ohne dass die einzelnen Figuren sich überschneiden.

3 An historischen Gebäuden oder auf Teppichen findet man oft Verzierungen in Form von
Bandmustern, auch Bandornament genannt.

Beschreibe, wie man aus einem Grundmuster das Bandmuster erhält.
Wähle ein Muster aus und setze es im Heft fort.

191

Verstehen

Lilian möchte ein Muster malen.
Zuerst schneidet sie sich eine Raute als Schablone aus.
Dann zeichnet sie die erste, rote Raute.
Anschließend dreht sie die Schablone um 125° nach
links und legt sie an die rote Raute an. Dort zeichnet sie
die zweite, grüne Raute.
Nun dreht sie die Schablone und legt sie oberhalb der
zwei Raute an. Sie ergänzt die gelbe Raute.
Diese Schritte wiederholt sie mehrmals.

Beispiel 1

Sind die Figuren in dem Muster jeweils kongruent zueinander?
Da die Figuren mit einer Schablone gezeichnet wurden, stimmen die Seitenlängen und Winkelgrößen jeweils überein. Die Figuren sind kongruent zueinander.

> **Merke** Zwei Figuren heißen **kongruent** zueinander, wenn …
> – ihre Seiten gleich lang und
> – ihre Winkel gleich groß sind.
> Die Abbildung, die jedem Originalpunkt einen Bildpunkt zuordnet, heißt **Kongruenzab-
> bildung**.

Die Kongruenzabbildungen Achsenspiegelung, Punktspiegelung und Drehung sind dir bereits
bekannt. Zusätzlich kann man Figuren verschieben.

Beispiel 2

Zeichne das Dreieck *ABC* mit den Koordintan
$A(1|2)$; $B(4|1)$ und $C(3|5)$ in ein Koordinatensystem.
Verschiebe das Dreieck anschließend um drei
Einheiten nach rechts und eine Einheit nach
oben.

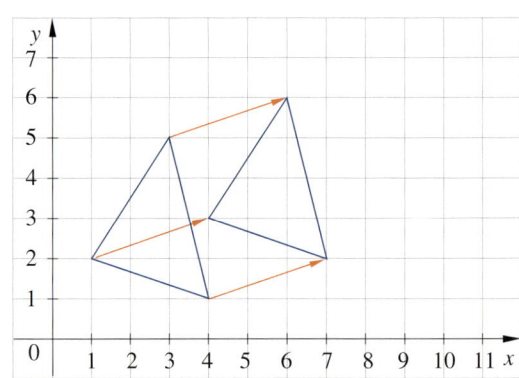

> **Merke** Bei einer **Verschiebung** wird jeder Punkt der Ausgangsfigur gleich weit in die
> gleiche Richtung bewegt. Die Verschiebung kann man durch einen Pfeil verdeutlichen.
> Die Spitze des **Verschiebungspfeils** zeigt die Richtung der Verschiebung an, seine Länge die
> Entfernung zwischen altem und neuem Punkt. Das Original und die Bildfigur sind kongruent
> zueinander.

Auch Parkettierungen und Bandornamente entstehen
oft aus einer Grundfigur, die immer wieder in die
gleiche Richtung verschoben wird.

Üben und anwenden

1 Übertrage die Figuren in Dein Heft. Überprüfe, ob die Figuren kongruent zueinander sind. Miss dazu alle nötigen Seitenlängen und Winkelgrößen.

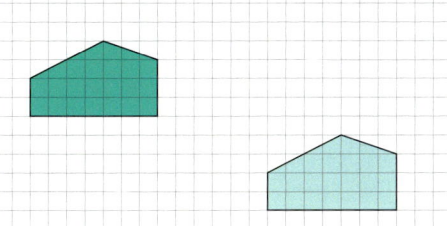

1 Übertrage die Figuren in Dein Heft. Überprüfe, ob die Figuren kongruent zueinander sind.

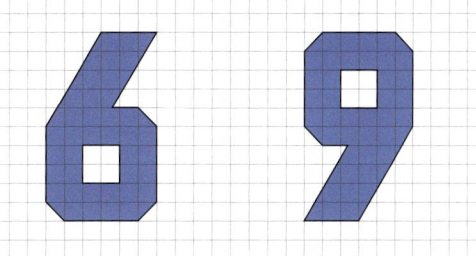

2 Sind die abgebildeten Figuren kongruent zueinander?

a)

b)

c)

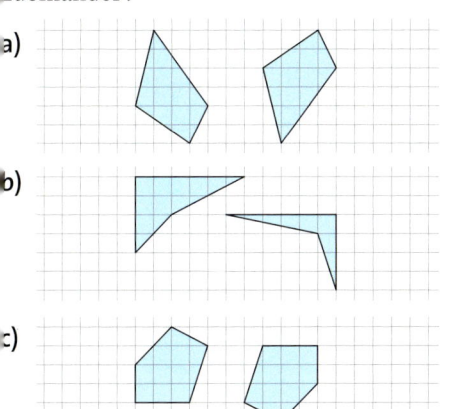

2 Welche Flächen des Körpers sind jeweils kongruent zueinander?

a) Würfel

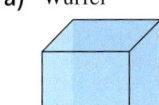

b) Quader

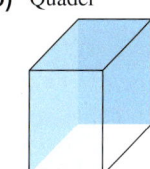

c) Zylinder

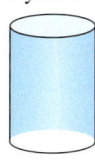

d) Viereckspyramide

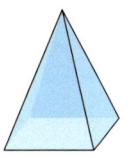

3 Setze dieses Bandornament in deinem Heft fort.

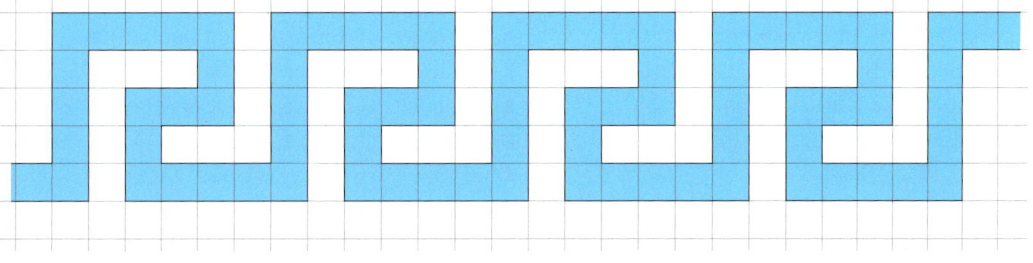

4 Ergänze die folgenden Figuren im Heft zu einem Bandornament.

a)   b)

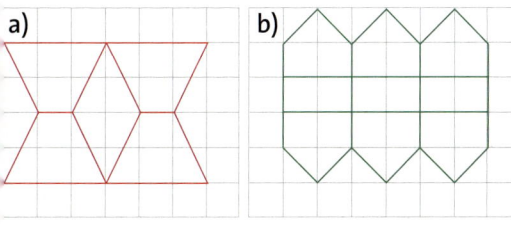

4 Ergänze die folgenden Figuren im Heft zu einem Bandornament.

a)   b)

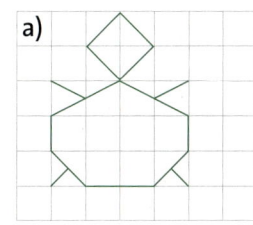
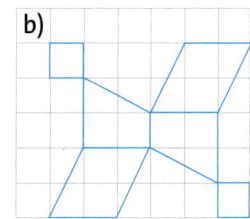

5 Übertrage das Koordinatensystem und die Figur in dein Heft. Verschiebe das Dreieck noch einmal genau so, wie es schon verschoben wurde. Nenne die Koordinaten der Eckpunkte des neuen Dreiecks.

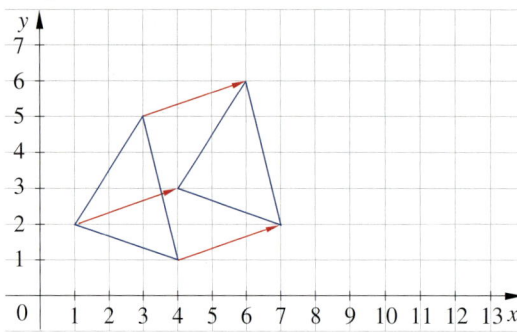

5 Übertrage die Figur in dein Heft. Verschiebe die Figur vier Einheiten nach rechts und vier Einheiten nach oben. Nenne die Koordinaten der neuen Figur.

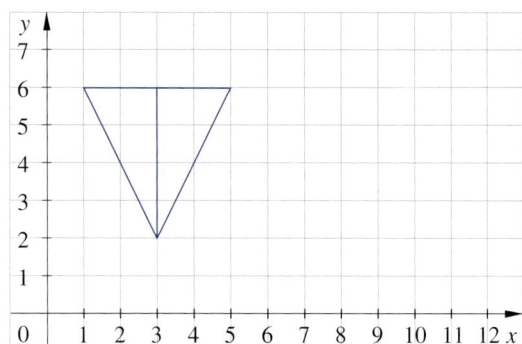

6 Übertrage das Dreieck ABC und den Punkt C' in dein Heft.
Verschiebe das Dreieck so, dass C' der Bildpunkt von C bei der Verschiebung ist.

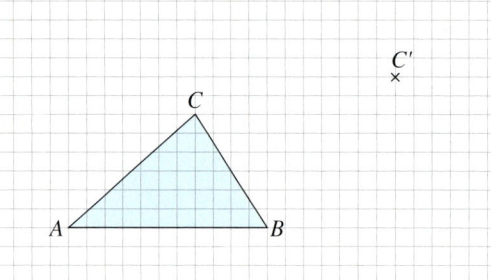

6 Übertrage das Viereck $ABCD$ in dein Heft. Zeichne den Punkt $B'(9|7)$ ein. Verschiebe das Viereck anschließend so, dass B' der Bildpunkt von B bei der Verschiebung ist.

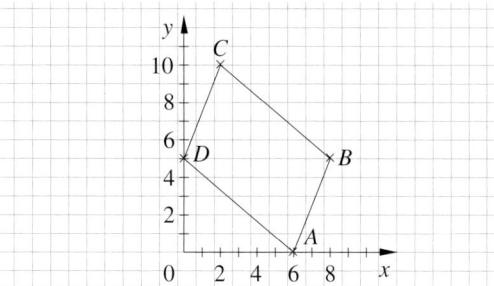

7 Trage folgende Punkte in jeweils ein Koordinatensystem ein und verbinde sie.
Verschiebe die Figur jeweils um 2 Einheiten nach rechts und 2 Einheiten nach oben.
Lies die Koordinaten der Bildpunkte ab.
a) $A(3|0)$; $B(5|2)$; $C(3|4)$
b) $A(2|0)$; $B(3|1)$; $C(1|4)$
c) $A(0|0)$; $B(4|2)$; $C(2|2)$

7 Verschiebe die Figuren um 5 Einheiten nach rechts und 3 Einheiten nach oben.
Lies die Koordinaten der Bildpunkte ab.
a) $A(1|1)$; $B(3|2)$; $C(5|1)$; $D(3|4)$
b) $A(2|1)$; $B(3|0)$; $C(4|1)$; $D(4|4)$
c) $A(0|1)$; $B(2|-1)$; $C(4|2)$; $D(1|4)$

8 Übertrage die Figuren in ein Koordinatensystem und verschiebe sie anschließend in Pfeilrichtung.
Gib die Koordinaten vorher und nachher an.

8 Übertrage die Figuren in ein Koordinatensystem und verschiebe sie anschließend in Pfeilrichtung. Gib die Koordinaten vorher und nachher an.
Hätte man die Koordinaten der neuen Figur auch berechnen können?

a) 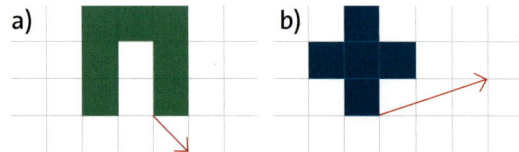 b)

a) 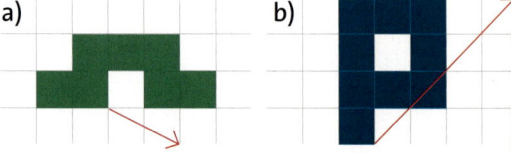 b)

Thema: Innenwinkelsumme von Vielecken

Regelmäßige Vielecke haben besondere Eigenschaften:
Sie haben jeweils gleich lange Seiten und gleich große Innenwinkel.

1 Winkelsumme für Vierecke

Pia überlegt: „Bei einem DIN-A4-Blatt gibt es vier rechte Winkel. Die Summe der Innenwinkel beträgt also 360°. Wenn ich ein Stück von dem Blatt schräg abschneide, verändern sich zwei Eckwinkel: Einer wird größer, der andere wird kleiner…."

a) Wie groß ist die Winkelsumme in Pias neuem Viereck?
   Begründe deine Antwort.

b) Wie groß ist die Winkelsumme, wenn man noch einmal ein
   Dreieck abschneidet?
   Überprüfe deine Vermutung durch Messen.

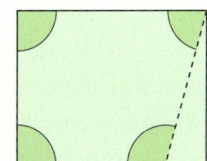
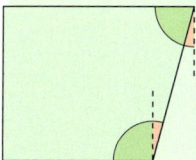

2 Beweis des Winkelsummensatzes für Parallelogramme

Daniel soll zeigen, dass die Winkelsumme im
Parallelogramm 360° beträgt.
Er benutzt sein Wissen über Scheitelwinkel,
Nebenwinkel, Stufenwinkel und Wechselwinkel.
Ergänze seinen Beweis.

$\alpha_1 + \beta = 180°$ (▬▬▬winkel)
$\alpha_1 = \alpha$ (▬▬▬winkel), also gilt: $\alpha + \beta = 180°$
$\alpha_1 = \gamma$ (▬▬▬winkel), also gilt: $\alpha = \gamma$
$\beta = \beta_1$ (▬▬▬winkel) und $\beta_1 = \delta$ (▬▬▬winkel), also gilt: $\beta = \delta$
Es gilt: $\alpha + \beta + \gamma + \delta = \alpha + \beta + \alpha +$ ▬ $= 180° +$ ▬ $= 360°$.

3 Winkelsumme im Sechseck

a) Zeichne ein beliebiges Sechseck.

b) Miss die Winkel und berechne die Winkelsumme. Formuliere eine Behauptung über die
   Winkelsumme im Sechseck: „Im Sechseck beträgt die Winkelsumme immer …"

c) Beweise deine Behauptung mithilfe des Winkelsummensatzes für Dreiecke.

d) Beweise deine Behauptung mithilfe des Winkelsummensatzes für Vierecke.

e) Findest du noch eine weitere Begründung für deine Behauptung?

4 Winkelsumme im Achteck

Carina behauptet: Jedes Achteck besteht aus acht Dreiecken und seine
Winkelsumme beträgt daher 8 · 180° = 1440°.

a) Überzeuge Carina durch ein Gegenbeispiel, dass sie nicht recht hat.

b) Bestimme die richtige Winkelsumme.

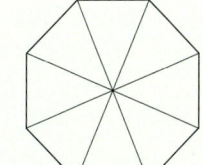

5 Winkelsumme im n-Eck

a) Ergänze die Tabelle im Heft für ein
   Drei-, Vier-, Sechs- und Achteck.

Anzahl Ecken	3	4	5	6	7	8
Innenwinkelsumme						

b) Überlege anhand deiner Tabelle, welche Innenwinkelsumme ein Fünfeck hat.
   Welche Innenwinkelsumme hat ein Achteck?
   Kannst du eine Gesetzmäßigkeit feststellen?

c) Mit der Formel $n · 180 - 360$ lässt sich die Innenwinkelsumme bei n-Ecken berechnen.
   Erkläre deinem Sitznachbarn die Formel. Nutze zum Beispiel die Zeichnung aus Aufgabe 4.

Klar so weit?

→ Seite 184

Drachenviereck und Raute

1 Wahr oder falsch?
Begründe deine Antwort.
a) Jedes Drachenviereck ist ein Viereck.
b) Einige Rauten sind Quadrate.
c) Jedes Drachenviereck ist eine Raute.

1 Wahr oder falsch?
Begründe deine Antwort.
a) Jedes Drachenviereck ist ein Quadrat.
b) Manche Rauten sind Drachenvierecke.
c) Einige Rauten sind Rechtecke.

2 Konstruiere jeweils eine Raute nach folgenden Angaben:
a) $a = 4{,}2$ cm; $\alpha = 90°$
b) $d = 4{,}2$ cm; $\beta = 110°$
c) $c = 6$ cm; $\delta = 60°$
d) $b = 2{,}9$ cm; $\gamma = 140°$

2 Konstruiere die Raute $ABCD$ nach den folgenden Angaben:
a) $\overline{CD} = 3{,}1$ cm; $\gamma = 90°$
b) $\overline{AB} = 5$ cm; $\overline{BD} = 4{,}5$ cm
c) $\overline{AC} = 6$ cm; $\overline{BD} = 5$ cm
d) $\overline{BD} = 5{,}5$ cm; $\alpha = 75°$

3 Übertrage die Linien in dein Heft und ergänze sie zu dem angegebenen Viereck.
Markiere gleiche Winkel mit dem gleichen griechischen Buchstaben. Miss die Winkel.
Zeichne die Symmetrieachsen ein.

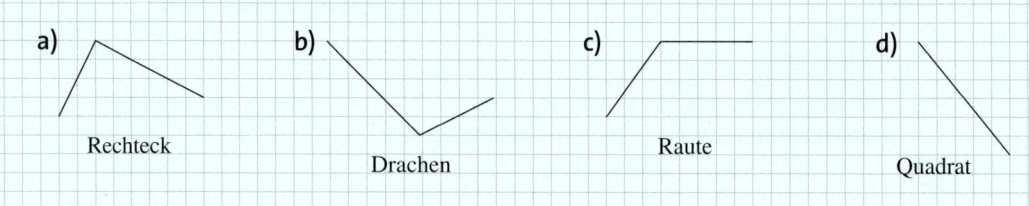

a) Rechteck   b) Drachen   c) Raute   d) Quadrat

→ Seite 188

Parallelogramm und Trapez

4 Zeichne zu jeder abgebildeten Viereckart ein anderes Beispiel ins Heft.
Woran erkennst du die Viereckarten?

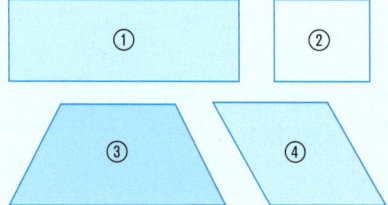

4 Viereckarten
a) Zeichne zu allen dir bekannten Viereckarten je zwei verschiedene Beispiele ins Heft.
Worauf musst du achten?
b) Fertige eine Übersicht für Vierecke in Form einer Tabelle an.
Wähle folgende Spaltenüberschriften: Viereckart, zueinander parallele Seiten, gleich lange Seiten, zueinander senkrechte Seiten

5 Konstruiere Parallelogramme mit folgenden Angaben:
a) $a = 4$ cm; $d = 2$ cm; $\alpha = 45°$
b) $a = 7$ cm; $d = 5$ cm; $\alpha = 70°$
c) $a = 6{,}1$ cm; $d = 3{,}9$ cm; $\gamma = 38°$
d) $a = 6{,}7$ cm; $d = 3{,}5$ cm; $\gamma = 43°$

5 Konstruiere Parallelogramme mit folgenden Angaben:
a) $c = 5{,}8$ cm; $b = 1{,}8$ cm; $\alpha = 60°$
b) $a = 6{,}3$ cm; $b = 2{,}7$ cm; $\alpha = 49°$
c) $a = 7$ cm; $b = 3{,}2$ cm; $\overline{AC} = 9$ cm
d) $c = 5{,}4$ cm; $d = 5$ cm; $\overline{BD} = 7{,}6$ cm

6 Übertrage die Linien in dein Heft und ergänze sie zu einem Trapez. Beschrifte es und zeichne gegebenenfalls die Diagonalen ein.

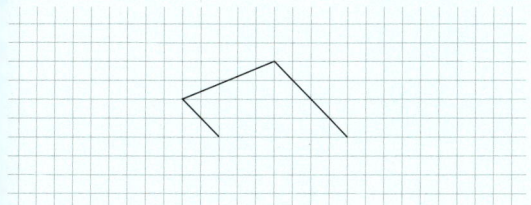

6 Übertrage die Linien in dein Heft und ergänze sie zu einem Parallelogramm. Beschrifte es und zeichne anschließend die Diagonalen ein.

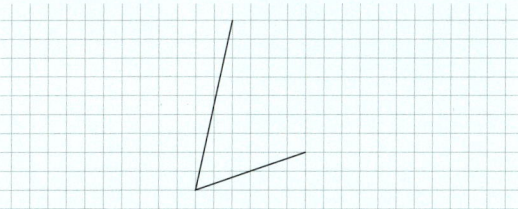

7 Begründe, ob die Aussagen wahr oder falsch sind.
a) Jedes Rechteck ist ein Quadrat.
b) Jedes Trapez ist ein Viereck.
c) Jedes Rechteck ist ein Parallelogramm.
d) Jedes Viereck ist ein Quadrat.

7 Begründe, ob die Aussagen wahr oder falsch sind.
a) Jedes Trapez ist ein Quadrat.
b) Jedes Parallelogramm ist ein Trapez.
c) Jedes Quadrat ist ein Parallelogramm.
d) Einige Trapeze sind Rauten.

8 Zeichne das Trapez $ABCD$ mit $a \parallel c$.
a) $a = 5{,}2\,cm$; $d = 3{,}4\,cm$; $\alpha = 43°$; $\beta = 64°$
b) $a = 3{,}6\,cm$; $b = 2{,}4\,cm$; $\alpha = 124°$; $\beta = 94°$
c) $a = 4{,}7\,cm$; $b = 5{,}3\,cm$; $\alpha = 72°$; $\beta = 64°$
d) $b = c = 3{,}3\,cm$; $\alpha = \beta = 90°$

8 Zeichne das Trapez $ABCD$ mit $b \parallel d$.
a) $b = 3{,}1\,cm$; $c = 3{,}8\,cm$; $\beta = 103°$; $\gamma = 125°$
b) $d = 5{,}7\,cm$; $a = 2{,}9\,cm$; $\alpha = 37°$; $\delta = 61°$
c) $b = 5{,}9\,cm$; $a = 3{,}5\,cm$; $\beta = 57°$; $\delta = 111°$
d) $b = c = 3{,}3\,cm$; $\delta = 67°$; $\beta = 90°$

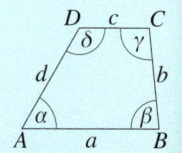

Kongruenzabbildungen

→ Seite 192

9 Trage folgende Punkte in jeweils ein Koordinatensystem ein und verbindes sie. Verschiebe jede Figur um 2 Einheiten nach rechts und 2 Einheiten nach unten.
a) $A(6|1)$; $B(6|3)$; $C(2|1)$
b) $A(2|2)$; $B(3|3)$; $C(1|4)$
c) $A(1|6)$; $B(3|2)$; $C(5|6)$; $D(3|4)$

9 Zeichne ein Sechseck mit den Punkten $A(3|1)$; $B(6|1)$; $C(8|3)$; $D(6|5)$; $E(3|5)$ und $F(1|3)$ in ein Koordinatensystem. Verschiebe das Sechseck um 5 Einheiten nach rechts und 2 Einheiten nach oben. Beschreibe mit Worten, wie du vorgehst, um das Sechseck zu verschieben.

10 Übertrage die Figur ins Heft und verschiebe sie um 10 Kästchenbreiten nach rechts.

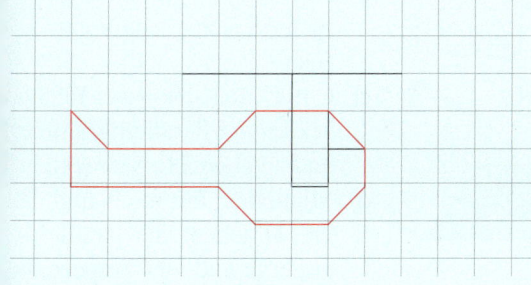

10 Verschiebe den Bagger um 10 Kästchenbreiten nach links und 3 nach unten.

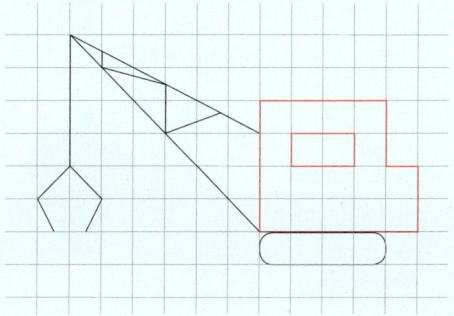

Vermischte Übungen

1 Welche der eingezeichneten Geraden sind Symmetrieachsen? Welche Figuren haben Symmetriepunkte?

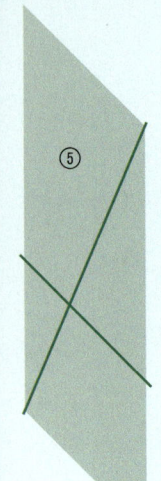

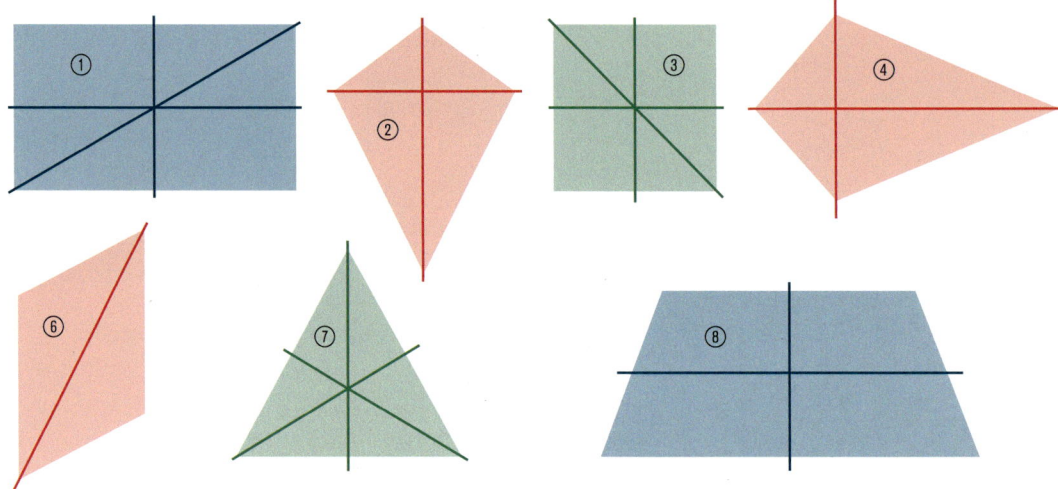

2 Wahr oder falsch? Begründe.
a) Jedes Quadrat ist eine Raute.
b) Jede Raute ist ein Parallelogramm.
c) Manche Rechtecke sind Quadrate.

2 Wahr oder falsch? Begründe.
a) Es gibt Rauten, die keine Quadrate sind.
b) Jedes Parallelogramm ist ein Trapez.
c) Manche Drachenvierecke sind Trapeze.

3 Konstruiere jeweils einen Drachen *ABCD* mit $\overline{BD}$ als Symmetrieachse.
a) $\overline{AB} = 6{,}4\,\text{cm}$; $\overline{BD} = 7{,}8\,\text{cm}$; $\overline{AD} = 4\,\text{cm}$
b) $\overline{AB} = 4{,}5\,\text{cm}$; $\overline{BD} = 6{,}8\,\text{cm}$; $\overline{AD} = 5{,}2\,\text{cm}$
c) $\overline{BC} = 4{,}9\,\text{cm}$; $\overline{CD} = 2{,}8\,\text{cm}$; $\overline{BD} = 6{,}1\,\text{cm}$
d) $\overline{BC} = 3{,}6\,\text{cm}$; $\overline{CD} = 4{,}3\,\text{cm}$; $\overline{BD} = 5{,}5\,\text{cm}$

3 Konstruiere jeweils einen Drachen *ABCD* mit $\overline{BD}$ als Symmetrieachse.
a) $\overline{AB} = 3\,\text{cm}$; $\overline{AD} = 2\,\text{cm}$; $\alpha = 120°$
b) $\overline{BD} = 4{,}4\,\text{cm}$; $\overline{AB} = 2{,}7\,\text{cm}$; $\overline{CD} = 2{,}9\,\text{cm}$
c) $\overline{BC} = 3{,}5\,\text{cm}$; $\overline{CD} = 2{,}5\,\text{cm}$; $\alpha = 80°$
d) $\overline{AB} = 4\,\text{cm}$; $\overline{AD} = 2\,\text{cm}$; $\gamma = 80°$

4 Vervollständige die Tabelle im Heft.

Eigenschaft	Viereck
zwei Paare parallele Seiten	A, B, D, E
Rechteck	
alle Seiten gleich lang	
zwei verschiedene Seitenlängen	
zwei Seiten gleich lang	
vier Symmetrieachsen	
Parallelogramm	
kein rechter Winkel	

4 Bianca, Marcel, Chris und Michelle unterhalten sich über die links abgebildeten Vierecke. Wer hat recht? Begründe.
a) Bianca: „Da sind fünf Trapeze, drei Drachen und vier Parallelogramme."
b) Marcel: „Ich sehe aber nur sechs verschiedene Vierecke."
c) Chris: „Ich sehe zwei Rechtecke, zwei Parallelogramme und zwei andere Vierecke."
d) Michelle: „Für mich sind da vier Drachen, vier Parallelogramme und vier Trapeze."

5 Konstruiere das Parallelogramm. Entnimm die Maße der Zeichnung.

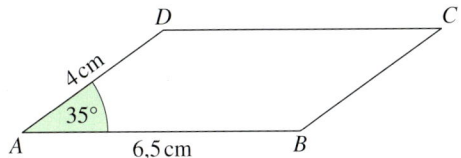

5 Konstruiere das Parallelogramm mit den angegebenen Maßen.

a)
b)

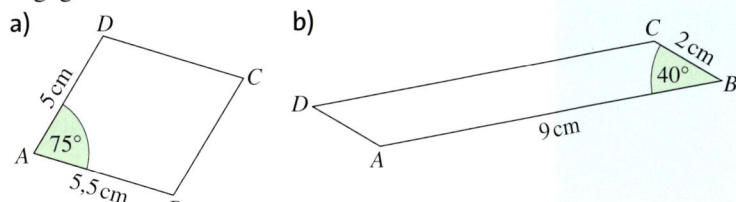

6 Zeichne ein Viereck mit …
a) einem rechten Winkel, das aber kein Quadrat oder Rechteck ist.
b) vier gleich langen Seiten, das aber kein Quadrat ist.
c) nur einer Symmetrieachse, das aber kein Drachen ist.
d) genau zwei Symmetrieachsen.
e) vier Symmetrieachsen.

6 Zeichne, wenn möglich, ein Viereck mit den angegebenen Eigenschaften bzw. begründe, warum dies unmöglich ist.
a) ein Quadrat, das kein Rechteck ist
b) eine Raute, die auch ein Rechteck ist
c) ein Drachenviereck, das auch ein Trapez ist
d) ein Trapez, das auch ein Drachenviereck ist
e) ein Parallelogramm, das achsensymmetrisch ist

7 Gib jeweils alle Drachenvierecke, alle Quadrate, alle Rechtecke und alle Trapeze an. Begründe deine Auswahl mit dem „Haus der Vierecke".

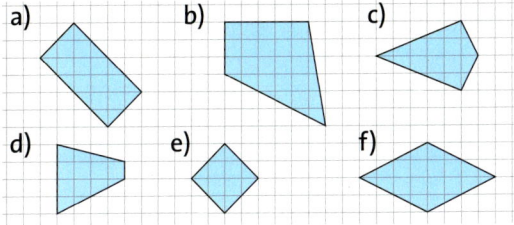

7 Trage die gegebenen Seiten eines Vierecks mehrfach in dein Heft. Ergänze sie zu besonderen Vierecken. Welche Vierecke aus dem „Haus der Vierecke" kannst du mit welchen vorgegebenen Winkeln darstellen?

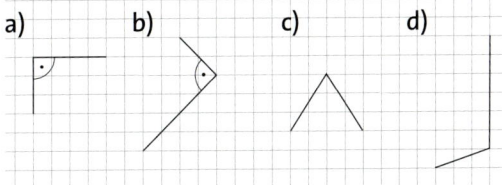

8 Zusammenhänge zwischen Vierecken
a) Erläutere die folgende Abbildung:

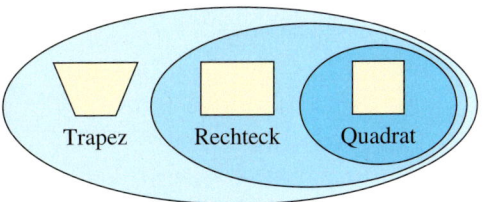

b) Zeichne eine ähnliche Abbildung wie in a) für die drei Begriffe Quadrat, Raute und Trapez.

8 Zusammenhänge zwischen Vierecken
a) Erläutere die folgende Abbildung:

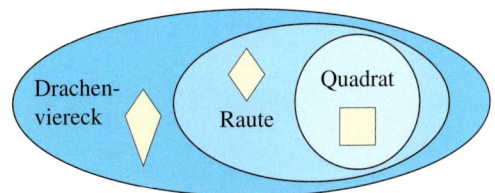

b) Zeichne eine ähnliche Abbildung wie in a) für die drei Begriffe Trapez, Rechteck und Parallelogramm.

9 Zeichne ein Koordinatensystem mit x- und y-Werten von 0 bis 10.
a) Trage folgende Punkte ein: $A(5|5)$; $B(5|1)$; $C(1|1)$; $D(1|5)$; $E(3|8)$.
   Verbinde die Punkte in dieser Reihenfolge durch Strecken. Verbinde zuletzt E mit A.
b) Verschiebe die Figur um 3 Einheiten nach rechts und 1 Einheit nach unten.

10 Stoffe bedrucken

a) Betrachte das Schmetterlings-Muster auf dem T-Shirt.
Beschreibe die kleinstmögliche Grundfigur des Musters.
b) Mithilfe welcher Kongruenzabbildungen wurde aus der
Grundfigur das Muster auf der Stoffbahn abgedruckt?
c) Entwirf selbst eine Grundfigur und entwickle daraus ein Muster.

11 Geradlinige Grundfiguren zusammenlegen

Es gibt Grundfiguren, die man lückenlos und ohne Überlappung aneinander legen kann.
Kann eine Fläche mit diesen Figuren ausgelegt werden, so spricht man von einer Parkettierung.
Mit einigen regelmäßigen Vielecken kann man eine Fläche auslegen.

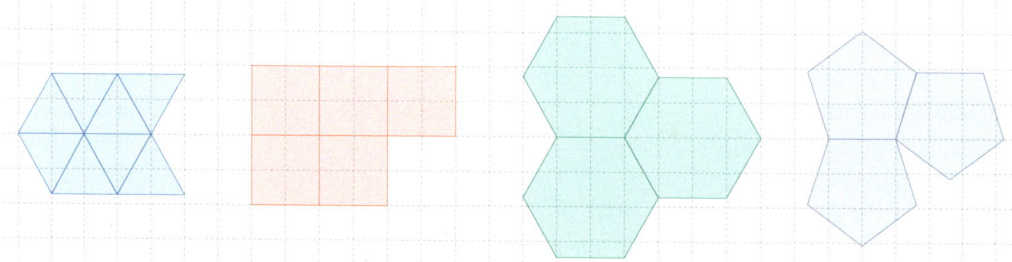

a) Begründe, warum regelmäßige Dreiecke, Vierecke und Sechsecke jeweils lückenlos
aneinander gelegt werden können.
Berechne dazu die Größe der Winkel, die beim Zusammenlegen aneinanderstoßen.
Warum können regelmäßige Fünfecke nicht lückenlos aneinander gelegt werden?
b) 👥 Arbeitet in Gruppen zusammen.
Zeichnet, falls möglich, je eine Parkettierung aus einem Trapez, aus einem Drachen, aus
einem Parallelogramm und aus einer Raute. Diskutiert über eure Ergebnisse.

12 Parkettierungen herstellen

Jasmin möchte eine Parkettierung künstlerisch gestalten.
Dazu erstellt sie aus zwei quadratischen Stücken Pappe
eine Schablone.
Beide Quadrate haben jeweils eine Kantenlänge
von 6 cm.

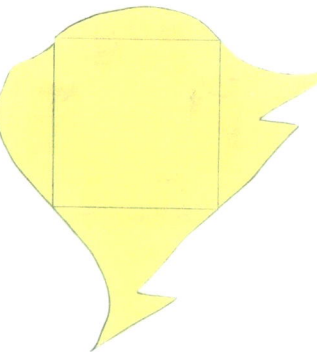

1. Zwei gleiche Quadrate ausschneiden, auf das eine Linien zeichnen.

2. Quadrat entlang der
Linien zerschneiden.

3. Teilflächen an das unzer-
teilte Quadrat kleben.

a) Jasmin möchte mit der Schablone eine Parkettierung auf einem Blatt DIN-A4-Papier
erstellen. Wie viele Flächen kann Jasmin mit der Schablone in etwa auf das Blatt Papier
zeichnen? 👥 Diskutiert darüber zu zweit.
b) 👥 Erstellt eine Ausstellung mit verschiedenen Parkettierungen in eurem Klassenraum.

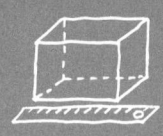

Zusammenfassung

Drachenviereck und Raute

→ Seite 184

Vielecksart	Seiten	Winkel	Diagonalen	Symmetrie
Drachenviereck	2 Paare gleich langer benachbarter Seiten	1 Paar gegenüberliegende Winkel ist gleich groß	stehen senkrecht zueinander, eine Diagonale wird halbiert	achsensymmetrisch
Raute	alle Seiten sind gleich lang	gegenüberliegende Winkel sind gleich groß	stehen senkrecht zueinander, halbieren sich	achsensymmetrisch, punktsymmetrisch

Sind von einem **Drachenviereck** zwei Seitenlängen und eine Winkelgröße bekannt, so kann es **eindeutig konstruiert** werden. Bei einer **Raute** genügt eine Seitenlänge und eine Winkelgröße.

Parallelogramm und Trapez

→ Seite 188

Vielecksart	Seiten	Winkel	Diagonalen	Symmetrie
Parallelogramm	2 Paare gleich langer, paralleler Seiten	gegenüberliegende Winkel sind gleich groß, benachbarte Winkel ergänzen sich zu 180°	halbieren sich	punktsymmetrisch
Trapez	1 Paar paralleler Seiten	2 Paare benachbarter Winkel ergänzen sich zu 180°	Sonderfall „gleichschenkliges Trapez": gleich lang	Sonderfall „gleichschenkliges Trapez": achsensymetrisch

Sind von einem **Parallelogramm** zwei Seitenlängen und eine Winkelgröße bekannt, so kann es **eindeutig konstruiert** werden. Bei einem **Trapez** benötigt man vier Angaben.

Kongruenzabbildungen

→ Seite 192

Sind einander entsprechende Strecken zweier Figuren gleich lang und einander entsprechende Winkel gleich groß, so sind die beiden Figuren **kongruent** zueinander. Die Abbildung, die jedem Originalpunkt einen Bildpunkt zuordnet, heißt **Kongruenzabbildung**.

Bei einer **Verschiebung** wird jeder Punkt der Ausgangsfigur gleich weit in die gleiche Richtung bewegt.
Die Verschiebung kann man durch einen Pfeil verdeutlichen.
Die Spitze des **Verschiebungspfeils** zeigt die Richtung der Verschiebung an, seine Länge die Entfernung zwischen altem und neuem Punkt.
Das Original und die Bildfigur sind kongruent zueinander.

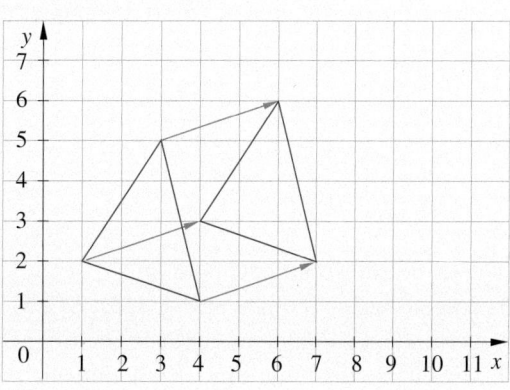

Teste dich!

6 Punkte

1 Welches Viereck wird hier beschrieben? Manchmal gibt es mehr als eine Antwort.
a) vier rechte Winkel
b) genau 2 parallele Seiten
c) gegenüberliegende Winkel sind gleich groß
d) vier gleich lange Seiten
e) vier Symmetrieachsen
f) Diagonalen stehen senkrecht aufeinander

7 Punkte

2 Welche Aussagen sind wahr? Begründe.
a) Ein Rechteck ist auch ein Drachenviereck.
b) Ein Raute ist ein besonderes Trapez.
c) Alle Vierecke kann man in zwei Dreiecke zerlegen.
d) Es gibt nur eine Viereckart, die vier gleich lange Seiten hat.
e) Ein Trapez hat mindestens ein Paar paralleler Seiten.
f) Raute und Parallelogramm unterscheiden sich nur in der Anzahl gleich langer Seiten.
g) Ein Drachenviereck kann sowohl achsen- als auch punktsymmetrisch sein.

3 Punkte

3 Zeichne die Dreiecke im Maßstab 2 : 1 ins Heft und ergänze sie durch Spiegelung an der blauen Linie zu Drachenvierecken.

a) 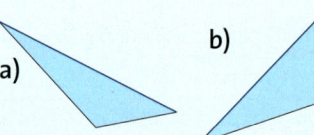 b) 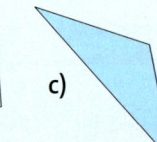 c)

4 Punkte

4 Konstruiere die Vierecke (Bezeichnungen wie rechts im Bild).
a) Parallelogramm $ABCD$ mit $a = 5,5\,\text{cm}$; $\beta = 70°$ und $d = 3\,\text{cm}$
b) Trapez $ABCD$ mit $a = 6\,\text{cm}$; $\alpha = 105°$; $c = 86\,\text{mm}$; $a \parallel c$; $h_a = 3\,\text{cm}$
c) Viereck $ABCD$ mit $b = 5\,\text{cm}$; $c = 7\,\text{cm}$; $\beta = 90°$; $d = 4\,\text{cm}$; $\overline{AC} = 6\,\text{cm}$
d) Drachenviereck $ABCD$ mit $\overline{AC} = 6\,\text{cm}$, $\overline{BD} = 8\,\text{cm}$; $\delta = 120°$

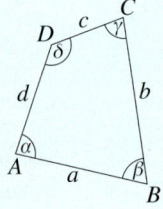

5 Punkte

5 Ergänze die Figuren wie angegeben.

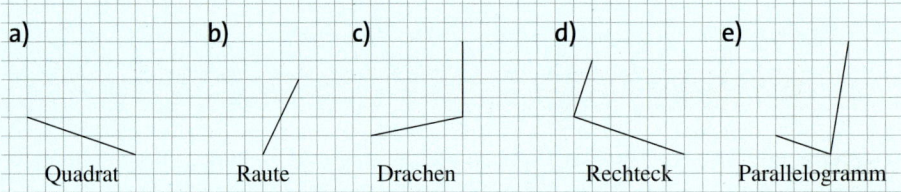

a) Quadrat b) Raute c) Drachen d) Rechteck e) Parallelogramm

4 Punkte

6 Übertrage die Figuren auf Kästchenpapier und verschiebe sie wie angegeben.

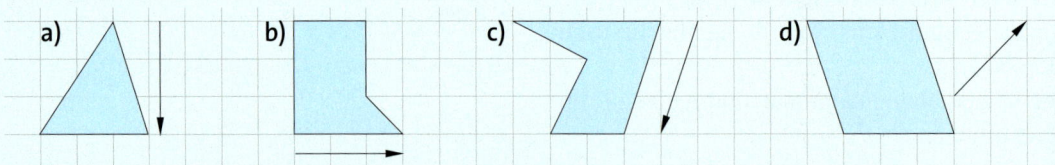

a) b) c) d)

2 Punkte

7 Zeichne ein Koordinatensystem.
a) Trage folgende Punkte ein: $A(1|2)$; $B(2,5|1)$; $C(4|2)$; $D(3|3,5)$.
   Verbinde die Punkte in dieser Reihenfolge durch Strecken. Verbinde zuletzt D mit A.
b) Verschiebe die Figur um 2 Einheiten nach rechts und 1 Einheit nach unten.

Rationale Zahlen

Noch fit?

1 a) Zeichenübung
b) $125 - (8 \cdot 12) = 125 - 96 = 29$
$(23 + 17) \cdot (75 : 15) = 40 \cdot 5 \approx 200$
c) Punkt- vor Strichrechnung und Klammerregeln

2 a) 1600   b) 1300   c) 4900   d) 10 000

3 a) 1; 5; 8; 14; 18; 22   b) 2; 14; 26; 38; 42

4 Zeichenübung

5 a) Wert des Produkt   b) Divisor   c) 16 : 2 oder 8 : 1   d) $12 \cdot 13$

1 a) Zeichenübung
$180 + 4 \cdot 45 = 180 + 180 = 360$
b) Zeichenübung
① 940   ② 1800   ③ 104

2 a) 97 000   b) 170 000   c) 46 000   d) 10 000 000

3 a) 21; 25; 28; 24; 38; 42   b) 20; 180; 320; 38; 480; 520

Klar so weit?

1 -24; -16; -6; 6; 12; 20; 24

2 a)
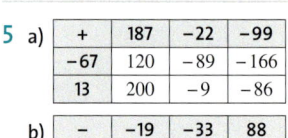
b)
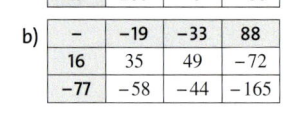

3 a) $3 > 0$ b) $-5 < 2$ c) $-5 > -8$
d) $|5| > -4$ e) $0 > -1$ f) $|-6| = 6$
g) $-9 < -7$ h) $9 > |-7|$ i) $-11 > -12$

4 a) $A(-4{,}5|-0{,}5)$; $B(-1|-1{,}5)$; $C(1|-1)$; $D(1|1)$; $E(-2|2)$
b) Quadrant I: D;   Quadrant II: C;   Quadrant III: B, A;   Quadrant IV: E

5 a)

+	187	−22	−99
−67	120	−89	−166
13	200	−9	−86

b)

−	−19	−33	88
16	35	49	−72
−77	−58	−44	−165

6 a) $24 - 42 = -18$ b) $-1 + 15 = 14$
c) $-2 - 3 = -5$ d) $-13 - 28 = -41$
e) $-76 - 38 = -114$ f) $47 + 13 = 60$

7 a) 72   b) 84
c) 15   d) −238
e) −135   f) −135
g) −121   h) −176
i) 117

8 a)
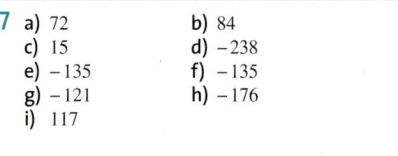
b)
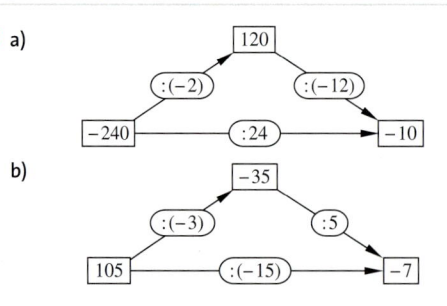

1 0,25; 1,75; 2,5; 2,75

2 a)
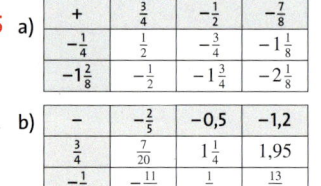
b)
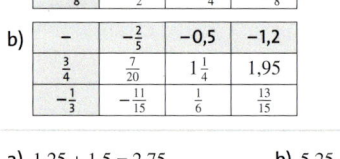

3 a) $3{,}5 > -3{,}51$ b) $|-23| = |23|$ c) $-15{,}2 < -7{,}5$
d) $0{,}79 < 1{,}1$ e) $\frac{1}{2} = -0{,}5$ f) $0{,}8 > -\frac{4}{5}$
g) $|-2{,}31| > 2{,}099$ h) $-64{,}12 < -64{,}1$

5 a)

+	$\frac{3}{4}$	$-\frac{1}{2}$	$-\frac{7}{8}$
$-\frac{1}{4}$	$\frac{1}{2}$	$-\frac{3}{4}$	$-1\frac{1}{8}$
$-1\frac{2}{8}$	$-\frac{1}{2}$	$-1\frac{3}{4}$	$-2\frac{1}{8}$

b)

−	$-\frac{2}{5}$	$-0{,}5$	$-1{,}2$
$\frac{3}{4}$	$\frac{7}{20}$	$1\frac{1}{4}$	1,95
$-\frac{1}{3}$	$-\frac{11}{15}$	$\frac{1}{6}$	$\frac{13}{15}$

6 a) $1{,}25 + 1{,}5 = 2{,}75$ b) $5{,}25 - 3{,}5 = 1{,}75$
c) $-3{,}5 - 1{,}25 = -4{,}75$ d) $57 - 3{,}4 = 53{,}6$
e) $-8{,}75 + 2{,}3 = -6{,}45$ f) $42{,}125 - 32{,}25 = 9{,}875$

7 a) Ü: $200 \cdot (-20) = -4000$ E: −3895
b) Ü: $-100 \cdot (-20) = 2000$ E: 2058
c) Ü: $20 \cdot (-500) = -10 000$ E: −9144
d) Ü: $-200 \cdot 10 = -2000$ E: −2079
e) Ü 1000 $\cdot$ 2000 = 2 000 000   E: 2 089 500
f) Ü: $-50 \cdot 50 = -2500$ E: −2548

8 a)
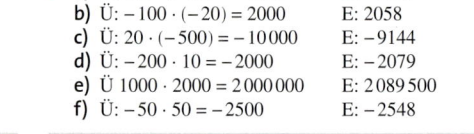
b)
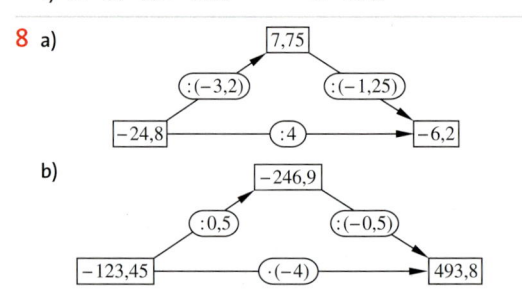

9 a) Punkt-vor-Strich-Rechnung nicht beachtet   E: −100
   b) Punkt-vor-Strich-Rechnung nicht beachtet   E: 665
   c) Doppeltes Minuszeichen −(−21)   E: 13
   d) u. a. Punkt-vor-Strich-Rechnung nicht beachtet   E: −9
   e) Punkt-vor-Strich-Rechnung nicht beachtet   E: 1

9 a) Klammern müssen zuerst berechnet werden   E: −39
   b) Punkt-vor-Strich-Rechnung nicht beachtet   E: 9
   c) Punkt-vor-Strich-Rechnung nicht beachtet   E: 23
   d) Punkt-vor-Strich-Rechnung nicht beachtet   E: 90
   e) falsche Betragsbildung   E: 1

10 a) $(-15 + (-45)) : 12 = -5$
    b) $(-3,5 - (-1,5)) \cdot 0,5 = -1$
    c) $(12 \cdot (-8)) - (12 + (-8)) = -100$

10 a) $(6 + (-3,5)) \cdot \left(-\frac{1}{2} - 1\frac{1}{2}\right) = -5$
    b) $(-306 : 17) : \left(27 \cdot \left(-\frac{2}{3}\right)\right) = 1$
    c) $5 \cdot (-17) + 3 \cdot (-34 + (-47)) = -328$

11 a) 10   b) −51
    c) 8   d) 100

11 a) 156   b) 9
    c) 20   d) −30

Teste dich!

1 a) −3,75;   −2,5;   −1,25;   0,25;   0,75
   b)
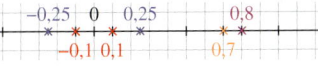

2
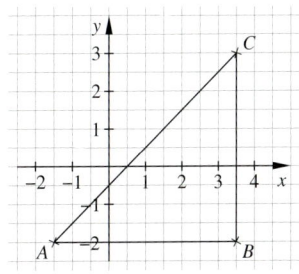

Es entsteht ein rechtwinkliges Dreieck.

3 a)

alte Temperatur	Temperatur-änderung	neue Temperatur
4 °C	6 Grad kälter	**−2 °C**
−3 °C	9 Grad wärmer	6 °C
−6 °C	**5 Grad kälter**	−11 °C
6 °C	8 Grad kälter	−2 °C

b)

Kontostand alt	Kontostand neu	Bewegung
−17 €	+36 €	**53 €**
−156 €	**−117 €**	39 €
23 €	−44 €	−67 €
−73 €	−18 €	55 €

4 a) −59   b) −104   c) −120   d) 33   e) −5   f) 3   g) $-\frac{1}{4}$ h) $-1\frac{5}{8}$

5 a) −16   b) richtig   c) 8   d) −763   e) 44   f) richtig

6 a) <   b) >   c) <   d) <   e) <   f) >

7 a) $1\,208\,m + |-423|\,m = 1\,631\,m$ Der Höhenunterschied beträgt 1 631 m.
   b) $-423\,m - 381\,m = -804\,m$ Die tiefste Stelle liegt 804 m unter Normalnull.

8 a) individuell, z. B.: $\frac{1}{5}$; 2,5   b) individuell, z. B.: −5; −23   c) individuell, z. B.: −4; 4

Dreiecke

Noch fit?

1 a) 90°   b) spitzen   c) stumpfer   d) 180°   e) gestreckter

2 a) $\alpha = 36°$, $\beta = 135°$, $\gamma = 164°$
b) spitzer Winkel, stumpfer Winkel, stumpfer Winkel

2 a) individuell
b) $\alpha = 36°$ (spitz); $\beta = 135°$ (stumpf); $\gamma = 164°$ (stumpf)
$\delta = 90°$ (rechter Winkel); $\varepsilon = 17°$ (spitz)

3 a) rechter Winkel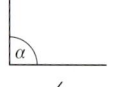

b) spitzer Winkel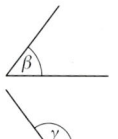

c) stumpfer Winkel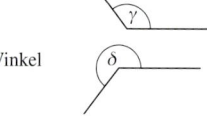

d) überstumpfer Winkel

3 individuell
a) $\alpha < 90°$
b) $\beta = 90°$
c) $90° < \gamma < 180°$
d) $\delta > 180°$

4 a) alle Winkel sind spitze Winkel
b) γ ist ein stumpfer Winkel, die anderen sind spitze Winkel

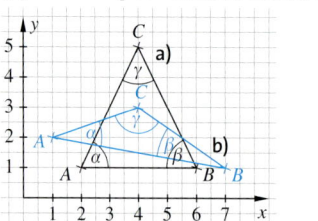

4 a) α und β sind spitze Winkel, γ ist ein stumpfer Winkel

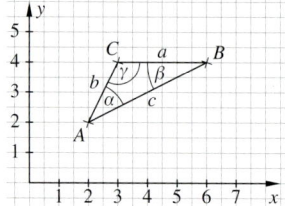

b) individuell

5 a) $\alpha = 27°$ b) $\alpha = 108°$
c) $\alpha = 147°$

5 a) $\alpha = 110°$ b) $\beta = 28°$
c) $\gamma_1 = 150°$; $\gamma_2 = 180°$ d) $\delta = 170°$

Klar so weit?

1

	①	②	③	④
spitzwinklig			✓	✓
rechtwinklig		✓		
stumpfwinklig	✓			
gleichschenklig			✓	✓
gleichseitig			✓	
unregelmäßig	✓	✓		

2 a)

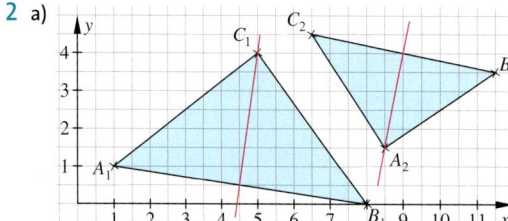

b) Schenkel sind $\overline{A_1C_1}$ und $\overline{B_1C_1}$, $\overline{A_1B_1}$ ist Basis.
Schenkel sind $\overline{A_2B_2}$ und $\overline{A_2C_2}$, $\overline{B_2C_2}$ ist Basis.

2 a) gleichschenklig
b) allgemeines Dreieck
c) gleichseitiges Dreieck

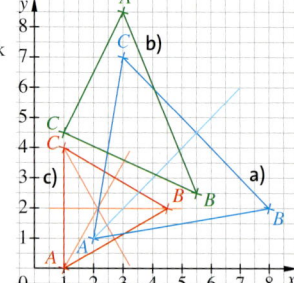

3 ① es entstehen zwei gleichschenklige rechtwinklige Dreiecke
② es entstehen zwei nichtgleichschenklige rechtwinklige Dreiecke

3 a) Trapez: es entsteht in beiden ein stumpf- und ein spitzwinkliges Dreieck
b) Drachenviereck: Im 1. Fall entstehen zwei kongruente stumpfwinklige Dreiecke. Im zweiten Fall entsteht ein gleichschenkliges, spitzwinkliges Dreieck und ein gleichschenkliges rechtwinkliges Dreieck

4 a)

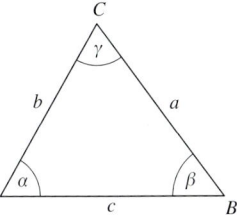

Konstruktionsbeschreibung individuell, z. B.:
Zeichne $\overline{AB}$ = c = 4,4 cm.
Zeichne in A den Winkel α = 60° an.
Verlängere diesen Schenkel auf b = 3,8 cm.
Benenne den Punkt mit C und verbinde A mit C.

b)

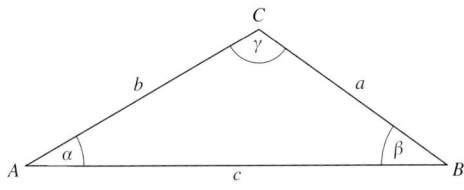

Konstruktionsbeschreibung individuell, z. B.:
Zeichne $\overline{AB}$ = c = 6,4 cm.
Zeichne in B den Winkel β = 35° an.
Verlängere diesen Schenkel auf 2 = 3,5 cm.
Benenne den Punkt mit C und verbinde C mit A.

4 a)

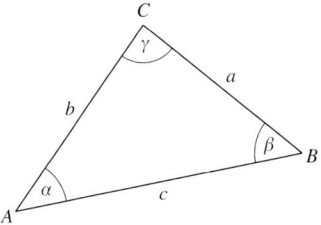

Konstruktionsbeschreibung individuell, z. B.:
Zeichne $\overline{BC}$ = 33 mm = 3,3 cm.
Zeichne in C den Winkel γ = 87° an.
Verlängere diesen Schenkel auf b = 3,6 cm.
Benenne den Punkt mit A und verbinde A mit B.

b)

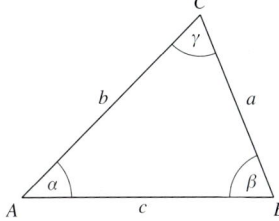

Konstruktionsbeschreibung individuell, z. B.:
Zeichne $\overline{AB}$ = c = 5,4 cm.
Zeichne in A den Winkel α = 45° an.
Verlängere diesen Schenkel auf b = 5,4 cm.
Benenne den Punkt mit C und verbinde C mit B.

5 a) nicht eindeutig konstruierbar, da die Seitenlängen unterschiedlich sein können
b) eindeutig konstruierbar
c) nicht konstruierbar; Die Innenwinkelsumme im Dreieck beträgt immer 180°. Mit den gegebenen Winkel kann daher kein Dreieck konstruiert werden.

6 γ = 49°

6 x = 7,7 cm

7 Konstruktionsbeschreibung für a), b) und c)
Zeichne $\overline{AB}$ = c.
Zeichne mit dem Zirkel um A einen Kreis mit dem Radius von b und um B einen Kreis mit dem Radius von a.
Der Schnittpunkt der Kreise ist C.
Verbinde C mit A und mit B.

a)

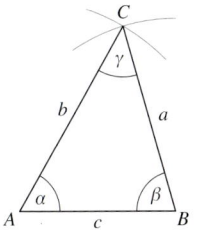

b)

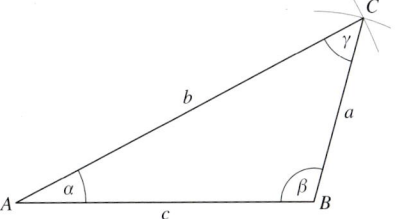

7 Konstruktionsbeschreibung für a), b) und c)
Zeichne $\overline{AB}$ = c.
Zeichne mit dem Zirkel um A einen Kreis mit dem Radius von b und um B einen Kreis mit dem Radius von a.
Der Schnittpunkt der Kreise ist C.
Verbinde C mit A und mit B.

a)

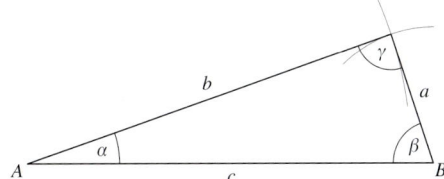

b)

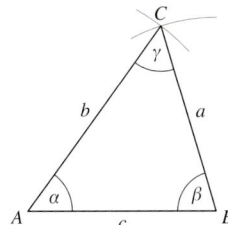

c)

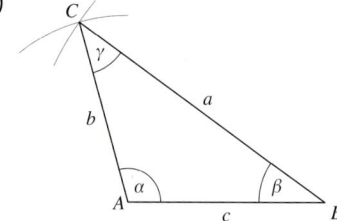

c)

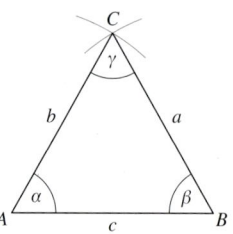

8 **a)** konstruierbar

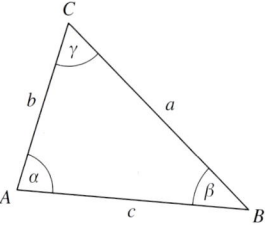

b) nicht konstruierbar $(a + c < b)$
c) nicht konstruierbar (der gegebene Winkel liegt nicht der längsten Seite im Dreieck gegenüber)
d) konstruierbar

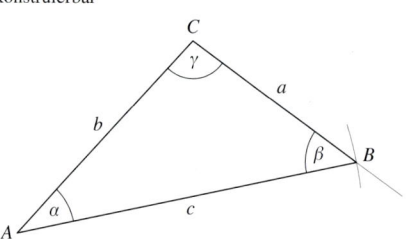

8

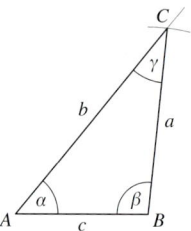
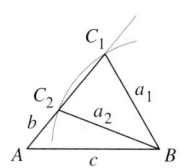

a) individuell
b) Für $a < 3\,\text{cm}$ ist das Dreieck nicht konstruierbar.

9   siehe Aufgabenstellung

10 **a)** $\gamma = 90°$ **b)** $\gamma = 35°$
    c) $\gamma = 43°$ **d)** $\gamma = 18{,}3°$
    e) $\gamma = 51{,}4°$

9   siehe Aufgabenstellung

10 **a)** $\gamma = 59°$ **b)** $\gamma = 64{,}8°$
    c) $\gamma = 101°$ **d)** $\gamma = 60°$
    e) $\gamma = 110{,}8°$

Teste dich!

1 **a)**

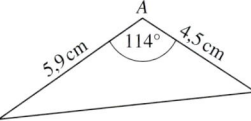

b)

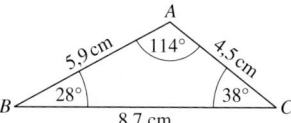

c) $b = 8{,}2$; $\beta = 28°$, $\gamma = 38°$

2 **a)** $\gamma = 100°$ **b)** $\alpha = 65{,}5°$ **c)** $\beta = 40°$; $\gamma = 120°$

3 **a)** wahr (jeder Winkel beträgt 60°)   **b)** falsch   **c)** falsch   **d)** wahr

4 **a)**

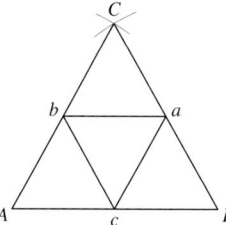

b) Alle entstandenen Dreiecke sind gleichseitig.

5

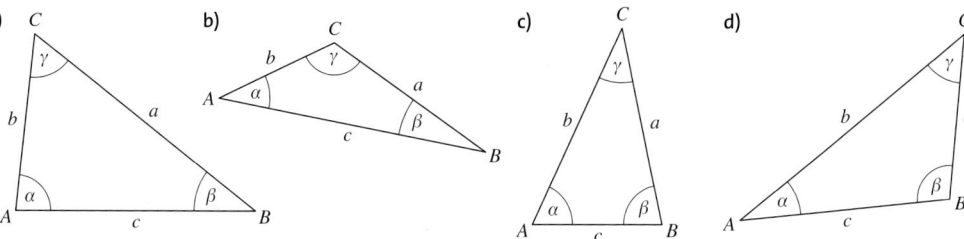

a) Kongruenzsatz SWS
b) Kongruenzsatz WSW
c) Kongruenzsatz SSS
d) Kongruenzsatz SsW

6 a) Der gegebene Winkel liegt nicht der längsten Seite im Dreieck gegenüber.
b) Es muss mindestens eine Seitenlänge gegeben sein, um ein Dreieck eindeutig konstruieren zu können.
c) $b + c < a$

7 Die Messstäbe sind 28 m voneinander entfernt.

Zuordnungen

Noch fit?

1 a) 10; 12; 14; 16; 18; 20   **b)** 35; 42; 49; 56; 63; 70
   c) 19; 23; 27; 31; 35; 39   **d)** 81; 75; 69; 63; 57; 51

1 a) 8; 16; **24**; 32; 40; **48**; 56; **64**; **72**; **80**; **88**; **96**; **104**
   b) **81**; 74; 67; 60; **53**; 46; **39**; **32**; 25; **18**; **11**; **4**

2 a) individuell, z. B.: 0 Bücher haben eine Höhe von 0 cm.
   1 Buch hat eine Höhe von 1,2 cm. Entsprechend sind
   10 Bücher 12 cm hoch und 20 Bücher 24 cm hoch.

   b) individuell, z. B.: nach der Geburt schläft ein Baby 18 h pro
   Tag. Wenn es einen Monat alt ist, schläft es nur noch 17 h.
   Im Alter von 3 Monaten schläft es 15 h und im Alter von
   6 Monaten 12 Stunden.

2 1 kg kostet 1,50 €; 2 kg kosten 3 €; 3 kg kosten 4,50 €; 4 kg
   kosten 6 € und 5 kg kosten 7,50 €

3 a) Drei Stücke kosten 3,60 €.
   b) Vier Schüler bezahlen 18 €.
   c) 60 €
   d) Der Inhalt wiegt 395 g.

3 a) Er ist 60 Minuten unterwegs.
   b) Sie pflanzen 20 Sträucher.
   c) 12 Fotos kosten 4,78 €.

4 a) $A(4|9)$; $B(9|3)$
   b)

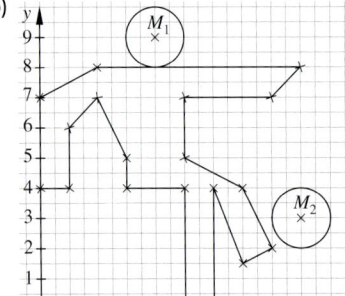

Klar so weit?

1 a) Das Datum ist der Temperatur in °C zugeordnet.
   b)

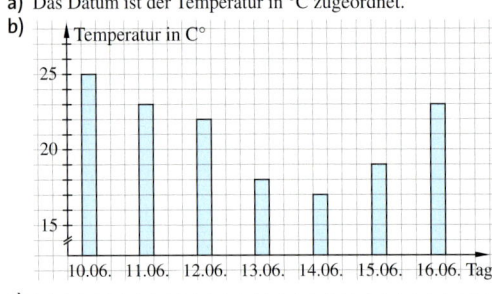

   c)

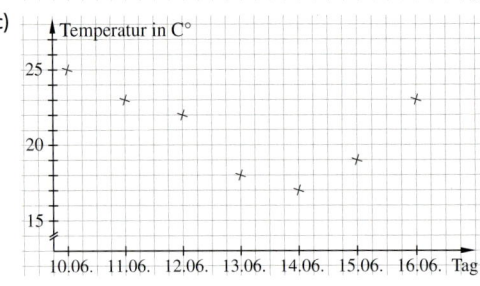

1 a) Jeder Stadt ist ein Preis in € zugeordnet.
   b)

Stadt	Preis
Dublin	269 €
Madrid	199 €
Venedig	289 €
Paris	186 €
Rom	245 €
Wien	187 €
London	175 €
Amsterdam	215 €

   c)

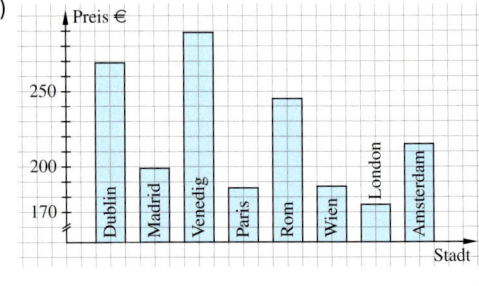

2 a) Jedem Tag ist eine Körpertemperatur zugeordnet.

b) Mo: 36,5 °C Di: 36,5 °C Mi: 36,5 °C
Do: 40,75 °C Fr: 39,75 °C Sa: 39,25 °C So: 37,75 °C

c)

Tag	Körpertemperatur in °C
Mo	36,5
Di	36,5
Mi	36,5
Do	40,75
Fr	39,75
Sa	39,25
So	37,75

d) An den Tagen Do bis So.

3 Ja, da die Wertepaare quotientengleich sind.

4

Füllmenge (in l)	1	5	10	20	30
Preis (in €)	2,5	12,5	25	50	100

5 a) 1,25 €; 5 €
b) 4 kg; 7 kg
c)

Gewicht in kg	0	1	2	2,5	4	5	6	7	8	9
Preis in €	0	0,5	1	1,25	2	2,5	3	3,5	4	4,5

6 104 Liter

7 Die Zuordnung ist nicht antiproportional, da die Wertepaare nicht produktgleich sind.
Größen individuell, z. B.: x = Tage und y = Futtervorrat

8

x	1	2	3	4	5
y	1200	600	400	300	240

9

Mitglieder	4	7	9	15
Gewinn pro Mitglied (€)	4536	2592	2016	1209,60

10 Es sind 25 Bände erforderlich.

2 a) Wenn die Vase mit Wasser gefüllt wird, steigt die Füllhöhe bis zur Hälfte der Vase erst immer schneller und danach immer langsamer an.

b) Graph 2 passt zur angegebenen Vase.

3 Ja, da die Wertepaare quotientengleich sind.

4

Füllmenge (in l)	1	5	10	20	30
Preis (in €)	1,32	6,60	13,20	26,40	39,60

5 a) z. B.: Die Zuordnung ist proportional, weil der Graph eine Ursprungsgerade ist.
b) Das Flugzeug legt in 6 Stunden 4800 km zurück.
Das Flugzeug legt in 3,5 Stunden 2800 km zurück.
c) 2000 km dauern 2,5 Stunden. 7200 km dauern 9 Stunden.

6 714 € (1176 €)

7

x	1	2	3	4	5
y	60	30	20	15	12

Größen individuell, z. B.: x = Tage und y = Futtervorrat

8

x	1	2	3	4	5
y	$\frac{1}{2}$	$\frac{1}{4}$	$\frac{1}{6}$	$\frac{1}{8}$	$\frac{1}{10}$

10 Ein Flugzeug benötigt 51 Stunden und 44 Minuten.

Teste dich!

Seite 84

1 a) 1 kg Kaffee kostet 9,20 €, 4 kg Kaffee kosten 36,80 €.
b) 6 Arbeiter teeren eine Straße in 5 Stunden, 12 Arbeiter benötigen dafür 2,5 Stunden.

2 a) Die Zeit in h wird der Fläche in m² zugeordnet.
b)

Zeit (h)	1	2	3	4	5
Fläche (m²)	500	1000	1500	2000	2500

c) Die Zuordnung ist proportional, weil die Wertepaare quotientengleich sind.

3 a)

x	1	2	3	4	5
y	1,40	2,80	4,20	5,60	7,00

b)

x	1	2	3	5	7
y	$2\frac{1}{4}$	$4\frac{1}{2}$	$6\frac{3}{4}$	$11\frac{1}{4}$	$15\frac{3}{4}$

4 Nur die erste grafische Darstellung ist proportional, da der Graph durch den Koordinatenursprung verläuft und gleichmäßig ansteigt.

5 Das Auto von Familie Bohm verbraucht 7,5 l Benzin auf 100 km. Das Auto von Familie Berger verbraucht 8,75 l Benzin auf 100 km.

6 Sie können täglich 15 € ausgeben.

7 a)

Anzahl der Personen	1	2	4	5	8	10	25
Gummibärchen in g	2500	1250	625	500	312,5	250	100

b) Diese Zuordnung ist antiproportional, weil die Wertepaare der Tabelle produktgleich sind.

Besondere Linien und Punkte im Dreieck

Noch fit?

1 a) Scheitelpunkt: Gemeinsamer Anfangspunkt der Schenkel
Schenkel: Halbgeraden, welche vom Scheitelpunkt ausgehen und den Winkel aufspannen.
Rechter Winkel: Ein Winkel der Größe 90°.
Vollwinkel: Ein Winkel der Größe 360°.
Gestreckter Winkel: Ein Winkel der Größe 180°.

b)

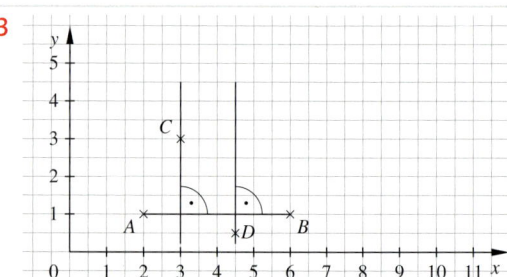

2 $\alpha = 20°$ spitzwinklig
$\beta = 165°$ stumpfwinklig
$\gamma = 45°$ spitzwinklig
$\delta = 120°$ stumpfwinklig
$\varepsilon = 210°$ überstumpf

3 a) 1,1 cm   b) 2,2 cm

3

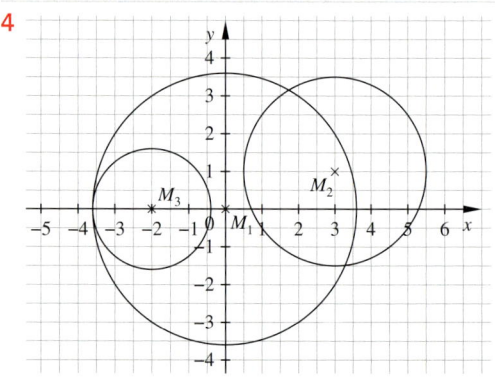

a) Der Abstand von der Senkrechten durch C zu A ist 2 LE und der Abstand zu B ist 6 LE. (1 LE ≙ 0,5 cm)

b) Der Abstand von der Senkrechten durch D zu A ist 5 LE und der Abstand zu B ist 3 LE. (1 LE ≙ 0,5 cm)

4 $d_1 = 10$ cm
$d_2 = 13$ cm
$d_3 = 7,6$ cm

4

M_1 befindet sich im Nullpunkt und schließt die Mittelpunkte der beiden weiteren Kreise in sich ein. M_2 liegt im 1. Quadranten und M_3 auf der x-Achse, welche den III. und IV. Quadranten trennt.

5

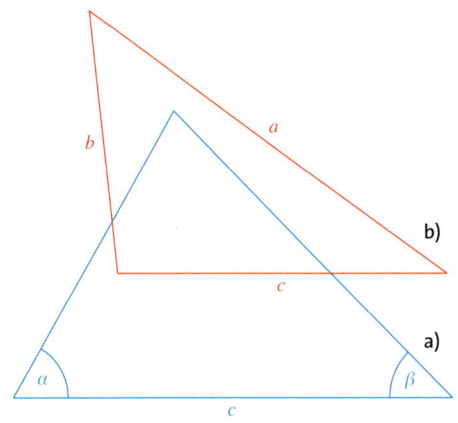

5

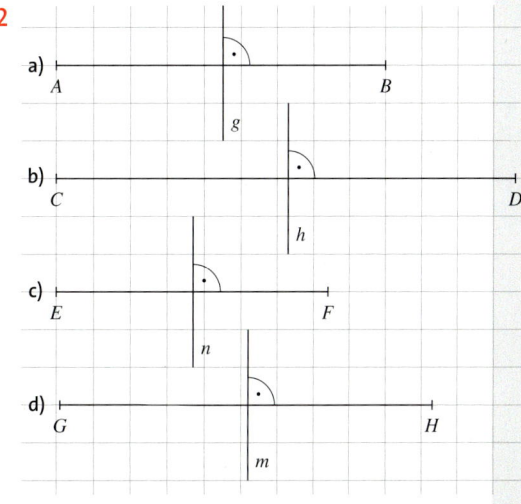

6 a) … alle drei Seiten sind gleich lang.
b) … einen rechten Winkel.
c) … zwei Seiten gleich lang.
d) … 180°.
e) … gleichseitiges Dreieck.

Klar so weit?

1 m ist keine Mittelsenkrechte von AB.

1 m ist keine Mittelsenkrechte von BC.
n ist die Mittelsenkrechte von CD.

2

2

3

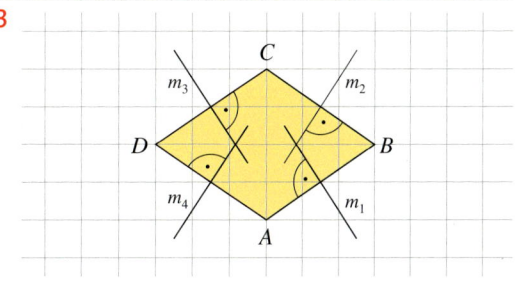

3

Seite 100/101

4

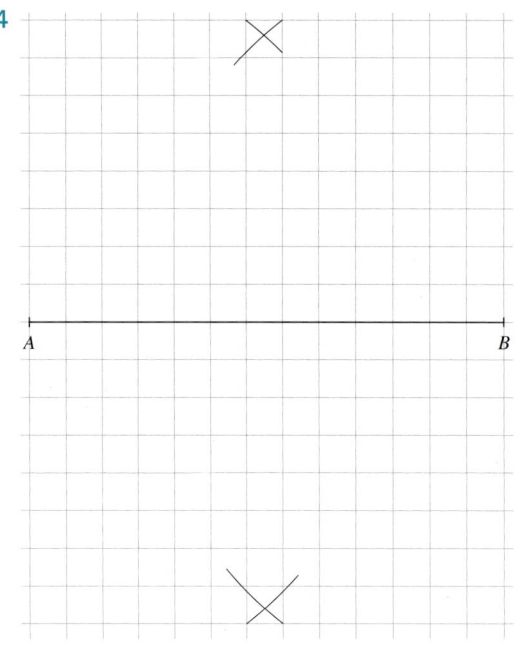

4

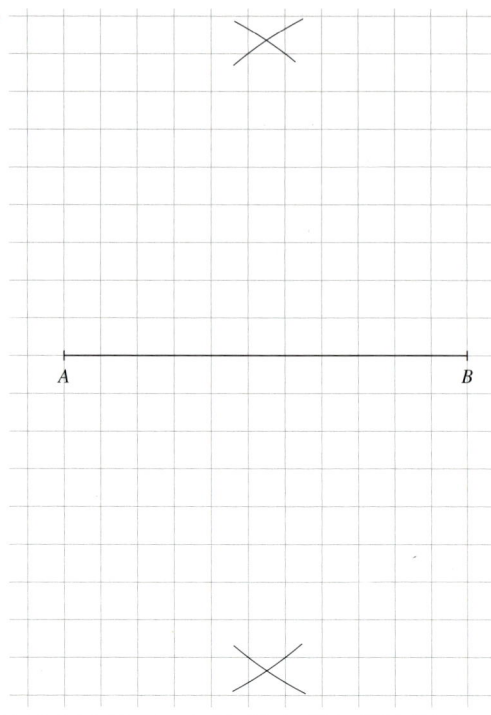

5

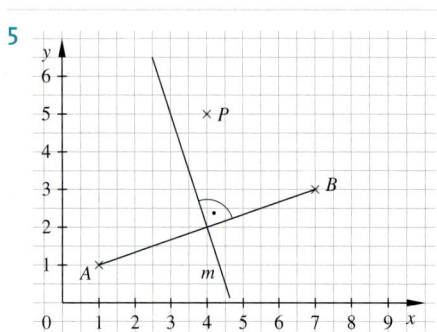

Nein, *P* liegt nicht auf der Mittelsenkrechten.

6 Ja, da die blaue Linie den Winkel in 45° und 45° teilt.

7

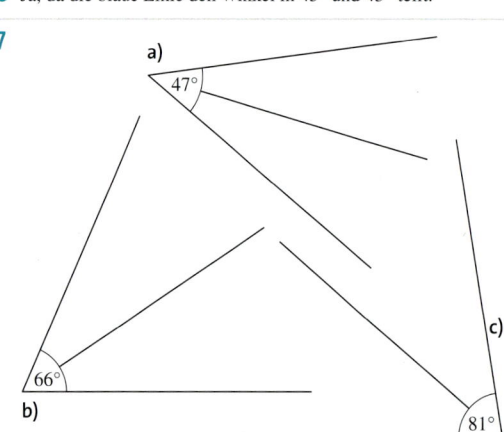

5

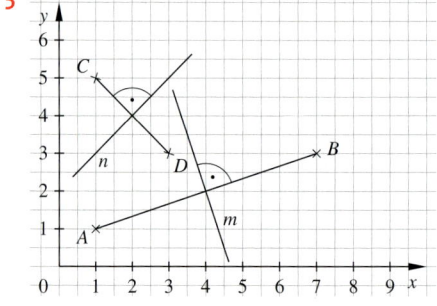

6 Nein, da die blaue Linie den Winkel in 16° und 26° teilt

7

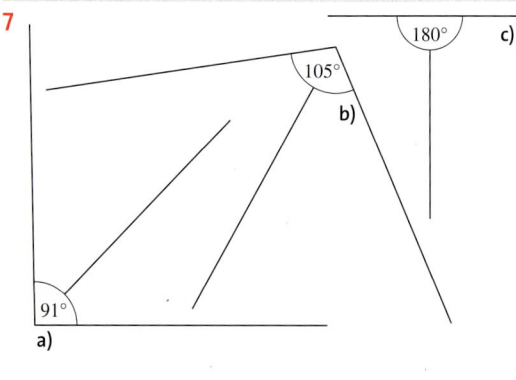

8

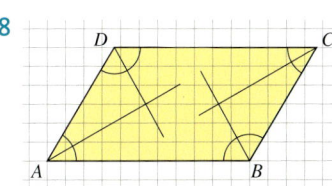

8

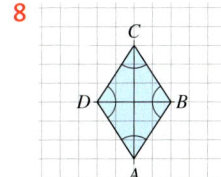

9

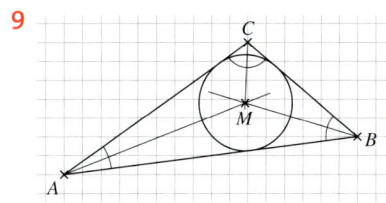

9

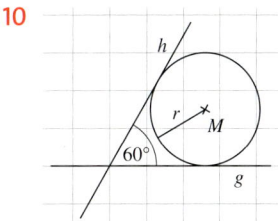

10 $r = 6{,}3\,\mathrm{cm}$

10

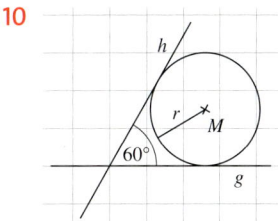

11

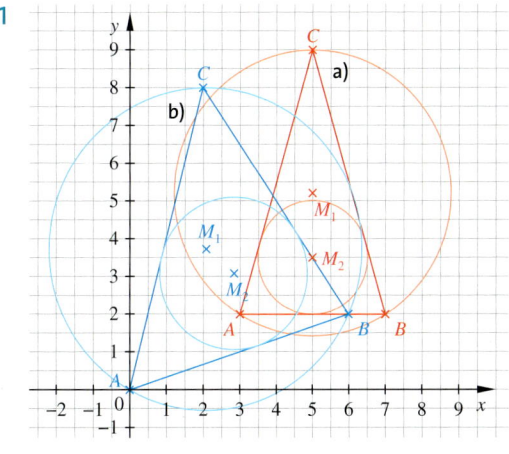

11

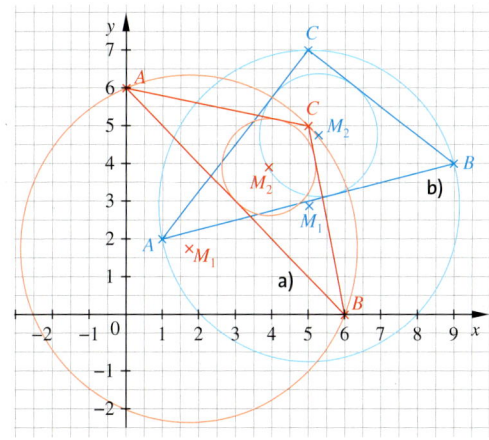

12   **12**

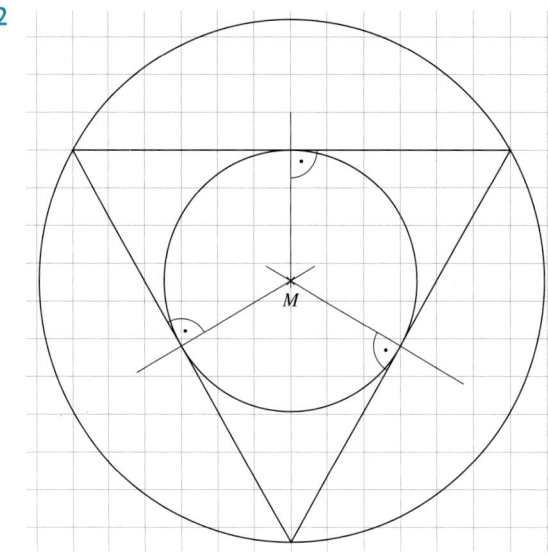

Ja, sie haben den gleichen Mittelpunkt.

Nein, sie haben unterschiedliche Mittelpunkte.

Teste dich!

1

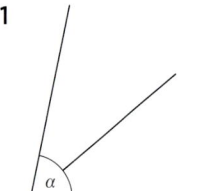

2

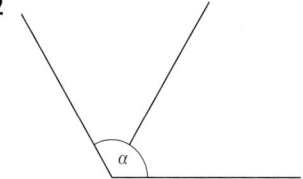

3

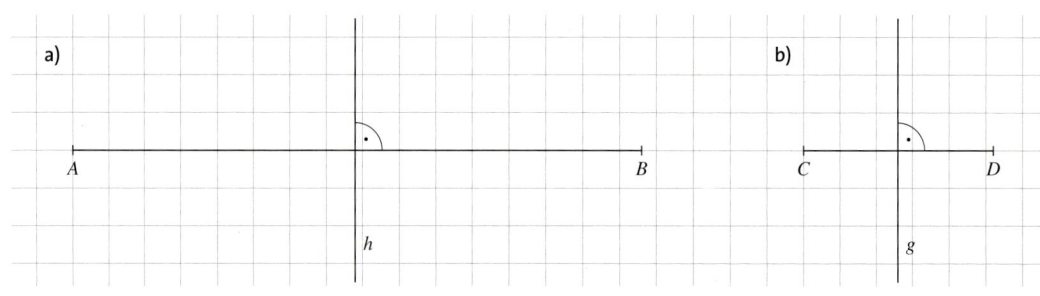

4 $M(4,5|3,75)$

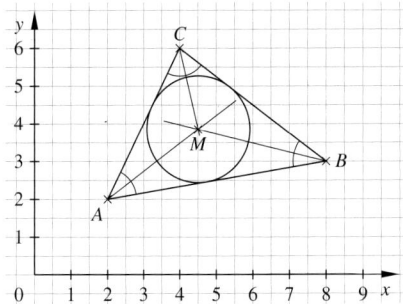

5 $r \approx 3,4\,\text{cm}$

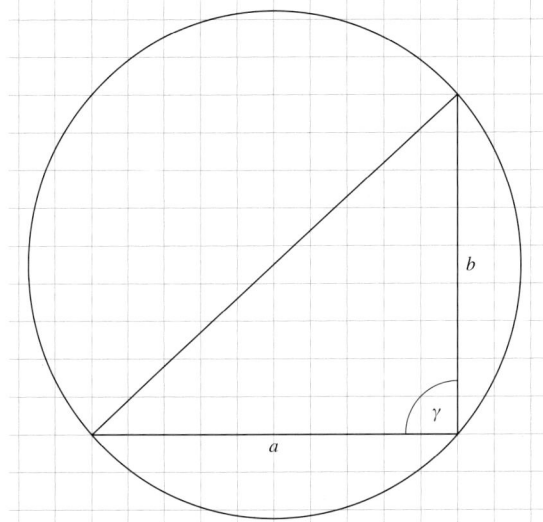

6 $r = 1,1\,\text{cm}$

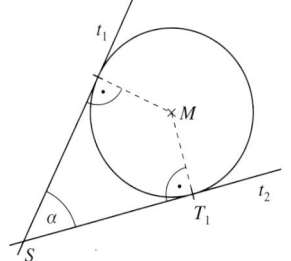

7 a) $M(4,5| \approx 1,6)$

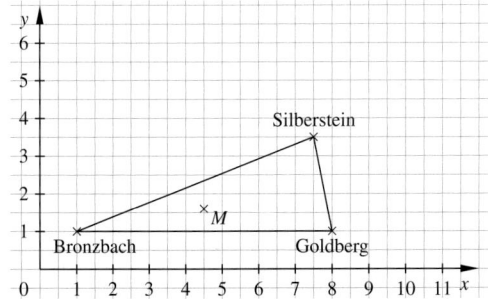

b) Der Futterplatz ist ca. 3,5 km von jedem Dorf entfernt.

Prozentrechnung

Noch fit?

1 a) rot: $\frac{1}{4}$ blau: $\frac{3}{4}$ **b)** rot: $\frac{3}{4}$ blau: $\frac{1}{4}$ **c)** rot: $\frac{1}{10}$ blau: $\frac{9}{10}$ **d)** rot: $\frac{1}{5}$ blau: $\frac{4}{5}$ **e)** rot: $\frac{1}{2}$ blau: $\frac{1}{2}$ **f)** rot: 1 blau: 0

2

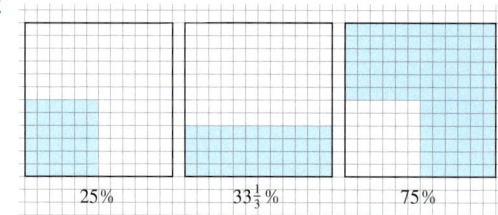

25% $33\frac{1}{3}$%   75%

2

50%   75%   10%

3 a) 0,7 **b)** 0,87 **c)** 0,8 **d)** 0,35
e) 0,75 **f)** 0,56 **g)** 0,14 **h)** 0,077

3 a) 0,6 **b)** 0,02 **c)** 0,25 **d)** 0,048
e) 2,45 **f)** 0,625 **g)** 3,888 **h)** 0,18

4 a) 1,2 **b)** 7,25 **c)** 1,875 **d)** 3,5
e) $10,\overline{3}$ **f)** 2,5 **g)** $11,\overline{2}$ **h)** $3,8\overline{1}$
i) $0,\overline{6}$

4 a) 2,25 **b)** $2,\overline{2}$ **c)** $7,\overline{42857}$ **d)** 24,6
e) $1,\overline{45}$ **f)** 0,9375 **g)** $0,08\overline{3}$ **h)** $0,\overline{18}$
i) 0,025

5 a) 120 **b)** 13 **c)** 180 **d)** 45

5 a) 232,5 **b)** 60 **c)** $24,\overline{16}$ **d)** 123,75

6 $\frac{25}{75} = \frac{1}{3} = \frac{30}{90}$
Absolut betrachtet hat B mehr getroffen, aber die Anteile sind identisch.

7 $0,75 = \frac{75}{100} = \frac{750}{100} = \frac{3}{4} = \frac{6}{8}$
$\frac{34}{100} = 0,340 = \frac{17}{50} = 0,34$

$0,4 = \frac{2}{5} = \frac{4}{10} = \frac{40}{100} = 0,400$
$0,04 = \frac{40}{1000} = \frac{1}{25} = \frac{4}{100} = 0,040$

Klar so weit?

1 ① $\frac{1}{2} = 50\%$ ② $\frac{2}{6} = 33,\overline{3}\%$ ③ $\frac{1}{4} = 25\%$
④ $\frac{1}{8} = 12,5\%$ ⑤ $\frac{3}{10} = 30\%$ ⑥ $\frac{5}{8} = 62,5\%$

1 ① $\frac{3}{9} = 33,\overline{3}\%$ ② $\frac{3}{9} = 33,\overline{3}\%$ ③ $\frac{3}{12} = 25\%$ ④ $\frac{4}{16} = 25\%$
⑤ $\frac{3}{9} = 33,\overline{3}\%$ ⑥ $\frac{4}{9} = 44,\overline{4}\%$ ⑦ $\frac{4}{9} = 44,\overline{4}\%$

2 a) $\frac{7}{10} = 0,7 = 70\%$ $\frac{7}{25} = 0,28 = 28\%$
$\frac{4}{80} = 0,05 = 5\%$ $\frac{1}{8} = 0,125 = 12,5\%$
$\frac{5}{25} = 0,20 = 20\%$
b) $\frac{9}{25} = 0,36 = 36\%$ $\frac{16}{40} = 0,4 = 40\%$
$\frac{68}{102} = 0,6 = 66,\overline{6}\%$ $\frac{94}{141} = 0,\overline{6} = 66,\overline{6}\%$
$\frac{59}{177} = 0,\overline{3} = 33,\overline{3}\%$

2 a) $\frac{18}{60} = 0,3 = 60\%$ $\frac{36}{80} = 0,45 = 45\%$
$\frac{11}{20} = 0,55 = 55\%$ $\frac{72}{90} = 0,8 = 80\%$
$\frac{10}{40} = 0,25 = 25\%$
b) $\frac{1}{3} = 0,\overline{3} = 33,\overline{3}\%$ $\frac{5}{7} = 0,\overline{714285} \approx 71,4\%$
$\frac{5}{9} = 0,\overline{5} = 55,\overline{5}\%$ $\frac{4}{24} = 0,1\overline{6} = 16,\overline{6}\%$
$\frac{0}{2} = 0 = 0\%$

3 Alina: $\frac{3}{20} = 0,15 = 15\%$
Jasmin: $\frac{4}{25} = 0,16 = 16\%$

Jasmin hat 16% der Elfmeter gehalten und ist damit besser als Alina.

3 Frau Schilling: 68% von 50 Fragen
Frau Penny hat nur 33mal richtig geantwortet. Also ist Frau Schilling besser.

4 a)

2 kg	20 kg	90 kg	100 kg	150 kg
von 500 kg				
0,4%	4%	18%	20%	30%

b)

10 m von				
20 m	40 m	200 m	500 m	1 km
50%	25%	5%	2%	1%

4 a)

1 l	21 l	51 l	101 l	200 l
von 200 l				
0,4%	4%	18%	20%	30%

b)

1,50 € von				
15 €	30 €	75 €	150 €	225 €
50%	25%	5%	2%	1%

5 15%

5 70%

6
a) 52 %   Ü: 13 m von 26 m = 50 %
b) 30 %   Ü: 20 l von 60 l = 33,$\overline{3}$ %
c) 55 %   Ü: 160 m von 320 m = 50 %
d) 16 %   Ü: 150 kg von 900 kg = 16,$\overline{6}$ %
e) 64,375 %   Ü: 200 € von 300 € = 66,$\overline{6}$ %
f) 0,8$\overline{5}$ %   Ü: 90 g von 9 kg = 1 %

6
a) Ü: 3 € von 10 € = 30 %   E: 29,2 %
   Ü: 270 € von 2700 € = 10 %   E: 9,3 %
   Ü: 660 € von 6600 € = 10 %   E: 11 %
b) Ü: 26 kg von 520 kg = 50 %   E: 44,2 %
   Ü: 2 kg von 20 kg = 10 %   E: 8,6 %
   Ü: 7,56 t von 12 600 kg = 60 %   E: 61,9 %

7
a) 16 € (24 €; 12,80 €)
b) 27 m (675 m; 1,62 m; 4,32 m; 2,70 m; 27,9 km)
c) 750 g; (300 g; 4,2 kg)

7
a) richtig
b) richtig
c) 50 % von 1 h sind 30 min.
d) 105 % von 140 kg sind 147 kg.
e) 7,5 % von 88 l sind 6,6 l.

8
a) Surfbrett: 25 % von 966 € = 241,50 €
   Segel: 15 % von 404 € = 60,60 €
   Die Ermäßigung beträgt 241,50 € bzw. 60,60 €.
b) Surfbrett: 966 € – 241,50 € = 724,50 €
   Segel: 404 – 60,60 € = 343,40 €
   Die neuen Preise betragen 724,50 € bzw. 243,50 €.

8
a) Ski: 18 % von 291 € = 52,38 €
   Skischuhe: 15 % von 194 € = 29,10 €
   Skianzug: 25 % von 222 € = 55,50 €
b) Ski: 291 € – 52,38 € = 238,62 €
   Skischuhe: 194 € – 29,10 € = 164,90 €
   Skianzug: 222 € – 55,50 € = 166,50 €

9
Gehaltserhöhung: 4 % von 3012 € = 120,48 €
Neues Gehalt: 3012 € + 120,48 € = 3132,48 €

9
8 % von 15 620 € = 1249,60 €

10

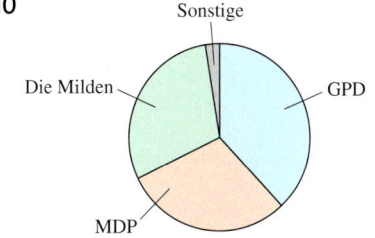

11
a) 40 kg   b) 40 h
   240 kg   500 ml
   30 kg   70 m
   350 kg   400 kg

11
a) 700 cm   b) 240 l
   1500 cm   12 h
   3 m   510 000 m
   21 m   860 l

12
a) ① 60 €   ② 15 €
b) ① 109 €   ② 69,50 €

12
a) ① 34,90 €   ② 14,90 €
b) ① 39,90 €   ② 48,85 €

13
Es gibt insgesamt 300 Lose.

13
Es gibt insgesamt 200 Lose.

14
Die Gesamteinnahmen betrugen 640 €.

Teste dich!

1

0,25	0,87	0,45	0,56	0,02	0,03	0,045
$\frac{25}{100}$	$\frac{87}{100}$	$\frac{45}{100}$	$\frac{56}{100}$	$\frac{2}{100}$	$\frac{3}{100}$	$\frac{45}{1000}$
25 %	87 %	45 %	56 %	2 %	3 %	4,5 %

2 Anteil 7 a: $\frac{12}{20}$ = 60 %   Anteil 7 b: $\frac{14}{25}$ = 56 %   Anteil 7 a: $\frac{16}{27} \approx$ 59,26 %
Der Anteil der Jugendlichen, die ein Handy besitzen, ist in der 7 a am größten und in der 7 b am kleinsten.

3
a) 15 Jugendliche fahren mit dem Bus, 10 nicht.
b) 24 Jugendliche gehen in die Klasse 7 b. 6 fahren mit dem Bus.
c) 30 % fahren nicht mit dem Bus. Das sind 9 Jugendliche.

4 a) und b)

Grundwert	200 l	30 cm	1333,$\overline{3}$ kg	1200 h	40 cm	144 kg	12,5 s
Prozentwert	3 %	5 %	15 %	37,5 %	5,1 %	15 %	36 cm
Anteil	6 l	1,5 cm	200 kg	450 h	2,04 cm	21,6 kg	4,5 s

5 a) 11 % sind 2,97 Mitschüler. Dies ist keine sinnvolle Angabe, da die Anzahl der Mitschüler eine ganze Zahl sein muss.
b) 11,$\overline{1}$ % sind 3 Mitschüler.

6 Der Prozentsatz liegt bei 62,5 %.

7 z. B.: Wie viel Euro haben die Schüler insgesamt an Spendengelder eingesammelt? Sie haben 1440 € eingesammelt.

8 a) Sie hat vorher 1,65 €.
b) Der Preis wird um 25 % angehoben.
c) Die Nussnougat-Creme soll auf den Ausgangswert angehoben werden. Die Grundwerte für die Prozentrechen-Aufgabe sind aber verschieden. Daher müssen auch die Prozentsätze verschieden sein, um auf den ursprünglichen Preis zu kommen.

Zufall und Wahrscheinlichkeit

1 a) 70% b) 50%
c) 75% d) 15%

1 a) $\frac{3}{10} = 0,3 = 30\%$ b) $\frac{9}{25} = 0,36 = 36\%$
c) $\frac{3}{5} = 0,6 = 60\%$ d) $\frac{9}{20} = 0,45 = 45\%$
e) $\frac{7}{25} = 0,28 = 28\%$ f) $\frac{14}{50} = 0,28 = 28\%$
g) $\frac{34}{200} = 0,17 = 17\%$ h) $\frac{15}{500} = 0,03 = 3\%$

2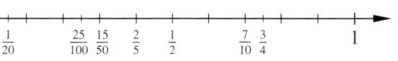

2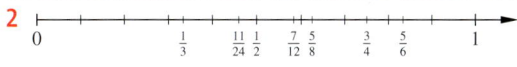

3 a)

Sportart	absolute Häufigkeit	relative Häufigkeit
Fußball	5	**0,5 = 50**%
Basketball	3	0,3 = 30%
Handball	2	**0,2 = 20**%

b)

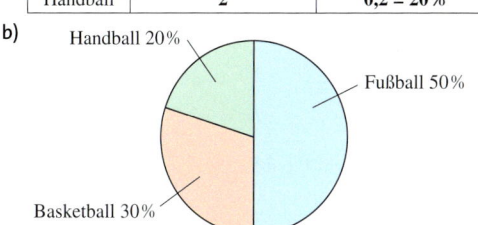

3 a)

Fahrzeug	absolute Häufigkeit	relative Häufigkeit
Pkw	25	0,5 = 50%
Lkw	4	0,08 = 8%
Motorrad	8	0,16 = 16%
Fahrrad	13	0,26 = 26%

b)

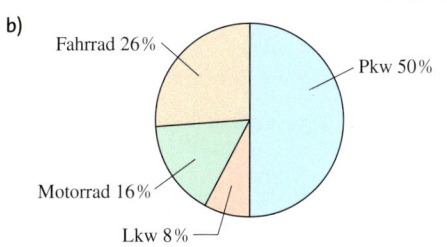

4 a) 25 Schüler haben mitgeschrieben.
b)

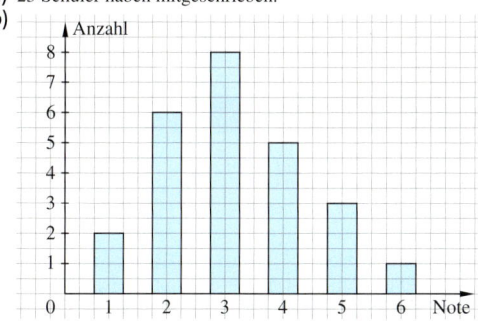

c) Note 1: 8%
Note 2: 24%
Note 3: 32%
Note 4: 20%
Note 5: 12%
Note 6: 4%

4 a) individuell, zum Beispiel durch ein Säulendiagramm:

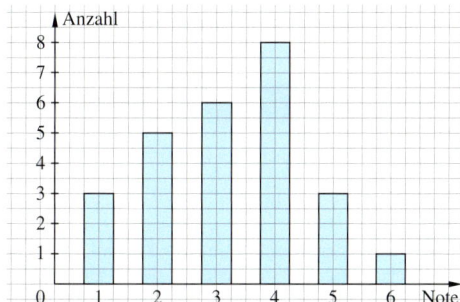

b) Note 1: $\frac{3}{26}$; Note 2: $\frac{5}{26}$
Note 3: $\frac{3}{13}$; Note 4: $\frac{4}{13}$
Note 5: $\frac{3}{26}$; Note 6: $\frac{1}{26}$

c) arithmetisches Mittel: $\frac{84}{26} \approx 3,2$
Median: 3

5 Volleyball: $\frac{5}{7} = 71,4\%$ gewonnen
Fußball: $\frac{3}{4} = 75\%$ gewonnen
Schule „Süd" war im Fußball erfolgreicher.

5 Mängel Süd: $\frac{18}{200} = 9\%$
Mängel Nord: $\frac{15}{150} = 10\%$
Da die Fahrräder der Schule „Süd" weniger Mängel aufweisen, schneidet diese Schule besser ab.

1 a) ja b) nein c) nein d) ja

1 a) ja $S = \{1, 2, 3, \dots, 49\}$
b) ja $S = \{\text{Gewinn, Niete}\}$
c) nein

2 a) mögliche Ergebnisse: gelb, rot, blau
b) Es handelt sich um kein Laplace-Experiment, da nicht alle Ergebnisse die gleiche Wahrscheinlichkeit haben.

3 a) $\frac{3}{10} = 30\%$ **b)** $\frac{6}{10} = 60\%$ **c)** $\frac{4}{10} = 40\%$

3 a) $\frac{1}{12} \approx 8{,}3\%$ **b)** $\frac{1}{12} \approx 8{,}3\%$ **c)** $\frac{5}{12} \approx 41{,}6\%$

d) $\frac{8}{12} \approx 66{,}6\%$ **e)** $\frac{6}{12} = 50\%$ **f)** $\frac{3}{12} = 25\%$

g) $\frac{6}{12} = 50\%$

4 Alle Wahrscheinlichkeiten betragen $\frac{1}{6}$. Es gibt keine Unterschiede.

4 a) 30%   **b)** 20%
c) $83{,}\overline{3}\%$ **d)** 50%

5 a) 58%   **b)** 23%   **c)** 50%

6 a) Glücksrad I liefert vermutlich die Zahlenreihe ② und Glücksrad II die Zahlenreihe ①.
b) individuell

6 a) Nein, da das Experiment nicht gleich verteilt ist.
b) rot: 16%; weiß: 36%; blau: 32%; gelb: 16%
c)

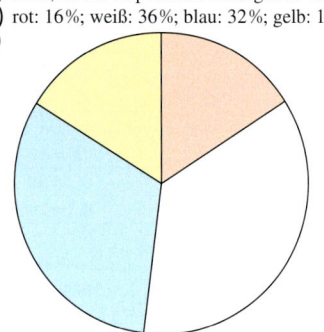

7 Es gibt ungefähr 100 kaputte USB-Sticks.

7 Es sind vermutlich 20 gelbe, 24 rote und 6 grüne Kugeln in der Schale.

8 Ein ankommendes Fahrzeug fährt mit einer Wahrscheinlichkeit von 36% nach links, von 43% geradeaus und von 21% nach rechts.

8 Nein, da es sich um keine repräsentative Personengruppe für ganz Deutschland handelt.

9 a) Insgesamt haben sie 18,50 € ausgegeben.
b) Die Verkaufszahlen (Gesamtanzahl 20 Stück) entsprechen vermutlich den Verkaufszahlen einer Pause. Sie sind damit zu gering um daraus eine Prognose für eine ganze Woche zu treffen.

Teste dich!

1 a) ja, z. B.: $E_1 = \{\text{Kopf}\}$; $E_2 = \{\text{Zahl}\}$ **b)** ja, z. B.: $E_1 = \{\text{rot}\}$; $E_2 = \{\text{schwarz}\}$ **c)** nein   **d)** nein

2 a) 10%   **b)** 40%   **c)** 50%   **d)** 60%

3 a) Wenn auf den Würfeln jeweils die Zahlen 1 bis 6, 1 bis 8 bzw. 1 bis 12 vorkommen und es sich um gewöhnliche Spielwürfel handelt, ist das Würfeln jeder möglichen Zahl gleich wahrscheinlich und es handelt sich daher um ein Laplace-Experiment.

b)

Würfel mit …	6 Flächen	8 Flächen	12 Flächen
Wahrscheinlichkeit eine „1" zu werfen	$\frac{1}{6}$	$\frac{1}{8}$	$\frac{1}{12}$
Wahrscheinlichkeit eine „gerade Zahl" zu werfen	$\frac{1}{2}$	$\frac{1}{2}$	$\frac{1}{2}$
Wahrscheinlichkeit eine „1" oder eine „2" zu werfen	$\frac{1}{3}$	$\frac{1}{4}$	$\frac{1}{6}$

4 a) $\frac{13}{25}$ **b)** $\frac{9}{25}$ **c)** $\frac{5}{25} = \frac{1}{5}$ **d)** $\frac{8}{25}$ **e)** $\frac{4}{25}$

5 a) 3000 €   **b)** $\frac{1}{3000} = 0{,}03\%$ **c)** $\frac{33}{3000} = \frac{11}{1000} = 1{,}1\%$

6 a) $\approx 29\,000$ **b)** $\approx 44\,000$

Terme

Noch fit?

1 a) 85; 102; 119   Regel: +17
   b) 9, 11; 13;   Regel: ungerade Zahlen
   c) 185; 180; 175   Regel: −5
   d) 24, 29, 34   Regel: +5

1 a) 36; 49; 64   Regel: Quadratzahlen
   b) 21; 28; 36   Regel: +2; +3; +4; …
   c) $\frac{1}{32}; \frac{1}{64}; \frac{1}{128}$ Regel: $\left(\cdot \frac{1}{2}\right)$
   d) 4; 8; 16   Regel: $(\cdot\ 2)$

2 a) 7   b) 5   c) $11 \cdot 11$ d) 32   e) 5

2 a) 5   b) 9   c) 2   d) 7   e) 54

3 a) $54 + 226 = 280$ b) $37 - 17 = 20$
   c) $527 + \boxed{90} = 617$ d) $47 - \boxed{11} = 36$

3 a) $158 + (158 + 50) = 366$ b) $\boxed{208} - 60 = 148$
   c) $\boxed{664} + 644 = 1328$

4 a) Brüche werden addiert oder subtrahiert, indem man sie gleichnamig macht und dann ihre Zähler addiert oder subtrahiert.
   b) Zwei Brüche werden multipliziert, indem man Zähler mit Zähler und Nenner mit Nenner multipliziert.
   c) Man dividiert eine Zahl durch einen Bruch, indem man die Zahl mit dem Kehrwert des Bruches multipliziert.

5 a) $1\frac{7}{15}$ b) $2\frac{5}{7}$ c) $-1\frac{13}{30}$
   d) $\frac{3}{5}$ e) $-\frac{5}{8}$ f) $3\frac{2}{3}$

5 a) 2   b) $1\frac{2}{3}$ c) $-\frac{3}{8}$
   d) $\frac{8}{9}$ e) $\frac{1}{6}$ f) $\frac{21}{40}$

6

Länge a	Breite b	Umfang des Rechtecks	Flächeninhalt des Rechtecks
4 cm	3,5 cm	**15 cm**	**14 cm²**
7,5 dm	1,5 dm	**18 cm**	**11,25 cm²**
7 cm	**4 cm**	22 cm	**28 cm²**
17 cm	6 cm	**46 cm**	102 cm²

Klar so weit?

1 a) 2,7   b) 9,1   c) 4   d) 194   e) −14

1 a) 42   b) 6   c) −14   d) 15   e) 43

2 a)

$15x + 15$			
$5x + 10$	$5 + 10x$		
$2x + 5$	$5 + 3x$	$7x$	
$2x$	5	$x + x + x$	$4x$

   b)

$16a + 20$			
$9a + 6$	$7a + 14$		
$4a + 2$	$5a + 4$	$2a + 10$	
$a + 2$	$3a$	$2a + 4$	6

2 a)

$6,3x + 6x^2$			
$2,3x + 2x^2$	$4x + 4x^2$		
$0,3x + x^2$	$x^2 + 2x$	$2x + 3x^2$	
$0,3x$	x^2	$2x$	$3x^2$

   b)

$2b - 6c$			
$6b - 8c - 2bc$	$-4b + 2c + 2cb$		
$3b - 7c - 4bc$	$3b - c + 2cb$	$-7b + 3c$	
$-3c - 4cb$	$3b - 4c$	$3c + 2cb$	$-7b - 2cb$

3 a) $2x^2$ b) $21a^2$
   c) $18x^2y$ d) $-168a^2b$

3 a) $330c^2d$ b) $1,68x^2y$
   c) $6,4a^3b$ d) $96s^3t^2$

4 a) $3x - y + 2$ b) $9x - a$
   c) $x - 2y - 3z - 3$ d) $x - 8y + 5z + 3$

4 a) $-2x + 8y$ b) $-14x - 16a$
   c) $6r - 4s$ d) $8a^2 + 8a$

5

Ausgangsterm	$a - 6a$	$2a + 3b - 7a$	$3a \cdot 4b$	$2a^2 - 5a - 3b$	$7a \cdot 5a \cdot a$
vereinfachter Term	$-5a$	$-5a + 3b$	$12ab$	$2a^2 - 5a + 3b$	$35a^4$
$a = 2; b = -7$	−10	−31	−168	−23	560
$a = -3; b = 9$	15	42	−324	60	2835
$a = -1; b = -10$	5	−25	120	−23	35

6 ① $U = 4a = 4 \cdot 5\,\text{cm} = 20\,\text{cm}$
   ② $U = 3a = 3 \cdot 4\,\text{cm} = 12\,\text{cm}$
   ③ $U = 7 \cdot a + b = 7 \cdot 2,5\,\text{cm} + 7,5\,\text{cm} = 25\,\text{cm}$

6 a) $5x + 3y$
   b) $3x + 8y$
   c) $4x + 8y$

7 a) $x + y$ Schüler sind in der Klasse 7 c.
   b) Anna hat $\frac{x}{2}$ DVDs.
   c) Lea wiegt $y - 4,5\,\text{kg}$.
   d) Sie zahlen $2x$€ $+ 3y$€.

7 a) Wie viel Geld bekommt man zurück? x€ $+ 20y$€
   b) Wie viel muss Frau Klaasen zahlen? $\frac{3}{4}x$€ $+ 3y$€
   c) Wie viel muss Tino im Monat zahlen?
     5 € $+ 0,19x$€ $+ 0,06y$€

8 a) $\frac{a}{2}$ b) $5x$ c) $3a - 2a$ d) $6a - \frac{a}{2}$

8 a) $7ab$ b) $\frac{a}{2} + 3b$ c) $2a - \frac{b}{2}$

9 a) $48a + 96b + 32c$ b) 1104 mm

9 a) $78a + 26b$ b) 153,4 cm

Teste dich!

1 a) 20 **b)** 8,5 **c)** −4 **d)** 5,75

2 a) $x^2 - 3,5x + 2$ **b)** 4 **c)** 11,54

3 a) $78 + 56 = 134$ **b)** $2 \cdot 5 + 8 = 18$ **c)** $3 \cdot (78 + 79) = 471$

4 a) $x + 1,25s$ **b)** $5,5x$ **c)** $5 € + 0,09 € \cdot x + 0,22 € \cdot y$

5 a) $9,7m - 5,3n$ **b)** $-2x + 7x^2 + 3x^3$
c) $7,2a^2 - 3,75b^2$ **d)** $40m^2 - 15n^2 + 5m^2n - 6n - 7mn^2$

6 a) $3x + 2 - y$ **b)** $9x - a$ **c)** $x - 2y - 3z - 3$ **d)** $26,2x + 0,9y$

7 a) ① $2a + 2b + 2c$ ② $ab + d(a - 2c)$
b) $U = 20\,\mathrm{cm}$ $A = 21\,\mathrm{cm}^2$

8 a) ① $4 \cdot (a + b + c)$ ② $6 \cdot (a + c) + 4b$
b) ① $4 \cdot (a + b + c) + 30$ ② $6 \cdot (a + c) + 4b + 30$
c) ① $330\,\mathrm{cm}$ ② $400\,\mathrm{cm}$

Vielecke

Noch fit?

1 Die Figur ist achsensymmetrisch sowie punktsymmetrisch.

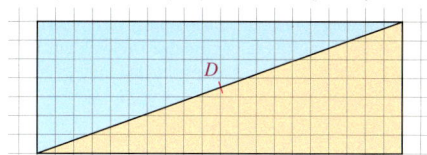

2

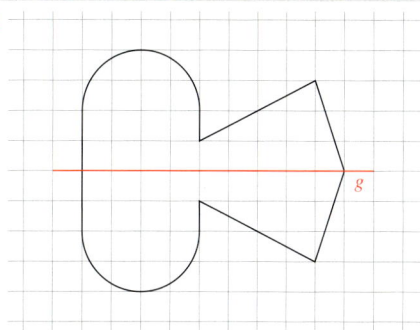

2

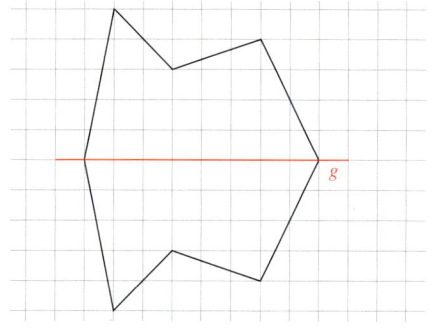

3 **a)** Quadrat: Es entstehen jeweils 2 gleichschenklige, rechtwinklige Dreiecke.
b) Trapez: Es entstehen jeweils 2 allgemeine Dreiecke.
c) Es entstehen jeweils 2 rechtwinklige, allgemeine Dreiecke.
d) Es entstehen entweder 2 gleichschenklige oder 2 allgemeine
Dreiecke.

3 **a)** falsch **b)** richtig
c) falsch **d)** falsch
e) falsch

4 **a)**

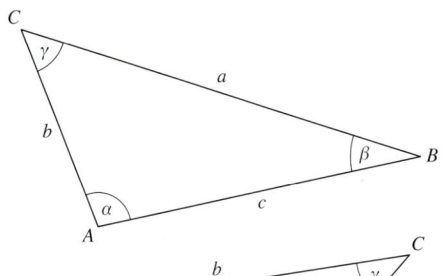

b)

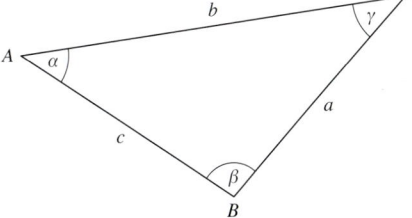

c)

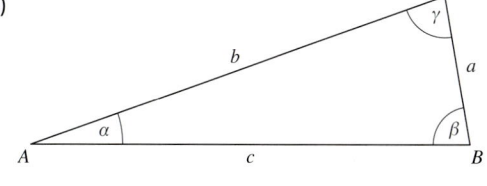

4 **a)**

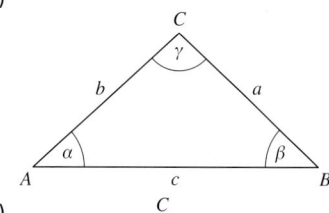

b)

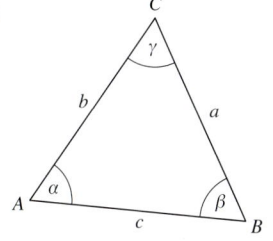

c)

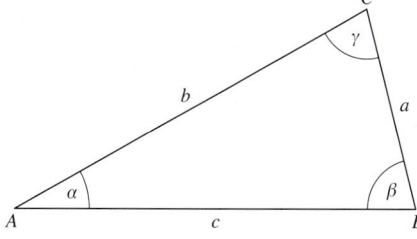

Seite 182

5 a) In einem Rechteck sind alle Winkel **rechte Winkel.**

b) Zwei Geraden sind parallel zueinander, wenn **sie überall den gleichen Abstand haben**.

c) Zwei Geraden sind senkrecht zueinander, wenn **sie sich in einem Winkel von 90° schneiden**.

d) Die Verbindung gegenüberliegender Eckpunkte im Rechteck nennt man **Diagonalen**.

e) Jede Punktspiegelung hat einen Symmetriepunkt S. Originalpunkt A und Bildpunkt A' haben denselben Abstand zu S.

f) Bei der Achsenspiegelung haben Originalpunkt A und Bildpunkt A' zur Symmetrieachse denselben Abstand. Die Verbindungsstrecke von A und A' steht senkrecht auf der Symmetrieachse. Bei der Punktspiegelung haben die Punkte A und A' zum Symmetriepunkt S denselben Abstand und die Verbindungslinie geht durch den Punkt S. Die Punktspiegelung ist eine Drehung um 180° um den Drehpunkt S. Bei einer Drehung um einen Drehwinkel α zwischen 0° und 360° um einen Drehpunkt D kommt es zu einer Deckung der Figur.

Seite 196/197

Klar so weit?

1 a) Wahr, da es vier Ecken hat.

b) Wahr, wenn die Raute vier rechte Winkel hat.

c) Falsch, da ein Drachenviereck keine vier gleich langen Seiten hat.

1 a) Falsch, da es keine rechten Winkel hat und die vier Seiten nicht gleich lang sind.

b) Falsch, alle Rauten sind auch Drachenvierecke.

c) Wahr, wenn sie vier rechte Winkel haben.

2 c)

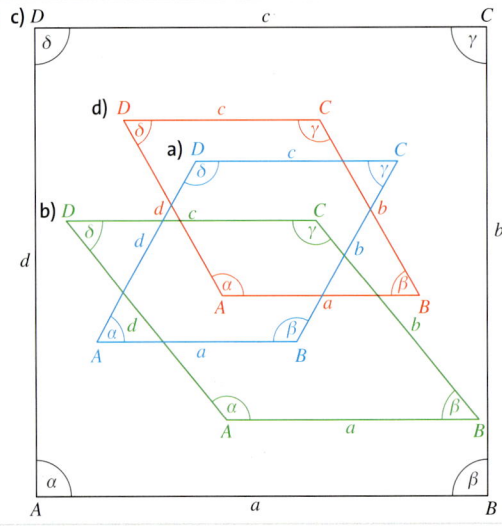

2 Individuell

3

a) Rechteck   b) Drachen   c) Raute   d) Quadrat

4 Zeichnung individuell

① Rechteck: vier rechte Winkel, gegenüberliegenden Seite gleich lang

② Quadrat: vier rechte Winkel, alle Seite gleich lang

③ Trapez: ein Paar paralleler Seiten

④ Raute: alle Seiten gleich lang, gegenüberliegende Winkel gleich groß

4 a) individuell

b)

	Paare zueinander parallele Seiten	Paare gleich langer Seiten	Paare zueinander senkrechter Seiten
Viereck	0	0	0
Drachen	0	2	0
Trapez	1	0	0
Raute	2	2	0
Parallelogramm	2	2	0
Rechteck	2	2	2
Quadrat	2	2	2

5

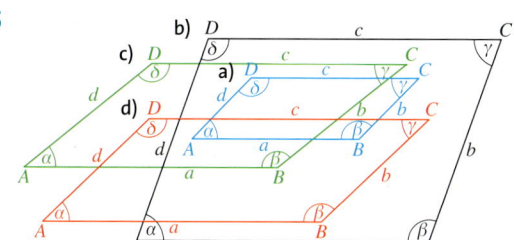

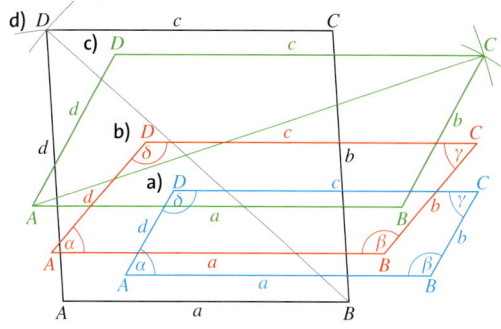

6

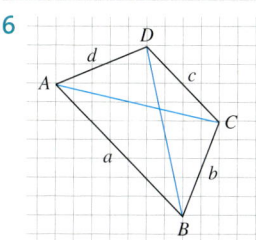

6

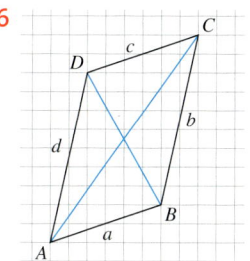

7 **a)** Falsch, da nicht alle vier Seiten gleich lang sind.
   b) Wahr, da es vier Ecken hat.
   c) Wahr, da es je zwei parallel Seiten hat.
   d) Falsch, da ein Viereck z. B. keine rechten Winkel haben muss.

7 **a)** Falsch, da es z. B. keine vier rechten Winkel hat.
   b) Wahr, da es ein Paar paralleler Seiten hat.
   c) Wahr, da je zwei gegenüberliegende Seiten parallel und gleich lang sind.
   d) Wahr, wenn das Trapez vier gleich lange Seiten hat.

8

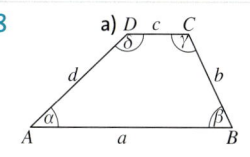

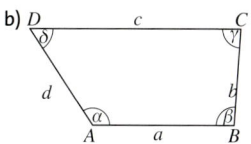

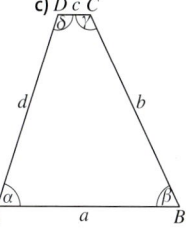

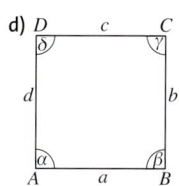

8

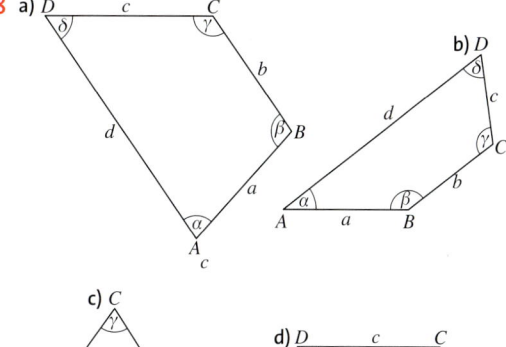

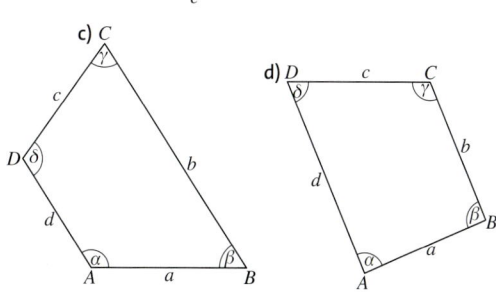

9 **a)** Dreieck mit: $A'(8|-1)$, $B'(8|1)$, $C'(4|-1)$
   b) Dreieck mit: $A'(4|0)$, $B'(5|1)$, $C'(3|2)$
   c) Viereck mit: $A'(3|4)$, $B'(5|0)$, $C'(7|4)$, $D'(5|2)$

9 $A'(8|3)$, $B'(11|3)$, $C'(13|5)$, $D'(11|7)$, $E'(8|7)$, $F'(6|5)$
   Gehe jeweils vom Originalpunkt fünf Einheiten nach rechts und zwei Einheiten nach oben. Zeichne dort den Bildpunkt ein. Verbinde die sechs Bildpunkte zu einem Sechseck.

10 siehe Aufgabenstellung

10 siehe Aufgabenstellung

Teste dich!

1 a) Quadrat
   b) Trapez
   c) Parallelogramm, Raute, Rechteck, Quadrat
   d) Raute, Quadrat
   e) Quadrat
   f) Drachen, Raute, Rechteck, Quadrat

2 a) Wahr, da je zwei Seiten gleich lang sind.
   b) Wahr, da zusätzlich alle Seiten gleich lang sind.
   c) Wahr, da eine Diagonale zwei gegenüberliegenden Ecken verbindet und eine Ecke ausschließt, sodass zwei Dreiecke entstehen.
   d) Falsch, es gibt zwei: Raute und Quadrat.
   e) wahr
   f) wahr
   g) Falsch, es ist nur achsensymmetrisch.

3

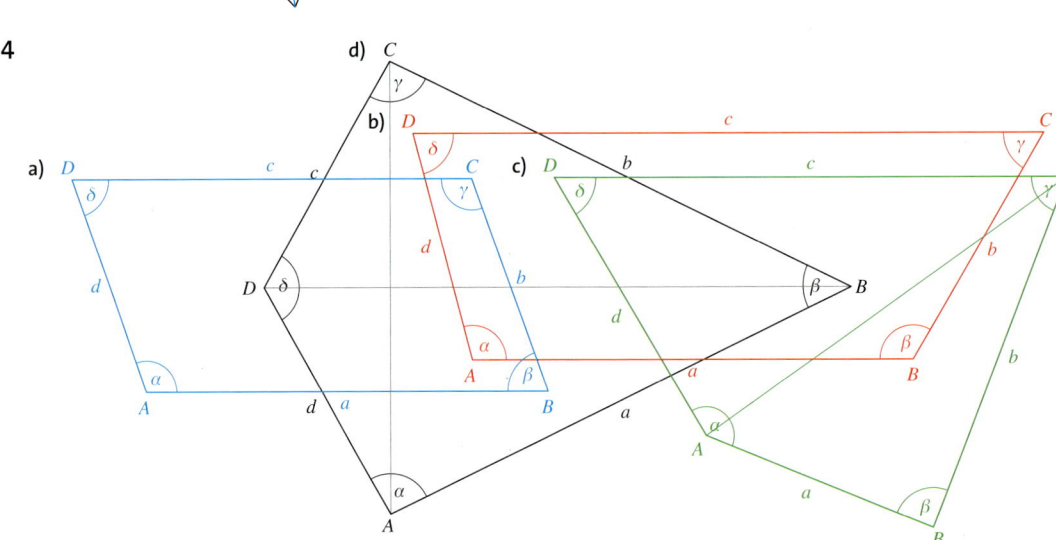

4

5

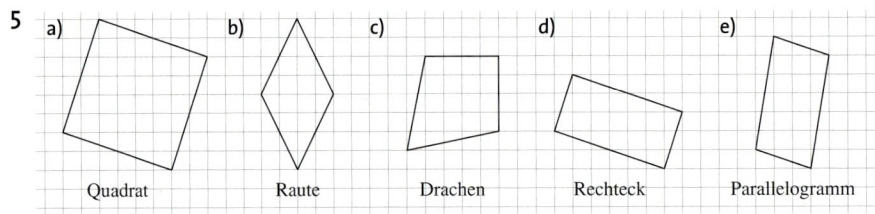

Seite 202

6

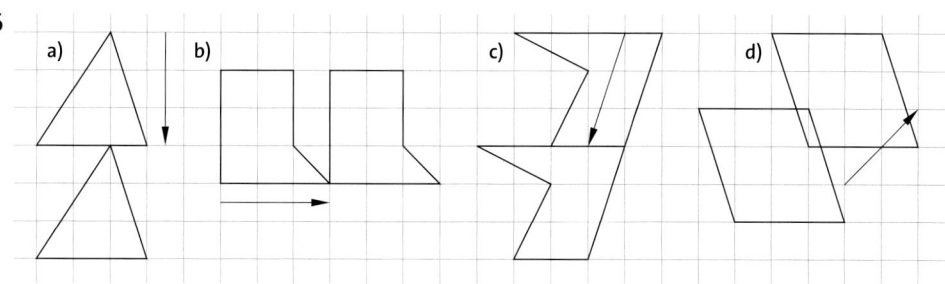

7 a) Es entsteht ein Viereck.
b) Viereck mit: $A'(3|1)$, $B'(4,5|0)$, $C'(6|1)$, $D'(5|2,5)$

Stichwortverzeichnis

Bildverzeichnis

Titel Your Photo Today; **3 ob. li.** Fotolia/Vladimir Gerasimov; **3 ob. re.** masterfile/Matt Brasier; **3 un. li.** Fotolia/James Thew; **3 un. re.** Fotolia/Tetastock; **4 mi. li.** Fotolia/ag visuell; **4 mi. re.** Your Photo Today; **4 ob. li.** mauritius images/pepperprint; **4 ob. re.** ARTOTHEK; **4 un. li.** Fotolia/Yuri Arcurs; **7** Fotolia/Vladimir Gerasimov; **9 mi. re.** Shutterstock/Fernando Cortes; **10 mi. re.** mauritius images/Alamy/Ashley Cooper pics; **10 ob. li.** Fotolia/pacer180; **10 ob. mi.** Fotolia/juan_g_aunion; **10 ob. re.** Fotolia/Sven Vietense; **15/1** Markus Holm, Berlin; **15/2** Markus Holm, Berlin; **15/3** Markus Holm, Berlin; **15/4** Markus Holm, Berlin; **15 mi. re.** Wenneckers, U., Goch; **15 ob. re.** Wenneckers, U., Goch; **22 mi. li.** Fotolia/fotoping; **23 mi.** picture-alliance/Bildagentur Huber; **31 mi. re.** Mathias Woscyna, Rheinbreitenbach; **33 un. li.** Fotolia/uzkiland; **34/1** Fotolia/Alexander Potapo; **34/2** Fotolia/Wddigital; **34/3** Your Photo Today; **34/4** Sebastien ORTOLA/REA/laif; **34/5** mauritius images/Reinhard Dirscherl; **34 mi. li.** Carol Buchanan; **34 un.** Cornelsen; **37** Fotolia/James Thew; **39/1** ClipDealer GmbH/ArTo; **39/2** Fotolia/KB3; **39/3** Fotolia/Kara; **39/4** Fotolia/Kara; **42 un. re.** Günther Reufsteck, Straelen; **47 mi.** Astrofoto/Sörth; **48 ob. re.** Fotolia/Artalis-Kartographie; **53 ob. re.** Gabriel, I., Dinslaken; **54 ob. re.** Pitopia/Geronimo, 2012; **57 ob. re.** gemeinfrei; **61 mi. re.** Cornelsen; **62 un. 1–3** gemeinfrei; **65** masterfile/Matt Brasier; **67 mi.** Volker Döring, Hohen Neuendorf; **67 ob. mi.** Fotolia/astral113; **67 ob. re.** Fotolia/L.Klauser; **67 un. re.** Huber-Images; **68 ob. li.** Fotolia/iofoto; **69 un. re.** Udo Wennekers, Goch; **72/1** Fotolia/terex; **72/2** Fotolia/psynovec; **72/3** Fotolia/D.R.3D; **72 un. re.** Jens Schacht, Düsseldorf; **74 ob. li.** Fotolia/contrastwerkstatt; **75 mi. li.** picture-alliance/CHROMORANGE/Dieter Möbus; **76 mi. li.** Fotolia/Whyona; **76 un. li.** Fotolia/dbersier; **77/1** Fotolia/Martin Spurny; **77/2** picture-alliance/WILDLIFE; **77/3** Fotolia/Villiers; **79 un. re.** Fotolia/Martin_P; **80 mi. li.** Fotolia/Bo Valentino; **81 mi. re.** Fotolia/K.- P. Adler; **81 un. re.** picture-alliance/XAVIER DE FENOYL; **82 mi. re.** Fotolia/d.c. photography; **82 un. re.** akg-images/IAM; **85** Fotolia/Tetastock; **88 ob. re.** Cornelsen/Kerstin Kälberer; **90 mi. re.** S. Ruhmke, Berlin; **95 ob. re.** akg images; **97 mi. re.** mauritius images/Peter Lehner; **104 mi. li.** Fotolia/fottoo; **107** mauritius images/pepperprint; **110 ob. li.** 100 pro imago life/Jochen Tack; **116 mi. li.** Stockfood/FoodPhotography Eising; **116 ob. li.** Fotolia/shock; **120 mi. li.** Fotolia/Daniel Muller; **122 ob. re.** Gerald Zörner, Berlin; **131 ob. re.** Cornelsen Schulverlage GmbH; **132 ob. re.** picture-alliance/dpa/Effner; **135** Fotolia/ag visuell; **137 mi. re.** Fotolia/Armin Sepp; **137 un. 1–3** Cornelsen; **139 ob. li.** Jens Schacht, Düsseldorf; **139 ob. re.** Gerald Zörner, Berlin; **139 un. li.** Günter Liesenberg, Hoppegarten; **139 un. mi.** Cornelsen; **140 mi. re.** Fotolia/fotobeu; **141 mi. un. re.** Gerald Zörner, Berlin; **141 ob. re.** Mahler, Fotograf, Berlin; **141 un. re.** Cornelsen/Kälberer; **142 ob. li.** Cornelsen; **142 ob. re.** Barlo Fotografik, Tobias Schneider, Berlin; **143 mi. li.** picture-alliance/dpa; **143 mi. ob. re.** Rainer J. Fischer, Berlin †; **143 mi. re.** Fotolia/Uwe Annas; **143 ob. re.** Günter Liesenberg, Hoppegarten; **144 mi. re.** mauritius images/Gerard Lacz; **144 ob. re.** Fotolia/svort; **145 mi. re.** Fotolia/D. Ott; **145 un. re.** Volker Döring, Hohen Neuendorf; **147 mi. re.** picture-alliance/dpa; **147 ob. li.** Getty Images; **148 mi. re.** Fotolia/Aintschie; **150 mi. re.** Volker Döring, Hohen Neuendorf; **152 mi. li.** Mathias Wosczyna, Rheinbreitenbach; **152 un. re.** Cornelsen/Peter Hartmann; **153 ob. li.** Mathias Wosczyna, Rheinbreitenbach; **154 ob. li.** Fotolia/Gina Sanders; **156 ob. li.** Volker Döring, Hohen Neuendorf; **157** Fotolia/Yuri Arcurs; **159 un. 1–6** Heike Schulz, Berlin; **162 un. li.** Fotolia/Nerlich Images; **163 ob. li.** Cornelsen; **176 un. li.** Cornelsen; **178 mi. re.** Fotolia/yanlev; **178 ob. li.** mauritius images/imagebroker/Katja Kreder; **181** ARTOTHEK; **183 mi. re.** Marie Haag/Mosaikart, Wörth a. d. Donau; **184 mi. li.** Fotolia/cidepix; **188 un. li.** WVER; **189 ob. li.** Aluminco GmbH, Krefeld/Stefan Radouniklis; **189 ob. re.** Aluminco GmbH, Krefeld/Stefan Radouniklis; **191 mi. re.** Cornelsen/Henning Knoff; **191 un. li.** Torsten Feltes, Berlin; **191 un. re.** Cornelsen; **200 ob. li.** Cornelsen/Kerstin Kälberer; **203** Your Photo Today

Die Screenshots auf den Seiten 71, 172 und 173 wurden mit Microsoft Excel® erstellt. Microsoft Excel® ist ein eingetragenes Warenzeichen der Microsoft Corporation.